U0219238

现代农业高新技术成果丛书

新孢子虫病

Neosporosis

刘　群　主编

中国农业大学出版社
·北京·

内容简介

本书是一本全面系统介绍新孢子虫和新孢子虫病的专著。本书共设11章。第1章概括回顾新孢子虫及新孢子虫病的发现及认识简史。第2章从病原学的角度对新孢子虫的形态结构、分离培养和宿主与虫体之间的关系进行阐述。第3章综述不同国家和地区新孢子虫病的流行概况。第4章阐述新孢子虫的致病性、致病机理、病理变化及临床表现。第5章介绍新孢子虫的免疫机制、疫苗候选抗原以及新孢子虫病免疫预防的研究。第6章至第8章分别介绍牛的新孢子虫病、犬的新孢子虫病及其他动物新孢子虫的感染。第9章介绍新孢子虫病的诊断方法。第10章对新孢子虫病的防控研究以及当前新孢子虫病的防控措施进行综述。第11章详细介绍我国对新孢子虫病认识和研究的历史与现状，并对未来深入的研究进行展望。

图书在版编目(CIP)数据

新孢子虫病/刘群主编. —北京：中国农业大学出版社，2013.5

ISBN 978-7-5655-0702-1

Ⅰ.①新… Ⅱ.①刘… Ⅲ.①动物疾病－孢子虫病－防治 Ⅳ.①S855.92

中国版本图书馆CIP数据核字(2013)第099554号

书　　名 新孢子虫病

作　　者 刘　群　主编

策划编辑 潘晓丽　　**责任编辑** 高　欣　刘耀华

封面设计 郑　川　　**责任校对** 王晓凤　陈　莹

出版发行 中国农业大学出版社

社　　址 北京市海淀区圆明园西路2号　　**邮政编码** 100193

电　　话 发行部 010-62818525，8625　　读者服务部 010-62732336

编辑部 010-62732617，2618　　出　版　部 010-62733440

网　　址 http://www.cau.edu.cn/caup　　**E-mail** cbsszs@cau.edu.cn

经　　销 新华书店

印　　刷 涿州市星河印刷有限公司

版　　次 2013年5月第1版　　2013年5月第1次印刷

规　　格 787×1 092　16开本　16.25印张　396千字　彩插3

定　　价 88.00元

编 审 人 员

主　编　刘　群

副主编　刘　晶　张　维

参　编　（以姓氏笔画为序）

山　丹　于珊珊　王　辉　刘功振

李　波　张玉华　杨　娜　杨道玉

郝　攀　赵占中　赵现龙　钱伟锋

崔　霞　雷　涛

主　审　汪　明

出版说明

瞄准世界农业科技前沿，围绕我国农业发展需求，努力突破关键核心技术，提升我国农业科研实力，加快现代农业发展，是胡锦涛总书记在2009年五四青年节视察中国农业大学时向广大农业科技工作者提出的要求。党和国家一贯高度重视农业领域科技创新和基础理论研究，特别是863计划和973计划实施以来，农业科技投入大幅增长。国家科技支撑计划、863计划和973计划等主体科技计划向农业领域倾斜，极大地促进了农业科技创新发展和现代农业科技进步。

中国农业大学出版社以973计划、863计划和科技支撑计划中农业领域重大研究项目成果为主体，以服务我国农业产业提升的重大需求为目标，在“国家重大出版工程”项目基础上，筛选确定了农业生物技术、良种培育、丰产栽培、疫病防治、防灾减灾、农业资源利用和农业信息化等领域50个重大科技创新成果，作为“现代农业高新技术成果丛书”项目申报了2009年度国家出版基金项目，经国家出版基金管理委员会审批立项。

国家出版基金是我国继自然科学基金、哲学社会科学基金之后设立的第三大基金项目。国家出版基金由国家设立、国家主导，资助体现国家意志、传承中华文明、促进文化繁荣、提高文化软实力的国家级重大项目；受助项目应能够发挥示范引导作用，为国家、为当代、为子孙后代创造先进文化；受助项目应能够成为站在时代前沿、弘扬民族文化、体现国家水准、传之久远的国家级精品力作。

为确保“现代农业高新技术成果丛书”编写出版质量，在教育部、农业部和中国农业大学的指导和支持下，成立了以石元春院士为主任的编审指导委员会；出版社成立了以社长为组长的项目协调组并专门设立了项目运行管理办公室。

“现代农业高新技术成果丛书”始于“十一五”，跨入“十二五”，是中国农业大学出版社“十二五”开局的献礼之作，她的立项和出版标志着我社学术出版进入了一个新的高度，各项工作迈上了新的台阶。出版社将以此为新的起点，为我国现代农业的发展，为出版文化事业的繁荣做出新的更大贡献。

中国农业大学出版社

2010年12月

序

刘群同志以其新著《新孢子虫病》一书示余，并嘱作序。我高兴地接受了这一任务。理由之一是刘群同志最早向同道们介绍并以其工作丰富了有关新孢子虫病的知识，其次，我是此书最早的读者，大开眼界，获益良多。

“序”是介绍和评论本书内容的文字。

《新孢子虫病》的内容非常丰富。我最感兴趣的是第1章新孢子虫病概况中“新孢子虫的发现”和“对新孢子虫(病)的认识”两节。这段综述给我们提供了一个思想方法，就是确立一个新物种(或其他什么新事物)都要有直接证据和佐证，这也许就是所谓的“大胆假设，小心求证”吧。(胡适语)

其他章节我就不一一评介了。

我的结束语：此书是关于新孢子虫及其所引起的疾病的最系统、最完整的文献，也是国内外唯一的一部专著。

孔繁瑶

2013年4月

前　言

(犬)新孢子虫是1988年才被定名的细胞内寄生原虫,能够感染多种脊椎动物,引起不同动物的新孢子虫病,牛的新孢子虫病危害较大,已经引起国内外兽医寄生虫学工作者和养牛业的重视。我国对新孢子虫病的研究起步较晚,对该病严重性的认识和重视程度与该病在生产中造成的危害严重不符。本课题组通过对新孢子虫病10余年的研究,对该病的危害有着较为深入的了解和认识,为了使国内的兽医工作者、养殖业者及管理部门深入认识进而重视该病的研究和防控,特编撰此书。

《新孢子虫病》是一本综合国内外20余年对新孢子虫和新孢子虫病的研究资料,全面系统地介绍新孢子虫和新孢子虫病的专著。本书的编著者及审定者均为从事动物新孢子虫病的教师和研究人员。在编写过程中,我们广泛参阅了国内外相关资料和最新研究成果,力求做到内容科学性、先进性及实用性统一。希望本书能够为动物寄生虫病的科研人员、畜牧兽医从业者提供新孢子虫病的系统研究和诊治资料。本书也可作为参考书,供畜牧养殖业尤其是养牛业的技术人员、管理人员参考,以认识和了解新孢子虫病。

本书的编写和出版得到中国农业大学出版社的大力支持,特别是得到了国家出版基因的资助,特致以诚挚的谢意。本书主编近年来在新孢子虫病的研究中得到了国家自然科学基金(30871861,30571391,30371080)、北京市自然科学基金(6082014,6131001)以及教育部博士点基金等科研项目的资助,在此一并表示感谢。

由于我们的水平有限,加之时间仓促,在编写的过程中难免存在疏漏和不妥之处,恳请各位同行专家及其他读者不吝指正,以便再版时加以修订、改进。

刘　群

2013年1月

目　　录

第 1 章　新孢子虫病概况 …… 1

1.1　新孢子虫的发现 …… 2

1.2　对新孢子虫(病)的认识 …… 3

1.3　新孢子虫的分类与命名 …… 7

1.4　新孢子虫病在全球范围内造成的经济损失 …… 7

1.5　新孢子虫病在公共卫生上的意义 …… 8

参考文献 …… 8

第 2 章　新孢子虫病原学 …… 13

2.1　新孢子虫的形态与结构 …… 13

2.2　新孢子虫的分离培养 …… 19

2.3　新孢子虫与宿主 …… 29

参考文献 …… 40

第 3 章　新孢子虫流行病学 …… 44

3.1　新孢子虫的生活史 …… 44

3.2　新孢子虫病的传播 …… 46

3.3　动物新孢子虫病的流行病学 …… 50

参考文献 …… 63

第 4 章　致病性和临床表现 …… 64

4.1　致病机理 …… 64

4.2　病理变化 …… 75

4.3　临床表现 …… 78

参考文献 …… 79

第 5 章　新孢子虫免疫学 …… 80

5.1　免疫机制 …… 80

5.2 疫苗候选抗原 …… 84
5.3 新孢子虫病的免疫预防 …… 86
参考文献 …… 90
第6章 牛的新孢子虫病 …… 92
6.1 概述 …… 92
6.2 临床表现 …… 104
6.3 牛感染新孢子虫的危害 …… 107
6.4 牛新孢子虫病的防控 …… 110
参考文献 …… 116
第7章 犬的新孢子虫病 …… 119
7.1 犬新孢子虫病的感染与流行 …… 119
7.2 犬感染新孢子虫的危害 …… 126
7.3 犬的实验感染 …… 129
7.4 诊断 …… 130
7.5 防控 …… 133
参考文献 …… 134
第8章 其他动物新孢子虫感染 …… 135
8.1 马的新孢子虫感染 …… 135
8.2 绵羊、山羊的新孢子虫感染 …… 143
8.3 猫的新孢子虫感染 …… 151
8.4 禽类的新孢子虫感染 …… 155
8.5 野生动物的新孢子虫感染 …… 158
8.6 海洋哺乳动物的新孢子虫感染 …… 166
8.7 新孢子虫感染的实验动物模型 …… 168
参考文献 …… 174
第9章 新孢子虫病诊断方法 …… 185
9.1 病原学诊断 …… 185
9.2 组织病理学诊断 …… 190
9.3 免疫学诊断 …… 193
9.4 分子生物学诊断 …… 201
参考文献 …… 206
第10章 新孢子虫病的防控 …… 208
10.1 药物防治 …… 208
10.2 免疫预防 …… 214
10.3 防控策略 …… 215
参考文献 …… 217

第 11 章　我国新孢子虫病流行与研究概况 …… 219

11.1　国内新孢子虫流行病学 …… 219

11.2　新孢子虫的鉴定及生活史研究 …… 225

11.3　新孢子虫病诊断方法研究 …… 232

11.4　新孢子虫病候选疫苗的筛选及免疫学相关研究 …… 238

11.5　新孢子虫功能蛋白研究及国内新孢子虫研究展望 …… 240

参考文献 …… 243

第1章

新孢子虫病概况

新孢子虫病(neosporosis)是由新孢子虫(*Neospora* spp.)引起的多种动物共患寄生虫病,在世界范围内广泛流行。新孢子虫病以神经、肌肉功能障碍以及孕畜流产、死胎、弱胎等为特征,对牛和犬的危害最为严重。

1988年,美国科学家Dubey对曾被诊断为弓形虫感染的23只犬的病理组织切片和病案材料进行回顾性诊断时发现一种新原虫。研究中发现,虽然它与弓形虫的形态结构有诸多相似之处,但二者的超微结构和抗原存在明显差异,认为其为新病原,遂命名为*Neospora caninum*,中文译名为犬新孢子虫,简称新孢子虫,是新孢子虫病的最重要病原。新孢子虫宿主范围广泛,已经发现牛、马、猪、犬、猫等多种家养动物以及鹿、狐狸、熊、灵长类动物等多种野生动物都可以自然感染,野生的鸡、鸽等禽类也可以自然感染,这些动物均是新孢子虫的中间宿主。其中犬、狐狸等犬科动物既是中间宿主又是终末宿主。1998年,Marsh等在患有脑脊髓炎和肌炎的马中枢神经组织中分离到另一种新孢子虫,其与*Neospora caninum*的形态结构非常相似,在对其超微结构观察和ITS-1的检测中发现二者存在明显差异,认为是另一种新孢子虫,命名为*Neospora hughesi*,中文译名为洪氏新孢子虫或胡氏新孢子虫,其病原的分类地位已得到寄生虫学界认可,但目前的研究发现其仅感染马属动物。对洪氏新孢子虫的研究报道较少,仅发现马或其他马属动物是中间宿主,未见感染其他动物的研究报道;其终末宿主尚未阐明,主要引起马的神经、肌肉系统功能障碍,流产等。

新孢子虫病已在世界范围内广泛流行,牛新孢子虫病危害最大,犬新孢子虫病次之。对牛的新孢子虫病研究报道最多,不同国家、地区或不同饲养管理条件下的牛群均有报道,但感染率不同,各国家和地区报道牛新孢子虫血清抗体阳性率变化很大,一般为12.5%～82%。新孢子虫病对养牛业发达国家和地区的危害更加显著,欧洲、美国、澳大利亚等国家对该病的研究报道较多。我国对新孢子虫病的研究起步较晚,各地被检牛场普遍存在新孢子虫感染,不同地区、不同饲养管理条件下感染情况不一致。我国牛新孢子虫的血清抗体阳性率平均20%左右。统计分析显示，新孢子虫抗体阳性与牛流产相关性显著，在我国大力发展养牛业的今天，新孢子虫病经济损失巨大，其经济意义不言而喻。

1.1 新孢子虫的发现

1988年，美国科学家Dubey等在对被Angell Memorial Animal Hospital诊断为弓形虫样寄生虫感染的23只犬的组织切片和病案材料进行回顾性诊断时，最终确诊其中的10只犬体内感染的寄生虫为新孢子虫。病犬的主要病理变化为脑脊膜脑脊髓炎和肌炎，个别犬还可见皮肤损伤。据当时的观察发现，虫体主要出现在脑和脊髓中，而且未观察到带虫空泡，认为虫体直接寄生于宿主细胞浆内，形成裂殖体，以内出芽形式繁殖，具有11条棒状体，且病原不能与抗弓形虫抗体反应。Dubey认为该原虫应为新属、新种的寄生原虫，将其命名为*Neospora caninum*，中文译名为犬新孢子虫，简称新孢子虫。但此次发现并非人类首次发现该病原，早在1984年，挪威科学家Bjerkas和他的同事曾在犬体内发现了这种形态结构类似弓形虫的虫体，只是未对其进一步研究。1987年，Cummings等报道了1只5岁母犬所产的8只幼犬，其中5只被诊断为由弓形虫样原虫引起的多神经根神经炎，但未对该原虫进行鉴别和命名。1988年，Dubey等对Cummings报道中的母犬与同一只公犬交配后产下的另一胎7只幼犬进行跟踪研究，发现5～6周龄前的所有幼犬临床表现基本正常；但在此之后，所有幼犬均出现后肢的强直性轻瘫，对各犬的临床表现进行了详细观察、记录，发现它们的临床表现有一定的差异，其中3只犬自然死亡但未做剖检，对另3只病犬处以安乐死并进行剖检，1只犬表现轻度共济失调，后自行康复。同时，对另外1只母犬与同一只公犬配种产下的7只幼犬进行观察，其中3只幼犬在8周龄左右出现后肢轻瘫，12周龄时将其中2只犬处以安乐死后剖检，3只临床表现正常犬出售，另外1只犬早期不明原因死亡。采集6只犬的血液（凝集血或抗凝血）备检，取所有剖检犬的各器官、组织备检。血液分析发现其中5只犬轻度贫血、低蛋白血症、肌酸激酶升高。3只犬出现明显组织病理损伤，后肢肌肉萎缩、苍白，肌肉上有针尖大至长形的小白点，肺脏有小出血点；1只犬后肢躺卧侧轻度溃疡。组织学检查发现，5只犬均出现多神经根神经炎，骨骼肌轻度坏死，多种炎性细胞浸润，后肢较为严重。在其中2只犬的后肢肌肉和1只犬的心肌见少量速殖子。脑脊髓炎以神经胶质增生和血管周围套为特征，在2只犬的全脑中见多处炎性灶；在另外2只犬的脑中见少量包囊和速殖子。最严重的脊髓神经病变可见血管套、单核细胞、嗜酸性细胞以及中性粒细胞增生，主要病变见于神经纤维的基部和分支处。通过细胞培养、犬和小鼠的接种等多种方法进行虫体分离，建立特异性抗体检测方法。在其中2只犬组织细胞培养中成功培养并分离出虫体。

1989年，Shivaprasad等首次在流产牛的胎盘中发现新孢子虫样原虫。该母牛来自于华盛顿Roy牛场，曾于1982年4月份妊娠5个月时发生流产，部分胎盘和胎儿肾脏来源于伊利诺伊大学的兽医诊断实验室，其他资料不明。用标记的兔抗弓形虫样虫体血清进行免疫组化检测，组织学的各项检查均为阴性，解剖观察可见胎盘水肿、胎儿自溶。显微镜下观察可见子叶绒毛坏死，子叶间区未见异常，滋养层可见虫体，多数虫体在细胞内，不能确定是否存在于细胞壁。单个虫体呈香蕉形，大小约为 5 μm×2 μm，最大的虫体集落大小约为 45 μm×35 μm，内含约 100 个速殖子。当时还没有弓形虫引起牛自然流产的先例，此病例的病变和症状都与之前对动物或人的弓形虫病的描述有许多相似之处，病变集中于胎盘子叶绒毛和滋养层。与过去对弓形虫病认知的不同之处在于虫体不与弓形虫抗血清反应，没有完整的囊壁，过碘酸雪夫染色(PAS 染色)阴性，之前 Fayeer 和 Dubey 曾经分别报道过几例由住肉孢子虫感染引起的牛流产，但对该病例的观察与对住肉孢子虫的描述明显不同。所以排除了该流产牛感染弓形虫和住肉孢子虫。该病例中所见虫体与 Dubey 所描述的在犬体内发现的新孢子虫相似，这是首次在牛体内发现新孢子虫样虫体的报道。

此后，有关新孢子虫引起牛流产的报道见于多个国家和地区。新孢子虫和新孢子虫病逐渐被人们认识，同时也发现多种动物都有新孢子虫感染。其宿主范围广泛，已经证实有数十种家畜、野生动物、海洋哺乳动物、禽类等动物可以自然感染新孢子虫。

1.2 对新孢子虫(病)的认识

自 1988 年 Dubey 发现并命名新孢子虫，至今只有短短 20 余年，但由于新孢子虫病的危害之大、宿主范围之广泛，使得以 Dubey 为代表的世界各地的寄生虫学研究者迅速有效地开展了新孢子虫病的研究。目前已经不同程度地开展了新孢子虫病的病原学、生物学特性、病理学、免疫学、分子生物学等多方面的研究。

对新孢子虫及新孢子虫病的认识是一个逐渐深入的过程，对病原的确定、宿主范围的不断扩大、对不同宿主的危害、完整生活史的发现、对传播途径的认识、不同国家(地区)和不同动物的感染情况、诊断方法的建立、防控等各方面的认识都是逐渐获得的，在对这一新病原和新病的认识过程中有些事件起着举足轻重的作用。本节概述了迄今为止已经发现的新孢子虫自然宿主、新孢子虫分离株及其来源以及在新孢子虫(病)发生和研究中的重大事件。

1.2.1 新孢子虫的自然宿主

迄今为止，已经发现了数十种动物为新孢子虫的自然宿主，如家畜中的牛、马、猪、绵羊、山羊和犬等，啮齿动物中的小鼠、大鼠、田鼠、家鼠、水豚、水田鼠、兔和野兔等，野生动物中的鹿、斑马、大羚羊、非洲水牛、瞪羚、土狼、猎豹、海象、海獭、斑海豹、海狮、须海豹、瓶鼻海豚、山狗、食蟹狐、南美灰狐狸和灰白胡狼等，禽类中的鸡、鸽和麻雀等。这些动物均为新孢子虫的中间宿主。对其终末宿主的确定较晚，1999 年 Lindsay 和 Dubey 确认犬为新孢子虫终末宿主。此后，山狗也被确认为新孢子虫的终末宿主，灰狐可能也是新孢子虫的终末宿主。但狼、山狗与犬均为犬科动物，故推测多种犬科动物可能均可作为新孢子虫的终末宿主。

1.2.2 新孢子虫分离株

虽然已经在多种动物体内检出新孢子虫抗体，表明新孢子虫的宿主范围较为广泛，但迄今为止成功分离新孢子虫的案例还是较为有限的，且分离株主要来源于犬和牛。表 1.1 和表 1.2 分别为成功分离自犬和牛的新孢子虫分离株一览表。

表 1.1 分离自犬的新孢子虫分离株

分离株	病料来源	国家/地区	分离时间	文献来源
Nc-1	脑	美国	1988 年	Dubey(1988)
Nc-2	肌肉	美国	1990 年	Hay(1990)
Nc-3	脑	美国	1992 年	Cuddon(1992)
Nc-4,5	脑	美国	1998 年	Dubey(1998)
Nc-6,7,8	脑	美国	2004 年	Dubey(2004)
Nc-9	脑	美国	2007 年	Dubey(2007)
Nc-6-Argentina	粪便	阿根廷	2001 年	Basso(2001)
Nc-Liverpool	脑	英国	1995 年	Barber(1993,1995)
Nc-GER1	脑	德国	2000 年	Jan(2000)
Nc-Bahia	脑	巴西	2001 年	Condim(2001)
Nc-GER2,3,4,5,6	粪便	德国	2005 年	Schares(2005)
Nc-GER7,8,9	粪便	德国	2009 年	Basso(2009)
Nc-P1	粪便	葡萄牙	2009 年	Basso(2009)
CN-1	脑	美国	1998 年	Marsh(1998)
WA-K9	皮肤	澳大利亚	2006 年	McInnes(2006)

表 1.2 分离自牛的新孢子虫分离株

分离株	病料来源	国家/地区	文献来源
Nc-SweB1	滞留胎牛脑	瑞典 Uppsala	Stenlund(1996)
BPA-1	胎牛脑	美国加利福尼亚	Conrad(1993)
BPA-2	胎牛脑	美国加利福尼亚	Conrad(1993)
BPA-3	先天感染牛脑	美国加利福尼亚	Marsh(1995);Barr(1993)
BPA-4	先天感染牛脑	美国加利福尼亚	Marsh(1995);Barr(1993)

续表 1.2

分离株	病料来源	国家/地区	文献来源
JPA-1	先天感染牛脑	日本 Ibaraki	Yamane(1996)
Nc-Beef	犊牛	美国	McAllister(1998,2000)
Nc-Nowra	7 日龄犊牛	澳大利亚	Miller(2002)
BCN/PR3	胎牛	巴西	Locatelli-Dittrich(2004)
BNC-PR1	3 月龄犊牛	巴西	Locatelli-Dittrich(2003)
Nc-PVI	45 日龄犊牛	意大利	Magnino(1999,2000)
Nc-PGI	8 月龄犊牛	意大利	Fioretti(2000)
JPA-1	2 周龄犊牛	日本	Yamane(1997)
BT-3	成年牛	日本	Sawada(2000)
KBA-1	1 日龄犊牛	韩国	Kim(1998a,2000)
KBA-2	胎牛	韩国	Kim(1998b,2000)
Nc-Ma1B1	1 日龄死亡胎牛	马来西亚	Cheah(2004)
NcNZ1	母牛	新西兰	Okeoma(2004b)
NcNZ2	2 日龄犊牛	新西兰	Okeoma(2004b)
NcNZ3	死胎牛	新西兰	Okeoma(2004b)
Nc-Portol	胎牛	葡萄牙	Canada(2002a)
Nc-SP-1	胎牛	西班牙	Canada(2002b)
Nc-SweB1	死胎	瑞典	Stenlund(1997)
Nc-LivB1	死胎	英国	Davison(1999b)
Nc-LivB2	胎牛	英国	Trees 和 Williams(2000)
BPA-1	胎牛	美国	Conrad(1993a)
BPA-2	胎牛	美国	Conrad(1993a)
BPA-3	2 日龄犊牛	美国	Marsh(1995)
BPA-4	6 日龄犊牛	美国	Marsh(1995)
Nc-Beef	犊牛	美国	McAllister(1998,2000)
Nc-Illinois	犊牛	美国	Condim(2002)
Nc-Goiás 1	4 月龄无症状牛	巴西	García-Melo(2009)
Ncis 491,NcIs 580	胎牛	以色列	Fish(2007)
Nc-PolB1	无症状胎牛	波兰	Cożdzik 和 Cabaj(2007)
NcSKB1	成年牛	斯洛伐克	Reiterová(2011)
Nc-Spain6,7,8,9,10; Nc-Spain	无症状牛	西班牙	Regidor-Cerrillo(2008)
Nc-Spain 1H	无症状牛	西班牙	Rojo-Montejo(2009b)
Nc-PolBb 1 and 2	美洲野牛血液	波兰	Bień(2010)

1.2.3 新孢子虫(病)研究大事记

新孢子虫的发现仅仅20余年,对新孢子虫(病)的认识是一个逐渐深入的过程,世界各地多位寄生虫研究者在这一过程中发挥了重要作用,做出了杰出贡献,对新孢子虫生物学及新孢子虫病发生中某些关键因素的发现,在推动对新孢子虫病的进一步研究及认识上起着举足轻重的作用(表1.3)。

表1.3 新孢子虫(病)研究大事记

序号	事件	国家/地区	文献来源
1	在犬体内发现该病原,但未命名	挪威	Bjerkas(1984)
2	在犬体内发现病原,将其命名为 *Neospora caninum*	美国	Dubey(1988a)
3	接种培养细胞和小鼠,成功分离出新孢子虫	美国	Dubey(1988b)
4	建立间接荧光抗体法的检测方法	美国	Dubey(1988b)
5	通过免疫组织化学诊断组织内虫体	美国	Lindsay和Dubey(1989)
6	确认新孢子虫病为奶牛流产的病因	美国	Thilsted和Dubey(1989)
7	发现新孢子虫在犬、猫、绵羊和牛体内的垂直传播	美国	Dubey和Lindsay(1989,1990);Dubey(1992)
8	建立小鼠和大鼠的感染模型	美国	Lindsay和Dubey(1989,1990)
9	进行新孢子虫病治疗药物筛选	美国	Lindsay和Dubey(1989,1990)
10	证实挪威犬体内的虫体为新孢子虫		Bjerkas和Dubey(1991)
11	证实新孢子虫病是牛流产的主要原因	美国加利福尼亚	Anderson(1991);Barr(1991)
12	从流产胎牛体内分离到新孢子虫,并用该分离虫株诱导发病		Conrad(1993);Barr(1994)
13	发现新孢子虫在奶牛中的无症状感染		Paré(1994)
14	建立了犬和牛的ELISA检测方法		Bjökman(1994);Paré(1995);Dubey(1996)
15	发现用于诊断的重组蛋白		Lally(1996)
16	发现在犬体内的垂直传播	英国	Barber和Trees(1998)
17	患脑脊髓炎的马体内发现新孢子虫样原虫	美国	Hami(1998)
18	水牛体内检出新孢子虫抗体	美国	Dubey(1998)
19	揭示新孢子虫速殖子、缓殖子、包囊和卵囊的形态结构		Lindsay(1999);Speer(1999)

续表 1.3

序号	事 件	国家/地区	文献来源
20	确认犬是新孢子虫终末宿主		Lindsay(1999)
21	通过比对 SAG1 和 SRS2 的差异，区分 *N. caninum* 和 *N. hughesi*		Marsh(1999)
22	证实垂直传播是牛新孢子虫传播的主要方式		Davison(1999)
23	家鸽、斑雀成功实验感染新孢子虫		McGuire(1999)
24	新孢子虫生活史存在森林循环型，白尾鹿中检出新孢子虫抗体		Dubey(1999)
25	用分离自犬的卵囊成功感染牛		Marez(1999)
26	新孢子虫感染的母羊反复流产		Jolley(1999)
27	沙鼠高度敏感，经口感染卵囊		Dubey 和 Lindsay(2000)
28	Toltrazuril 和 Ponazuril 是抗小鼠新孢子虫感染的有效药物		Gottstein(2005)
29	中国大陆首次确认流产胎牛感染新孢子虫	中国北京	Zhang(2007)
30	中国大陆从奶牛体内首次分离获得新孢子虫并成功传代		Yang(2010)
31	在台湾的奶牛和农场犬体内，分别检出新孢子虫抗体	中国台湾	Ooi(2000)

1.3 新孢子虫的分类与命名

新孢子虫隶属于复顶亚门(Apicocomplexa)、孢子虫纲(Sporozoa)、球虫亚纲(Coccidia)、真球虫目(Eucoccidia)、艾美耳亚目(Eimeriidae)、弓形虫科(Toxoplasmatidae)、新孢子虫属(*Neospora*)。犬新孢子虫(*N. caninum*)和洪氏新孢子虫(*N. hughesi*)是2个有效种。

1.4 新孢子虫病在全球范围内造成的经济损失

新孢子虫病已在世界范围内广泛流行，是引起牛流产最重要的影响因素之一。新孢子虫引起的流产通常发生在妊娠5～7个月，流产的奶牛将错过一个哺乳期。因此，奶牛感染新孢子虫的损失相当于1头犊牛和哺乳期牛奶的损失；肉牛感染新孢子虫的损失相当于1头犊牛。每年新孢子虫病造成新西兰肉牛产业约110万美元的损失，美国奶牛产业约5.463亿美元的损失。综合已公开报道的资料，对10个国家（澳大利亚、新西兰、加拿大、墨西哥、美国、阿根廷、巴西、荷兰、西班牙和英国）的最新调查显示，每年因新孢子虫引起牛流产造成的经济损失超过12.983亿美元，最高可达23.80亿美元，其中2/3的损失由乳制品行业产生，约为8.429亿美元；另外1/3的损失来自牛肉产业，约为4.554亿美元。全球每年近2/3的损失来自北美洲，其次是南美洲和大洋洲。在欧洲，由新孢子虫造成流产的经济损失占全球的5.3%，约为6 870万美元。

每年因新孢子虫病在澳大利亚、巴西、墨西哥和美国造成的损失均超过1亿美元，因此这些国家是控制新孢子虫或预防接种工作的主要目标市场。此外，阿根廷和新西兰农场的个体农户损失分别达到4 000美元和1.1万美元，这两个国家也是防控新孢子虫病潜在的目标市场。在个体农场，牛肉和奶制品行业的损失很少超过2 000美元。只有在阿根廷、澳大利亚、新西兰和美国的奶牛场，每年的平均损失超过2 000美元，其中新西兰和美国每个农场每年的平均损失达到1万美元。

1.5 新孢子虫病在公共卫生上的意义

新孢子虫与弓形虫形态相似，生物学特性也有很多共同之处，属于亲缘关系近的两种病原，研究还发现两者之间存在多个交叉抗原，且宿主范围也极为相似。弓形虫病是重要的人畜共患病，人是否是新孢子虫的天然宿主也就成为人类发现和研究新孢子虫的20余年中必然考虑的问题，已经有多篇报道对人体内新孢子虫抗体进行检测，分析人感染新孢子虫的可能性。值得注意的是，在对不同国家、不同人群的流行病学调查中发现，人体中存在着新孢子虫抗体。巴西的一项研究显示，被检的艾滋病患者中38%呈新孢子虫抗体阳性；在韩国，检测了172份供血者，6.7%呈新孢子虫抗体阳性。类似的检测结果在北爱尔兰和美国亦有报道。但迄今还未证实人体内新孢子虫病原的存在，因此，将新孢子虫病定义为人畜共患病还缺乏足够的依据，而人工感染恒河猴的成功提示灵长类动物具备潜在的感染风险。

参考文献

[1] Anderson M L, Blanchard P C, Barr B C, et al. Neospora-like protozoan infection as a major cause of abortion in California dairy cattle. Journal of the American Veterinary Medical Association, 1991, 198(2):241-244.

[2] Barber J, Trees A J, Owen M, et al. Isolation of Neospora caninum from a British dog. The Veterinary record, 1993, 133(21):531-532.

[3] Barber J S, Holmdahl O J, Owen M R, et al. Characterization of the first European isolate of Neospora caninum (Dubey, Carpenter, Speer, Topper and Uggla). Parasitology 1995, 111 (Pt 5):563-568.

[4] Barber J S, Trees A J. Naturally occurring vertical transmission of Neospora caninum in dogs. International journal for parasitology, 1998, 28(1):57-64.

[5] Basso W, Herrmann D C, Conraths F J, et al. First isolation of Neospora caninum from the faeces of a dog from Portugal. Veterinary parasitology, 2009, 159(2):162-166.

[6] Basso W, More G, Quiroga M A, et al. Isolation and molecular characterization of Toxoplasma gondii from captive slender-tailed meerkats (Suricata suricatta) with fatal toxoplasmosis in Argentina. Veterinary parasitology, 2009, 161 (3-4):201-206.

[7] Bien J, Moskwa B, Cabaj W. In vitro isolation and identification of the first Neospora caninum isolate from European bison (Bison bonasus bonasus L.). Veterinary parasitology, 2010, 173(3-4):200-205.

[8] Bjerkas I, Dubey J P. Evidence that Neospora caninum is identical to the Toxoplasma-like parasite of Norwegian dogs. Acta veterinaria Scandinavica, 1991, 32(3):407-410.

[9] Bjerkas I, Mohn S F, Presthus J. Unidentified cyst-forming sporozoon causing encephalomyelitis and myositis in dogs. Zeitschrift fur Parasitenkunde, 1984, 70(2):271-274.

[10] Canada N, Meireles C S, Rocha A, et al. Isolation of viable Toxoplasma gondii from naturally infected aborted bovine fetuses. The Journal of parasitology, 2002, 88(6):1 247-1 248.

[11] Canada N, Meireles C S, Rocha A, et al. First Portuguese isolate of Neospora caninum from an aborted fetus from a dairy herd with endemic neosporosis. Veterinary parasitology, 2002, 110(1-2):11-15.

[12] Conrad P A, Barr B C, Sverlow K W, et al. In vitro isolation and characterization of a Neospora sp. from aborted bovine foetuses. Parasitology, 1993, 106(Pt 3):239-249.

[13] Cuddon P, Lin D S, Bowman D D, et al. Neospora caninum infection in English Springer Spaniel littermates. Diagnostic evaluation and organism isolation. Journal of veterinary internal medicine/American College of Veterinary Internal Medicine, 1992, 6(6):325-332.

[14] Davison H C, Guy F, Trees A J, et al. In vitro isolation of Neospora caninum from a stillborn calf in the UK. Research in veterinary science, 1999, 67(1):103-105.

[15] Davison H C, Otter A, Trees A J. Estimation of vertical and horizontal transmission parameters of Neospora caninum infections in dairy cattle. International journal for

parasitology, 1999, 29(10):1 683-1 689.

[16] Dubey J P, Carpenter J L, Speer C A, et al. Newly recognized fatal protozoan disease of dogs. Journal of the American Veterinary Medical Association 1988, 192(9): 1 269-1 285.

[17] Dubey J P, Lindsay D S. A review of Neospora caninum and neosporosis. Veterinary parasitology, 1996, 67(1-2):1-59.

[18] Dubey J P, Lindsay D S. Fatal Neospora caninum infection in kittens. The Journal of parasitology, 1989, 75(1):148-151.

[19] Dubey J P, Lindsay D S. Transplacental Neospora caninum infection in cats. The Journal of parasitology, 1989, 75(5):765-771.

[20] Dubey J P, Lindsay D S. Transplacental Neospora caninum infection in dogs. American journal of veterinary research, 1989, 50(9):1 578-1 579.

[21] Dubey J P, Welcome F L. Toxoplasma gondii-induced abortion in sheep. Journal of the American Veterinary Medical Association, 1988, 193(6):697-700.

[22] Dubey J P. Lesions in transplacentally induced toxoplasmosis in goats. American journal of veterinary research, 1988, 49(6):905-909.

[23] Dubey J P. Long-term persistence of Toxoplasma gondii in tissues of pigs inoculated with T gondii oocysts and effect of freezing on viability of tissue cysts in pork. American journal of veterinary research, 1988, 49(6):910-913.

[24] Gottstein B, Razmi G R, Ammann P, et al. Toltrazuril treatment to control diaplacental Neospora caninum transmission in experimentally infected pregnant mice. Parasitology, 2005, 130(Pt 1):41-48.

[25] Hay W H, Shell L G, Lindsay D S, et al. Diagnosis and treatment of Neospora caninum infection in a dog. Journal of the American Veterinary Medical Association, 1990, 197(1):87-89.

[26] Jolley W R, McAllister M M, McGuire A M, et al. Repetitive abortion in Neospora-infected ewes. Veterinary parasitology, 1999, 82(3):251-257.

[27] Kim J H, Sohn H J, Hwang W S, et al. In vitro isolation and characterization of bovine Neospora caninum in Korea. Veterinary parasitology, 2000, 90(1-2):147-154.

[28] Lally N C, Jenkins M C, Dubey J P. Evaluation of two Neospora caninum recombinant antigens for use in an enzyme-linked immunosorbent assay for the diagnosis of bovine neosporosis. Clinical and diagnostic laboratory immunology, 1996, 3(3): 275-279.

[29] Lindsay D S, Dubey J P, Duncan R B. Confirmation that the dog is a definitive host for Neospora caninum. Veterinary parasitology, 1999, 82(4):327-333.

[30] Lindsay D S, Dubey J P. Evaluation of anti-coccidial drugs' inhibition of Neospora

caninum development in cell cultures. The Journal of parasitology, 1989, 75(6):990-992.

[31] Lindsay D S, Dubey J P. Immunohistochemical diagnosis of Neospora caninum in tissue sections. American journal of veterinary research, 1989, 50(11):1 981-1 983.

[32] Lindsay D S, Dubey J P. Neospora caninum (Protozoa: apicomplexa) infections in mice. The Journal of parasitology, 1989, 75(5):772-779.

[33] Lindsay D S, Upton S J, Dubey J P. A structural study of the Neospora caninum oocyst. International journal for parasitology, 1999, 29(10):1 521-1 523.

[34] Magnino S, Vigo P G, Bandi C, et al. Small-subunit rDNA sequencing of the Italian bovine Neospora caninum isolate (Nc-PV1 strain). Parassitologia, 2000, 42(3-4): 191-192.

[35] Marsh A E, Barr B C, Sverlow K, et al. Sequence analysis and comparison of ribosomal DNA from bovine Neospora to similar coccidial parasites. The Journal of parasitology, 1995, 81(4):530-535.

[36] Marsh A E, Howe D K, Wang G, et al. Differentiation of Neospora hughesi from Neospora caninum based on their immunodominant surface antigen, SAG1 and SRS2. International journal for parasitology, 1999, 29(10):1 575-1 582.

[37] McAllister M M, Dubey J P, Lindsay D S, et al. Dogs are definitive hosts of Neospora caninum. International journal for parasitology 1998, 28(9):1 473-1 478.

[38] McGuire A M, McAllister M, Wills R A, et al. Experimental inoculation of domestic pigeons (Columbia livia) and zebra finches (Poephila guttata) with Neospora caninum tachyzoites. International journal for parasitology, 1999, 29(10):1 525-1 529.

[39] McInnes L M, Irwin P, Palmer D G, et al. In vitro isolation and characterisation of the first canine Neospora caninum isolate in Australia. Veterinary parasitology, 2006, 137(3-4):355-363.

[40] Okeoma C M, Williamson N B, Pomroy W E, et al. Isolation and molecular characterisation of Neospora caninum in cattle in New Zealand. New Zealand veterinary journal, 2004, 52(6):364-370.

[41] Ooi H K, Huang C C, Yang C H, et al. Serological survey and first finding of Neospora caninum in Taiwan, and the detection of its antibodies in various body fluids of cattle. Veterinary parasitology, 2000, 90(1-2):47-55.

[42] Reichel M P, Alejandra Ayanegui-Alcerreca M, Gondim L F, et al. What is the global economic impact of Neospora caninum in cattle-The billion dollar question. International journal for parasitology, 2013, 43(2):133-142.

[43] Rojo M S, Collantes F E, Blanco M J, et al. Experimental infection with a low virulence isolate of Neospora caninum at 70 days gestation in cattle did not result in foe-

topathy. Veterinary research, 2009, 40(5):49.

[44] Rojo M S, Collantes F E, Regidor C J, et al. Isolation and characterization of a bovine isolate of Neospora caninum with low virulence. Veterinary parasitology, 2009, 159(1):7-16.

[45] Sawada M, Kondo H, Tomioka Y, et al. Isolation of Neospora caninum from the brain of a naturally infected adult dairy cow. Veterinary parasitology, 2000, 90(3):247-252.

[46] Speer C A, Dubey J P. Ultrastructure of early stages of infections in mice fed Toxoplasma gondii oocysts. Parasitology, 1998, 116(Pt 1):35-42.

[47] Thilsted J P, Dubey J P. Neosporosis-like abortions in a herd of dairy cattle. Journal of veterinary diagnostic investigation:official publication of the American Association of Veterinary Laboratory Diagnosticians, Inc, 1989, 1(3):205-209.

[48] Williams D J, Guy C S, McGarry J W, et al. Neospora caninum-associated abortion in cattle: the time of experimentally-induced parasitaemia during gestation determines foetal survival. Parasitology, 2000, 121(Pt 4):347-358.

[49] Yamane I, Kokuho T, Shimura K, et al. In vitro isolation of a bovine Neospora in Japan. The Veterinary record, 1996, 138(26):652.

[50] Yamane I, Kokuho T, Shimura K, et al. In vitro isolation and characterisation of a bovine Neospora species in Japan. Research in veterinary science, 1997, 63(1):77-80.

[51] Yang N, Cui X, Qian W, et al. Survey of nine abortifacient infectious agents in aborted bovine fetuses from dairy farms in Beijing, China, by PCR. Acta veterinaria Hungarica, 2012, 60(1):83-92.

[52] Zhang W, Deng C, Liu Q, et al. First identification of Neospora caninum infection in aborted bovine foetuses in China. Veterinary parasitology, 2007, 149(1-2):72-76.

第2章

新孢子虫病原学

2.1 新孢子虫的形态与结构

速殖子(tachyzoite)、组织包囊(缓殖子)和卵囊是目前已知的新孢子虫生活史中3个重要阶段的虫体形态。速殖子和组织包囊(缓殖子)存在于中间宿主体内,卵囊在终末宿主体内形成并随其粪便排出体外。

2.1.1 速殖子

2.1.1.1 形态结构

新孢子虫可寄生于宿主的所有有核细胞内,速殖子常出现在急性感染动物体内,可寄生于感染动物的神经细胞、巨噬细胞、成纤维细胞、血管内皮细胞、肌细胞、肾小管细胞和肝细胞等多种细胞内,有时在一张组织切片上可观察到100多个速殖子。寄生于不同动物体内的速殖子形态结构基本相同,多呈新月形,也可为卵圆形、圆形。寄生于不同动物的速殖子大小略有不同,犬体内的速殖子大小为(3～7) μm×(1～5) μm,平均为5 μm×2 μm,速殖子的大小也因其分裂时期不同而存在一定的差异;寄生于其他动物体内速殖子的平均大小一般为(4.8～5.3) μm×(1.8～2.3) μm。Speer等对新孢子虫和刚地弓形虫的速殖子形态学比较分析发现,新孢子虫的速殖子略大于弓形虫的速殖子。

速殖子经吉姆萨染色后,虫体轮廓清晰。部分速殖子为界限清晰的群落,其他则分散在宿主细胞胞浆内。过碘酸雪夫氏(PAS)染色下,速殖子体内的PAS阳性颗粒通常较少而且小。

大多数速殖子寄生于宿主细胞的带虫空泡(parasitophorous vacuole,PV)内。速殖子进入宿主细胞为主动入侵过程,研究表明,速殖子在与宿主细胞接触 5 min 内即可完成入侵过程。侵入宿主细胞后,速殖子不断进行增殖,在细胞内形成大小约为 45 μm×35 μm 的虫体集落,亦称为假囊,假囊内含上百个虫体。与刚地弓形虫类似,新孢子虫假囊的膜由宿主细胞膜形成而非由虫体本身分泌。假囊内的速殖子在分裂增殖到一定程度后,遂从细胞内释放,并可经由宿主循环系统在血液、腹腔液及其他部位出现,重新侵入新的细胞。

2.1.1.2 超微结构

在透射电镜下观察,速殖子具有顶复门原虫无性生殖阶段典型的细胞器。速殖子被包裹在膜下微管网络(tubulovesicular membrane network)丰富的带虫空泡内。在被感染的宿主细胞内,有一些线粒体靠近包裹速殖子的寄生空泡膜(parasitophorous vacuole membrane, PVM),可能与速殖子的营养供应有关。速殖子体表面有 3 层结构的单位膜,由单层质膜(plasmalemma)和两层内膜复合体(inner membrane complex)组成。内膜复合体是不连续的,起始于前端的极环(polar ring)处,向后伸展。微孔由内膜复合体阻断的致密层包围在外膜周围的膜鞘组成。由极环散发出的 22 条膜下微管(subpellicular microtubule)以规则间隔紧靠于内膜复合体,并延伸至虫体的后部。2 个顶环(apical ring)直接位于类锥体(conoid)上面。类锥体由 2 个呈螺旋形排列的微管组成。在虫体的前半部约有 12 条电子致密的棒状体(rhoptrie),棒状体呈现均一的电子致密性,其中有 6~8 条棒状体颈部(rhoptry neck)伸到类锥体层内。间或有 1~2 个棒状体自身发生弯折,这种现象在弓形虫速殖子内很少见。棒状体的厚度较微线(microneme)的直径大 2~4 倍。新孢子虫胞质内很少能看到微线,但在弓形虫胞质内较常见,部分微线与虫体内膜呈直角排列,少数微线处于核后方,但大多数都邻近虫体前半部的边缘。胞浆内散布 2~8 个中等电子密度、卵圆形的包涵体(inclusion body),其他细胞器包含滑面内质网、粗面内质网、核糖体及 1~2 个线粒体。

含有核仁的核呈泡状,位于速殖子的中心或略后部,核前充满了棒状体、微线等细胞器,细胞器往往成对存在。也可在一些速殖子中观察到位于后部的成对细胞器。高尔基体通常位于核前。一些电子致密体位于速殖子核后。速殖子核前后均可见到内质网、核糖体、脂质体和支链淀粉体(amylopectin)。虫体通常存在 2 个线粒体,1 个位于核前,1 个位于核后。致密颗粒(dense granules)弥散在新孢子虫胞质内,多位于速殖子的末端,而弓形虫的致密颗粒常位于速殖子的前端。新孢子虫速殖子以内出芽形式分裂,分裂速度快(图 2.1)。

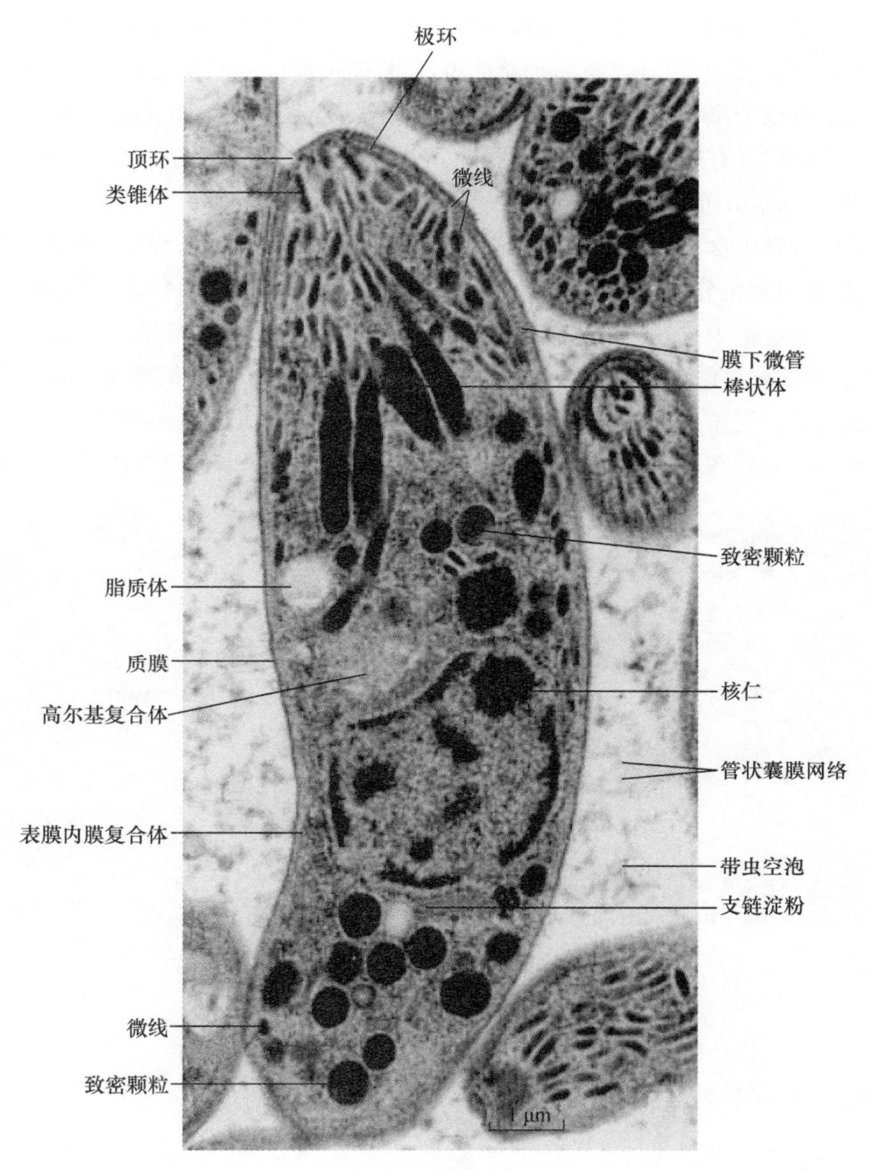

图 2.1 新孢子虫速殖子的超微结构

(引自 Speer C A, 1999)

2.1.2 组织包囊(缓殖子)

2.1.2.1 形态结构

组织包囊(tissue cyst)或称包囊(cyst),主要寄生于脑、脊髓、神经和视网膜中。包囊呈圆形或卵圆形,大小不等,一般为(15～35) μm×(10～27) μm,直径最大者可达 107 μm。包囊轮廓边缘不规则，囊壁厚度不一，通常厚度为1～2 μm，最厚可达4 μm。Nc-liverpool株包囊要小一些，但其包囊壁相对较厚。研究认为，包囊壁的厚度与感染时间的长短存在一定的关系。相对于新孢子虫，弓形虫的包囊壁都较为平滑，厚度小于0.5 μm。新孢子虫与弓形虫包囊的超微结构没有明显区别。另有报道，在自然感染的牛和犬的肌肉中发现了囊壁厚度较薄(0.3～1.0 μm)的新孢子虫包囊。

新孢子虫包囊中含有20～100个细长形的缓殖子(bradyzoite)，缓殖子外形与速殖子相似，在包囊基质内随机分布，大小为(6～8) μm×(1～1.8) μm(图2.2)。弓形虫包囊内一般含有50～500个缓殖子。过碘酸雪夫氏(PAS)染色时包囊壁颜色变化很大，缓殖子含有较多的PAS阳性颗粒。包囊基质内囊泡结构(直径为50～250 nm)的微管与缓殖子密切关联，有时能观察到其与缓殖子表膜间出现合并，缓殖子微管常成团排列。缓殖子之间常有管状结构。新孢子虫包囊在4℃下保存14 d仍能存活，但在-20℃下保存1 d即失去感染性。

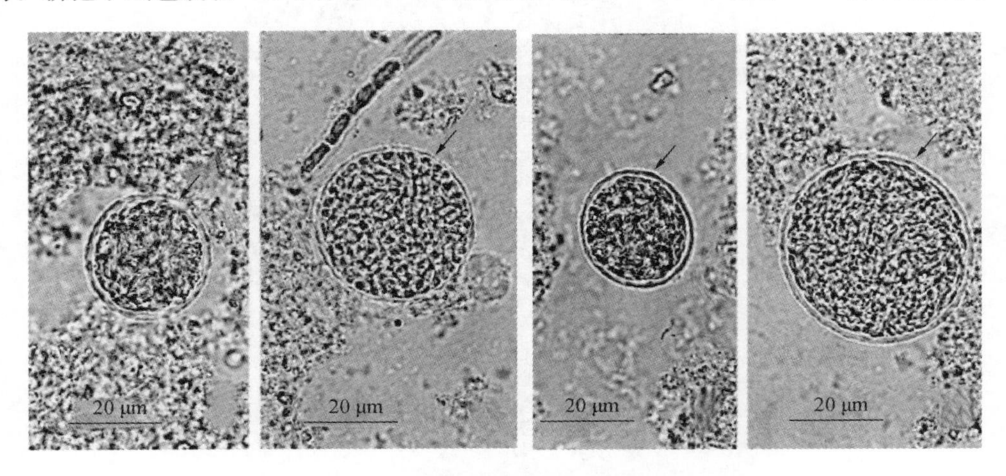

图2.2　含有缓殖子的包囊

(引自Dubey等，1998)

2.1.2.2　超微结构

新孢子虫包囊内通常含有20～100个缓殖子，包囊壁平滑，呈现分支的管状结构，无二级囊壁存在。囊壁成分主要为电子致密且较薄的初级包囊壁(primary cyst wall)和较厚的颗粒层(granular layer)。初级包囊壁位于外层，含有单层质膜；颗粒层位于内层，为填充包囊的基质(ground substance)形成的一个压缩区域，含有小囊泡(vesicle)和小而不规则的电子致密体(electron-dense body)。小囊泡呈弯曲、分支状，源自于初级包囊壁的内陷。所有包囊囊壁上均发现有小囊泡存在，而电子致密体在一些包囊中较为明显，但在某些包囊中则不易观察到。由初级包囊壁和颗粒层形成膜的厚度变化较大，从0.24 μm到2.07 μm不等，平均厚度为0.86 μm。包囊基质中含有一个大且分叶的包涵体(inclusion body)(5 μm×7 μm)和一个小的不分叶小体。这些物质与缓殖子支链淀粉颗粒有相似的密度，和一些脂质样的物质有相似的外形，然而目前仍未阐明其组成成分(图2.3)。

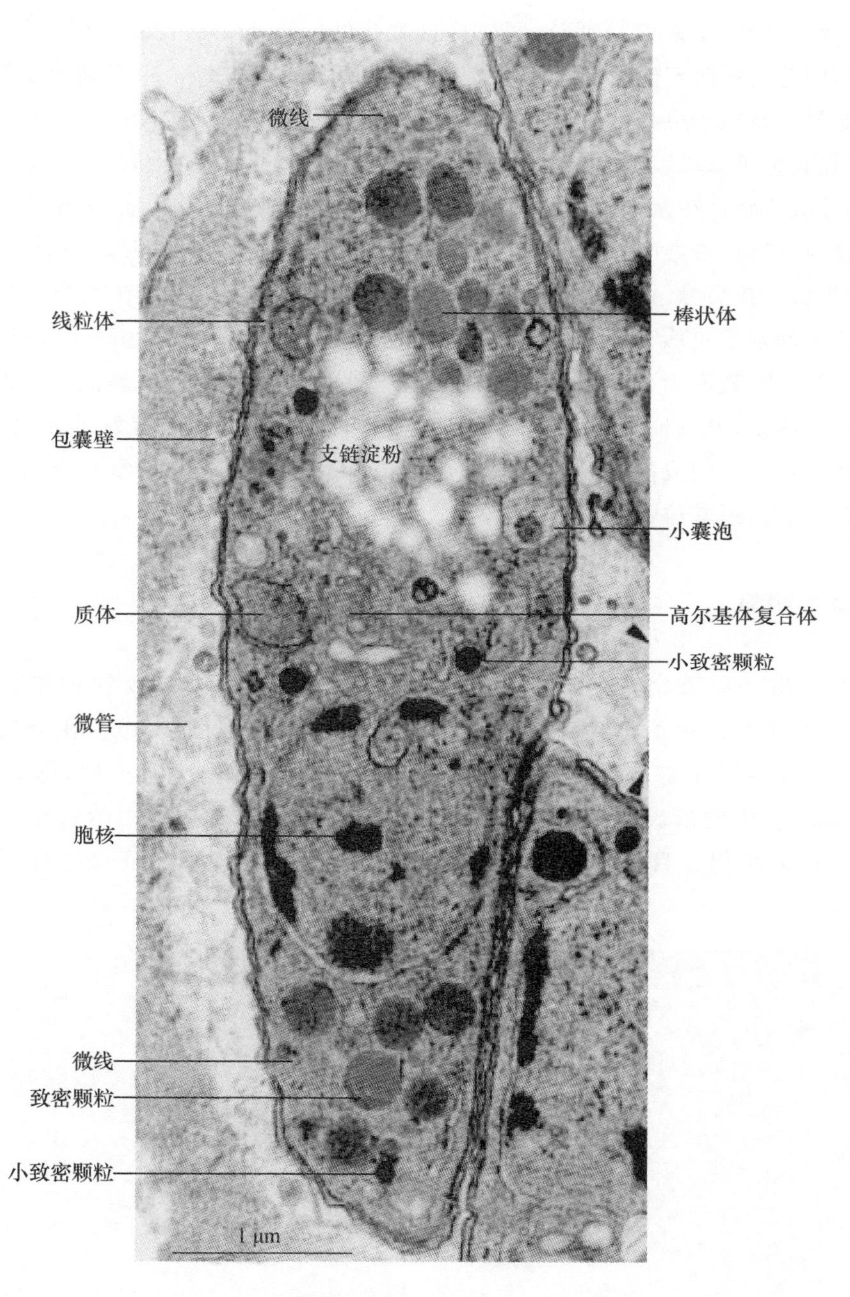

图 2.3 透射电镜下的新孢子虫 Liverpool 株缓殖子

(引自 Speer C A,1999)

胞核位于近末端,胞核后面的胞质含有微线,6 个致密颗粒和 1 个小的致密颗粒。微管从包囊壁表面放射出,小囊泡(箭头所示)在缓殖子内弥散分布

缓殖子的表膜(pellicle)是由质膜(plasmalemma)和内膜(inner membrane)组成的。缓殖子除含有顶复合器(apical complex)、胞核、线粒体、核糖体、高尔体和电子致密颗粒等典型结构外,还含有 1 个类锥体、1 个极环、22 条膜下微管、丰富的微线、6～12 个电子密度均一

的棒状体、致密颗粒、支链淀粉颗粒，间或可见微孔(micropore)。比较学研究发现，新孢子虫缓殖子不同分离株间超微结构上无明显差异，如 Nc-Liverpool 和 Nc-5 缓殖子不存在超微结构上的差异。新孢子虫和弓形虫缓殖子的微线(>40 个)和棒状体(6～12 个)数目较为相近，但大多数新孢子虫缓殖子的微线与膜呈垂直状态。弓形虫缓殖子有 1～3 个环状回折的棒状体，而此类棒状体在新孢子虫缓殖子内为较少见。新孢子虫的微线、致密颗粒及线粒体通常位于核与虫体后端之间的胞质内。有时可见弓形虫缓殖子微线和致密颗粒会位于核的侧缘，但很少位于核后缘。Nc-5 及 Nc-Liverpool 株缓殖子常有 4～8 个小致密颗粒随机分布于胞质内。新孢子虫缓殖子含有 1～8 个囊泡状小体(vesicular organelle)位于中央，圆形，由单层膜组成，直径为 250～500 nm，含有一些小而不规则的双层囊泡或短的双层膜结构。其内微线丰富，尤以顶端为甚，常与表膜垂直排列。支链淀粉颗粒为同质、不规则、电子半透明的胞质结构。间或能看到双层膜的囊泡内含有无定形的电子致密物质和双层膜成分，并与表膜结合，通常位于缓殖子顶端。

2.1.3 卵囊

卵囊仅发现于终末宿主的粪便中，在肠上皮细胞内形成，释放到肠腔后随粪便排出。刚排出的卵囊未孢子化，直径为 11～12 μm，无感染性(图 2.4)。在合适的温度和湿度条件下，48～72 h 卵囊完成孢子化，完全孢子化的卵囊具有感染性(图 2.5)。孢子化卵囊与犬粪便中的赫氏哈芒球虫(*H. heydorni*)卵囊和猫粪便中哈氏哈芒球虫(*H. hammondi*)卵囊相似。目前，对卵囊排出规律及新孢子虫卵囊在环境中存活时间尚缺乏研究。

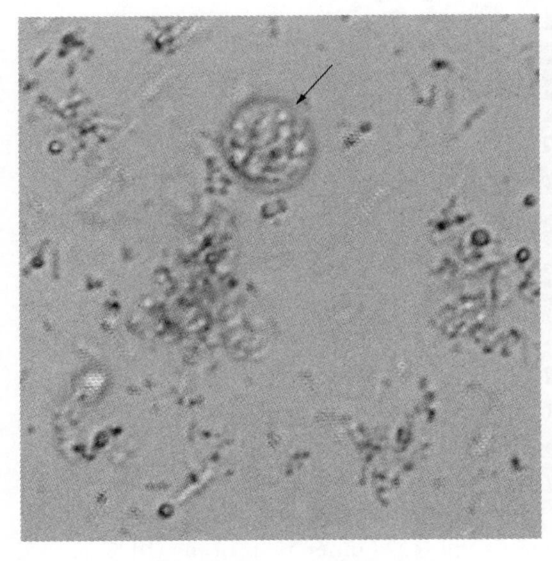

图 2.4 新孢子虫未孢子化卵囊(箭头所示)

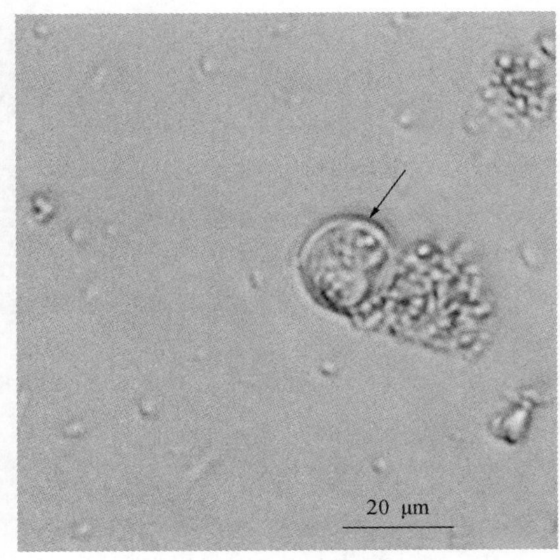

图 2.5 新孢子虫孢子化卵囊(箭头所示)

卵囊含有 2 个孢子囊，未见孢子囊残体

孢子化卵囊为球形或近似球形，大小为 11.7 μm×11.3 μm，长/宽比为 1.04。孢子化卵囊内含有 2 个孢子囊，每个孢子囊内含有 4 个子孢子(图 2.6)。卵囊壁平滑、无色，厚度为 0.6～0.8 μm，无卵膜孔(micropyle)、卵囊残体(oocyst residuum)及极颗粒(polar granules)。孢子囊为椭圆形，平滑，无色，大小为 8.4 μm×6.1 μm，长/宽比为 1.37，厚为 0.5～0.6 μm。不含斯氏体(Stieda body)。有时可见圆形或近圆形的孢子囊残体(sporocyst residuum)，其为 4.3 μm×3.9 μm 大小的浓缩颗粒众多分散颗粒。子孢子(sporozoite)狭长，大小为(7.0～8.0) μm×(2.0～3.0) μm，不含折光体，胞核位于中央或者略靠后。

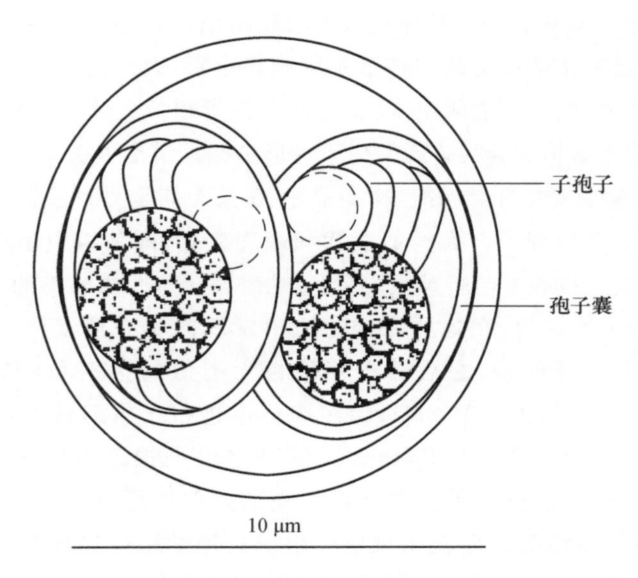

图 2.6 新孢子虫孢子化卵囊的模式图

(引自 Lindsay D S，1999)

2.2 新孢子虫的分离培养

2.2.1 新孢子虫的发现

2.2.1.1 犬新孢子虫发现史

1974 年，Hartley 和 Blakemore 在羊体内发现一种类似于孢子虫的原虫，能引起羊脑脊髓炎。同年，Beech 和 Dodd 在马体内也发现有类似寄生原虫存在。1984 年，Bjerkas 等发现在 6 只拳师幼犬的中枢神经系统(CNS)和骨骼肌中存在一种能形成包囊的孢子虫，并且伴有组织病理损伤。其中 5 只幼犬均出现神经系统紊乱及局部麻痹轻瘫的临床症状，但这些症状在幼犬 2～6 月龄时均消失。病理解剖发现在神经系统和骨骼肌的所有部位均存在广泛炎性损伤，在神经系统炎性损伤处能观察到大量虫体，这些虫体大部分寄生于胶质细胞，并呈卵圆形聚集，直径达 60 μm。这类卵圆形部分结构紧实、轮廓光滑，也有部分轮廓不规则。卵圆形结构内含松散排列的卵圆形或月牙形虫体。大量虫体的存在与坏死和炎症有关，临床症状表现为慢性炎性过程。少数虫体以卵圆形包囊的形式存在，包囊直径约 50 μm，有明显的包囊壁，但未引起炎性反应。骨骼肌中虫体的数量较神经系统少，且未发现包囊壁。在另一些犬体内发现的虫体寄生于肌膜下方，呈长梭形，与肌细胞形状相似。

1984 年，Bjerkas 等对具有临床炎性症状的犬脑组织进行电镜观察，发现有近球形和新月形虫体，这些虫体通常在带虫空泡中被宿主细胞膜包裹，大小为(4～5) μm×2 μm，具有顶复门寄生原虫的特征，包括 1 个顶锥体、22 条膜下微管和多个微线。繁殖方式为内出芽生殖。虫体裂殖子的形态结构和分裂方式类似于弓形虫和贝诺孢子虫。

费二氏实验(检测弓形虫的金标准)检测显示，5 只犬均呈弓形虫阴性。将带有虫体的犬脑组织感染蓝狐，蓝狐出现了与犬类似症状和病理变化，即脑组织出现急性炎性病理损伤，并有类似虫体出现。排除了哈芒球虫、弗伦克虫和住肉孢子虫感染的可能。

综上所述，Bjerkas 等认为，在这些犬脑组织中发现的具有顶复门原虫类似结构的虫体是一种新原虫。但遗憾的是，之后若干年中再无类似的鉴定和研究报道。1988 年，Dubey 等对之前诊断为弓形虫病的 23 只犬组织标本进行了重新诊断，在其中 10 只犬的中枢神经系统及骨骼肌中发现了与 Bjerkas 等在 1984 年所描述的具有与弓形虫类似形态结构的原虫。虽然过往的病例显示这些犬都出现了类似弓形虫病的临床症状，怀疑为弓形虫感染，但却不能与弓形虫抗体发生反应。组织病理学结果显现其导致的神经症状和肌炎更为严重，同时诱发严重的非化脓性肌炎和神经系统软化症。此外，皮炎也是主要的临床症状之一。Dubey 的研究认为其为新虫种，将该病原体命名为犬新孢子虫(*Neospora caninum*)，该虫体主要寄生于宿主神经细胞及所有有核细胞内，以内出芽生殖方式增殖，棒状体丰富。速殖子大小为(4～7) μm×(1.5～5) μm。组织包囊主要存在于神经组织内，包囊壁厚为 1～4 μm。

此后，Dubey 对送检的 2 胎幼犬进行了诊断，其中 5 只幼犬在出生后 5～8 周出现跛行症状，病理学检测发现存在神经炎和多发性肌炎，并在组织病理切片上观察到新孢子虫。Dubey 等尝试从这些患病犬内分离新孢子虫。将犬脑组织和脊髓研磨处理后，部分用于直接接种牛单核细胞(bovine monocytes)和肺动脉内皮细胞(cardiopulmonary arterial endothelial cells)，进行细胞培养分离，在培养 19、25、60 d 后分别观察到有活性的虫体。部分研磨后的组织病料接种实验犬，但实验犬未表现出临床症状，组织病理学研究亦未观察到新孢子虫病原体，血清学检验中呈弓形虫抗体阴性，而部分犬血清呈新孢子虫抗体阳性。Dubey 等将病料组织接种小鼠，观察 6～12 周，血清学检测结果为弓形虫抗体阴性，新孢子虫抗体阳性，显示小鼠均成功感染新孢子虫。12 周后将小鼠剖杀，在 25 只小鼠中有 3 只小鼠脑组织内观察到包囊。随后将分离到的新孢子虫接种实验犬，观察该病原对犬的致病性。接种

100 000 个速殖子之后 4 周内无临床症状，仅在处死前 2 d 出现精神沉郁。剖检发现，犬鼻腔出血，肺脏和肝脏有严重的损伤，肝脏暗黑且易碎、有大面积的苍白斑点。显微镜下观察，可见肝脏有多处凝固性坏死且含有大量的新孢子虫。心肌多处有单核细胞渗出且可见少量虫体。在腿部肌肉内也观察到虫体的存在，但未出现临床跛行。值得注意的是，在实验犬的眼部肌肉中亦观察到新孢子虫的存在。脑和脊髓有少量神经胶质增生。至此，Dubey 首次从新孢子虫感染犬体内分离到犬新孢子虫，并对其致病性进行了初步研究，为新孢子虫此后的研究奠定了基础。

2.2.1.2 洪氏新孢子虫发现史

1996 年，一匹 11 岁阉割的夸特马被其主人送到当地的动物医院就诊。根据主人描述，该马在就诊前 1 周出现大小便失禁和运动失调。兽医检查发现该马后肢运动失调和辨距不良，其中步态失常尤为明显，尤其是行走时头高举或转圈，并伴有间歇性滴尿。用导尿管导完尿之后，直肠触诊发现膀胱依然有尿液沉积。对临床症状的观察，初步诊断该夸特马患有脊髓病。

组织病理学检测发现，在该马的脑干头盖部分有一个单独的胶样变性病灶伴有轻度的血管周围淋巴细胞聚集。髓质部有多处病灶伴有不同程度的混合性细胞渗出、局部薄壁组织空泡化和轴索变性以及部分软化。渗出物中包括巨噬细胞、多核巨细胞、大量的淋巴细胞和散在的浆细胞。最大的炎性病灶位于白髓边缘，有大量的速殖子样结构存在，呈玫瑰花样。脊髓所有病理切片均出现类似于髓质的炎性病灶，其炎性渗出物从白质延伸到周围临近的脑膜。在脊髓炎性病灶处有较多速殖子聚集或少量组织包囊。血清学检测发现，其与新孢子虫抗血清有很强的阳性反应，而与弓形虫抗血清反应很弱，不与住肉孢子虫抗血清反应。

Mash 等将该马的脑组织和脊髓研磨后分别进行处理，胰酶消化后的组织液接种于牛单核细胞(M617)和鹿组织细胞进行培养。培养 45 d 后，在脑组织液所接种的鹿组织细胞中观察到聚集的速殖子，大小为(1.8～3.0) μm×(4.0～7.0) μm。但脊髓组织液接种的细胞中未成功分离出虫体。PCR 鉴定结果为新孢子虫阳性，弓形虫和肉孢子虫阴性。因其具有独特的分子和抗原特征，被认为是新种，将其命名为 *Neospora hughesi*(*N. hughesi*)。随后又有 2 例洪氏新孢子虫从患病马脑和脊髓中成功分离。目前认为 *N. hughesi* 只存在于马体内。

2.2.2 新孢子虫分离株

2.2.2.1 新孢子虫分离株

自 1988 年 Dubey 从犬脑组织中分离出第 1 株犬新孢子虫后，其他国家研究者相继进行新孢子虫的分离。根据文献报道，已成功分离的犬新孢子虫虫株至今共有 74 株，其中牛源

46株，犬源23株，还有1株来自怀孕母羊，4株来自白尾鹿。具体分离株信息见表2.1至表2.3。

表2.1　牛源新孢子虫分离株

国　家	分离株	病料来源	细胞培养	鼠，沙鼠	时　间
澳大利亚	Nc-Nowra	7日龄小牛	Vero	KO	2002年
巴西	BCN/PR3	胎牛	Vero	SW，gerbils	2004年
巴西	BNc-PR1	3月龄小牛	Vero	NO	2003年
巴西	Nc-Goias 1	4月龄小牛	Vero	NO	2009年
巴西	NcBrBuf-1，2，3，4，5	水牛	M617	犬、gerbils	2004年
意大利	Nc-PV1	45日龄小牛	Vero	NO	2000年
意大利	Nc-PGI	8月龄小牛	Vero	SW	2000年
日本	JPA-1	2周龄小牛	CPAE	Nude	1997年
日本	BT-3	成年母牛	NO	Nude	2000年
韩国	KBA-1	1岁小牛	Vero	NO	2000年
韩国	KBA-2	胎牛	Vero	NO	2000年
马来西亚	Nc-MalB1	1日龄小牛	NO	BALB/c	2004年
新西兰	NcNZ 1	成年母牛	Vero	NO	2004年
新西兰	NcNZ 2	2日龄小牛	Vero	NO	2004年
新西兰	NcNZ 3	死产牛	Vero	NO	2004年
葡萄牙	Nc-Porto1	胎牛	NO	SW	2002年
西班牙	Nc-SP-1	胎牛	NO	SW	2004年
西班牙	Nc-Spain 6，7，8，9，10；Nc-Spain2H，3H，4H，5H	小牛	Vero	NO	2008年
西班牙	Nc-Spain 1H	小牛	Vero	NO	2009年
瑞典	Nc-SweB1	死产牛	Vero	NO	1997年
英国	Nc-LivB1	死产牛	Vero	NO	1999年
英国	Nc-LivB2	胎牛	NO	NO	2000年
美国	BPA-1	胎牛	NO	NO	1993年
美国	BPA-2	胎牛	NO	NO	1993年
美国	BPA-3	2日龄小牛	CPAE	NO	1995年
美国	BPA-4	6日龄小牛	CPAE	NO	1995年
美国	Nc-Beef	小牛	NO	NO	1998年
美国	Nc-Illinois	小牛	NO	NO	2002年

续表 2.1

国　家	分离株	病料来源	细胞培养	鼠,沙鼠	时　间
以色列	NcIs491,NcIs580	胎牛	Vero	NO	2007 年
斯洛伐克	Nc-SKB1	成年母牛	Vero	NO	2011 年
波兰	Nc-PolB1	小牛	Vero	NO	2007 年
波兰	Nc-PolBb1 and 2	欧洲野牛	Vero	NO	2010 年

Vero＝非洲绿猴肾细胞；M617＝牛单核细胞；CPAE＝牛肺动脉内皮细胞；Nude＝裸鼠；SW＝Swiss Webster；NO＝没有提供信息；KO＝IFN-γknockout mice(IFN-γ 敲除小鼠)；gerbils＝沙鼠。

表 2.2　犬源新孢子虫分离株

国　家	分离株	病料来源	细胞培养	鼠,沙鼠	时　间
美国	Nc-1	犬脑	BM, CAE	SW	1988 年
美国	Nc-2	犬脑	BM	SW	1990 年
美国	Nc-3	犬脑	BM	SW	1991 年
美国	Nc-4, 5	犬脑	HS68	SW, KO, gerbils	1998 年
美国	Nc-6, 7, 8	犬脑	M617, CV1	SW, KO, gerbils	2004 年
美国	Nc-9	犬脑	M617, CV1	KO	2007 年
英国	Nc-Liverpool	犬脑	Vero	NO	1996 年
德国	Nc-GER1	犬脑	Vero	BALB/c	2000 年
巴西	Nc-Bahia	犬脑	Vero, COS-1	gerbils	2001 年
美国	未命名	犬粪便	Vero	KO, gerbils	2001 年
德国	Nc-GER2,3,4,5,6	犬粪便	Vero, KH-R	KO, gerbils	2005 年
德国	Nc-GER7,8,9	犬粪便	Vero	KO	2009 年
葡萄牙	Nc-P1	犬粪便	Vero	KO	2009 年
澳大利亚	WA-K9	犬皮肤	Vero	NO	2006 年

BM＝牛单核细胞；CAE＝肺动脉内皮细胞；M617＝牛单核细胞；HS68＝人龟头细胞；CV1＝非洲绿猴肾细胞；Vero＝非洲绿猴肾细胞；KO＝IFN-γknockout mice(IFN-γ 敲除小鼠)；gerbils＝沙鼠；COS-1＝SV40 转化的非洲绿猴肾细胞。

表 2.3　羊源和鹿源新孢子虫分离株

国　家	分离株	病料来源	细胞培养	鼠,沙鼠	时　间
日本	未命名	怀孕羊脑	BAE	BALB/c nu/nu mice	2001 年
美国	Nc-deer	白尾鹿脑	NO	犬	2004 年
美国	Nc-WTDVA 1-3	白尾鹿脑	CV1,M617	KO	2005 年

BAE＝牛血管内皮细胞；BALB/c nu/nu mice＝免疫缺陷小鼠；NO＝没有提供信息；KO＝IFN-γknockout mice(IFN-γ 敲除小鼠)；CV1＝非洲绿猴肾细胞；M617＝牛单核细胞。

牛源的新孢子虫分离株最多，主要是从流产胎牛、死产牛、小牛、成年母牛、水牛的脑组织及欧洲野牛的外周血白细胞分离而来。一般分离程序是将研磨后的脑组织或分离的白细胞分别接种培养细胞或小鼠，获得有活性的虫体。研究表明，从流产胎牛分离虫体的成功率较低，可能的原因在于虫体会随着胎儿的死亡而逐渐死亡，且速殖子对组织自溶的抵抗力弱，这可能就是大多数情况下能够从脑组织中检测到新孢子虫的存在，但无法成功分离新孢子虫速殖子的原因。相对于流产胎牛，先天感染的犊牛神经组织是较好的分离用组织来源。回顾分离研究历史，从新生犊牛中成功获得分离株中所占比例最多，其次是流产胎牛，再次是从成年母牛和死产牛获得。2004 年，Dubey 在巴西从水牛脑组织中成功分离出 5 株新孢子虫，分别命名为 NcBrBuf-1～5。2010 年，波兰科学家从 23 头欧洲野牛的外周血成功分离出 2 株新孢子虫，分别命名为 Nc-PolBb1 和 Nc-PolBb2，开创了新孢子虫分离的新途径和新思路。获得牛源分离虫株最多的国家是美国和西班牙，分别为 6 株和 10 株，其次是巴西和新西兰，但主要来自于同一个实验室。

尽管新孢子虫最初是从犬脑组织中发现并成功分离的，但截至 2011 年，全世界犬源分离株仅是牛源的 1/2，分别为美国、英国、德国、巴西、葡萄牙和澳大利亚 6 个国家分离的 23 株。犬作为中间宿主和终末宿主，可以分别从犬脑组织中分离出速殖子和从粪便中分离到卵囊。美国、英国和巴西研究者从犬脑组织分离，德国和葡萄牙研究者从粪便中分离卵囊，再接种沙鼠获得了新孢子虫速殖子。2006 年，澳大利亚研究人员还从患病犬的皮肤结痂中成功分离出一株新孢子虫。值得注意的是，所有犬源分离株均来自表现有临床症状的新孢子虫感染犬。

除了从牛和犬分离新孢子虫之外，日本研究人员于 2001 年成功地从怀孕母羊脑组织中分离出 1 株新孢子虫。2004 年，Gondim 等将白尾鹿的脑组织感染犬后成功收集到卵囊，首次从白尾鹿分离出 1 株新孢子虫，命名为 Nc-deer。随后 Dubey 的实验室又成功从白尾鹿脑组织中分离出 3 株新孢子虫。犬新孢子虫分离株广泛的组织来源，表明了该寄生原虫宿主的广泛性。因此可以相信，只要方法得当，将会有更多的分离株被分离出来，包括圈养动物和野生动物。

2.2.2.2 犬新孢子虫和洪氏新孢子虫的比较

犬新孢子虫和洪氏新孢子速殖子大小存在差异，犬新孢子虫比洪氏新孢子虫略大。Mash 描述犬新孢子虫大小为(5.1～8.5) μm×(1.5～2.5) μm，洪氏新孢子虫大小为(4.0～7.0) μm×(1.8～3.0) μm。Dubey 将洪氏新孢子虫分别接种基因敲除(KO)小鼠和细胞，发现 KO 鼠心脏切片的虫体大小为(4.6～6.1) μm×(1.4～2.8) μm，细胞培养上的虫体大小为(4.2～4.9) μm×(1.4～2.0) μm。

犬新孢子虫和洪氏新孢子虫最明显鉴别特征之一就是组织包囊壁厚度。Mash 从自然感染的马脊髓中发现洪氏新孢子虫的组织包囊大小为(6.9～16.0) μm×(10.7～19.3) μm，包囊壁较薄为 0.15～1.0 μm。而多篇报道显示犬新孢子虫包囊壁厚度在 1～4 μm，比洪氏新孢子虫厚。

犬新孢子虫和洪氏新孢子虫存在分子水平上的种间差异。二者之间另一个明显区别为 NcSAG1 和 NcSRS2 表面抗原间的差别。NcSAG1 和 NcSRS2 均是新孢子虫糖脂类锚定的表面抗原,有很强的免疫原性,类似于弓形虫 SAG 和 SRS 表面抗原家族。How 和 Mash 分析比较了犬新孢子虫不同分离株之间 NcSAG1 和 NcSRS2 核酸序列和蛋白序列,发现 NcSAG1 和 NcSRS2 在种内均高度保守。而犬新孢子虫与洪氏新孢子虫之间则表现出很大差异,SAG1 氨基酸序列有 6%与犬新孢子虫不同,SRS2 则有 9%的不同。此外,Mash 分析了犬新孢子虫和洪氏新孢子虫的 ITS1 基因,发现两种新孢子虫不同虫株间 ITS1 基因均高度保守,但犬新孢子虫和洪氏新孢子虫之间却存在很大的差异,进一步证实了洪氏新孢子虫和犬新孢子虫在分子水平上存在的种间差异。

目前的研究表明,犬新孢子虫和洪氏新孢子虫致病性也存在一定的差异。Dubey 通过小鼠致病性试验研究犬新孢子虫和洪氏新孢子虫的致病性差别。在分别给沙鼠接种同样剂量的速殖子(4×10^6)后,3 个分离株 Nc-1、Nc-2 和 JPA-1 犬新孢子虫对沙鼠的致病力均较强,但洪氏新孢子虫没有成功感染沙鼠。与此同时,在以 KO 鼠为模型的研究中发现,犬新孢子虫和洪氏新孢子虫均对 KO 鼠致病,但洪氏新孢子虫对 KO 鼠的病理损伤主要表现为心肌炎,而犬新孢子虫则引起 KO 鼠的急性肝炎。关于犬新孢子虫和洪氏新孢子虫致病性是否存在较大不同,还需要对此进行更为系统的研究,同时还应考虑到犬新孢子虫不同分离株间致病性的差异。

2.2.2.3 犬新孢子虫不同分离株间的比较学研究

不同犬新孢子虫分离株大小及超微结构基本相同。据文献报道,不同分离株速殖子的大小只有微小差异,已报道 Nc-1 株为(4.3～4.6) μm×(2.1～2.3) μm,Nc-SweB1 株 5 μm×1.3 μm,KBA1 和 KBA2 株(5～7) μm×(1.5～2) μm,Nc-Liverpool 株 6 μm×2 μm,BPA1 和 BPA2 株(6～8) μm×(1～2) μm,JAP1 株(5～6) μm×(1.5～2) μm,Nc-Sheep 株7 μm×3 μm。速殖子的大小还可能与速殖子生长期和分化期有关。

新孢子虫组织包囊的大小与壁厚度。不同虫株、不同宿主的包囊大小和壁厚度均存在一定差异。在先天感染新孢子虫的犬脑组织中发现的最大组织包囊达 55～107 μm。包囊壁的厚度可能与宿主年龄有关,也可能与感染持续时间有关。有研究发现,小包囊比大包囊的壁更厚。感染实验发现 Nc-Liverpool 株感染 Swiss Webster 鼠获得的包囊壁光滑,其包囊壁(2.4 μm)较 Nc-5 株(1.9 μm)厚,且 Nc-5 株包囊壁呈不规则状。据报道,Nc-Liverpool 株接种小鼠比 Nc-2 株能够在脑组织中产生更多的组织包囊。Nc-2 株与 Nc-1 株相比,Nc-2 株的缓殖子能在酸性胃蛋白酶中存活 30 min,而 Nc-1 株存活时间则较短。

不同分离株致病性的差异也是研究的重点。常用于致病性研究的小鼠模型有近交 BALB/c 小鼠、免疫缺陷小鼠、基因敲除小鼠(KO)和沙鼠,上述鼠模型对新孢子虫均较为易感。通过对小鼠的感染接种试验可以了解新孢子虫病的感染过程和症状。应用最多的动物模型是小鼠,大多采用 18～22 g、6～8 周龄的小鼠,攻虫剂量通常为 1×10^6 个/鼠。通过对临床症状、病理损伤、各脏器虫体数量及抗体水平变化情况等的观察,综合判断新孢子虫对小鼠的致病性。西班牙研究人员将其实验室分离的 8 株新孢子虫同时进行小鼠致病性比较研究,结果发现,只有一株(Nc-Spain7)在感染后第 31 天使小鼠出现临床症状,包括被毛粗糙、共济失调、瘫痪，其他虫株接种的小鼠均未表现临床症状。用PCR检测小鼠各脏器中虫体感染情况，发现感染前期或后期虫体分布情况基本一致。其病理变化与JPA1、Nc-Spain 1H和Nc-Nowra接种的小鼠模型试验相似。而Nc-1、Nc-Liverpool和Nc-SweB1感染小鼠表现出一定的神经症状。西班牙研究人员发现感染新孢子虫的小鼠脏器病理损伤程度与脏器中荷虫量密切相关，Nc-Spain 5H、Nc-Spain 7和Nc-Spain 9株感染时所致小鼠脏器中荷虫量较多，所导致的脏器病理损伤也较为严重，而Nc-Spain 2H、Nc-Spain 3H、Nc-Spain 6等感染所致小鼠脏器中荷虫数较少，其病理损伤则较轻。这种脏器荷虫数可能反映了不同虫株的增殖能力以及致病性。有趣的是，来自不同牛场分离的虫株Nc-Spain 3H和Nc-Spain 4H在分子水平上完全相同，其致病性、虫体的脏器分布及数量、病理损伤程度在统计学上差别不显著，但其感染所致的IgG1和IgG2a动态变化却明显不同，该现象提示不同虫株间可能会引起不同程度的免疫学反应，当然，这种免疫学差异也可能与感染动物个体有关。Bartley等认为速殖子在体外培养之后再回到动物体内，其毒力会减弱，所以会发生临床症状不明显或无临床症状的现象。来自于不同地区的分离株对实验动物表现出不同的致病性。NcBrBuf-1、NcBrBuf-2、NcBrBuf-3、NcBrBuf-4和NcBrBuf-5分离株对沙鼠没有明显毒力，Nc-1和Nc-Liverpool株则对沙鼠有一定的毒力。Nc-6株接种沙鼠能够造成沙鼠的急性死亡，但Nc-7和Nc-8株接种沙鼠没有表现临床症状。Swiss Webster远交鼠对Nc-Sp1、Nc-6、Nc-7和Nc-8株不易感，接种后无明显临床症状。

对于不同分离株间垂直传播能力差异目前尚无定论。研究发现，2×10^6的攻虫剂量对怀孕动物模型后代的影响，结果不一，无明显规律。

新孢子虫感染能够造成怀孕母畜的流产或死胎，不同分离株的致流产能力也表现出明显差异。如2只母羊在怀孕3个月时感染1.5×10^8个Nc-1株速殖子，在感染后25和26 d发生胎儿死亡，且在胎儿的神经组织、肌肉及胎盘中发现新孢子虫感染所致的病理损伤。12只母羊在怀孕90 d时接种7×10^5个Nc-Liverpool株和1.7×10^6个Nc-2株速殖子，有8只母羊出现流产，其余母羊则产下体弱羔羊或跛行羔羊。但实验感染发现，不是所有的分离株都能造成奶牛流产，如将Nc-Spain 1H接种怀孕70 d的母牛后，未导致流产。

用不同分离株（JAP1、JAP-2、JAP-4、JAP-5、BT-2、BPA1）进行IFAT试验，均能有效识别新孢子虫阳性血清抗体，不同分离株之间（Nc-1、Nc-Liverpool、Nc-SweB1、BPA1、Nc-LivB1、JAP-2）无明显差别。进行免疫印迹试验（immunoblotting）亦表现同样结果。犬和牛源分离株重要表面抗原NcSAG1和NcSRS2的序列没有大的变化和差异，如牛源BPA1、BPA3株和犬源Nc-1、Nc-2及Nc-Liverpool株。不同分离株Nc-5基因、18S rDNA、28S rDNA、ITS1和14-3-3基因的同源性也很高，最高达99%。α-tubulin基因、β-tubulin基因和HSP70基因在Nc-1、Nc-Liverpool和WA-K9株间无差别。缓殖子特异性的NcSAG4基因在牛源和犬源分离株间无差异（牛源Nc-SweB1和Nc-PV1株，犬源Nc-1和Nc-Liverpool株）。致密颗粒蛋白基因NcGRA6和NcGRA7在牛源和犬源分离株间无核苷酸序列的差异（牛源Nc-SweB1株，犬源Nc-1、Nc-2和Nc-Liverpool株）。

在分离过程中应用不同来源的组织，所获得虫株的培养过程不同。体外培养下的不同分离株的生长速度也存在一定差异，其毒力或活性可能影响速殖子的生长。在体外培养条件下鹿源新孢子虫分离株 Nc-WTDVA-1 的生长速度相对于其他动物源的分离株要慢，接种病料的 CV1 细胞在培养至第 127 天时才发现速殖子，之后每间隔 100 d 才传代 1 次。其他动物源的分离株生长速度相差不大。增殖速度的不同可能反映了不同分离株间毒力的差异，导致这些虫株入侵和繁殖能力的不同。

2.2.3 新孢子虫缓殖子的诱导

研究人员试图在体外培养条件下开展速殖子向缓殖子转换的试验，目前已有相关成功研究的报道。Vonlaufen 等报道了利用 17 μmol/L 硝普钠（sodium nitroprusside）连续作用于 Vero 细胞培养条件中的新孢子虫速殖子 8 d，能够显著减缓速殖子分裂速度，并成功诱导缓殖子特异性的 NcBAG1 的表达及包囊壁的形成。透射电镜显示，位于细胞质带虫空泡内的虫体已被包囊壁状结构所环绕，致密颗粒抗原 NcGRA1、NcGRA2 和 NcGRA7 转移至囊壁，将速殖子在体外转换缓殖子和培养缓殖子，有助于对缓殖子和组织包囊结构与功能的研究，缓殖子和包囊壁特异性抗原的研究也为疫苗和检测方法的研发奠定了基础。

2.2.4 新孢子虫卵囊的分离

2.2.4.1 自然感染状态下新孢子虫卵囊的分离

在美国、德国和葡萄牙，已经从自然感染的终末宿主犬的粪便中成功分离到新孢子虫卵囊。尽管 1988 年 Dubey 就从犬脑组织中分离出新孢子虫速殖子，1998 年 Dubey 也通过人工接种犬的方式成功从粪便中收集到卵囊，证实犬是新孢子虫的终末宿主，但之前一直没有从自然感染犬的粪便中分离到新孢子虫卵囊。直到 2001 年，Dubey 于美国首次从自然感染犬的粪便中收集到少量的卵囊，之后分别接种沙鼠和 KO 小鼠，并使其成功获得感染。德国学者 Schares 分离得到德国和葡萄牙的新孢子虫卵囊。2005 年，首先在德国从犬的粪便中分离得到，共获得 8 株新孢子虫卵囊，分别命名为 Nc-GER 2～9；2009 年，又于葡萄牙分离出 1 株卵囊，命名为 Nc-P1。

2.2.4.2 新孢子虫卵囊的生物学特性

从自然感染犬的粪便中分离纯化出的卵囊，均用于口腔接种基因敲除小鼠（KO）或沙鼠（gerbils），通过观察鼠的临床症状来和组织病理学变化研究进行确证。其后，有关研究主要包括分析不同分离株的感染性、感染剂量及致病性，其他研究甚少。

对人工感染所收集的卵囊的研究相对较多，所进行新孢子虫的相关研究包括生活史、致病性、传播方式、免疫学研究、易感动物模型的建立等。1998 年，McAllister 和 Dubey 等用

Nc-2、Nc-Liverpool 和 Nc-beef 虫株接种免疫缺陷小鼠获得组织包囊，饲喂犬，其中有 3 只犬在感染后 8～27 d 排出卵囊，首次发现犬是新孢子虫的终末宿主。1999 年，Lindsay 和 Dubey 等用 Nc-beef 虫株接种小鼠，并用感染鼠的组织饲喂犬，获得新孢子虫卵囊并对新孢子虫卵囊进行了结构观察，发现其孢子化卵囊的结构与弓形虫和哈蒙德虫非常相似，内含 2 个孢子囊，每个孢子囊里有 2 个子孢子。尽管 KO 小鼠对新孢子虫速殖子易感，但 1999 年 Lindsay 发现 KO 小鼠对新孢子虫卵囊不易感，给 8 只 KO 小鼠接种卵囊后，仅 1 只被成功感染。2000 年，Dubey 和 Lindsay 发现，沙鼠可以作为新孢子虫卵囊的易感动物模型。2004 年，Gondim 等分别用 Nc-Illinois 和 Nc-beef 株感染小牛，用感染组织饲喂 4 只幼狼，其中 1 只于感染后第 28 天排出新孢子虫卵囊，证实狼也是新孢子虫的终末宿主。2010 年，澳大利亚学者 King 等分别用 Nc-1 株和 Nc-Nowra 株接种小牛，然后用牛组织饲喂澳洲野犬，并在其粪便中收集到卵囊，证实澳洲野犬亦是新孢子虫的终末宿主。2004 年，Gondim 等为确定鹿是否也能够传播新孢子虫，将自然感染新孢子虫的鹿组织饲喂 4 只犬，其中 2 只排出卵囊。该研究具有很重要的意义，表明新孢子虫能够在野生动物和家养动物之间进行传播，新孢子虫宿主范围进一步扩大，也使得新孢子虫的防控更为困难。同年，Gondim 等用 Nc-2、Nc-Illinois 和 Nc-beef 株感染犬，所收集的卵囊接种 19 头怀孕母牛，结果在 6 头孕牛中证实发生垂直传播，1 头发生流产，证实感染新孢子虫卵囊能引起奶牛流产和垂直传播感染。

2004 年，瑞典研究人员用 Nc-Liverpool、Nc-Illinois、Nc-beef 和 Nc-deer 虫株分别感染犬获得相应的卵囊，经口接种 16 头怀孕母牛和 7 头小牛，不同时间采血，用 ELISA 方法分析不同感染时间母牛血清中 IgG 滴度，探讨宿主体内抗体产生和波动，研究中间宿主感染后的免疫学变化。

2.2.5 新孢子虫的传代培养

自 1988 年 Dubey 等首次从后肢瘫痪的犬脑组织内成功分离得到新孢子虫速殖子后，速殖子在体外真核细胞中成功地进行了传代和培养。迄今为止几乎能够在大多数哺乳细胞中进行体外培养与传代。常用的传代细胞系有 Vero、M617、CPAE、BM、CAE、HS68、CV1、COS-1 和 KH-R 等。利用 Vero 细胞进行传代培养和新孢子虫体外培养研究最为广泛。

新孢子虫速殖子体外培养主要程序如下：Vero 细胞于 37℃、5% CO_2 培养箱中长成单层后，将速殖子按一定比例接种于单层细胞中，继续于 37℃、5% CO_2 条件下培养。待虫体感染 90%～95%细胞时，用细胞刮将细胞刮下，通过 27 G 粗细的针头对培养细胞进行3 次破碎，以释放细胞内的速殖子。释放的新孢子虫速殖子则可以直接用于接种已长成单层的新一代 Vero 细胞。新孢子虫速殖子可于含有 10%二甲基亚砜的牛血清冻存液在液氮中长期保存。

新孢子虫速殖子体外培养下形态学变化为：在接种初期，细胞外的速殖子呈典型的月牙状或逗点状，做旋转运动，光镜下易见。侵入细胞后的单个虫体在光镜下不易被观察到。入侵细胞后的速殖子即进行增殖,第1次分裂后,在光镜下可以观察到对称排列的速殖子。随着虫体的不断增殖,带虫空泡越来越明显,在光镜下呈现出圆形,虫体在圆形寄生泡内呈辐射状排列。当增殖到一定程度后,虫体即从细胞质中释放,释放出的虫体运动活跃,无规则地向四周扩散,当接触到未破碎的细胞时,就进行新一轮的侵入和增殖。接种后72 h是虫体释放高峰,大部分的培养细胞破碎,此时需要对虫体进行传代。

2.3 新孢子虫与宿主

迄今为止,对于新孢子虫在终末宿主犬体内的发育过程尚无详细报道,所以对于新孢子虫在终末宿主体内的寄生部位、发育过程及其与宿主细胞之间的关系尚不可知。因在自然感染或人工感染犬的粪便中检出新孢子虫卵囊,故认为其在犬的肠道上皮细胞中进行与球虫类似的发育过程。

对于新孢子虫与宿主(宿主细胞)之间相互关系的研究一般是指在中间宿主体内发育阶段的研究。作为专性细胞内寄生虫,新孢子虫与其他顶复亚门原虫一样,很难在细胞外长时间存活,因此,入侵新的细胞对于新孢子虫的存活及增殖来说非常重要。新孢子虫侵入宿主细胞的同时伴随着带虫空泡的形成,处于带虫泡内的虫体以二分裂方式迅速增殖。在对体外细胞培养中虫体发育过程的观察发现,虫体在宿主细胞内分裂5～6代(在接种48～72 h后),在与虫体入侵相同信号系统的调控下致使宿主细胞破裂,新一代速殖子释出。释出的速殖子重新侵入新的宿主细胞。这一过程与弓形虫等多种胞内寄生原虫极为相似,因此对其他顶复亚门原虫与宿主之间关系的研究,也有助于对新孢子虫入侵及释放机制的理解。

2.3.1 新孢子虫的入侵及入侵相关蛋白

2.3.1.1 新孢子虫入侵机制

细胞内寄生病原有细菌、病毒以及原虫等,但不同种类病原最初侵入细胞的机制可能存在着较大差别。大多数胞内寄生细菌和病毒多以宿主细胞的吞噬作用为主,属被动侵入,该过程中宿主细胞发生了一系列生物学变化,包括细胞膜通透性的改变、肌动蛋白微丝的重组和酪氨酸磷酸化等。顶复亚门原虫与大多数胞内寄生细菌、病毒等的入侵机制截然不同,其入侵宿主细胞多为病原(虫体)的主动侵入,包括虫体在细胞表面和细胞外基质的滑移运动、黏附以及侵入宿主细胞,最终在宿主细胞内形成带虫空泡等。大量研究表明,原虫的侵入机制极为复杂,涉及多方面因素,至今仍未完全阐明。研究新孢子虫速殖子侵入、发育和增殖的分子机制,对新孢子虫病的诊断、药物靶点筛选及新孢子虫病疫苗的研制具有重要意义,也是目前新孢子虫病研究的热点之一。

新孢子虫的速殖子、缓殖子和子孢子均可直接入侵宿主细胞，其基本结构相近，均具有顶复亚门原虫侵入阶段虫体的典型特征。目前，对虫体入侵、发育、增殖及释放的研究主要集中于速殖子阶段。典型的新孢子虫速殖子形态上与弓形虫相似，呈半月形，平均大小为7 μm×2 μm。速殖子能够自主地侵入宿主细胞，其入侵过程连续且复杂，主要包括黏附和侵入，入侵过程需要消耗能量。新孢子虫入侵的第 1 步是靶细胞的识别与附着（图 2.7）。在遇到合适的宿主细胞后，速殖子会在细胞膜表面滑行直至识别到一个合适的附着点才开始其入侵过程。速殖子在与宿主细胞接触的瞬间，信号会从接触点传导到虫体前端，虫体首先伸出类锥体，随后微线经类锥体向外分泌大量微线蛋白。微线蛋白与宿主细胞膜上相应的受体结合，在新孢子虫顶端与宿主细胞膜之间形成一个可移动的连接区域（moving junction，MJ）（图 2.8）。在此之后，棒状体蛋白分泌到虫体外，并对宿主细胞进行修饰。同时，虫体在其质膜下肌动-肌球蛋白马达（actin-myosin motor）（图 2.9）所产生的自身滑动力的作用下，其前端向前迅速挤过连接区域，进入宿主细胞内。整个入侵过程大约只需 10～20 s 即可完成。在入侵过程中，新孢子虫的形态几乎不变。随着虫体的移位，连接区域也向后移动，当虫体完全侵入后，菱形蛋白（rhomboid protein，ROM）发挥其水解酶作用将与宿主细胞膜黏附的微线蛋白水解，连接区域在虫体后端融合，内陷部分在宿主体内形成带虫空泡（parasitophorous vacuole，PV），虫体居于带虫空泡内。带虫空泡形成初期，其成分与被侵入的宿主细胞膜几乎一样，但随着虫体棒状体蛋白、致密颗粒蛋白及其他一些因子对带虫空泡膜（parasitophorous vacuole membrane，PVM）的修饰，带虫空泡膜中原有的一些宿主细胞膜成分被迅速排出。虫体自身对带虫空泡成分的修饰，使其可以避免宿主细胞溶酶体的裂解及酸化作用，并与带虫空泡外液体及宿主的内吞噬系统隔离。在带虫空泡内，新孢子虫速殖子以二分裂方式迅速增殖，为下一代的侵入过程做准备。

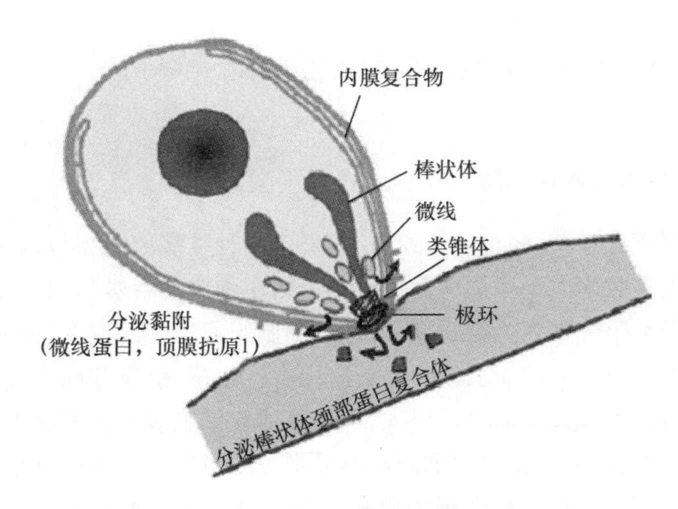

图 2.7　虫体与宿主细胞黏附过程

（引自 Besteiro S 等，2011）

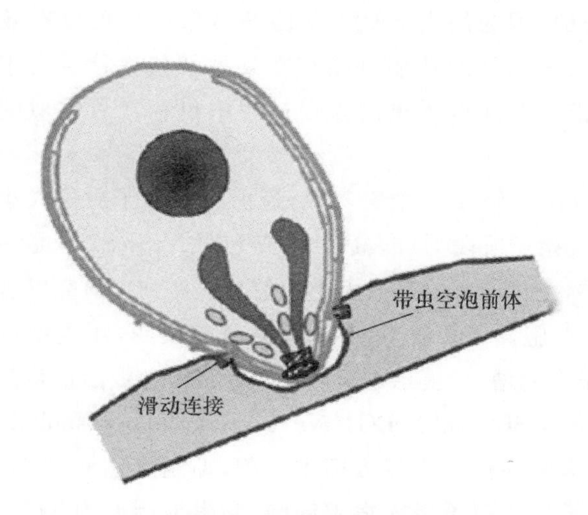

图 2.8 虫体入侵宿主细胞。滑动连接形成后,虫体主动侵入宿主细胞,并伴随带虫空泡的形成

(引自 Besteiro S 等,2011)

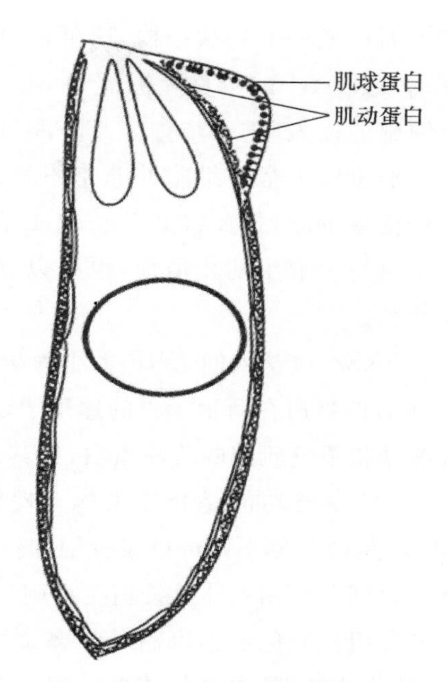

图 2.9 肌动蛋白、肌球蛋白在虫体的分布。肌动-肌球蛋白动力马达位于虫体内膜复合物

(引自 Morrissette N S 和 Sibley L D,2002)

2.3.1.2 入侵相关蛋白及其功能

虫体入侵宿主细胞是一个复杂而又高度协调的过程,伴随着入侵、增殖以及移行的发生,虫体需分泌多种相关蛋白,诸如新孢子虫表面抗原、微线蛋白、棒状体蛋白、致密颗粒蛋白、肌动-肌球蛋白以及菱形蛋白等,在新孢子虫的入侵过程中均起着重要的作用。

1. *虫体表面抗原*(surface antigens,SAGs)

已有的研究发现,细胞内寄生原虫的表面蛋白主要用于介导虫体对宿主细胞的黏附和侵入。早期研究表明,新孢子虫与宿主细胞表面以"受体-配体系统"方式进行接触,该系统极有可能建立在蛋白与蛋白相互作用的基础之上。到目前为止,已知的与新孢子虫入侵宿主细胞有关的虫体表面蛋白有 SAG1(surface antigen 1)、SRS2(SAG1 related sequence 2)、NcSAG4(neospora caninum surface antigen 4)、NcP0(Ribosomal phosphoprotein P0)和 p38(tachyzoite surface antigen p38)等。

NcSAG1:该基因的开放阅读框(opening reading frame, ORF)大小为 960 bp,编码 319 个氨基酸,表达的蛋白相对分子质量为 36 ku,NcSAG1 蛋白仅在速殖子阶段表达,是表达量最大的新孢子虫表面抗原。NcSAG1 在氨基酸序列上与弓形虫表面蛋白 1(TgSAG1)的相似性为 76.3%,两种蛋白都是以糖磷脂酰化形式锚定在宿主细胞膜上,并与宿主细胞发生黏附反应,帮助虫体顺利完成入侵过程。体外抗体中和试验表明,抗 SAG1 单克隆抗体可以部分阻止新孢子虫速殖子侵入宿主细胞,可溶性 SAG1 可以直接结合到宿主细胞表面,在其表面形成一个钩状结构，这可能就是与宿主细胞表面配体相结合的部位。Mineo 等还发现 TgSAG1 的单克隆抗体和多克隆抗体均能抑制弓形虫对人成纤维细胞和鼠肠道组织细胞的侵入，进一步佐证 TgSAG1 可结合到宿主细胞表面。也有研究表明，TgSAG1 对于弓形虫侵入宿主细胞并非是不可或缺的，因为缺失 SAG1 基因的弓形虫也可以有效地入侵宿主细胞，据此推断 TgSAG1 辅助虫体入侵的功能可能存在某种替代途径。由于新孢子虫与弓形虫的相似性，也可以据此推测在新孢子虫的入侵过程中也存在着类似的替代途径。

NcSRS2：该基因的 ORF 大小为 1 206 bp，编码 401 个氨基酸，蛋白相对分子质量大小为 43 ku，该蛋白在新孢子虫的速殖子以及缓殖子阶段均可表达。研究表明 NcSRS2 也是一种含有糖脂磷酰肌醇的跨膜蛋白，在其 N 端含有 53 个氨基酸大小的信号肽序列。研究发现 NcSRS2 的主要功能是介导虫体入侵宿主细胞。Pinitkiatisakul 等的研究表明，用重组的 NcSRS2 蛋白免疫小鼠可以减少脑部新孢子虫的增殖，提示重组 NcSRS2 蛋白免疫后产生的抗体可以部分抑制虫体入侵宿主细胞。用抗 NcSRS2 和 NcDG1（*N. caninum* dense granule 1）结合的重组抗原免疫小鼠制备的多抗可以抑制新孢子虫侵入宿主细胞，抑制率达 67.5%。此外，纯化的抗 Nc-P43 抗体可以抑制新孢子虫速殖子侵入宿主细胞，黏附抑制率为 44%，入侵抑制率为 36%。以上结果均表明，NcSRS2 与 NcSAG1 的功能相似，都是主要参与新孢子虫速殖子黏附和入侵宿主细胞的功能蛋白。

NcSAG1 和 NcSRS2 在介导虫体黏附和入侵宿主细胞的过程中发挥着重要的作用，能刺激感染动物的免疫系统，产生强烈的抗体反应，可以成为新孢子虫病诊断和免疫原的理想蛋白。新孢子虫和弓形虫在形态上相似，二者的表面抗原也具有较高的同源性。NcSRS2 与弓形虫表面相关蛋白家族中的 SRS2 的氨基酸序列一致性达 44%，NcSAG1 与 TgSAG1 的氨基酸序列相似性更是高达 76.3%。但是这种相似性并不足以激发宿主产生交叉免疫保护。因此，NcSAG1 和 NcSRS2 可以作为有效区别弓形虫和新孢子虫的优良诊断抗原，目前已有多种以 NcSAG1 和 NcSRS2 为基础构建的 ELISA 检测方法。此外，NcSAG1 和 NcSRS2 还是研制新孢子虫病疫苗的潜在候选抗原，这 2 种抗原均能够激发宿主对新孢子虫产生强烈的免疫反应。

NcSAG4：2006 年，西班牙的科学家根据新孢子虫与弓形虫的同源性，用 PCR 基因组步移法（genome walking）从新孢子虫中克隆得到一种新的表面抗原基因，命名为 NcSAG4，它是第一个被报道发现的仅在新孢子虫缓殖子时期特异性表达的基因。NcSAG4 基因的 ORF 大小为 522 bp，编码 173 个氨基酸，预测其相对分子质量为 18 ku，与弓形虫 TgSAG4 蛋白的氨基酸序列一致性达 69%。目前，NcSAG4 蛋白是否在新孢子虫入侵过程中发挥作用还尚未有报道。

NcP0：应用间接免疫荧光方法证明新孢子虫核糖体磷蛋白基因 NcP0 位于速殖子表面，亦属于虫体表面抗原。重组的 NcP0 IgG 抗体可以有效抑制新孢子虫的增殖，抑制率达到 52.5%±3.6%，说明 NcP0 在虫体入侵过程也具有一定的作用。

Ncp38：在侵入宿主细胞过程中的具体功能还有待于深入研究。

已有的多种胞内寄生原虫的表面抗原都在虫体与宿主细胞发生黏附和入侵的过程发挥重要作用，直至今日，原虫表面蛋白的分泌、定位和功能仍然是研究热点。

2. 微线蛋白(microneme proteins，MICs)

微线(microneme)为顶复合器的重要组成部分，是顶复门原虫入侵阶段虫体的重要细胞器。在微线中合成和分泌的蛋白在寄生虫入侵宿主细胞的过程中发挥着重要的作用。该类蛋白含有一系列保守的黏附性表位，其中一些黏附性表位也已被证实与虫体入侵有关。当虫体与宿主细胞接触时，虫体内的 Ca^{2+} 水平升高，刺激贮存在虫体顶端的微线蛋白释放到虫体外，与宿主细胞受体相互作用，识别并黏附宿主细胞；虫体与细胞作用形成滑动连接，微线蛋白是滑动连接的重要组成成分；肌动/肌球蛋白系统紧随其后发挥作用，虫体才能够通过移动连接处侵入细胞。

目前对于微线蛋白在虫体入侵过程中研究较为清楚的是弓形虫的微线蛋白，弓形虫是顶复亚门的模式虫体，其研究有助于推动对该类蛋白在新孢子虫乃至其他顶复亚门原虫功能的了解。已知的弓形虫 MICs 有 15 种以上，值得注意的是，在微线蛋白分泌、运输和释放过程中，常以几种微线蛋白复合体的形式发挥作用，目前已知有 MIC1/4/6 复合体、MIC3/8 复合体和 MIC2/M2AP 复合体等，在每个复合体内，必有 1 个蛋白含有 1 个跨膜区和 1 个胞质尾，胞质尾含有定位选择信号，这些结构有助于帮助复合体蛋白从内质网运输到微线的相关部位，因此，这一类蛋白被称为护航蛋白，如 MIC8、MIC6 和 M2AP 分别是 MIC3/MIC8 复合体、MIC1/4/6 复合体和 MIC2/M2AP 复合体的护航蛋白。与护航蛋白结合的可溶性蛋白具有能与宿主细胞表面结合的结构域。敲除弓形虫 MIC1 基因后，造成该复合体的 MIC4 和 MIC6 蛋白在高尔基体内滞留；敲除虫体的 M2AP 基因后，MIC2 蛋白在高尔基体滞留、积累，MIC2 的表达量也明显减少，说明可溶性蛋白只有与护航蛋白结合后，才能正确折叠，形成有生物学功能的复合体。在虫体接触宿主细胞时，微线蛋白大量分泌，分布于虫体表面，通过肌动蛋白产生的动力从虫体前部移位到虫体后端，最终被微线蛋白水解酶 MPPs 水解，虫体完全侵入宿主细胞内。敲除 MIC1 基因的弓形虫对宿主细胞的入侵率下降 50%；但有些微线基因不能被直接敲除，如 MIC2 和 AMA1 基因，推测 MIC2 和 AMA1 基因的存在对于虫体存活非常重要。当对 MIC2 及 AMA1 基因进行条件性敲除后，虫体的入侵完全被抑制，更说明这 2 种蛋白在虫体入侵过程中起着至关重要的作用。

与弓形虫相比，对新孢子虫微线蛋白功能的研究相对较少。目前已经报道的可能具有黏附作用的微线蛋白有 NcMIC1、NcMIC2、NcMIC3、NcMIC4、NcMIC10 以及顶膜抗原(apical membrane antigen 1，AMA1)。这 6 种新孢子虫微线蛋白均为Ⅰ型跨膜蛋白，在其 N 末端有信号肽序列，C 末端有单一的跨膜区域。在虫体入侵过程中，这些微线蛋白的跨膜区域被水解，并分泌到虫体外，在信号肽的引导下定位到正确的位置，与宿主细胞表面受体特异性结合，从而发挥相应的功能。这类蛋白都含有类似真核细胞黏附分子的保守结构域(图 2.10)，微线蛋白通过这些黏附性结构域，能与宿主细胞表面受体特异性结合，使虫体黏附到细胞表面，这是新孢子虫入侵宿主细胞的重要分子基础。

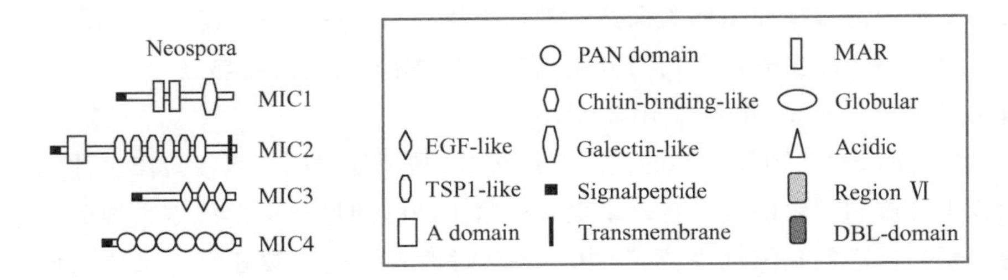

图 2.10 **A domian (Integrin A-like domain):整合素 A 样结构域;EGF-like(Epidermal growth factor like domain):表皮生长因子样结构域;MAR(microneme adhesive repeat):串联重复黏附序列;TSP1-like(Thrombospondin-like domain):血小板反应蛋白样结构域**

(引自 Friedrich 等,2010)

NcMIC1:由 460 个氨基酸编码,C 端由 278 个氨基酸组成,N 端含有 1 个由 20 个氨基酸组成的信号肽,随后有 2 个串联的重复黏附序列(microneme adhesive repeat,MAR)。NcMIC1 可与宿主细胞表面磷酸化的葡萄糖胺聚糖相结合,是糖基磷脂酰肌醇锚定的跨膜蛋白。将宿主细胞表面糖基化的位点敲除或者对宿主细胞表面葡萄糖胺聚糖进行修饰后,NcMIC1 与宿主细胞的结合能力会显著下降。

NcMIC2:是血小板反应蛋白相关匿名蛋白(thrombospondin-related anonymous protein,TRAP)家族的成员之一,定位于微线。NcMIC2 的分泌受钙离子调控,且呈现出温度依赖性,只有温度不低于 25℃时,才能被诱导产生。经比对分析发现,NcMIC2 与 TgMIC2 同源,二者氨基酸序列的一致性高达 61%,相似性高达 75%。与 TgMIC2 一样,NcMIC2 含有 1 个整合素 A 样结构域(integrin A-like domain,A domain)、6 个串联的血小管反应蛋白样结构域(thrombospondin-like domain,TSP1-like)、1 个推定的跨膜区及胞内的 C 端序列,但是其分泌形式缺少胞内的 C 端序列,这种改变与其需要分泌到虫体表面参与黏附及入侵宿主细胞是密切相关的。

NcMIC3:相对分子质量大小 38 ku,在速殖子和缓殖子阶段均有表达。NcMIC3 含有 4 个串联的表皮生长因子样结构域(epidermal growth factor like domain, EGF-like domain),这些特有的结构域可与宿主细胞表面表皮生长因子样结构位点相结合,从而介导虫体与宿主细胞的黏附。通过在大肠杆菌中体外表达 NcMIC3 的 EGF-like 结构域,发现其主要与细胞表面的硫酸软骨素糖胺聚糖(chondroitin sulfate glycosaminoglycans)相结合,从而介导虫体与宿主细胞黏着,但与侵入宿主细胞无关。

NcMIC4:是一种凝集素样蛋白(lectin-like protein),该蛋白在还原和非还原条件下的相对分子质量分别为 70 ku 和 55 ku。NcMIC4 最初是通过 α 初乳糖琼脂亲和层析法从新孢子虫速殖子中分离纯化出来的,经免疫荧光以及免疫电镜观察发现其定位于微线;通过质谱分析及表达序列标签数据库检索进一步证实该蛋白属于新孢子虫微线蛋白家族。体外细胞结合试验表明,与 NcMIC3 一样,NcMIC4 也是与细胞表面的硫酸软骨素糖胺聚糖相结合,从而介导虫体与宿主细胞黏着。

NcMIC10：NcMIC10 与其他微线蛋白一样，有典型的信号肽序列，是受钙离子浓度调控的分泌蛋白。NcMIC10 与 TgMIC10 具有很高的相似性，但没有交叉反应，因此，该蛋白是很好的新孢子虫病诊断抗原。目前关于 NcMIC10 的生物学特征和功能尚未阐明，但由于其是伴随着虫体入侵而分泌的蛋白，因此推断 NcMIC10 应该与其他微线蛋白一样也参与了虫体的入侵。

NcAMA1：是通过鼠的新孢子虫阳性血清筛选新孢子虫速殖子 cDNA 文库时发现的一种微线蛋白。NcAMA1 是一个单拷贝基因，其 ORF 大小为 1 695 bp，编码 564 个氨基酸，与 TgAMA1 序列具有 73.6%的相似性，能够与抗新孢子虫 AMA1 的抗体发生交叉反应。抗新孢子虫 AMA1 的抗体能够阻断速殖子的入侵，推测新孢子虫 AMA1 在宿主细胞入侵过程中起着关键作用。TgAMA1 基因敲除实验证实 AMA1 是弓形虫入侵宿主细胞的必需基因，由于二者相似性很高，亦推测 NcAMA1 在新孢子虫入侵过程中发挥重要作用。

蛋白免疫印迹试验证明，体外培养的新孢子虫，微线蛋白的分泌在寄生虫排出宿主细胞时就已完成，并推测新孢子虫的微线蛋白与弓形虫相似，在微线蛋白分泌、运输和释放过程中，它们以复合体形式起作用。

3. 棒状体蛋白(rhoptry proteins，ROPs)

棒状体蛋白是顶复亚门原虫的一类重要的分泌蛋白，在虫体入侵、发育和繁殖过程中均起着重要作用。在虫体侵入宿主细胞时，随着微线蛋白的分泌，棒状体蛋白也被释放到虫体外，其与带虫空泡膜的形成及其功能的发挥有关，但导致棒状体蛋白分泌的因素尚不明确。棒状体不同部位可以分泌不同的棒状体蛋白，目前有 18 种以上的弓形虫的棒状体蛋白被克隆和表达，而且棒状体蛋白可根据其功能差别分为几个蛋白家族，研究最多的有 ROP1 和 ROP2 家族。ROP2 家族包括 ROP2、ROP3、ROP4、ROP5、ROP7、ROP8、ROP11、ROP16、ROP17 和 ROP18。ROP2 蛋白在弓形虫入侵宿主细胞的过程中分泌，它在感染的宿主细胞中有助于 PV 的形成，且分泌后能迅速整合到带虫空泡膜(PVM)中，参与 PVM 功能的调节。ROP1 蛋白对虫体侵入宿主细胞的过程有促进作用。在侵入宿主细胞的早期阶段，弓形虫一经侵入宿主细胞，成熟的 ROP1 蛋白便立即和 PVM 结合，并整合于 PV 中。ROP1 在入侵完成后的几个小时内，表达量会显著降低甚至消失。已有的研究表明，弓形虫的 TgROP2 可以插入带虫空泡膜并且介导带虫空泡围绕在宿主细胞线粒体周围排布。ROP2 不仅起着联系宿主细胞与带虫空泡的作用，在其他棒状体蛋白的产生、虫体侵入、分裂增殖的过程中均起着重要作用。ROP2 家族的其他成员也和 ROP2 蛋白一样，在虫体入侵过程中发挥相似的作用。通过基因敲除技术对它们的功能研究发现，ROP1 和 ROP4 对虫体入侵宿主细胞及其在宿主细胞内的生存远没有 ROP2 重要。除了棒状体蛋白之外，棒状体颈部蛋白也在虫体入侵宿主细胞的过程中发挥作用，已有研究证实 RON2、RON4 以及 RON5 均是滑动连接的组成成分。近期有研究证实 RON8 蛋白也是 MJ 的组成成分之一。

如上所述，弓形虫的棒状体蛋白主要参与了入侵及带虫空泡的形成。据此推测，棒状体蛋白在新孢子虫侵入宿主细胞的过程中起到重要作用，但目前对新孢子虫棒状体蛋白的研究远比弓形虫少。已被克隆、表达的新孢子虫棒状体蛋白只有 ROP2。Debache 等将新孢子虫 ROP2 基因克隆到原核表达载体，获得重组蛋白 rNcROP2。体外实验发现，抗 rNcROP2 抗体对速殖子侵入宿主细胞的抑制率为 70%，表明该蛋白参与侵入过程。

从哺乳动物转铁蛋白摄取铁是很多专性寄生虫的能力，决定着它们在感染宿主细胞存活的能力。新孢子虫也不例外，近期研究发现，ROP2 蛋白能够结合宿主细胞的乳铁蛋白，这与致病机制有关，能影响虫体对宿主细胞的黏附、侵入和繁殖，进而影响虫体的致病性。此外，ROP2 蛋白定位于 PVM，其 NH_2-末端的结构域暴露于宿主细胞的胞质内，并锚定在宿主细胞的线粒体膜和内质网膜上，这种紧密联合可以为虫体提供营养，包括脂类和中间代谢产物。因此，ROP2 蛋白不仅在虫体入侵宿主细胞过程中发挥重要作用，还起着联系宿主细胞与带虫空泡的作用。

4. 致密颗粒蛋白或抗原(dense granule antigens, GRAs)

致密颗粒(dense granules) 是存在于所有球虫目原虫内的一种分泌性细胞器。致密颗粒蛋白的分泌开始于带虫空泡膜形成初期，其分泌机制尚不清楚，目前已知钙离子浓度的变化可触发其分泌至带虫空泡，而这种触发致密颗粒蛋白分泌的因素目前还没有研究清楚。在带虫空泡内，致密颗粒蛋白有 2 种存在形式：一种是以可溶性蛋白的形式存在，另一种以与带虫空泡膜相结合的形式存在。因此，致密颗粒蛋白对于带虫空泡的形成及其功能的发挥具有重要的作用。在弓形虫中，已知的致密颗粒蛋白有 14 种(GRA1～14)，2 个三磷酸核苷水解酶基因(NTPase)及 2 个酶抑制剂已被确认。其中，GRA3、GRA5、GRA7、GRA8 及 GRA9 与带虫空泡膜结合，GRA2 排放不久即在其自身 α 螺旋的作用下，组合一些泡状物，在虫体后端部分内陷而形成的口袋状结构内沉积形成微微管，随后 GRA4 和 GRA6 也与 GRA2 结合。微微管结构与带虫空泡微管系统相连，形成网络。微微管结构还可能是虫体表膜的延伸，起获取宿主细胞营养的作用。其他致密颗粒蛋白的特定作用仍有待研究。

迄今为止，从新孢子虫筛选出的致密颗粒抗原有 NcGRA2、NcGRA6(又名 NcDG2)、NcGRA7(又名 NcDG1 或 Nc-p33)和 NcNTP(又名 NTPase)，在新孢子虫基因组中还存在着与弓形虫其他致密颗粒蛋白同源性很高的未命名基因。对新孢子虫 GRA 蛋白的研究远没有弓形虫 GRA 蛋白的研究深入。

NcGRA7：NcGRA7 是一种新孢子虫速殖子期特异性表达的致密颗粒抗原，相对分子质量大小约 33 ku。NcGRA7 是用牛的新孢子虫阳性血清从新孢子虫的 cDNA 表达文库中筛选出来的。用针对该抗原的多克隆抗体进行金标染色，发现 NcGRA7 位于致密颗粒内。对 cDNA 编码的 NcGRA7 全长序列进行分析，发现该蛋白包括 3 个疏水区，即氨基末端的信号肽和 2 个附加区。其中第 3 个疏水区是跨膜区，表明 NcGRA7 可能参与 PV 膜和液泡网络的构建。将 NcGRA7 和弓形虫的 GRA 蛋白家族对比，发现其与 TgGRA7 最相近，二者的氨基酸相似性为 42%，因而该蛋白被命名为 NcGRA7。目前对 NcGRA7 的功能还缺乏了解，但对 TgGRA7 的研究发现，其与 PV 的形成和功能的发挥密切相关，推测新孢子虫的 NcGRA7 具有类似的功能。

NcGRA6：NcGRA6 是第 2 个被发现的新孢子虫致密颗粒蛋白，其相对分子质量为 37 ku。NcGRA6 也是用牛的新孢子虫阳性血清从新孢子虫的 cDNA 表达文库中筛选出来的。同样，通过将 NcGRA6 和弓形虫的 GRA 家族对比，发现其与 TgGRA6 具有 34%的氨基酸序列一致性，因此，该蛋白被命名为 NcGRA6。弓形虫的 TgGRA6 参与了 PV 骨架的形成，由于 NcGRA6 与 TgGRA6 的氨基酸序列有着较高的相似性，推测它也具有相似的功能。而且分析发现 NcGRA6 的氨基酸序列上存在疏水区，其参与 PV 膜形成的可能性更大。

NcGRA2：与 NcGRA7 一样，NcGRA2 也是一种新孢子虫速殖子阶段的致密颗粒蛋白，与 TgGRA2 同源。因为其相应的 mRNA 大量存在于新孢子虫的速殖子中，所以被认为 NcGRA2 在该阶段大量表达。对比发现 TgGRA2 是一种分泌代谢抗原，主要储存在致密颗粒中，在弓形虫入侵细胞后分泌。NcGRA2 的功能是否与 TgGRA2 相似，目前尚未明确，有待于进一步研究。

NcNTPase：三磷酸核苷水解酶(nucleoside triphosphate hydrolase, NTPase)最初被认为仅存在于弓形虫中，它是分布于弓形虫速殖子表面的一种主要特异性分子，对虫体在宿主细胞内的寄生和繁殖都具有重要的作用，是弓形虫急性感染阶段引起机体产生免疫反应的主要抗原。TgNTPase 蛋白有Ⅰ和Ⅱ 2 种亚型，其中 TgNTPase-Ⅰ仅存在于强毒株，而 TgNTPase-Ⅱ则存在于多种弓形虫虫株体内。随后，通过对新孢子虫 Nc-1 株的全长 cDNA 序列进行分析，发现新孢子虫中也存在 NTPase 基因，其编码的 NcNTPase 与 TgNTPase 的相似性高达 69%。进一步研究证实 NcNTPase 与 TgNTPase-Ⅰ具有相似的酶活性，并且存在交叉免疫原性。

尽管目前确认的新孢子虫致密颗粒蛋白还较少，而且对于已发现的新孢子虫致密颗粒蛋白功能也未阐明，但根据其入侵后释放及其带虫空泡的定位以及它们与弓形虫颗粒蛋白的相似性可以推测，这些致密颗粒蛋白主要参与了带虫空泡的形成，并与虫体获取宿主细胞营养密切相关。

5. *动力系统*

顶复亚门原虫入侵宿主细胞是一个主动侵入的过程，由于顶复亚门原虫不具有运动器官，如鞭毛或伪足等，因此，其主动入侵不仅需要多种细胞器发挥相应的功能，而且还需要虫体具有独特的动力系统才能完成。虽然对于新孢子虫动力系统的研究还未开展，但由于顶复亚门原虫入侵宿主细胞的机制高度保守，且其与弓形虫的形态结构高度相似，因此，可以根据对于弓形虫的研究来推测新孢子虫的动力系统组成及其作用机制。

弓形虫的滑移运动是由肌动-肌球蛋白马达(actin-myosin motor)复合物驱动的，目前为止发现有 5 种成分组成该复合物。其中包括弓形虫肌球蛋白 A(TgMyoA)、与 TgMyoA 相连的肌球蛋白轻链、TgGAP40、TgGAP45 和 TgGAP50。这 5 种蛋白对于肌球蛋白马达复合物的组装起着非常重要的作用，并帮助肌球蛋白复合物锚定在虫体的内膜复合物(inner membrane complex, IMC)上。同时，肌动蛋白微丝通过醛缩酶和 MIC2 等连接蛋白定位在宿主细胞膜上，形成肌动-肌球蛋白马达复合物，在该复合物的驱动下，虫体主动侵入宿主细胞。因为肌球-肌动蛋白马达发挥的作用在顶复亚门原虫入侵过程中高度保守，推测新孢子虫入侵宿主细胞的动力也来自于复合物，但新孢子虫的肌球-肌动蛋白复合物的组成以及其作用机制还有待进一步研究。

6. 菱形蛋白(rhomboid protein,ROM)

在虫体入侵宿主细胞的初始阶段,由虫体释放的表面蛋白、微线蛋白、棒状体蛋白等与宿主细胞膜相结合形成滑动连接。此滑动连接随着虫体向细胞内移动移向虫体后端,虫体反方向移动并挤入宿主细胞。新孢子虫虫体在进入宿主细胞后,滑动连接仍与宿主细胞膜连接在一起,此时需要蛋白水解酶将参与 MJ 形成的蛋白水解,尤其是需要将与宿主细胞相粘连的微线蛋白水解,之后虫体才能与宿主细胞膜彻底分离,从而进入宿主细胞。近来的研究发现,顶复亚门原虫侵入宿主细胞后需要一种菱形蛋白的酶解作用,帮助虫体从表面黏附部位脱落。菱形蛋白由一系列保守性的丝氨酸蛋白酶家族构成,在有机体内分布广泛,该类蛋白在信号转导以及生命活动等多方面发挥着重要作用。

目前在顶复亚门原虫已经被命名的菱形蛋白的有恶性疟原虫(*Plasmodium falciparum*)ROM1-10、弓形虫(*T. gondii*)ROM1-6 等。此外在球虫、隐孢子虫和泰勒虫的基因组中也发现有 ROM 样蛋白。不同的 ROM 蛋白定位在虫体或不同亚细胞器的膜上,其中 TgROM1 定位在微线膜上,TgROM2 定位在高尔基体膜上,TgROM4 和 TgROM5 都定位在虫体表膜上。TgROM4 可以裂解包括 MIC2、MIC8 和 AMA1 在内的微线蛋白,AMA1 的水解促使侵入宿主细胞的虫体开始分裂增殖。TgROM5 主要在虫体后端聚集,当虫体进入宿主细胞后,该蛋白水解酶则将黏附蛋白水解,帮助虫体从与宿主细胞黏附连接处脱落下来,此时虫体才能完全进入细胞。因此 TgROM4 和 TgROM5 在弓形虫入侵过程中起着重要的作用。

虽然在新孢子虫中还没有关于 ROM 样蛋白及其功能的研究,但是通过基因序列比对,发现在新孢子虫基因组有编码 ROM 蛋白的基因存在,其中包括 ROM1、ROM2 和 ROM3。已有的研究表明,ROM 蛋白在顶复亚门原虫在基因结构上高度保守,并且功能也趋于一致。因此,除了 ROM1、ROM2、ROM3 之外,推测新孢子虫也存在有其他 ROM 蛋白家族成员,并在虫体入侵宿主细胞过程中发挥类似作用。

7. 蛋白酶的作用

虫体侵入宿主细胞需要蛋白质的参与,这些蛋白质的组合、转运、加工、水解等过程都离不开蛋白酶的作用。目前已知的可能与新孢子虫侵入有关的、由细胞器分泌的蛋白酶有:天冬酰胺蛋白酶和丝氨酸蛋白酶,如新孢子虫枯草杆菌样蛋白(*N. caninum* subtilisin-like protein1, NcSUB1)和 ROM 蛋白。应用酶抑制剂进行酶功能抑制实验的结果表明,蛋白酶在此过程中发挥了重要作用,如天冬酰胺蛋白酶抑制剂对虫体侵入宿主细胞有很大的影响。2004 年,Morris 等研究发现新孢子虫可表达单结构域的丝氨酸蛋白酶抑制剂,并发现该蛋白集中在致密颗粒中,后来分泌到带虫空泡内,其作用有待进一步研究。蛋白质二硫键异构酶(protein disulfide isomerase,PDI)是一种丰富的氧化还原酶,催化蛋白分子中巯基与二硫键的交换反应。它在通过调转二硫桥键使富含半胱氨酸蛋白的三维构象的改变方面起重要作用。Naguleswaran 等发现,新孢子虫的 PDI 主要存在于内质网,大部分靠近虫体核膜,靠近微线及虫体表面,棒状体和致密颗粒中不存在这种蛋白。Liao 等研究证明,用 PDI 特异性抑制剂杆菌肽锌和 NcPDI 抗血清可以有效抑制新孢子虫的增殖,抑制率随着它们各自浓度增加而增长。当杆菌肽锌的浓度为 2 mmol/L 时，新孢子虫的增殖率几乎 100％受到抑制。而当 NcPDI 抗血清的浓度为 10％时，增殖率下降 50％，这些现象表明，NcPDI 在寄生虫侵入宿主细胞以及增殖过程中起很重要的作用。

8. 钙离子的作用

钙离子(Ca^{2+})是细胞内最重要的第二信使之一，在顶复亚门原虫入侵宿主细胞的信号传导中起着关键的作用。钙调蛋白(CaM)是该信号的重要调节子，钙还参与多种细胞活动。Ca^{2+}/CaM 是一组极其关键的复合体，对多种细胞功能的发挥起着调节作用，例如，细胞的运动、钙依赖蛋白的胞外分泌及酶的活性(蛋白激酶、ATP 酶、磷脂酶及磷酸二酯酶等)。Ca^{2+}/CaM 在顶复亚门原虫生命活动的各个阶段都起着极其重要的作用，虫体形态的改变，虫体细胞骨架的重排以及对宿主细胞的识别、黏附、侵入和一些分泌蛋白的排放以及虫体从宿主细胞的逃逸等过程，均与钙离子和钙调蛋白的作用密切相关。如在虫体入侵初始阶段类锥体的伸出和一些虫体分泌性蛋白包括微线蛋白、棒状体蛋白和致密颗粒蛋白的排放均依赖钙离子的调控。虽然目前关于钙离子与钙调蛋白在新孢子虫入侵阶段的研究相对较少，但是通过钙离子与钙调蛋白在弓形虫侵入宿主细胞信号转导中的作用，我们也可推测 Ca^{2+}/CaM 在新孢子虫入侵宿主细胞过程中的大致作用。

Ca^{2+}/CaM 可能参与了包括新孢子虫自身运动、黏附宿主细胞、侵入、增殖以及从宿主细胞逸出的全过程。Ca^{2+}/CaM 与肌动蛋白、肌球蛋白结合，启动虫体的运动，而后通过囊泡的分泌途径、Ca^{2+} 依赖的棒状体蛋白的外排、类锥体的伸出等一系列虫体主动侵入及宿主细胞钙库启动等被动过程，使最后宿主细胞增高的 Ca^{2+} 浓度触发虫体发出信号，完成新孢子虫对宿主细胞的整个入侵过程。

新孢子虫侵入宿主细胞，绝不是一个基因、一个蛋白质的功能能完成的，而是通过许多蛋白质分子、多个调控机制以及与宿主细胞内众多因子的相互作用来完成。目前，新孢子虫侵入宿主细胞机制的研究仍有一些难题尚待解决。例如，将带虫空泡或宿主细胞外的钙离子运输到虫体内的机制尚不清楚；与弓形虫在侵入方面起重要作用的蛋白质相比，在新孢子虫中发现的与侵入有关的蛋白质相对偏少，阻碍了新孢子虫侵入机制的进一步研究，也更加凸显了加强新孢子虫功能基因的筛选及研究的重要性，这将为新孢子虫侵入宿主细胞机制的研究和新孢子虫疫苗的研究带来很大希望；弓形虫微线蛋白有 15 种以上，在微线蛋白分泌、运输和释放过程中，它们以复合体形式起作用。与弓形虫微线蛋白相比，新孢子虫微线蛋白是否以复合体的形式起作用还不清楚。利用基因敲除技术对新孢子虫侵入宿主细胞机制的研究仍是空白；现有的研究大多数集中在入侵阶段和毒力蛋白的发现以及蛋白功能的初步验证上，只有少数深入到蛋白质对宿主细胞信号转导的调控之上。因此，对其侵入机制的研究尚有大量的工作有待开展。此外，对入侵相关蛋白的研究既可以有助于我们了解宿主和寄生虫之间的相互关系及寄生虫的致病机制，又有助于将这些蛋白应用于药物研发、诊断方法建立和免疫疫苗研究等多个领域。比如，新孢子虫速殖子的表膜蛋白中有许多糖基化蛋白，糖基化蛋白的免疫学研究是当今免疫学研究的热点问题之一，可以把新孢子虫作为一个很好的模板加以深入研究。由于新孢子虫表面蛋白在新孢子虫病免疫中的局限性，近年来对新孢子虫代谢分泌抗原在免疫中的作用成为新孢子虫病免疫研究的热点，而代谢分泌抗原由于制作简便，免疫效果明显，应进一步得到重视。可以预见，新孢子虫代谢分泌抗原将在研制安全有效的新孢子虫疫苗中发挥作用。

2.3.2 新孢子虫释放及释放相关蛋白

新孢子侵入宿主细胞后，虫体在带虫空泡内快速增殖。增殖的速殖子只有从宿主细胞内释放出来才能感染新的宿主细胞，达到扩大感染的目的。关于顶复亚门原虫的释放机制尚不清楚，目前为止还没有关于新孢子虫释放的相关研究，有关弓形虫的释放机制研究相对较多。通过对弓形虫释放的相关研究发现，有 2 种情况可以促使虫体释放：一是当虫体增殖到一定数量致使 PVM 和宿主细胞膜被机械性胀破时，虫体得以逸出，二是宿主细胞内钙离子水平升高，也可以促使虫体的释放。

研究发现，虫体释放过程与入侵过程相反，寄生在 PV 中的虫体首先要通过 PVM，再经由宿主细胞膜才能释放到宿主细胞外。而与虫体入侵过程相同的是，释放过程也要依赖肌动蛋白-肌球蛋白系统提供动力。虫体释放还受到了脱落酸(abscisic acid，ABA)的调控作用，ABA 的合成促使第二信使 cADPR 水平升高，cADPR 可以调控虫体内源性钙离子的释放，进而促进钙依赖性蛋白的分泌表达。选择性抑制脱落酸的合成，不但会导致虫体释放延迟，还显著减慢了虫体的增殖速度，致使急性感染转为慢性感染。说明 ABA 是影响弓形虫释放的因素之一。此外，穿孔素样蛋白 1(perforin-like protein，PLP1)定位于顶复亚门原虫的微线上，是攻膜复合体(membrane attack complex，MAC)的重要组成成分之一，MAC 在虫体带虫空泡膜以及宿主细胞膜上形成微小的孔道结构，帮助虫体释放。PLP1 基因缺失后，完全阻断了虫体释放，说明 PLP1 是虫体释放的必需基因。

虽然还没有关于新孢子虫释放机制以及相关蛋白的研究，但是发现在新孢子虫基因组也有编码 PLP1 蛋白的基因，并且在新孢子虫也检测到了 ABA 的存在，因此，有理由推测新孢子虫与弓形虫的释放机制相似，也受到了脱落酸以及 PLP1 蛋白的调控作用。

参考文献

[1] 蒋金书. 动物原虫病学. 北京：中国农业大学出版社，1995.

[2] Bie J，Moskwa B，Cabaj W. In vitro isolation and identification of the first Neospora caninum isolate from Europeanbison (Bison bonasusbonasus L.). Vet Parasitol，2010，173:200-205.

[3] Bjerkas I，Mohn S F，Presthus J. Unidentified cyst-forming Sporozoon causing encephalomyelitis and myositis in dogs. Parasitol Res，1984，70:271-274.

[4] Dubey J P，Carpenter J L，Speer C A，et al. Newly recognized fatal protozoan disease

of dogs. JAVMA,1988, 192:1 269-1 285.

[5] Dubey J P, Hattel A L, Lindsay D S, et al. Neonatal Neospora caninum infection in dogs: isolation of the causative agent and experimental transmission. AVMA, 1988, 193:1 259-1 263.

[6] Dubey J P, Dorough K R, Jenkins M C, et al. Canine neosporosis: clinical signs, diagnosis, treatment and isolation of Neospora caninum in mice and cell culture. Int J Parasitol,1998, 28:1 293-1 304.

[7] Dubey J P,Schares G. Diagnosis of bovine neosporosis. Vet Parasitol,2006, 140:1-34.

[8] Dubey J P, Schares G. Neosporosis in animals—The last five years. Vet Parasitol, 2011, 180:90-108.

[9] Gondima L F P, Pinheiro A M, Santos P O M, et al. Isolation of Neospora caninum from the brain of a naturally infected dog, and production of encysted bradyzoites in gerbils. Vet Parasitol,2001, 101:1-7.

[10] Lindsay D S, Uptonb S J, Dubey J P. A structural study of the Neospora caninum oocyst. Int J Parasitol,1999, 29: 1 521-1 523.

[11] Marsh A E, Barr B C, Madigan J, et al. Neosporosis as a cause of equine protozoal myeloencephalitis. JAVMA, 1996,209:1 907-1 913.

[12] McAllister M M, Dubey J P, Lindsay D S, et al. Dogs are definitive hosts of Neospora caninum. Int J Parasitol,1998, 28:1 473-1 478.

[13] McInnes L M, Irwin P, Palmer D G, et al. In vitro isolation and characterisation of the first canine Neospora caninum isolate in Australia. Vet Parasitol, 2006,137:355-363.

[14] Peters M, Wagner F,Schares G. Canine neosporosis: clinical and pathological findings and first isolation of Neospora caninum in Germany. Parasitol Res,2000, 86: 1-7.

[15] Speer C A, Dubey J P, McAllister M M, et al. Comparative ultrastructure of tachyzoites, bradyzoites, and tissue cysts of Neospora caninum and Toxoplasma gondii. Int J Parasitol,1999, 29: 1 509-1 519.

[16] Besteiro S, Dubremetz J F, Lebrun M. The moving junction of apicomplexan parasites: a key structure for invasion. Cellular Microbiology, 2011, 13(6): 797-805.

[17] Morrissette N S,Sibley L D. Cytoskeleton of apicomplexan parasites. Microbiol Mol Biol Rev, 2002, 66(1):21-38.

[18] Leepin A, Studli A, Brun R, et al. Host Cells Participate in the In Vitro Effects of Novel Diamidine Analogues against Tachyzoites of the Intracellular Apicomplexan Parasites Neospora caninum and Toxoplasma gondii. Antimicrob Agents Chemother, 2008, 52(6):1 999-2 008.

[19] Mineo J R, Mcleod R, Mack D, et al. Antibodies to toxoplasma gondii major surfance protein(SAG-1, P30) inhibit infection of host cells and are produced in murine intestine after peroral infection. J Immonol, 1993,150: 3 951-3 964.

[20] Pinitkiatisakul S, Mattsson J G, Lunden A, et al. Immunisation of mice against neosporosis with recombinant NcSRS2 iscoms. Vet Parasitol, 2005, 129(1-2):25-34.

[21] Zhang H S, Lee E G, Liao M, et al. Identification of ribosomal phosphoprotein P0 of Neospora caninum as a potential common vaccine candidate for the control of both neosporosis and toxoplasmosis. Mol Biochem Parasitol, 2007, 153(2):141-148.

[22] Dowse T, Soldati D. Host cell invasion by the apicomplexans: the significance of microneme protein proteolysis. Curr Opin Microbiol, 2004, 7:388-396.

[23] Huynh M H, Rabenau K E, Harper J M, et al. Rapid invasion of host cell by Toxoplasma requires secretion of the MIC2-M2AP adhesive protein complex. EMBO J, 2003, 22: 2 082-2 090.

[24] Zhang H S, Compaore M K A, Lee E G, et al. Apical membrane antigen 1 is a cross-reactive antigen between Neospora caninum and Toxoplasma gondii, and the anti-NcAMA1 antibody inhibits host cell invasion by both parasites. Molecular & Biochemical Parasitology, 2007, 151:205-212.

[25] Debache K, Guionaud C, Hemphill A, et al. Vaccination of mice with recombinant NcROP2 antigen reduces mortality and cerebral infection in mice infectedwith Neospora caninum tachyzoites. Int J Parasitol, 2008, 38(12):1 455-1 463.

[26] Hemphill A, Gajendran N, Sonda S, et al. Identification and characterisation of a dense granule-associated protein in Neospora caninum tachyzoites. Int J Parasitol, 1998, 28(3):429-438.

[27] Frénal K, Polonais V, Marq J B, et al. Functional Dissection of the Apicomplexan. Glideosome Molecular Architecture. Cell Host & Microbe, 2010, 8:343-357.

[28] Dowse T J, Soldati D. Rhomboid-like proteins in Apicomplexa: phylogeny and nomenclature. TRENDS in Parasitology, 2005, 21(6):254-258.

[29] Naguleswaran A, Alaeddine F, Hemphill A, et al. Neospora caninum protein disulfide isomerase is involved in tachyzoitehost cell interaction. Int J Parasitol, 2005, 35(13):1 459-1 472.

[30] Liao M, Ma L, Bannai H, et al. Identification of a protein disulfide isomerase of Neospora caninum in excretorysecretory products and its IgA binding and enzymatic Activities. Vet Parasitol, 2006, 139(1-3):47-56.

[31] Soldati D, Dubremetz J F, Lebrun M, et al. Microneme proteins: structural and functional requirements to promote adhesin and invasion by the apicomplexan parasite Toxoplasma gondii. Int J Parasitol, 2001, 31:1 293-1 302.

[32] Wetzell D M, Chen L A, Ruiz F A, et al. Calcium-mediated protein secretion potentiates motility in Toxoplasma gondii. J Cell Sci, 2004, 117:5 739-5 748.

[33] Sibley L D. How apicomplexan parasites move in and out of cells. Current Opinion in Biotechnology, 2010, 21:592-598.

[34] Nagamune K, Hicks L M, Fux B, et al. Abscisic acid controls calcium-dependent egress and development in Toxoplasma gondii. Nature, 2008,451:207-211.

[35] Kafsack B F, Pena J D, Coppens I, et al. Rapid membrane disruption by a perforin-like protein facilitates parasite exit from host cells. Science, 2009, 323:530-533.

第3章

新孢子虫流行病学

3.1　新孢子虫的生活史

速殖子、组织包囊和卵囊是已被证实的新孢子虫生活史中3个重要阶段的虫体形态。速殖子和缓殖子是新孢子虫的无性生殖阶段，存在于中间宿主体内，卵囊由新孢子虫在终末宿主小肠上皮细胞内有性繁殖产生，随粪便排到环境中。刚排出的卵囊未孢子化，无感染性。在合适的环境下，48～72 h卵囊开始孢子化，孢子化卵囊才具有感染性。速殖子、孢子化卵囊、包囊均可感染宿主。在感染的急性阶段，子孢子迅速发育繁殖为速殖子。虫体可以侵入多种有核细胞，包括巨噬细胞和淋巴细胞，可通过血液循环迅速扩散到全身并在体内多种细胞内进行增殖，导致宿主细胞的破裂，虫体释放再感染，伴随着组织的免疫病理变化和损伤，最终引发新孢子虫病。

3.1.1　新孢子虫在家畜中的发育过程

新孢子虫的中间宿主广泛，包括多种家畜和野生动物。目前已证实的新孢子虫中间宿主有牛、绵羊、山羊、马和野生动物鹿、红狐以及羚羊等，犬是其终末宿主。最近的研究表明，鸡也是新孢子虫的中间宿主。终末宿主在吞食含新孢子虫包囊的组织后，随粪便排出卵囊。中间宿主食入新孢子虫卵囊污染的饮水或者饲料后被感染。新孢子虫是一种专性细胞内寄生原虫，能够侵入中间宿主的大多数有核细胞。中间宿主在初次感染新孢子虫后，速殖子被局限在带虫空泡内进行裂殖生殖，当裂殖产生的新虫体数量达到临界值时宿主细胞破裂释放出的速殖子随即侵入临近的细胞。在免疫应答正常的宿主体内，宿主能够清除部分虫体，而速殖子转变为增殖较为缓慢的缓殖子，最终在细胞内形成组织包囊(图3.1)。组织包囊可以在感染宿主体内长期存在而不表现出任何典型的临床症状，即为慢性感染。特定条件下，如机体免疫力低下或者某些特殊生理状态下时，缓殖子被激活，转变成速殖子大量增殖，从而引发一系列的疾病。在怀孕状态下的母畜即表现为通过胎盘垂直传播给胎儿引发胎儿感染，造成死胎、流产或者新生畜的隐性感染。

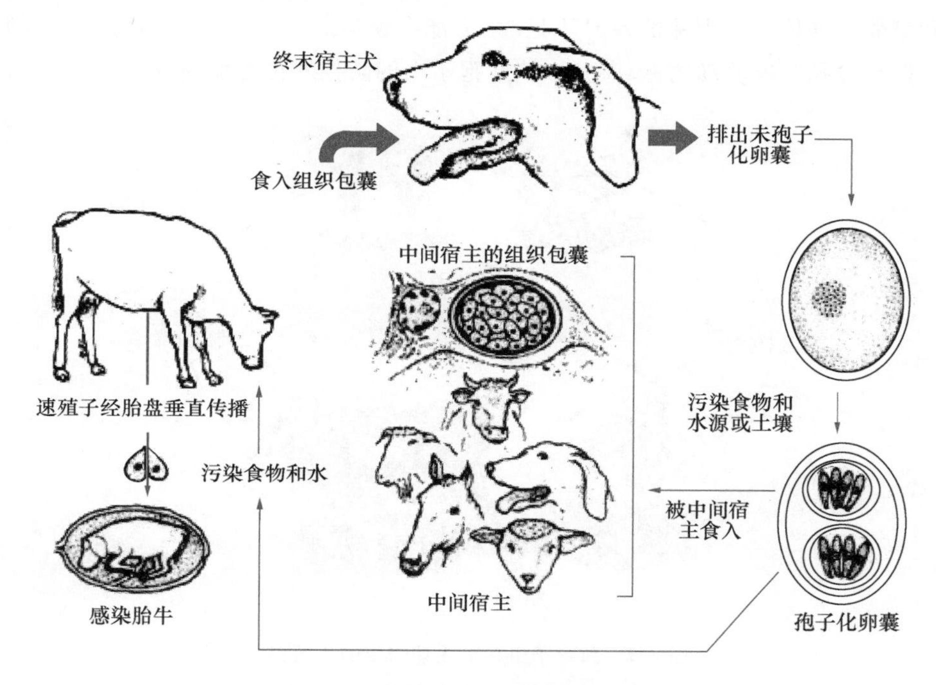

图 3.1　新孢子虫在家畜中的生活史

(引自 Dubey 等,1999)

3.1.2　新孢子虫在野生动物中的发育过程

一系列的流行病学研究表明，新孢子虫同样存在于野生动物，提示在野生动物生态圈中也存在着类似的新孢子虫循环途径(图 3.2)。多种野生动物均可以作为新孢子虫的中间宿主，野生的犬科动物既是中间宿主也可作为终末宿主。世界范围内的血清流行病学调查发现，水牛、非洲野牛、美洲水牛、麝牛、大羚羊、瞪羚、黑斑羚、驯鹿、扁角鹿、赤鹿、狍、斑马、浣熊、澳洲野犬、骆驼、鬣犬、犀牛、印度豹、狮子等野生动物均可感染新孢子虫。目前已证实郊狼、食蟹狐亦是新孢子虫的终末宿主，其他一些野生犬科动物如红狐、蓝狐也被证明存在新孢子虫感染，但尚未证实其是否为新孢子虫的终末宿主。相信随着越来越多野生动物的中间宿主和终末宿主被发现，对新孢子虫野生传播途径的认识也会日益丰富。

白尾鹿已经被证明是新孢子虫在野外的天然中间宿主之一，而北美地区丛林狼吞食新孢子虫组织包囊后，也在粪便中检出了卵囊，表明新孢子虫病在北美存在着丛林狼-白尾鹿之间的循环途径。

在对肉牛新孢子虫病流行病学研究中发现，野生犬存在地区肉牛的新孢子虫感染风险增加，表明新孢子虫存在家养动物间与野生动物间的传播途径。人工感染实验表明，犬吞食自然感染新孢子虫的白尾鹿组织后可随粪便排出卵囊。从白尾鹿分离的新孢子虫速殖子转录间隔区 1(ITS1)与已经报道的、从家畜体内获得的 ITS1 的序列一致，说明新孢子虫在野生动物和家养动物体内寄生株的差异不显著，可能在家畜和野生动物之间传播。新孢子虫野生动物循环途径与家养动物循环途径，使新孢子虫的防控变得更加困难。

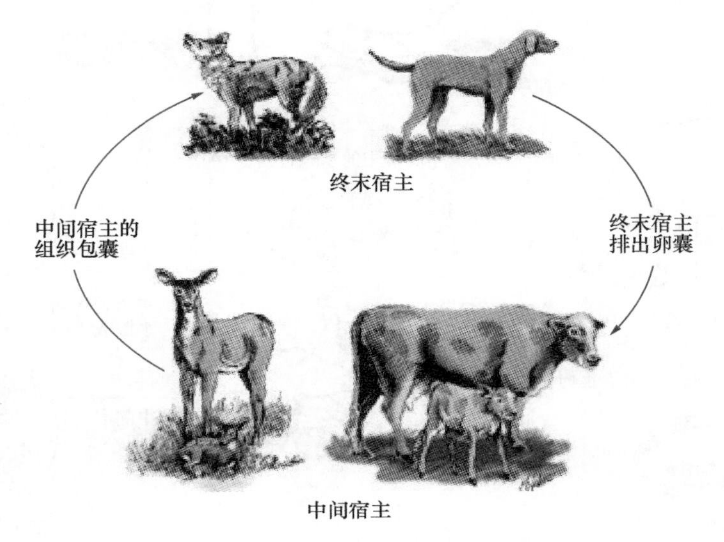

图 3.2 新孢子虫在野生动物中的生活史

(引自 Gondim，2006)

3.2 新孢子虫病的传播

新孢子虫有 2 种传播途径：垂直传播和水平传播。垂直传播是指妊娠母畜通过胎盘将新孢子虫传给胎儿，水平传播主要是指中间宿主和终末宿主间的传播。

3.2.1 垂直传播

新孢子虫在已知的感染牛只的病原中具有十分高的垂直传播效率，被认为是新孢子虫在牛群中得以持续感染的主要途径。多个研究表明，垂直传播对新孢子虫病扩散及在群体中持续存在具有重要的作用。不同牛场中新孢子虫的传播也并不完全相同，研究显示，垂直传播率为 41%～95%。Björkman 等对一个存在新孢子虫感染的牛场的家族感染史进行了研究，结果发现，该牛场所有被新孢子虫感染的奶牛均为建场时所购买的 2 头奶牛的后代。同样的现象在德国、加拿大、澳大利亚以及瑞典均存在。垂直传播基本上为内源性的传播，即感染似乎不会在感染牛和未感染牛之间发生。Anderson 等通过混合饲养新孢子虫阳性和阴性怀孕母牛,比较二者产犊后犊牛的感染情况,结果发现阴性母牛在实验结束时仍为新孢子虫阴性,所产犊牛也均为阴性。阳性母牛则发生了垂直传播,对犊牛的病理学检查发现其存在新孢子虫感染。

人工感染实验同样证明垂直传播在新孢子虫感染中的作用。给怀孕母牛进行静脉、肌肉及皮下接种体外培养速殖子可人工诱导垂直传播的发生。牛的孕期为 280 d,在孕期第 70～210 天接种速殖子都可以导致流产的发生或垂直传播而致的隐性感染。在怀孕的前 3 个月接种速殖子,更容易导致母牛流产,而在怀孕的后 3 个月接种更倾向于产出无症状的先天感染犊牛。

已有多位研究者报道了牛的垂直传播,自然发生率为 45%～100%。不同研究得到结果有一定差异,原因可能和所用的分析方法和检测方法不同有关,也可能与不同牛场间存在品种、饲养管理、环境等多方面差异有关。

根据统计学模型分析结果表明,即使水平传播在一般牛群中所占比例较低,低水平的水平传播对于维持新孢子虫感染在牛群中的存在亦十分重要。

犬新孢子虫感染的垂直传播和先天性感染已有多次报道,并可通过人工感染诱发。犬新孢子虫病主要发生在经垂直传播感染的幼犬中。Barber 和 Trees 用血清学方法对新孢子虫在犬中自然发生的垂直传播情况进行了研究,对挑选的血清抗体阳性母犬及其 179 只后代幼犬进行新孢子虫抗体检测,结果显示,20%的幼犬发生了垂直感染,其中 3%的感染幼犬出现新孢子虫病的临床症状。研究人员认为,自然状态下新孢子虫病在犬体内的垂直传播频率较低,依据流行病学检测数据分析发现,较高的感染率一般由水平传播造成。

除了犬和牛外,垂直传播在山羊、绵羊和马中也有零星报道。迄今为止,只有 2 例关于绵羊胎儿感染的报道,但给母羊人工接种速殖子可诱导经胎盘传播给胎羊。山羊的垂直传播已被多次报道。怀孕的母山羊可感染新孢子虫速殖子,在怀孕早期接种速殖子可以导致流产。马新孢子虫病的垂直传播和流产也有报道。在 *N. hughesi* 被发现和确认之前,检出的马新孢子虫病是由 *N. caninum* 还是 *N. hughesi* 引起已无法证实。最近,用 PCR 方法从 91 匹马胎儿中检出 4 例感染 *N. caninum*。

在对小鼠、猫和猴的人工感染试验中,成功诱导了新孢子虫在这些动物体内的垂直传播,但目前仍尚无垂直传播在这类动物体内自然发生的报道。

野生动物中的垂直传播还无直接证据。在某些野生动物如白尾鹿中,发现有 40%～50%的新孢子虫血清抗体阳性率,但其垂直传播还未被研究。法国报道了一家动物园犊鹿的组织损伤与新孢子虫病有关。德国一家动物园则报道了在 2 只新生羚羊中诊断出新孢子虫的先天感染;而在另一只其他母羊所产羚羊的不同组织中检测到新孢子虫 DNA,但没有观察到新孢子虫病的典型病理变化。此外,Woods 等报道 1 只 2 个月大的黑尾鹿可能先天感染了新孢子虫。

3.2.2 水平传播

目前看来成年牛在自然状态下感染新孢子虫似乎只有经口感染到环境中孢子化的新孢子虫卵囊。在一些研究中，发现了这种点接触与水平传播间的关系，且这种点接触所致的水平传播被认为与新孢子虫引发的暴发性流产有关。人工感染实验证实，牛可以通过食入新孢子虫卵囊感染新孢子虫，其中一个研究表明，7 头牛分别在食入 10^4～10^5 个卵囊后发生感染。在另一个研究中，给 3 头怀孕母牛每头经口接种 600 个卵囊，证实 3 头母牛均发生感染。相关的流行病学调查也证实，犬的存在与牛流产的暴发以及牛的新孢子虫高感染率有关。通过摄入卵囊感染是目前唯一被证实的水平传播途径。

至今仍未有牛-牛传播的报道。初生犊牛可能通过饮用污染有速殖子的牛奶而感染，但是自然状态下通过哺乳感染新孢子虫还未得到证实。Uggla 等将大量体外培养的速殖子混入初乳中，经口饲喂 4 头新生小牛。接种后 15 周和 19 周，用组织病理学和免疫组化方法检测被接种牛的组织，未能证实感染。但用 PCR 方法在其中 2 头牛体内检测到新孢子虫的 DNA，因而可以推断通过乳汁进行的水平传播方式在母牛-犊牛间是有可能存在的。Davison 在另一项研究中对 3 种可能存在的水平传播方式进行了研究。实验分为 3 组：6 头新生小牛喂食初乳或混有新孢子虫速殖子的乳汁，2 头小牛喂食感染的牛胎盘，7 头小牛直接由自然感染新孢子虫的母牛喂养。结果在 3 组小牛中都未观察到病理损伤或虫体。仅在第一次实验中，检测到特异性抗体和淋巴组织的增生。作者推测含有虫体的初乳和乳汁不是一个有效的新孢子虫传播方式，这可能与大部分速殖子在食入后被胃酸消化有关。

对于新孢子虫是否可通过交配传播目前仍未可知。Ortega-Mora 在新鲜和冻存的新孢子虫血清抗体阳性公牛精液中检测到新孢子虫的 DNA，但是 DNA 的检出率和样本中的虫体量都非常低。故通过人工授精或自然交配能否有效的传播新孢子虫仍不得而知。

3.2.3 新孢子虫在犬中的传播

虽然对于垂直传播最早的了解源自对犬的研究，但犬在自然状态下如何获得感染仍不清楚，而犬在人工感染下能够进行垂直传播已被证实。大多数情况下，垂直传播所造成的幼犬感染，其临床症状在出生后 5～7 周才会出现。这也表明，感染可能发生在妊娠后期或者是通过哺乳后天感染。不同研究报道的垂直传播率相差很大，这些情况与奶牛中的垂直传播有着较大的不同。对比年龄与血清阳性率的关系后发现，犬大部分的感染似乎都发生在出生后，因为年龄越大的犬阳性率越高。人工感染实验表明，摄取流产的胎牛组织似乎并不是犬感染新孢子虫的重要原因。食入胎衣有可能是犬感染的另一个原因。因为已经证明新孢子虫能够存在于自然感染母牛的胎盘内，犬在吞食了新鲜的血清阳性母牛的胎盘后，能够在其粪便中检测到卵囊。人工饲喂犬感染新孢子虫的组织能够致犬新孢子虫感染，但犬在摄入卵囊后能否感染目前还没有相关的研究报道。

此外，血清流行病学调查结果证实，牛场饲养的犬新孢子虫血清抗体阳性率远远高于城市中的犬，表明牛场中的犬比城市中的犬有更多的机会接触到带有新孢子虫的牛组织，如胎盘、流产胎儿和其他组织。

3.2.4 牛场中新孢子虫流行病学

在某特定牛场中，新孢子虫诱发的流产主要表现为流行性(epidemic)和地方性(endemic)2种模式。流行性流产是指流产暴发持续时期较短，母牛4周内的感染风险为15%以上，8周内的感染风险为12.5%，12周内的感染风险在10%的流产暴发模式。相反，如果流产在某个牛群中持续存在数月甚至是数年，则被称为地方性流产。有报道显示，在经历过流行性流产之后若干年，牛群中可能发生持续性的地方性流产。

根据流行病学资料分析认为，新孢子虫诱发的流行性和地方性流产所产生的原因各不相同。流行性流产被认为是健康母牛初次感染新孢子虫所致。初次感染的原因可能是摄入了被卵囊污染的饲料或者饮水。由于群体中的不同个体可能同时接触到这些被污染的饲料或饮水，由此造成的外源性感染所致流产才会在较短时间内集中暴发。研究发现，该类牛群低亲和力的IgG反应支持了这种假设。虽然流行性流产与接触新孢子虫卵囊有密切的关系，但并非所有的研究都呈现这种固定的联系，在对荷兰某个牛场的血清学调查后发现，该牛场有很高比率的血清学转阳率，而且这些阳性牛的IgG亲和力较低，表明牛群可能受到初次感染，但这种血清学急剧变化并未造成流产的暴发。因而对于流行性流产的发生，可能还与感染量以及牛群易感性包括宿主的免疫及妊娠状态有关。

地方性流产被认为主要是由于牛群中隐性感染新孢子虫持续不断地发生垂直传播而造成的流产现象。在许多发生地方性流产的牛场中，母牛-犊牛间的血清学状态常呈正相关，这也从另一方面说明垂直传播可能是地方性流产得以维持的主要原因。在对比血清学阳性母牛和血清学阴性母牛的流产率后发现，前者发生流产的几率要远远大于后者。

犬是新孢子虫的终末宿主。在对牛场进行的流行病学研究中，犬的存在与否(无论在调查时还是在过去10年内)及其数量与牛群新孢子虫阳性率都有很大的关系，犬因而成为牛感染新孢子虫的风险因素之一。由于犬在牛场中的活动而造成新孢子虫的传播及扩散，且犬在饲养区活动对牛的感染风险要大于其在仓储区活动所造成的风险。结合农场管理人员的描述及血清学研究结果，在新孢子虫阳性率高的牛场，犬摄取胎盘和牛奶的机会要远高于低新孢子虫阳性率的牛场。这些研究表明，农场中犬所获取的流产组织、胎盘甚至牛奶都增加了犬被新孢子虫感染的机会，也间接地增加了牛群被感染的机会。另外，犬的状态也是影响因素之一。对犬的人工感染实验表明，低龄犬相对于高龄犬更易被感染，且前者卵囊排出量要大于后者。当这些因素加以叠加时，同处于一个牛场的牛群感染新孢子虫的风险也会随之增加。

3.3 动物新孢子虫病的流行病学

3.3.1 概述

动物新孢子虫感染呈世界性分布，英国、美国、荷兰、澳大利亚、芬兰、瑞士、挪威、爱尔兰、哥斯达黎加、以色列、南非、泰国、越南、菲律宾、韩国、古巴、冰岛、俄罗斯以及我国周边的韩国、日本等国均有奶牛新孢子虫病引发流产的报道(图 3.3)。自新孢子虫被发现以来世界范围内的流行病学研究一直持续进行。根据已有的血清流行病学资料，在猫、骆驼、猪、山羊、绵羊、水牛、奶牛、马、红狐、郊狼、灰狐、澳洲野犬、浣熊、黑熊、白尾鹿、鼠、海狮、水獭等动物中均检测到新孢子虫阳性存在。值得注意的是，在多个研究小组对不同国家的不同人群的血清学调查中发现，血清学阳性同样存在。在巴西的一项研究中，38%的艾滋病患者呈现新孢子虫阳性，而在韩国对 172 份供血者的调查中发现有 6.7%呈现新孢子虫抗体阳性，北爱尔兰和美国也有类似的报道。但目前新孢子虫病原在人体内的存在还未得到证实。在一项人工感染恒河猴的实验中证明，其能够被新孢子虫感染，这也提示灵长类动物具有潜在的感染风险。

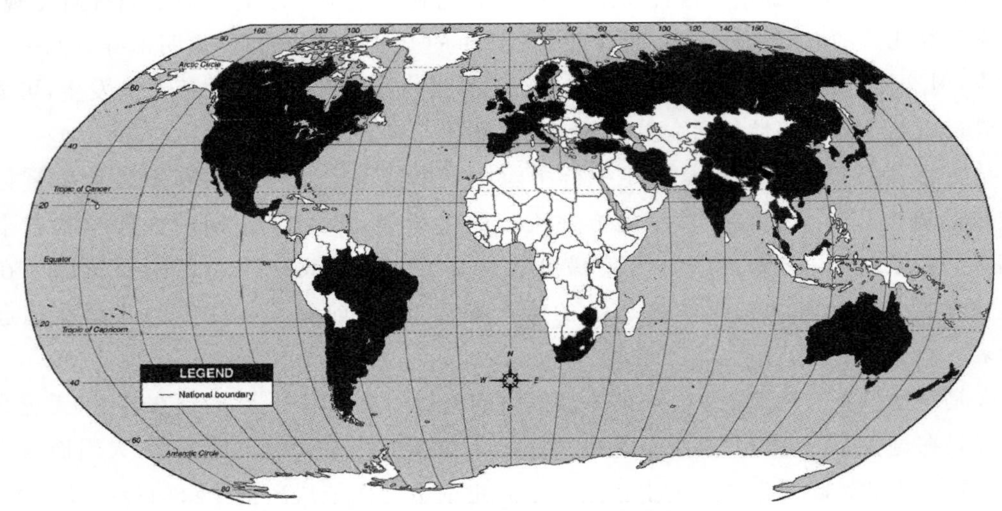

■ 已报道的存在新孢子虫感染的国家/地区

□ 尚未见报道存在新孢子虫感染的国家/地区

图 3.3　新孢子虫病的世界范围流行情况

国内新孢子虫病研究开展较晚，2003 年开始有奶牛新孢子虫病的报道。刘群等应用 ELISA 试剂盒对北京及山西地区某些奶牛场进行奶牛血清新孢子虫抗体检测，发现流产牛中新孢子虫的血清抗体阳性率为 26.67%，无流产史的奶牛血清抗体为阴性。随后，应用建立的 ELISA 方法对全国 10 个省(市)部分地区奶牛进行新孢子虫血清流行病学初步调查，结果显示，被检奶牛的平均血清阳性率为 20.3%，且在各地区奶牛中均检测到新孢子虫抗体，说明该病已经广泛存在于我国的奶牛场中。2007 年，对北京某奶牛场的流产胎牛进行病原鉴定，首次证实我国大陆流产胎牛存在新孢子虫感染。

3.3.2 各种动物的新孢子虫感染

3.3.2.1 家畜

新孢子虫病是多种家畜共患的原虫病，对牛的危害尤其严重，主要造成孕畜流产、死胎以及新生儿的运动神经系统功能障碍。全球大部分国家和地区均有新孢子虫病发生的报道，其中主要是关于牛新孢子虫病的报道。不同国家地区所报道的牛新孢子虫病的感染强度有一定差异，血清抗体阳性率为 13.5%～82%。1995 年针对美国加利福尼亚州 26 群共计 19 708 头奶牛的调查结果显示，266 头流产母牛中有 113 头(占 42.5%)是由新孢子虫感染引起的，该州的某些奶牛场中犊牛先天性感染率高达 78%～88%。表 3.1 至表 3.3 分别为世界范围内犬和牛的新孢子虫病血清抗体流行情况。

表 3.1 世界范围内犬的新孢子虫病血清抗体流行情况

国家	地区	类型	检测数量/只或头	阳性率/%	检测方法	抗体滴度
阿根廷	布伊诺斯艾利斯	城市	160	26.2	IFAT	1/50
		奶牛场犬	125	48.0	IFAT	1/50
		肉牛场犬	35	54.2	IFAT	1/50
	拉普拉塔	宠物犬	97	47.4	IFAT	1/50
澳大利亚	墨尔本		207	5	IFAT	1/50
	悉尼		150	12	IFAT	1/50
	珀斯		94	14	IFAT	1/50
比利时		乡村犬	433	5.3	IFAT	1/50
		宠物犬	381	2.1	IFAT	1/50
		各种犬	956	3.3	IFAT	1/50
比利时	安特卫普	奶牛场犬	56	46.4	ELISA	VMRD
	根特	健康犬	84	18.4	ELISA	VMRD
	根特	病犬	71	22.2	ELISA	VMRD
巴西	巴伊亚	宠物街道犬	415	12	IFAT	1/50
	南马托格罗索	城市犬	345	27.2	IFAT	1/50
		宠物犬	245	26.5	IFAT	1/50

续表 3.1

国　家	地　区	类　型	检测数量/只或头	阳性率/%	检测方法	抗体滴度
		乡村犬	40	30	IFAT	1/100
	马腊尼昂	街道犬	100	45	IFAT	1/50
	米纳斯吉拉斯	宠物犬	300	10.7	IFAT	1/50
		乡村犬	58	18.9	IFAT	1/50
智利		乡村犬	81	25.9	IFAT	1/50
		宠物犬	120	12.5	IFAT	1/50
		奶牛场犬	7	57	IFAT	1/50
捷克			858	4.9	IFAT	
			80	1.3	ELISA	IH-ISCOM
丹麦		宠物犬	98	15.3	IFAT	1/160
德国		临床犬	200	13	IFAT	1/50
		宠物犬	50	4	IFAT	1/50
马尔维纳斯群岛			500	0.2	IFAT	1/50
法国		奶牛场犬	22	22.7	IFAT	1/100
意大利	坎帕尼亚	宠物犬	1 058	6.4	IFAT	1/50
威尼托		宠物犬	194	28.9	IFAT	1/50
日本		宠物犬	282	18.1	IFAT	1/50
		宠物犬	707	10.9	ELISA	VMRD
		狗舍犬	144	14.6	ELISA	MASTAZYME
		城市犬	198	7.1	IFAT	1/50
		农场犬	48	31.3	IFAT	1/50
肯尼亚		乡村犬	140	0	IFAT	1/50
韩国		城市犬	289	8.3	IFAT	1/50
		奶牛场犬	51	21.6	IFAT	1/50
墨西哥	海德尔格	宠物犬	30	20	ELISA	IDEXX
	海德尔格	农场犬	27	51	ELISA	IDEXX
荷兰		宠物犬	344	5.5	ELISA	WT-IH
		农场犬	152	23.6	ELISA	WT-IH
新西兰		宠物犬	150	76.0	IFAT	1/50
		奶牛场犬	161	97.5	IFAT	1/50
新西兰		肉牛场犬	154	100	IFAT	1/50
		农场犬	200	22	IFAT	1/50

续表 3.1

国家	地区	类型	检测数量/只或头	阳性率/%	检测方法	抗体滴度
罗马尼亚	克鲁日	流浪犬	56	12.5	IFAT	1/50
西班牙	加泰罗尼亚	宠物犬	139	12.2	IFAT	1/50
瑞典		宠物犬	398	0.5	ELISA	WT-IH
瑞士		宠物犬	1 080	7.3	ELISA	WT-IH
中国	台湾	奶牛场犬	82	1.2	ELISA	VMRD
坦桑尼亚		乡村犬	49	22	IFAT	1/50
土耳其	布尔萨	宠物犬	150	10.0	IFAT	1/50
英国		宠物犬	104	5.8	IFAT	1/50
乌拉圭			414	20	IFAT	1/50
美国	堪萨斯州	宠物犬	229	2	IFAT	1/50

表 3.2 世界范围内奶牛的新孢子虫病血清抗体流行情况

国家	地区	动物数量	牛群数	阳性率/%	检测方法	抗体滴度
阿根廷	拉普拉塔	33	3	51.5	IFAT	1/800
	拉普拉塔	189(流产)	19	64.5	IFAT	1/25
		1 048	52	16.6	IFAT	1/200
		750	49	43.1	IFAT	1/200
澳大利亚	新南威尔士	266	1	24	IFAT	1/160
		266	1	10.2	ELISA	POUQUIER
比利时		711	52	12.2	IFAT	1/200
巴西	巴伊亚	447	14	14.0	IFAT	1/200
	米纳吉拉斯	444	11	30.4	IFAT	1/250
	米纳吉拉斯	584	18	18.7	ELISA	IDEXX
	米纳吉拉斯	476	15	12.6	ELISA	IDEXX
	米纳吉拉斯	100	3	46.0	ELISA	IDEXX
	米纳吉拉斯	126		34.4	IFAT	1/25
	米纳吉拉斯	243	2	16.8	ELISA	IH-ISCOM
	米纳吉拉斯	23		21.7	IFAT	1/25
	马托格罗索	172	1	34.8	ELISA	IDEXX
	巴拉那	623(流产)	23	14.3	ELISA	IDEXX
	巴拉那	75		21.3	IFAT	1/25
	巴拉那	385		12	IFAT	1/25

续表 3.2

国家	地区	动物数量	牛群数	阳性率/%	检测方法	抗体滴度
	阿雷格里	223(流产)	60	11.2	IFAT	1/200
	阿雷格里	1 549		17.8	IFAT	1/200
	阿雷格里	70		18.6	ELISA	1/200
	阿雷格里	781		11.4	IFATIFAT	CHEKIT
	里约热内卢	75		22.7	ELISA	1/25
	里约热内卢	563		23.2	IFAT	IDEXX
	朗多尼亚	1 011		11.2	IFAT	1/25
	圣保罗	150		27.3	IFAT	1/25
	圣保罗	521	57	15.9	ELISA	1/200
	圣保罗	521	50	30.5	ELISA	IDEXX
	圣保罗	408		35.5		IDEXX
加拿大	阿柏特	2 816	77	18.5	ELISA	WT-IHCA
	马尼托巴湖	1 204	40	8.3	ELISA	WT-IHCA
	新布伦兹维克	900	30	25.5	ELISA	WT-IHCA
	新斯科舍	900	30	21.3	ELISA	WT-IHCA
	安大略湖	758	25	6.7	ELISA	WT-IHCA
	安大略湖	3 412	56	7.0	ELISA	WT-IHCA
	安大略湖	3 702	82	12.1	ELISA	WT-IHCA
	安大略湖	3 162	57	10.5	ELISA	WT-IHCA
	安大略湖	1 704	57	11.2	ELISA	WT-IHCA
	安大略湖	9 723	125	11.2	ELISA	WT-IHCA
	安大略湖	3 531	134	12.7	ELISA	IDEXX
	魁北克	437	11	9.8	ELISA	BIOVET
	魁北克	2 037	23	21.9	ELISA	BIOVET
	魁北克	3 059	46	16.6	ELISA	WT-IHCA
	萨斯喀彻温省	1 530	51	5.6	ELISA	BIOVET
智利		198	1	15.7	IFAT	1/200
		173	1	30.2	IFAT	1/200
哥斯达		3 002	20	39.7	ELISA	WT-IHCA
黎加		2 743	94	43.3	ELISA	WT-IHCA
捷克		407	51	3.1	IFAT	1/200
		463	37	3.9	ELISA	IDEXX
法国		1 924	42	5.6	ELISA	IDEXX

续表 3.2

国　家	地　区	动物数量	牛群数	阳性率/%	检测方法	抗体滴度
德国		388	22	4.1	IFAT	1/400
匈牙利		518	39	3.3	ELISA	IH-COM
伊朗		810	4	15.1	IFAT	1/200
以色列		1 170	12	11.1	IFAT	1/200
爱尔兰		2 141	17		IFAT	1/640
意大利		5 912		24.4	IFAT	1/640
日本		2 420		5.7	IFAT	1/160
韩国		793	168	20.7	IFAT	1/160
墨西哥		813	20	42	ELISA	IDEXX
荷兰		6 910	108	9.9	ELISA	WT-IH
新西兰		800	40	7.6	ELISA	WT-IH
巴拉圭		297	6	35.7	ELISA	WT-IH
波兰		416	32	9.3	ELISA	IDEXX
葡萄牙		119	1	49	ELISA	IDEXX
俄罗斯		114	49	28	NAT	1/40
斯洛伐克		1 237	36	46	NAT	1/40
		391	8	9.9	ELISA	IDEXX
		105(流产)		22.2	IFAT	1/50
西班牙		889	43	30.6	ELISA	IDEXX
瑞典		1 121	143	36.8	ELISA	WT-IH
中国	大陆	262	9	17.2	ELISA	CIVTEST
中国	台湾	237	1	35.4	ELISA	IDEXX
		285		11.2	ELISA	CIVITEST
		3 360	291	11.2	ELISA	CIVITEST
		1 970	3	12	ELISA	CIVITEST
		1 331	2	26.8	ELISA	CIVITEST
		70	1	63	ELISA	IH-ISCOM
		4 252	14	1.3	ELISA	IH-ISCOM
泰国		780		2	ELISA	IH-ISCOM
		613	25	44.9	IFAT	1/200
	11 个省	904		6	IFAT	1/200
土耳其		3 287	32	13.9	ELISA	VMRD
英国		305		7.5	ELISA	VMRD

续表 3.2

国家	地区	动物数量	牛群数	阳性率/%	检测方法	抗体滴度
美国		4 295	14	17.1	ELISA	MASTAZ
	加州	285	2	40.4	ELISA	WT-IHCA
	马里兰	1 029	1	28	IFAT	1/200

表 3.3　世界范围内肉牛的新孢子虫病血清抗体流行情况

国家	地区	动物数量	牛群数	阳性率/%	检测方法	抗体滴度
阿根廷		400	17	4.7	IFAT	1/200
		216(流产)	39	18.9	IFAT	1/200
		305	19	4.9	IFAT	1/200
		290	1	20.3	IFAT	1/200
澳大利亚	昆士兰州	1 673	45	14.9	IFAT	1/200
比利时		93		14	IFAT	1/200
巴西	戈亚斯	456	9	29.6	IFAT	1/200
	米纳吉拉斯	241		26.1	IFAT	1/250
	马托格罗索	87		29.9	ELISA	1/25
	巴拉那	15		26.7	IFAT IFAT	1/25
	南里约格朗德	70		21.4	IFAT	1/25
	里约热内卢	75		6.7	IFAT	1/25
	朗多尼亚	584	11	9.5	ELISA	1/25
	圣保罗	505		20.0	IFAT	IDEXX
	圣保罗	777	8	15.5	IFAT	1/200
	圣保罗	600		16.8		1/200
加拿大	阿柏特	1 806	174	9.0	ELISA	IDEXX
	马尼托巴湖	1 425	49	9.1	ELISA	IDEXX
	西部省份	2 484	200	5.2	ELISA	BIOVET
德国		2 022	106	4.1	ELISA	IH-p38
匈牙利		545	49	1.8	IFAT	1/100
意大利		385	39	6.0	ELISA	CHEKIT
日本		65		1.5	IFAT	1/200
韩国		438		4.1	IFAT	1/200
墨西哥		29	2	10	ELISA	WT-IH
荷兰		6 910	108	9.9	ELISA	WT-IH
新西兰		800	40	7.6	ELISA	WT-IH

续表 3.3

国　家	地　区	动物数量	牛群数	阳性率/%	检测方法	抗体滴度
巴拉圭		297	6	35.7	ELISA	WT-IH
西班牙		1 712	216	17.9	ELISA	WT-IH
美国	西部省份	2 585	55	23	ELISA	VMRD
乌拉圭		4 444	229	13.9	ELISA	WT-IH

新孢子虫病是多种家畜共患的原虫病，除对牛和犬具有严重危害外，也可能感染其他多种家畜，如山羊、绵羊、猪、猫等(表 3.4)。由于各国使用血清学检测方法不同及使用不同的临界值，所以难以对不同地方的检测结果进行有效的比较，但这些研究都证明了新孢子虫感染存在于各种家畜中。

表 3.4　已报道的各种家畜新孢子虫病血清抗体流行病学调查

宿　主	国家/地区	检测数量	阳性率/%	检测方法	抗体滴度
家养猫	巴西	502	11.9	NAT	1/40
	巴西	400	24.5	IFAT	1/16
	意大利	282	31.9	NAT	1/40
骆驼	埃及	161	3.7	NAT	1/40
	伊朗	120	5.8	IFAT	1/20
猪	德国	2 041	3.3	ELISA	WT-IH
			0.04	ELISA/IB	
	英国	454	0	IFAT	1/50
绵羊	巴西	62	3.2	ELISA	CHEKIT
	瑞士	305	9.5	IFAT	1/160
	英国	597	9.2	IFAT	1/50
	意大利	117	10.3	ELISA	CHEKIT
山羊	哥斯达黎加	81	6.1	IFAT	1/100
	斯里兰卡	486	0.7	ELISA	WT-IH
	巴西	394	6.4	IFAT	1/50
	中国台湾	24	0	IFAT	1/200
美洲驼羊	秘鲁	73	32.9	IFAT	1/50
	德国	12	0	IB	1/50
羊驼	秘鲁	657	2.6	IB	
	美国明尼苏达州	61	13.1	IFAT	1/50
骆马	秘鲁	114	0	IB	
水牛	巴西	222	53	NAT	1/40

续表 3.4

宿 主	国家/地区	检测数量	阳性率/%	检测方法	抗体滴度
马	埃及	75	60	NAT	1/40
	意大利	1 377	34.6	IFAT	1/200
	中国	40	0	ELISA	CIVTEST
	越南	200	1.5	IFAT	1/640
	阿根廷	76	0	NAT	1/40
	巴西	1 106	10.3	NAT	1/100
	智利	145	32	NAT	1/40
	法国	434	23	NAT	1/40
	意大利	150	28	IFAT	1/50
	韩国	191	2	IFAT	1/50
	瑞典	414	9	ELISA	IH-ISCOM
	美国	536	11.5	IFAT	1/50

3.3.2.2 野生动物

早期对野生动物新孢子虫病的研究并不被重视，但是随着研究的深入发现野生犬存在地区肉牛的新孢子虫感染有增加的风险。犬通过吞食自然感染新孢子虫的白尾鹿组织可以随粪便排出卵囊，从白尾鹿分离的到新孢子虫速殖子转录间隔区 1(ITS1)与已经报道的、从家畜体内获得的新孢子虫 ITS1 相符合，说明新孢子虫能在家畜和野生动物之间传播。

新孢子虫在野生动物中存在着独立的循环途径，野生草食动物是新孢子虫的中间宿主，野生的犬科动物既是中间宿主也可作为终末宿主。

据报道，北美地区丛林狼在吞食新孢子虫组织包囊后，可以在粪便中检出卵囊，而白尾鹿是新孢子虫自然感染的中间宿主，表明新孢子虫病在北美存在着丛林狼-白尾鹿(犬科动物-草食动物)之间的森林循环。

水牛、非洲野牛、美洲水牛、麝牛、大羚羊、瞪羚、黑斑羚、驯鹿、扁角鹿、赤鹿、狍、疣、斑马、浣熊、澳洲野犬、骆驼、鬣犬、犀牛、印度豹、狮子等野生动物也感染新孢子虫。随着研究的深入，在其他国家也可能存在着类似的野生犬-野生反刍动物间的森林循环。

在确定新孢子虫野生动物宿主时应该特别注意与哈芒德虫(*Hammondia heydorni*)进行鉴别诊断。哈芒德虫与新孢子虫的亲缘关系很近，生活史也是犬-反刍动物循环，其卵囊在形态学上与新孢子虫极为相似。目前还没有哈蒙德虫的血清学诊断方法，但可以用分子生物学技术进行鉴别。表 3.5 为野生动物新孢子虫病的血清抗体检查概览。

表 3.5 野生动物新孢子虫病的血清抗体检查概览

动物种类		国家	检测数量	检测方法	抗体滴度	阳性率/%
犬科动物	澳洲野犬	澳大利亚	52	IFAT	1/50	27
	欧亚狼	捷克	10	IFAT	1/40	20
	金豺	以色列	114	IFAT	1/50	1.7
	鬃狼	巴西	59	IFAT	1/25	8.5
		捷克	6	IFAT	1/40	16.6
		以色列	9	IFAT	1/400	11.1
	红狐	澳大利亚	94	IFAT	1/50	0
		比利时	123	IFAT	1/64	78
		加拿大	270	NAT	1/25	34.8
		德国	122	IB		2.5
		爱尔兰	70	IFAT	1/20	1.4
		以色列	24	IFAT	1/50	4.1
		瑞典	221	ELISA	IH-ISCOM	0
		英国	546	IFAT	1/256	0.9
	灰狐	美国	26	NAT	1/25	15.4
	达尔文狐	捷克	2	IFAT	1/320	100
	耳廓狐	巴西	2	IFAT	1/320	100
	食蟹狐	巴西	15	IFAT	1/40-50	41.6
	灰毛狐	巴西	30	IFAT	1/50	0
	狸猫	韩国	26	NAT	1/50	23
	鬣犬	肯尼亚	3	NAT	1/40	33.3
	黑熊	美国	64	NAT	1/40	0
猫科动物	猎豹	捷克	15	IFAT	1/40	13.3
	细腰猫	捷克	1	IFAT	1/50	100
	印度狮	捷克	2	IFAT	1/40	50
马属动物	斑马	肯尼亚	41	IFAT	1/40	70.7
鹿及反刍动物	瞪羚	西班牙	26	NAT	1/40	26.9
	西班牙野生羚	西班牙	3	ELISA	POURQUIER	0
	摩弗伦羊	西班牙	27	ELISA	POURQUIER	0
	大羚羊	捷克	12		1/40	8.3
	欧洲野牛	捷克	4	IFAT	1/40	25
	麝牛	美国	224	IFAT	1/40	0.44
	泽羚	捷克	7	NAT	1/40	14.3

续表 3.5

动物种类		国 家	检测数量	检测方法	抗体滴度	阳性率/%
	牡鹿	巴西	150	IFAT	1/50	42
	盘帕斯鹿	巴西	23	IFAT	1/50	13
	红鹿	意大利	102	IFAT	1/40	12.7
	麕	意大利	43	IFAT	1/40	37.2
	扁角鹿	西班牙	79	IFAT	POURQUIER	11.8
	白尾鹿	美国	400	ELISA	1/40	40.5
	小羚羊	西班牙	40	NAT	POURQUIER	0
	东方麋鹿	捷克	1	ELISA	1/1280	100
	驯鹿	美国	160	IFAT	1/40	3.1
	驼鹿	美国	61	NAT IFAT	1/100	13.1
啮齿类动物	野兔	西班牙	251	ELISA	POURQUIER	0
	野鼠	美国	79	NAT	1/20	1.8
海洋动物	海獭	美国	115	NAT	1/40	14.8
	海象	美国	53	NAT	1/40	36.7
	海狮	美国	27	NAT	1/40	5.6
	海豹	美国	331	NAT	1/40	3.5
	海豚	日本	47	NAT	1/40	91.4
	大海豚	美国	8	IB		12.5
其他野生动物	野猪	西班牙	298	ELISA	POURQUIER	0.3
	疣	肯尼亚	6	NAT	1/40	66.7
	负鼠	澳大利亚	142	NAT	1/40	0

1. 野生犬科动物

目前已经在澳洲野犬、红狐、灰狐以及巴西的 2 类野生犬科动物(*Lycalopex gymnocercus* 和 *Cerdocyon thous*)血清中检测到新孢子虫抗体。但未能证明红狐可以排出卵囊,其他犬科动物的试验结果尚未见报道。

2. 野生猫科动物

目前为止还没有足够的证据表明新孢子虫感染野生猫科动物。非洲的 68 只猫科动物中仅有 4 头(3 头狮子和 1 头猎豹)经 IFAT 检测呈新孢子虫抗体阳性,但抗体滴度较低(1/50～1/200)。而且,这 4 只猫科动物都存在高滴度的弓形虫抗体(1/200～1/25 600)。说明可能存在弓形虫和新孢子虫的交叉感染。在家猫中也没有诊断到新孢子虫病,但已有猫检测到低滴度的新孢子虫抗体。上述的野生和家养猫科动物都有大量机会接触到感染新孢子虫的反刍动物,当前结果提示,猫科动物并不是新孢子虫的重要宿主。经口感染新孢子虫组织包囊的猫也没有排出卵囊，说明猫也不是新孢子虫的终末宿主。

3. 野生啮齿动物

野生褐鼠是新孢子虫的中间宿主。在台湾的牛场内捕获的55只褐鼠中有3只呈新孢子虫抗体阳性，并在其中2只阳性鼠中检测到新孢子虫DNA。作者推测褐鼠可能是通过吞食了犬排出的卵囊或者是感染牛的胎盘等组织而感染。这一发现具有十分重要的流行病学意义，因为鼠是世界范围内分布最广的啮齿动物，可以在城市、乡村和野外生存。感染新孢子虫的鼠可以被野生动物和家养动物捕食，因此急需研究鼠在将新孢子虫传播给终末宿主这一过程中起的重要作用。同样也需要进一步确定其他的野生啮齿动物是否也是新孢子虫的自然中间宿主。

4. 海洋哺乳动物

通过NAT法检测了7种海洋哺乳动物的新孢子虫抗体情况。其中6%(3/53)的海象、19%(28/145)的海獭、3.5%(11/311)的斑海豹、3.7%(1/27)的海狮、12.5%(4/32)的有须海豹、91%(43/47)的槌鲸海豚抗体滴度大于等于1/40。说明海洋哺乳动物有可能是新孢子虫的自然中间宿主。但是还需要进一步的研究证明，并且需要排除与其他未确定生物与之可能存在的血清学交叉反应。如果海洋哺乳动物确定是新孢子虫的中间宿主，那么就需要研究其在海洋动物传播中的一些基本问题。

5. 鸟类

野生食肉鸟类人工饲喂感染新孢子虫鼠的组织后，没有在粪便中发现卵囊。给3只家鸽和3只斑纹雀人工接种10^4～10^5个新孢子虫速殖子，3只家鸽均被感染，而斑纹雀未被感染。以上的研究并不能证明鸽子是新孢子虫的自然中间宿主，但是它对新孢子虫的易感性为以后研究野生鸟类是否可以作为新孢子虫的中间宿主提供了动物模型。尽管迄今为止还没有从鸟类体内检测到新孢子虫，但有研究发现在奶牛场中家禽的存在与新孢子虫引发的流产之间有统计学上的相关性，表明感染的鸟类可能会增加新孢子虫传染给农场犬的机会。

3.3.3 人新孢子虫感染的血清学检测

随着对新孢子虫研究的深入，对新孢子虫是否能够感染人类展开了调查。有实验证明恒河猴可以成功感染新孢子虫，但目前尚无新孢子虫感染能否直接感染人类的证据，仅有低水平的抗体阳性率的报道，如北爱尔兰调查247位献血者中，有8%的新孢子虫抗体阳性率。但是在一些免疫力低下或患病的人群中，如艾滋病患者、神经障碍患者，通过IFAT、ELISA、IB检测发现，他们新孢子虫抗体阳性率较高(表3.6)。

3.3.4 新孢子虫的防控

对新孢子虫感染至今仍没有有效的治疗措施。淘汰病牛来防止该病继续扩散是较为有效的方法，但是由此会造成较大的经济损失。虽然已经有商业化的新孢子虫灭活疫苗，但只在美国以及新西兰等国家小范围应用。故有效的新孢子虫病防控应根据目标牛群的感染状态及所处环境的风险因素分析，并在流行病学研究的基础上进行。

表 3.6　人的新孢子虫血清抗体检测概览

国　家	样本来源	血清数量	检测方法	阳性率/%
巴西	AIDS 患者	61	IFAT(1/50)	38
			ELISA	
			IB	
	神经障碍患者	50		18
	新生儿	91		5
	对照组	54		6
丹麦	反复流产者	76	ELISA	
			IFAT(1/640)(ISCOM)	0
			IB	
韩国	献血者	172	ELISA	
			IFAT(1/100)	6.7
			IB	
北爱尔兰	献血者	247	IFAT(1/160)	8
英国	农场工作者及未婚的女子	400	IFAT(1/400)	0
美国	献血者	1 029	IFAT(1/100)	6.7
			(1/200)	0
			IB	+

防控新孢子虫病，其所感染牛群的感染状态对于防控方法的选择具有很重要的指导意义。对由内源性感染所造成的地方性流行，最主要的是要确定感染牛只，并将感染牛只从牛群中剔除或者隔离饲养。同时控制和消除各种可能致病的风险因素。在这样的情形下，接种疫苗并非有效的选择。而对由外源性感染所造成的流行性感染，最主要在于清除环境中可能存在的潜在风险，如控制犬以防其感染后排出卵囊及对水源和饲料的防护等，同时也要注意对其他可能存在的中间宿主如鼠、禽类等的控制。在此感染状态下，接种疫苗对于疾病的控制效果可能要好于地方性流行情况下的接种效果。对于暂时不存在新孢子虫感染的牛群，通过常规的管理方法防止引入新孢子虫阳性牛或者是其他风险因素是最主要的目标。

综上所述，由于新孢子虫感染的群体及地区间差异，新孢子虫病的防控很难制订一项通用的准则。因而在制定预防措施前，不同水平的流行病学研究对于新孢子虫病的防控具有重要的意义。

参考文献

[1] Almeria S, Ferrer D, Pabon M, et al. Red foxes (Vulpes vulpes) are a natural intermediate host of Neospora caninum. Vet Parasitol,2002,107: 287-294.

[2] Bergeron N, Fecteau G, Pare J,et al. Vertical and horizontal transmission of Neospora caninum in dairy herds in Quebec. Can Vet J,2000,41:464-467.

[3] Corbellini L G, Smith D R, Pescador C A, et al. Herd-level risk factors for Neospora caninum seroprevalence in dairy farms in southern Brazil. Prev Vet Med, 2006, 74: 130-141.

[4] Davison H C, Otter A, Trees A J. Estimation of vertical and horizontal transmission parameters of Neospora caninum infections in dairy cattle. Int J Parasitol, 1999, 29: 1 683-1 689.

[5] Dijkstra T, Barkema H W, Eysker M, et al. Natural transmission routes of Neospora caninum between farm dogs and cattle. Vet Parasitol,2002,105: 99-104.

[6] Dijkstra T, Barkema H W, Eysker M, et al. Evidence of post-natal transmission of Neospora caninum in Dutch dairy herds. Int J Parasitol,2001,31: 209-215.

[7] Dubey J P. Neosporosis-the first decade of research. Int J Parasitol, 1999, 29: 1 485-1 488.

[8] Dubey J P, Schares G, Ortega-Mora L M. Epidemiology and control of neosporosis and Neospora caninum. Clin Microbiol Rev,2007,20:323-367.

[9] French N P, Clancy D, Davison H C, et al. Mathematical models of Neospora caninum infection in dairy cattle: transmission and options for control. Int J Parasitol,1999,29: 1 691-1 704.

[10] Gondim L F. Neospora caninum in wildlife. Trends Parasitol,2006,22:247-252.

[11] Hall C A, Reichel M P, Ellis J T. Neospora abortions in dairy cattle: diagnosis, mode of transmission and control. Vet Parasitol,2005,128: 231-241.

[12] McAllister M M, Dubey J P, Lindsay D S, et al. Dogs are definitive hosts of Neospora caninum. Int J Parasitol,1998,28:1 473-1 478.

[13] Trees A J, Williams D J. Endogenous and exogenous transplacental infection in Neospora caninum and Toxoplasma gondii. Trends Parasitol,2005,21:558-561.

[14] Waldner C L, Janzen E D, Henderson J, et al. Outbreak of abortion associated with Neospora caninum infection in a beef herd. J Am Vet Med Assoc, 1999, 215:1 485-1 490.

第4章

致病性和临床表现

新孢子虫的主要危害在于导致牛的流产、死胎、产弱胎等繁殖障碍和犬的严重神经肌肉系统功能障碍，其他多种动物都可感染如山羊、绵羊、鹿、犀牛、美洲驼和羊驼等并引起相似的临床症状，但一般没有对犬和牛的危害大。已陆续从牛、犬、绵羊、水牛、白尾鹿等多种动物体内分离到新孢子虫；在多种家畜以及野生动物体内都检出了新孢子虫特异性抗体，如浣熊、骆驼、猪、马、猫、狐狸、北美郊狼、袋鼠、鸽子、鸡等。在实验条件下，灵长类动物能成功感染新孢子虫，在人体内也已检出新孢子虫抗体，但还缺乏人类感染犬新孢子虫的更有力证据。马新孢子虫病由洪氏新孢子虫（*Neospora hughesi*）引起。已有大量关于新孢子虫在不同宿主体内寄生时的生物学特性、致病性、病理变化以及临床症状等的报道。报道最多的是新孢子虫感染导致牛流产及其相关研究。本章主要阐述新孢子虫对不同动物的致病性、临床症状及病理变化。

4.1 致病机理

新孢子虫能够自然感染多种动物。成年牛感染后没有任何临床可见症状，但当母牛持续感染至怀孕时，虫体大量繁殖，经血液循环至胎盘，经胎盘感染胎儿，导致胎盘与胎儿发生病变以致流产、死胎等一系列繁殖障碍。目前，新孢子虫被公认是奶牛流产的一个重要原因。本章将阐述新孢子虫如何感染并导致动物临床疾病，尤其是其如何与牛及其他动物平衡进化而得以生存等问题。

4.1.1 新孢子虫与宿主之间的相互作用

新孢子虫的入侵与发育已在前面章节叙述。其入侵、发育、繁殖及危害取决于多种因素，而虫体感染对宿主的危害及临床表现则主要取决于寄生虫和宿主以及它们之间的相互作用。

新孢子虫病是妊娠相关疾病，发育中的胎儿尤为易感。研究妊娠过程中母体与胎儿的免疫反应有助于我们理解导致胎儿发病的寄生虫与宿主之间的动态平衡。新孢子虫不仅引发孕牛流产、死胎，在临床上还可表现为先天感染的犊牛出生后不久呈现神经损伤与后肢过度伸张等临床症状，其他阶段的牛感染后很少出现临床症状。所以，对非妊娠阶段牛免疫反应的研究有助于我们了解宿主抗新孢子虫的保护性免疫。对非妊娠牛及鼠类感染模型的研究证实，参与 Th1 (T-helper 1)型免疫反应的促炎细胞因子如 IFN-γ 与 IL-12 在限制细胞内寄生虫的增殖方面发挥着重要作用。在妊娠过程中，宿主的免疫反应会发生变化，母体能够接受同种胎儿的异体移植就是很好的例子。对其他动物的研究着重强调了母-胎界面 Th2 型细胞因子在维持妊娠与调控 Th1 型免疫反应潜在危害的重要作用。对牛的研究表明，细胞增殖与 IFN-γ 反应在妊娠中期显著下调。这就意味着宿主此时不能强有力地抵抗新孢子虫感染，也就难以阻挡虫体传播给胎儿。影响新孢子虫感染后果的另一个重要因素是感染时的妊娠时间以及胎儿的免疫功能是否健全。已经证实，牛妊娠早期胎盘感染新孢子虫是致命性的；在妊娠中到晚期的感染危害性下降，此时感染牛多数情况下产出先天感染但表面健康的犊牛。对胎牛的免疫反应研究发现，淋巴细胞在妊娠第 14 周仅对有丝分裂原产生免疫反应，但到了第 24 周(妊娠中期)就可以通过细胞增殖与释放 IFN-γ 来应对外源抗原。很明显，有多种因素影响着妊娠牛感染新孢子虫的预后，如虫血症发生的时间、数量及持续时间；母体免疫反应的效应与胎儿引发抗寄生虫免疫反应的能力。因此，设计一种能阻断胎儿新孢子虫感染的疫苗虽然是理想的方法，但更是一个巨大的挑战。可以想象，这不仅需要能够精密地平衡机体的免疫反应，从而干预宿主与虫体之间的相互关系使其达到平衡状态，而且不能够导致母畜妊娠中断。

4.1.1.1 非妊娠动物对新孢子虫的免疫反应

新孢子虫是专性细胞内寄生原虫。这就意味着细胞介导的免疫(cell-mediated immune, CMI)反应在宿主的保护性免疫中发挥着重要作用。大量研究也已证明细胞介导的免疫反应在抗新孢子虫中的重要作用。如 IFN-γ 与肿瘤坏死因子 (tumour necrosis factor alpha, TNFα) 均可在体外显著抑制新孢子虫在细胞内的增殖。体内实验证实，自然或人工感染的牛体内抗原递呈细胞的增殖与 IFN-γ 的产生有关。研究发现，来源于新孢子虫感染牛的特异性 $CD4^+$ T 细胞能够杀灭虫体感染的靶细胞，$CD4^+$ T 细胞、IFN-γ 及 IL-12 是宿主针对新孢子虫保护性免疫反应的关键因素。近期研究表明，自然杀伤(natural killer, NK)细胞是小牛应对新孢子虫感染的早期效应细胞。IFN-γ 激活腹膜巨噬细胞后，宿主对新孢子虫与弓形虫均呈现杀灭活性，这一作用与一氧化氮 (nitric oxide, NO)产量的增加有关。对新孢子虫感染鼠的初步实验表明，新孢子虫能刺激 BALB/c 小鼠脾脏树突状细胞(dendritic cells, DCs)的抗原呈递。树突状细胞感染寄生虫后会下调 MHC-Ⅱ、CD40、CD80 和 CD86 的表达，但当这些细胞接触新孢子虫提取物后会上调 MHC-Ⅱ 和 CD40 的表达，下调

CD80和CD86表达;速殖子与抗原提取物促进树突状细胞合成IL-12;巨噬细胞表面的MHC-Ⅱ表达呈上调趋势,CD86表达量下调。T细胞与树突状细胞的相互作用,T淋巴细胞分泌IFN-γ与IL-12的产生相关;巨噬细胞产生的IFN-γ非依赖IL-12,仅发生于T细胞与巨噬细胞相互作用之后。说明新孢子虫诱导鼠树突状细胞的激活与IL-12分泌和T细胞IFN-γ的分泌具有相关性。

新孢子虫感染小鼠后的结果进一步表明,IFN-γ和IL-12对于宿主控制感染起着重要的作用。此外,Jak-STAT信号通路转录活性的改变也佐证了IFN-γ在鼠抵抗新孢子虫感染过程中的重要作用,用抗体中和这两种细胞因子活性后,小鼠对新孢子虫等疾病的敏感性随之增加;另一个有力证据是IFN-γ敲除小鼠对新孢子虫尤为易感。虽然检测牛的新孢子虫抗体是临床诊断以及流行病学研究的重要依据,但迄今为止,对其在抗新孢子虫的保护性免疫过程中的作用知之甚少,推测可能是在宿主细胞阻止虫体速殖子阶段的感染发挥作用。

总之,虽然对于新孢子虫感染引起宿主的免疫反应还有许多待解之谜,但可以肯定的是促炎因子与Th1型反应在宿主抵抗新孢子虫的保护性免疫过程中发挥着重要作用。

4.1.1.2 妊娠期动物机体的生理变化对宿主与寄生虫的影响

母牛接受半同种异基因移植物(胎儿)不会引发免疫排斥反应的事实使人们对妊娠阶段母体的免疫反应变化产生了浓厚的兴趣。理论上,机体区别自我与非自我的能力是免疫系统发挥功能的核心所在。已经发现了一些机理来解释这些现象,包括怎样解释妊娠过程中细胞因子调控宿主与寄生虫间的相互关系。对抵抗新孢子虫与其他细胞内病原体感染起着重要作用的Th1免疫反应,在母-胎界面被证明会对妊娠产生不利的影响,可导致胎儿死亡。胎盘的细胞因子环境趋向于Th2细胞因子的合成,例如IL-10、IL-4与TGF-β,它们的作用是拮抗Th1型细胞因子所诱导的炎性反应。

综上所述,母畜控制妊娠过程中的新孢子虫感染给自己造成了一种进退两难的境地,一方面,妊娠过程中的自然免疫调控改变自身控制感染的能力;另一方面,母畜应对感染的免疫反应又可能导致妊娠中断。可能正是这种“两难”给新孢子虫等病原钻了空子,使感染得以顺利进行,进而引发胎儿的感染和发病。

4.1.1.3 妊娠牛感染后的免疫反应

研究发现,妊娠牛感染后的整个妊娠期内抗新孢子虫抗体水平呈波动状态。由于抗体水平是机体免疫系统接触抗原的间接指标,所以,抗体滴度的上升可能反映出虫体在宿主体内的活力和增殖能力,故已经把抗体水平作为虫体在宿主体内活性变化的指标,CMI影响着寄生虫的繁殖能力。机体抗体滴度的变化还可用于预测疾病的发展,如妊娠中期与妊娠末期相比,机体抗体水平的上升可能与流产的发生有关。研究人员还发现孕酮与Th2型细胞免疫反应相关,且其水平从妊娠早期到中期稳步上升。IFN-γ的下降可能是造成隐性感染动物新孢子虫病复发的诱因,如感染HIV的患者T细胞与IFN-γ免疫反应受损时,刚地弓形虫的隐性感染者可能复发。

4.1.1.4 不同妊娠时间的牛感染后对胎儿的传播

怀孕母畜感染新孢子虫传给胎儿的风险随着妊娠日龄的增加而增加。人工感染发现，经静脉给牛接种新孢子虫，妊娠第10周感染传给胎牛的几率为83%，妊娠第30周感染传给胎牛的几率为100%。经皮下接种速殖子与静脉接种存在一定差异，妊娠第10周皮下接种传给胎牛的几率为50%，妊娠第20周传给胎牛的几率为100%。对自然感染牛的观察发现，牛在妊娠前感染新孢子虫，其在妊娠早期流产的可能性很小；但在妊娠后90 d感染新孢子虫，流产的可能性显著增加。牛在不同妊娠时间感染新孢子虫传给胎牛所引起的流产与人的先天性弓形虫感染引发的流产具有类似的情形。

也有研究表明，妊娠动物感染新孢子虫越早，对胎儿的影响越严重。临床上因新孢子虫引起的大部分流产发生在妊娠后第4～7个月。另有研究发现，新孢子虫也可引起妊娠早期流产或胎儿死亡，可能因为妊娠早期牛的流产难以被发现和诊断，往往被人们所忽视。

4.1.1.5 新孢子虫引起流产的胎儿及胎盘病变

人工接种新孢子虫于妊娠10周的牛，每隔2周检查孕牛以观察胎儿的状况和发病过程。组织学观察发现，在接种后第14天胎盘绒毛出现局灶性坏死，其间伴有成簇新孢子虫速殖子存在；在胎儿的循环系统、心脏、脊髓和脑部亦可观察到虫体，虫体广泛分布于胎盘和胎儿各器官。胎盘组织出现明显的炎症反应，伴有细胞坏死，细胞间隙内有血液渗出。随着病程的发展，炎症反应加剧，在接种后第28天胎儿死亡，胎盘子叶从母体肉阜组织脱离，可在胎儿组织内检测到虫体；接种后第42天胎儿组织被母畜排出体外，子宫内皮恢复正常。如果感染发生在妊娠早期，那么胎儿会迅速死亡，流产很难被发现。各项研究结果表明，妊娠牛人工感染新孢子虫速殖子可导致胎盘与胎儿的感染，引起流产。

4.1.1.6 胎儿的免疫反应

孕牛感染新孢子虫时胎儿自身的免疫状态是决定其是否发生流产的关键因素之一。反刍动物具有结缔绒毛膜胎盘，这种结构阻止了母体免疫球蛋白转移给胎儿，胎儿的体液免疫反应源自胎儿自身。有研究发现，静脉接种大肠杆菌内毒素或烟曲霉孢子，成功诱导了母羊的胎盘损伤，从而实现了抗体从母畜转移到胎儿。在整个妊娠过程中胎牛的免疫系统是日渐成熟的，牛在妊娠后80 d左右，胎牛能产生引起有丝分裂的细胞反应。新孢子虫感染后，约在妊娠100 d胎牛的脾脏与胸腺细胞产生有丝分裂原反应，但不能针对特异抗原产生抗体或细胞介导的免疫反应；在妊娠后130 d，与同日龄未感染的胎牛相比，新孢子虫感染胎牛的脾脏细胞具有较高的细胞因子(IFN-γ, TNF-α与IL-10)基因的转录活性，说明4月龄胎牛能产生抗新孢子虫的特异CMI反应；在妊娠后第168天，新孢子虫感染胎牛的各种淋巴细胞能够产生抗原特异的细胞增殖反应与IFN-γ；妊娠182 d以后，可在感染胎儿体内检测到抗新孢子虫的IgM和IgG特异性抗体。在妊娠晚期(妊娠后第219～231天)，伴随着特异CMI反应，胎儿的体液免疫反应也愈加强烈。所以，被感染胎牛大约在妊娠中期(4～6个月)开始产生寄生虫特异的免疫反应,宿主与寄生虫的关系呈现动态变化,并最终决定着感染胎牛是否发病甚至流产。

4.1.1.7 不同妊娠日龄母牛的感染

实验研究发现,通过对妊娠 140 d 感染牛的胎盘病变进行观察,发现子宫内膜与胎儿出血,子宫内膜与胎儿绒毛出现局灶性坏死,胎盘与胎儿均出现炎症反应。在给母畜接种新孢子虫后 14 d 的胎牛中枢神经系统内可检出虫体;接种后 14 d 与 28 d,胎儿中枢神经系统出现轻微炎症;接种后 42 d,胎盘病变自行消失,母体淋巴炎症区域有钙化坏死组织围绕,胎牛组织损伤也没有进一步加剧,说明寄生虫引起的病变受到了母体与胎儿免疫反应的抑制。目前的研究认为,妊娠中期母畜接种虫体后能够导致胎儿感染,但是这种感染多是非致命的,母畜可能会产下先天感染但没有任何明显临床症状的胎儿,而在妊娠早期(70 d)给母牛经同样途径接种同样的剂量则可能会导致胎儿病变。

妊娠母牛的免疫反应处于变化之中,如妊娠中期孕牛产生特异 IFN-γ 反应的能力显著低于妊娠早期或怀孕前的母畜,也影响着宿主与寄生虫间的关系,同样决定着新孢子虫感染对胎牛的危害程度。在妊娠中期与早期,母-胎界面的细胞因子变化有助于理解母体免疫反应及胎儿应对新孢子虫感染产生的免疫反应。随着妊娠的发展,胎儿自身保护力的逐渐增加可能导致病变减轻。

新孢子虫能够感染多种动物,对不同动物的致病性差异很大,导致这种差异的原因至今不明。对牛感染新孢子虫的研究主要集中在针对机体感染后诱发的免疫反应对母牛和胎儿的影响。妊娠牛感染新孢子虫后,机体内存在着母体与寄生虫间的关系、胎儿与寄生虫间的关系。随着整个妊娠的发展,母体、胎儿及寄生虫自身均发生着变化,它们之间的关系也时刻发生着变化。机体产生的有些免疫反应对宿主有利,还有一些免疫反应会对寄生虫有利,还有一些免疫反应与宿主和寄生虫的相关性都不大,但更重要的是有些免疫反应导致宿主的免疫损伤。新孢子虫正是利用了妊娠过程中发生的免疫调控机制传播给胎儿,如果胎儿存活,母畜就会产下先天感染而没有任何临床症状的胎儿,宿主与寄生虫处于相对平衡状态。虫体存在于新生牛体内,直到后者怀孕,虫体被再次激活,传播给下一代。这种对寄生虫来说是一种高效的传播途径,自然感染母牛可将虫体传播若干代而不会产生有效的免疫反应。研究发现初孕牛在怀孕前人工感染新孢子虫不能发生垂直传播,而且发现初孕牛在孕前人工感染还能阻止其妊娠中期再次接种导致的垂直传播,说明初孕牛产生抵抗新孢子虫垂直传播的保护性免疫是可能的。因此,进一步阐明各种免疫反应及其免疫因子的作用,也就意味着牛新孢子虫病的致病机理进一步明了,还有助于制定牛新孢子虫病的免疫控制措施。

4.1.2 致病机制

牛感染新孢子虫后主要引起胎盘与胎牛的疾病,原因在于妊娠过程中母体感染或隐性感染在孕期复发所导致的寄生虫血症所致。牛感染新孢子虫后,对胎儿和胎盘的危害和损伤程度差异很大，主要取决于几方面的因素：虫体引起的原发性胎盘损伤会直接危及胎儿的存活，或促进母牛前列腺素的释放，导致黄体溶解、发生流产；胎儿体内新孢子虫大量增殖不仅导致胎儿组织损伤，还可直接引起胎儿的氧气和营养供应不足；母源促炎因子的释放或激素下调，导致胎儿被母体排出体外。上述因素的单方面作用或多方面共同作用引发临床疾病，导致胎盘、胎儿严重受损以致胎儿死亡。以往的研究发现，孕酮通过调控 Th1/Th2 免疫反应的转换对牛的妊娠有积极作用。

对牛群新孢子虫感染及其引发流产的风险评估，有利于新孢子虫病防控策略的制定和有效执行。科研人员通过对大规模牛群感染后是否会引起流产的探讨和分析，对新孢子虫感染的风险因素进行了评估。发现下列因素在新孢子虫病的发生过程中发挥着重要作用：牛场中是否存在犬及其他犬科动物；犊牛哺乳期是否喂食初乳；是否有真菌毒素或病毒性疾病引起机体免疫抑制；季节；感染牛的品种与年龄。犬作为终末宿主，排出卵囊污染饲料或环境而增加牛感染的几率；牧场犬食用流产的胎儿与胎盘，使新孢子虫在犬和牛之间建立起传播链导致水平传播的发生。牧场的管理措施(例如饲料来源、放牧管理或舍饲、牛群密度)的不同也影响着牛群新孢子虫的感染和发病。对慢性感染、先天感染牛来说，还有一些因素可能增加新孢子虫感染导致流产的风险，如季节因素的影响。对荷斯坦-弗里斯奶牛群研究表明，在妊娠中期，空气湿度低于 60% 的天数增加，小母牛与经产母牛的流产风险均增高；降水量增加也有同样的影响。给母牛用弗里斯牛精液进行授精，与用利木赞或比利时蓝牛的精液授精相比，前者使得被受孕牛的流产风险也升高。

4.1.3 主要致病因素

4.1.3.1 犬与其他动物在新孢子虫传播中的作用

已经确认犬既是新孢子虫的中间宿主又是终末宿主。犬作为终末宿主时，新孢子虫在其肠上皮细胞发育，最终排出的卵囊在环境中孢子化。牛可通过吞食犬排出的新孢子虫孢子化卵囊遭受感染。在发现犬是新孢子虫终末宿主之前，已有研究发现，牧场中犬的存在是新孢子虫引起牛反复流产的一个重要因素。来自西班牙与法国的研究也发现，牛的新孢子虫血清抗体阳性率与牧场中犬的存在或数量呈正相关。在荷兰，一项对牧场内犬和牛的新孢子虫感染的相关性研究，发现牛群新孢子虫的高感染率与牧场中犬的抗体阳性率呈正相关。

越来越多的证据表明，牛因食入犬的孢子化卵囊被感染，但是牛场暴发新孢子虫性流产是否因为牧场犬排出卵囊引起的还存在疑问。荷兰的一项研究发现，发生流产牛群的年龄无明显差异，这一结果提示在暴发性流产发生前，连续的垂直传播可能是造成牛群持续感染的主要原因。

牧场犬的新孢子虫抗体阳性率明显高于城区犬，因为牧场犬比城市犬感染新孢子虫的机会更多。牧场犬的主要感染来源，一是含有大量新孢子虫的流产胎牛、胎膜以及胎液被自由活动的犬吞食;二是牧场内存在大量可能携带新孢子虫的鼠类、小型哺乳动物以及鸟类,被犬捕食后导致犬感染。除犬外,其他几种犬科动物也是新孢子虫的终末宿主,如狐狸和狼。荷兰的狐狸数量众多,许多农场主通过多年观察认为,狐狸在牛群的新孢子虫性流产过程中发挥作用;加拿大与美国的土狼在新孢子虫病的传播中也发挥着类似作用。

新孢子虫的宿主范围较广,多种家养和野生动物都是其中间宿主。环境中多种动物都可能影响着新孢子虫病的传播,如鼠、鸽、兔等野生和家养动物自身可感染新孢子虫,也就成为食肉动物的感染来源之一。如在某自然保护区内,鹿群的新孢子虫抗体水平较高,该环境中同时存在着犬科动物,在犬和鹿之间形成传播链,即存在新孢子虫的森林生活史循环;当其他动物捕食鹿后,鹿体内的新孢子虫包囊可直接传播导致其他动物的感染。

4.1.3.2 并发/继发感染

一般情况下,新孢子虫感染牛多呈隐性状态,多种因素都影响着牛是否发病以致流产,而其他病原的并发或继发感染无疑是影响因素之一,多种其他病原会加重新孢子虫病。意大利的一项研究显示,在 948 头牛中有 27%合并感染牛疱疹病毒Ⅰ型,后者是加重牛新孢子虫病发病的因素。越南的一项研究报道显示,牛病毒性腹泻与新孢子虫阳性具有强相关性。加拿大的一项研究表明,新孢子虫血清抗体阳性影响着繁殖指标(如首次怀孕与产仔间隔等),牛病毒性腹泻与新孢子虫病之间存在相互作用。

4.1.3.3 季节、气候及地理区域

空气湿度、土壤 pH 以及农业生态区域对新孢子虫的感染存在一定程度的影响,这些因素都能够造成牛免疫抑制。此外,饲料营养不均衡等,也在一定程度上影响着动物感染新孢子虫的严重性。

大量研究表明,新孢子虫引起暴发性流产的发生与季节有关。但不同的研究报道结果并不完全一致。据荷兰的一项统计表明,1995—1997 年暴发的 50 次流产中有 38 次发生在 6～9 月份。在美国加利福尼亚,冬季(11 月份至翌年 2 月份)新孢子虫性流产的风险增加。看似矛盾的两项研究结果其实并不矛盾,因为加利福尼亚的冬季温和、湿润,夏季炎热、干燥,而冬季温湿气候有利于卵囊孢子化和在环境中存活。此外,气候在调控动物生殖系统方面发挥着重要的作用。新孢子虫卵囊在外界环境中的发育和存活与球虫卵囊相似,其在外界发育需要足够的湿度、适宜的温度和充足的氧气,所以温湿环境能促进卵囊孢子化,增加牛群感染的机会。一项对 357 头血清阳性怀孕牛的研究显示,气候变化与新孢子虫感染母牛引起的流产密切相关。在妊娠中期随着降雨量的下降,母牛流产的几率也显著下降;在干旱环境下,降雨量增加则会增加隐性感染新孢子虫的妊娠牛流产机会。

应激是影响奶牛繁殖的一个重要因素。应激与生殖之间的相互作用非常复杂,如降雨量增加既能导致直接应激、增加动物产热御寒,又能导致间接应激使得动物正常行为改变(行为应激)、饲料质量下降以及卫生状况恶化。总的来说,降雨量增加可能加剧新孢子虫对妊娠动物的影响。但为什么应激因素主要在妊娠中期产生影响,是否因为环境应激因子干

扰了动物的生殖内分泌系统，抑或是导致了感染母牛的免疫反应能力下降，这些问题都需要对环境应激对妊娠期的内分泌调控及其机制进行进一步研究。

IFN-γ参与的细胞免疫反应有利于机体抵抗新孢子虫感染，但寄生虫感染相关的细胞免疫反应对胎儿存活是不利的。研究表明，妊娠过程中体液免疫反应向有利于胎儿正常着床与维持妊娠的方向偏离。在妊娠18周开始出现短暂的T淋巴细胞免疫抑制，后者是导致母畜对寄生虫血症敏感的主要原因。这种免疫调控与妊娠相关，但与机体抵抗新孢子虫病无关。据推测，正如感染刚地弓形虫的动物的免疫抑制一样，已处于免疫抑制状态的动物在遭受环境应激因素时组织包囊破裂，缓殖子释出进入血液，虫体跨过胎盘屏障到达胎儿。妊娠中期的胎儿免疫功能尚未健全，处于新孢子虫隐性感染的母畜可因虫体活化，突破胎盘屏障导致流产的发生。应激反应对机体免疫力的影响相当复杂，但从根本上讲是抑制免疫反应的，这种影响增加了宿主对病原的敏感性或导致慢性寄生虫病发作。

4.1.3.4 牛的年龄、品种

根据资料分析发现，随着母牛年龄的增长新孢子虫性流产的风险会有所下降。关于高龄动物的流产风险是否降低的意见并不一致。有研究表明，母牛在2～6岁，妊娠中期以后的流产率明显增加。也有研究表明，随着母畜产仔次数的增加，新孢子虫的先天感染比例有所下降，可能是由于年龄的增长机体对胎盘传播的免疫力日渐增加；而且随着年龄的增长，动物与寄生虫的频繁接触，机体免疫力也随之增加。老龄动物流产率下降的另一原因可能是养殖过程中的高淘汰率。

研究发现，母牛血清新孢子虫的抗体滴度与流产的风险密切相关，母牛新孢子虫血清抗体每增加一个单位，流产的风险就相应增加1.01倍。Meerschman等还发现母畜的抗体水平与流产胎儿的病变之间也是密切相关的。Pereira-Bueno等也发现了7～12月龄的小牛与高龄母牛相比，抗体水平低于后者。Thurmond与Hietala的研究发现，先天感染母牛的流产风险在下一次妊娠时有所下降，但这一结果可能因阳性牛被淘汰出现偏差。荷兰的一项研究提示，感染母牛的后代，在其第一次与第二次怀孕时的流产风险较其母代高。而在丹麦的一项研究显示，血清抗体阳性率与流产风险会随着妊娠次数有所增加。中国农业大学刘群等在2003年之后，对国内若干奶牛场的新孢子虫感染与流产的调研显示，奶牛的流产率与其新孢子虫血清抗体阳性率呈正相关。这些报道均显示奶牛的新孢子虫血清抗体阳性与流产密切相关，已有大量报道支持这一结论。

在对丹麦黑白花奶牛、红奶牛、红白花奶牛及丹麦泽西奶牛的比较研究发现，因新孢子虫感染发生的流产没有品种差异。法国的一项研究也未发现牛的新孢子虫血清抗体阳性与牛的品种有关。另有证据表明，奶牛与肉牛的新孢子虫病流行存在差异，肉牛因新孢子虫感染引起流产的比率比奶牛低，原因有待于进一步研究。

研究显示，牛新孢子虫的感染和发病也存在明显的地域差别，这可能与气候、饲养方式及其他管理条件等多方面因素有关。

4.1.3.5 管理因素

牛的新孢子虫感染、发病与多种管理因素有一定相关性。冬季的饲养密度、饲料槽的使用、环境中野生动物的存在、季节性的产仔模式、繁殖和引种方式等都与牛新孢子虫的感染与发病相关。“牧场过大”与“无放牧”对所有动物的来说，均被认为是管理风险因素，但“牧场过大”与疾病流行的紧密相关性变化较大，而且“无放牧”可能与其他因素存在着相互作用。这些现象或许增加了新孢子虫在牛群中水平传播的可能性。Dijkstra 等对出现产后新孢子虫病传播的 8 个奶牛场调研证实，被犬粪便污染的饲料是新孢子虫水平传播的主要传染源。对“牧场过大”、“犬的高数量”与新孢子虫病流行性增加之间相互作用的调查结果也支持这一结论。

迄今为止，还没有有效的药物或疫苗预防新孢子虫病，因此，对于风险因素的评估有助于优化牧场管理措施，对有效防控牛群新孢子虫的感染与发病起到积极的作用。

4.1.4 不同动物的新孢子虫感染和危害

4.1.4.1 牛

如前所述，新孢子虫对牛的危害最大，感染后可引起孕牛流产、死胎、弱胎等一系列繁殖障碍。当妊娠牛发生感染时，虫体可直接入侵子宫，进而感染胎儿、发生流产等临床症状。但大部分牛在怀孕前就存在持续感染，血清抗体阳性母牛产下的小牛中 95%血清抗体阳性但无明显临床症状，约 5%的感染母牛会发生流产。为什么隐性感染有时会导致临床发病？感染、发病、妊娠所处的阶段与流产等临床症状的发生存在着怎样的关系？这些都是近些年人们关注和研究的问题。

研究发现，多数情况下母体处于隐性感染的时机决定是否引发流产等症状，新孢子虫感染后的发展与胎龄密切相关，还与寄生虫血症的程度以及所感染新孢子虫虫株的致病性有关。

牛的妊娠期约为 280 d，胎儿免疫系统在此过程中逐渐成熟，小牛在出生时具备一定的免疫能力。妊娠早期胎牛的胸腺、脾脏以及外周淋巴结刚开始形成，对病原尤为敏感；到妊娠中期，胎儿的外周免疫器官逐渐发育完全，能够在一定程度上识别和应答外界病原。怀孕前 100 d 的胎儿不能识别外源病原体，如牛病毒性腹泻病毒能够感染此阶段胎牛，出生后小牛对该病毒发生免疫耐受而成为隐性感染者。在怀孕后 100～150 d，胎儿开始产生免疫反应；怀孕后 150 d，胎儿的免疫系统日渐成熟，能够识别与应答各种病原体反应。所以，妊娠早期胎儿感染新孢子虫难以存活；妊娠中期胎儿能够产生初级免疫反应，但依然不能保护胎儿自身，因此大部分流产在这个时期发生；妊娠后期，胎儿的免疫系统基本成熟，能抵抗感染而使胎儿存活下来，但先天性感染也往往在此时发生。大部分的宫内传播都能够产下临床正常胎儿，正是这种先天性感染导致牛新孢子虫持续传播，使牛群新孢子虫的感染不断扩大。

4.1.4.2 犬

新孢子虫是首先在犬体内被发现的，犬感染后出现临床与亚临床症状的比例较低。在各种动物感染中，犬新孢子虫病造成的危害仅次于牛新孢子虫病，与牛新孢子虫病一样呈世界性分布。犬的感染途径多样，隐性感染母犬可以通过垂直传播把新孢子虫传播给胎儿，使幼犬发生先天性感染。目前还不清楚犬的新孢子虫病是否因品种、性别的不同存在差异，但大部分病例报道见于拉布拉多以及金黄色猎犬、拳狮犬、意大利灵犬和德国狼犬。

任何年龄犬感染新孢子虫都可能发病。犬新孢子虫病的临床表现与牛有所不同，发生流产的几率较小。临床上常见的是幼犬发病，表现为全身性症状，病变几乎累及到全身所有器官（包括皮肤），也可能仅表现为局部症状。对先天感染的幼犬而言，局部症状最严重的病例先是后肢轻度瘫痪，逐步发展到后肢麻痹；也可能发生神经症状，主要由于虫体侵入中枢神经系统及后肢，通常出现四肢僵硬，但前肢症状较轻，后肢麻痹犬可存活数月。此外，还可发生其他功能障碍，包括吞咽困难、下颌麻痹、肌肉弛缓、萎缩等症状，严重者发生心衰。

当虫体寄生于血管内皮细胞、肌细胞和皮肤细胞等其他部位时，会表现相应的临床症状。皮肤病型多发于老龄动物，可能与宿主免疫力低下有关。

犬感染新孢子虫的途径也包括水平传播和垂直传播。已有实验感染引起犬的先天感染和后天感染。但实验感染中难以复制出自然感染的先天性新孢子虫病的典型症状。将自然感染新孢子虫的犬脑匀浆接种给蓝狐（*Alopex lagopus*）可观察到临床症状，接种后第10周脑部出现炎症病变和速殖子。除犬外已经确认其他犬科动物红狐（*Vulpes vulpes*）、灰狐（*Urocyon cinereoargenteus*）、美洲土狼（*Canis latrans*）和澳洲野犬（*Canis dingo*）是新孢子虫的自然宿主。临床上，犬出现临床型新孢子虫病往往是犬作为中间宿主时及犬作为终末宿主时虫体在其体内发育过程及可能出现的危害尚不十分清楚。

4.1.4.3 马

已经证实，马所感染的新孢子虫为洪氏新孢子虫（*N. hughesi*），但不能排除犬新孢子虫（*N. caninum*）也可以感染马。有报道显示，某地马的新孢子虫血清抗体阳性率超过10%，但临床报道的病例很少。已有的临床病例报道显示，马新孢子虫病的主要表现为马原虫性脑脊髓炎和孕马流产。详见马的新孢子虫感染。

4.1.4.4 羊

绵羊和山羊也是新孢子虫的自然宿主。迄今为止，对羊的新孢子虫感染研究较少，主要原因是羊感染新孢子虫后的危害远低于牛的感染。所以，羊的自然感染及临床病例并不常见，但对孕羊的实验感染发现，羊感染后可与牛感染新孢子虫表现出非常接近的临床症状和病理变化。详见本书中羊新孢子虫感染的有关章节。

4.1.4.5 其他动物

对猪的新孢子虫感染的报道很少，仅有血清学检测阳性的报道，还没有自然病例的报道。人工感染怀孕猪成功诱导了猪的胎内感染，提示猪感染后可能诱发与牛新孢子虫类似的症状，有待于进一步观察和研究。

禽类也是新孢子虫的中间宿主，已经在鸡、鸽子和斑马雀的体内检出新孢子虫特异性抗体，但对禽类在新孢子虫传播中的作用还缺乏研究。大量对野生动物新孢子虫感染的血清学调查、PCR 检测等研究显示，多种野生动物都可以自然感染新孢子虫，但对野生动物感染新孢子虫后的危害尚缺乏深入研究。推测新孢子虫为自然疫原性病原，野生动物在新孢子虫的传播中起着一定的作用，其生活史存在着森林循环型。详见野生动物新孢子虫感染。

4.1.4.6 实验动物

多种实验动物可以成功感染新孢子虫。小鼠、兔、犬等多种实验动物已被广泛用于新孢子虫病的多方面研究中。远交小鼠对新孢子虫具有天然抵抗力，在没有使用免疫抑制剂的情况下，很难出现新孢子虫病临床症状。近交小鼠对新孢子虫较为敏感，裸鼠对新孢子虫尤为敏感，IFN-γ 或 B 细胞缺陷的基因敲除鼠对新孢子虫更加敏感，可因感染新孢子虫而死亡。通过建立小鼠的实验感染模型，进行新孢子虫在中间宿主体内的致病性、病理变化、传播以及免疫学和疫苗效力等多方面的研究已见于许多研究报道。

大鼠对新孢子虫的抵抗力较强。沙鼠(*Meriones unguiculatus* 与 *Gerbillus dasyurus*)作为新孢子虫病的动物模型具有一定意义。研究发现，沙鼠接种新孢子虫 Nc-Liverpool 或 Nc-2 株，出现急性新孢子虫病。

兔对新孢子虫较为敏感，实验研究中常用于多克隆抗体的制备。禽类也可感染新孢子虫，已经有用禽类实验感染新孢子虫的研究报道。有关实验动物的新孢子虫感染，见本书中有关章节的描述。

总之，新孢子虫已经广泛分布于世界各地，多种不同的动物都是其自然宿主，目前主要危害的动物为牛和犬。其他多种动物(家畜和野生动物)感染新孢子虫后都会造成一定程度的危害，但低于对牛及犬的危害，而且缺乏相应的研究。其他动物尤其是野生动物在新孢子虫传播中的作用，有待于进一步研究。

新孢子虫进化至今，已经具备了自身的生存策略，能寄生于宿主体内，并与其协调发展而得以持续存在。新孢子虫在牛体内与其达到了一种近乎完美的平衡境界，使虫体利用这种平衡来改变妊娠过程中的免疫状态以使自身在牛群中持续传播。当这种平衡发生改变时，例如，胎牛感染发生在妊娠早期或动物的免疫系统抵抗力被削弱，则不能限制新孢子虫增殖致使宿主死亡，显然这对宿主以及虫体都是不利的。

4.2 病理变化

因为新孢子虫病主要发生于牛和犬，所以，对其病理变化的研究与报道也集中于这两种动物的新孢子虫病。

4.2.1 牛孢子虫病

牛新孢子虫病的主要临床症状是孕牛流产，由妊娠过程中母体首次（外源性的）感染或隐性感染的复发所致。新孢子虫可以轻易地跨过胎盘传播给胎儿，其病变主要见于胎盘及胎儿。大部分子宫内感染的胎儿出生后临床健康，为隐性感染的病原携带者。

母牛的首次感染源于吞食新孢子虫孢子化卵囊，后者在胃肠内脱去卵囊壁释放出子孢子。子孢子可能先进入肠上皮细胞寄生转变成速殖子，可能进入肠系膜淋巴结发育、分裂增殖。然后，速殖子释放入血产生寄生虫血症，逐渐扩散至全身各处，可以寄生于各种有核细胞，包括妊娠期的子宫及胎儿组织。在实验条件下，虫血症发生时间很短暂而难以检测到。非孕牛感染新孢子虫不会产生明显的临床症状。

牛的内源性感染是最为常见的传播方式。胎牛在胎内被源于母体的新孢子虫感染，若没发生流产则产下表面健康的带虫牛。对新孢子虫在临床健康牛群中存在的情况还知之甚少。研究显示，在隐性感染的牛体内，新孢子虫主要局限在中枢神经系统及骨骼肌，并以组织包囊形式存在，但难见组织病理学变化。

牛新孢子虫病只有在发生流产时才有可见的病理变化。首先，新孢子虫导致胎盘发生病理变化，可直接危及胎儿生命或引起母体前列腺素的释放，导致黄体溶解而致流产。其次，新孢子虫越过胎盘感染胎儿，虫体大量增殖导致胎儿组织受损以致死亡；胎儿氧气及营养供应不足反过来使胎盘损伤加剧，致胎儿死亡。再次，由于胎盘内母源促炎因子的释放，可能会发生母体免疫使胎儿外排。所有这些因素互相关联、共同作用导致流产发生，其中的一个因素或多个因素在某些特定情况下尤为重要，但母畜所处的妊娠阶段是影响流产发生的关键因素。

牛为反刍动物，其胎盘成子叶状，由多达100个胎盘附属物组成。每一胎盘及其附属物由胎儿的胎盘子叶与母体子宫内表面突出的肉阜紧密镶嵌而成。胎盘是一种动态组织，在妊娠过程中不停地生长变化，由最初相对简单的绒毛/隔膜结构成长为一种具有二级与三级绒毛高度分支的结构单元。营养与氧气跨过母胎界面完成从母畜到胎儿的传输，在此界面内局部的母体免疫反应得到调控，从而使母畜能接纳并哺育正在发育中的“外源”胎儿。胎盘通过产生孕酮及前列腺素而对母畜妊娠期的内分泌调控发挥重要作用。

母体与胎儿间免疫平衡的调控非常精密，细胞因子发挥着重要作用，主要是局部分泌的可溶性调节因子，对某些淋巴与非淋巴细胞产生功能强大的局部效应。在妊娠期，调控胎盘内的母体免疫反应得到有效调控，从而形成“有益”的细胞因子，例如形成以造血细胞因子(CSF-1，GM-CSF)、调节细胞因子(TGF-β，IL-10)以及Th2型细胞因子(IL-4，IL-5)占主导地位的环境。细胞内病原体激活细胞介导的免疫反应产生对机体妊娠有害的细胞因子，如Th1型细胞因子、IFN-γ、IL-2以及TNF-α。正常情况下胎盘内这些细胞因子水平较低，但新孢子虫感染能有效激活它们的产生，且不能被有益机体的细胞因子充分抑制，从而使平衡向它们倾斜，引发母畜流产。在有些情况下，相对少量的虫体所引发轻微的局灶性损伤可能通过激活危及妊娠的细胞因子而产生非常显著的效应。虽然对胎儿有害，但有益于母畜，可使母畜存活，并能再次繁育后代。

胎盘被感染及炎症反应的发生能促使前列腺素分泌，诱导黄体溶解，导致子宫收缩及胎儿外排。在妊娠晚期，胎盘功能下降导致氧气供应不足会引发胎儿促肾上腺皮质激素的释放。

实验感染发现，最严重的病变发生在胎盘及胎儿的脑部。在妊娠第70天，给母牛接种速殖子后14 d出现早期病变，虫体在胎儿和胎盘绒毛内增殖，病变主要为出血及非化脓性炎症。接种28 d后，随着胎儿子叶从母体肉阜的脱离，胎盘及其附属物发育终止。妊娠晚期，母体肉阜组织及胎儿胎盘迅速自溶，随着复原肉阜的再上皮化，母体子宫组织恢复正常。自然条件下，对妊娠晚期牛感染的研究表明，非化脓性胎盘炎还会延伸至子叶间绒毛尿囊膜，随着时间的延长绒毛结缔组织会发生不同程度的矿化。

胎盘感染开始后，虫体很快进入胎儿血流，入侵邻近组织，可导致胎儿的全身性病变，但虫体对中枢神经系统具有明显的嗜性，局部可见坏死性病变及神经胶质化病灶。虫体分布于血管内及其周围组织，发育早期的胎儿不能控制虫体的增殖，导致神经纤维广泛的非炎症性坏死。发育晚期的胎儿能对新孢子虫感染产生较好的免疫应答，能够明显抑制虫体增殖，可出现小范围坏死，炎性渗出液里含有小神经胶质细胞、反应性星形胶质细胞、单核细胞和淋巴细胞；随着感染时间的延长，这些病灶可能发生矿化。有时胎儿脑膜也出现轻微炎症。流产胎儿的多种器官组织(心脏、骨骼肌、肺脏及肝脏)都可能出现广泛性炎症、多灶性坏死及炎性细胞渗出。

自然感染导致的流产胎儿可能出现多种病变。但一般情况下，自然感染的流产胎儿多发生自溶或木乃伊化，或二者兼有。妊娠7个月后流产的胎儿，可观察到其脑水肿、侧脑室扩张、小脑与延脑发育不全。足月死产的胎牛心脏肥大，心脏及骨骼肌出现灰白色病灶，脑部出现微灰色到黑色的坏死灶，胎盘子叶出现局域性褪色。感染胎儿显微病变呈现退行性病变或炎性病变，或二者兼有；病变可见于多种器官和组织，但最常见于中枢神经系统、心脏、骨骼肌、肝脏以及胎盘。

新孢子虫引起的流产胎儿体内的主要病理学变化是炎症反应所致，几乎所有脏器都出现炎症病变。在美国加利福尼亚州，对82个自然流产胎儿的研究显示，流产胎儿中出现100%脑炎和心肌炎、80%肾上腺炎、72%肌炎、66%肾炎、62%肝炎、53%胎盘炎及44%肺炎。渗出的炎性细胞主要为单核细胞，在89%的流产胎牛体内观察到新孢子虫。在荷兰，对80个由新孢子虫引发流产胎牛的研究中发现，病变和新孢子虫主要集中于脑部、心脏和肝脏;其中91%胎牛的3种器官可见组织学病变。另7个病例的病变可见于两种器官。中枢神经系统的任何部位都可见病变,病变发生于大脑灰质比小脑和延髓的频率高。

脑脊髓炎是产后存活但具明显或早期临床症状小牛的主要病变。在对20头2周龄小牛进行剖检时,发现脑脊髓炎是新孢子虫感染最主要的病变,且脊髓比脑部病变更为明显,表现为局部神经胶质变性和血管周围单核细胞浸润;在脑部常见到组织包囊,较少见到速殖子。

心肌的典型病变为轻微坏死性炎性反应,但常被组织自溶所掩盖。可观察到广泛的心肌炎和心肌细胞坏死,有时可见大量速殖子。肝脏病变包括门静脉周围单核细胞浸润,肝实质出现坏死灶,有时窦状隙内出现纤维蛋白栓。比较流行性流产病例和散发性流产病例门静脉病变时发现,前者门静脉周围炎症与多发性肝细胞坏死较为严重,有时伴有严重的非化脓性脑炎,表现为大面积坏死、血管周围单核细胞浸润并有大量速殖子。

4.2.2 犬新孢子虫病

犬感染新孢子虫后的主要临床表现为神经肌肉组织功能障碍,多发性皮肤溃疡,有时可发生严重的、散发性肉芽肿;表皮溃疡,真皮内有大量巨噬细胞、中性粒细胞及嗜酸性粒细胞浸润,胶原纤维被破坏。组织病理学观察可见心肌扩张、心内膜炎以及多灶性肌炎,肺脏轻微肿胀,肝脾肿大;在巨噬细胞和中性粒细胞病灶内出现大量速殖子。此外,在内皮细胞内偶见速殖子;出血并伴有血栓及梗死等病变;肌肉组织可见单核细胞渗出,偶尔可见钙化;前肢及肋间肌肉内可见包囊及单个虫体,免疫组化检测可与新孢子虫缓殖子特异性BAG1抗体强烈反应。

4.2.3 羊新孢子虫病

4.2.3.1 胎盘

羊新孢子虫感染可导致与牛新孢子虫感染类似的病理变化。人工感染显示,胎儿及胎盘主要表现为炎症反应,伴随有胎儿绒毛结缔组织、母体子宫内膜的淋巴细胞毛细管局灶性细胞增生。在接种后第25天,胎儿、胎盘及其附属物均出现程度不等的小坏死灶,病灶分布于胎儿绒毛组织和邻近肉阜;其间可见强嗜酸性粒细胞坏死堆积物,部分来源于脱落的滋养层细胞。接种后第40天至第53天,坏死病灶分布更加广泛,在绒毛与隔膜空隙间存在特异性染色物质,纤维蛋白马休猩红蓝染色阳性;子宫内膜及胎儿绒毛部位毛细血管内皮有单核细胞及淋巴细胞浸润;胎儿绒毛结缔组织细胞增生。绒毛膜内皮和下层组织水肿,存在大量速殖子及坏死细胞。在较深层组织,主要由单核/巨噬细胞所组成的轻微弥散性或非化脓性炎症病灶。坏死性血管炎普遍存在,病变血管被单核细胞所包围。有些血管内皮出现退行性病变。在绒毛膜间充质坏死,出现钙化的嗜碱性颗粒沉积。子叶主要表现为广泛的严重的局灶性的凝固性坏死，通常观察不到炎性细胞，但在不同阶段会偶尔出现轻微渗出；坏死经常会扩散至胎儿绒毛组织及子宫内膜，出现内膜血管栓塞。

4.2.3.2 胎儿

实验感染发现，在接种后第25天，胎儿大脑会出现轻微的局灶性脑膜炎；整个脑及脊髓血管周细胞增生和小神经胶质细胞症，有时可见轻微的淋巴细胞套；神经纤维网出现病灶，小神经胶质细胞与淋巴细胞围绕着中心排列成栅栏样。在接种40 d以后，大脑会出现类似的病变，可见小神经胶质细胞症、血管套及其他炎性病变。胎儿还可出现淋巴结炎、肝炎等其他组织病变，而在胎儿脾脏、胸腺、消化道及肾脏难以观察到病变。在体内多种组织脏器均可能检出速殖子或包囊。

关于其他动物新孢子虫感染所致病理变化的相关报道较少。有研究发现，在新孢子虫感染袋鼠上可见左侧心脏肥大，右心室扩张。显微检查发现，心肌纤维玻璃样变性、坏死，伴有少量出血与轻微巨噬细胞渗出。还可出现轻微的多灶性淋巴细胞性心肌炎，偶见速殖子。同时，还可见中等程度的肺泡水肿、充血性肺气肿、溃疡性胃炎及轻微的结肠卡他等病变。

4.3 临床表现

4.3.1 牛新孢子虫病

新孢子虫是造成世界范围内奶牛、肉牛流产的一个主要病因，可引起任何年龄的母牛从妊娠3个月到妊娠末期的流产，其中妊娠第5～6个月流产风险较高。流产表现各异，胎儿可能在子宫内死亡、吸收、木乃伊化、自溶等，还可能产下表现有临床症状的活犊，而绝大多数感染母牛均产下无明显临床症状但存在隐性感染的犊牛。

新孢子虫病所致流产无明显的季节性，全年均可发生，但国内外都有研究发现流产在夏季更易发。新孢子虫引起的流产可能是散发，也可能出现暴发性流行。有些牛群会在几周到数月内发生暴发性流产。暴发性流产一般指在6～8周内，超过10%或12.5%的母牛发生流产。新孢子虫所致的流产可以反复发生。

2月龄内的小牛感染后可表现为神经症状、不能站立及体重偏低等症状；后肢和/或前肢可能屈曲或过度伸展，共济失调，膝盖骨反射减弱。眼球突出或不对称，偶尔会发生脑水肿与脊髓狭窄等先天缺损症状。

4.3.2 犬新孢子虫病

新孢子虫能引起各年龄犬发病，感染犬的临床症状包括后肢轻度瘫痪，前肢虚弱，后肢较前肢病变严重；头盖骨缺失。病犬可死于进行性瘫痪、脑膜脑脊髓炎、心脏衰竭、肺炎；急性病例可在出现症状的 1 周内死亡；慢性感染犬临床症状可在数周内逐步恶化。犬在发病初期，可见步伐跳跃，前肢不愿站立或蹲坐时 4 条腿展开，表现为单侧或双侧性后肢轻度瘫痪、后肢膝盖或肘部过度伸展；随着病程的发展，症状会逐渐加重；神经症状随虫体寄生的部位不同而有所差异。发热、食欲不振较为少见，大多数病犬晚期仍处于清醒状态。按临床症状出现的顺序可归纳为：前肢轻度瘫痪/麻痹，精神沉郁，视神经反射改变，下颌开闭无力，吞咽与呼吸困难，肌肉弛缓萎缩，甚至心脏衰竭。患犬一般可存活数月，大多数患犬被施以安乐死。其他可能的临床症状还包括呕吐、剧渴，伴发神经肌肉症状，并伴有脑脊髓炎、肌炎、胰腺炎、肝炎、胃肠炎、肾上腺炎以及皮肤炎等多发性炎症反应。

参考文献

[1] Barber J S. Canine neosporosis. Waltham Focus，1998，8：25-29.

[2] Buxton D，Maley S W，Thomson K M，et al. Experimental infection of non-pregnant and pregnant sheep with Neospora caninum. J Comp Path，1997，117：1-16.

[3] Buxton D，McAllister M M，Dubey J P. The comparative pathogenesis of neosporosis. Trends Parasitol，2002，18：546-552.

[4] Dubey J P，Buxton D，Wouda W. Pathogenesis of Bovine Neosporosis. J Comp Path，2006，134：267-289.

[5] Dubey J P，Vianna M C B，Kwok O C H，et al. Neosporosis in Beagle dogs：Clinical signs，diagnosis，treatment，isolation and genetic characterization of Neospora caninum. Vet Parasitol，2007，149：158-166.

[6] Morales E，Trigo F J，et al. Neosporosis in Mexican Dairy Herds Lesions and Immunohistochemical Detection of Neospora caninum in Fetuses. J Comp Path，2001，125：58-63.

[7] Morales E，Trigo F J，Ibarra F，et al. Neosporosis in Mexican Dairy Herds Lesions and Immunohistochemical Detection of Neospora caninum in Fetuses. J Comp Path，2001，125：58-63.

[8] Pasquali P，Mandara M T，Adamo F，et al. Neosporosis in a dog in Italy. Vet Parasitol，1998，77：297-299.

[9] Perl S，Harrus S，Satuchne C，et al. Cutaneous neosporosis in a dog in Israel. Vet Parasitol，1998，79：257-261.

第5章

新孢子虫免疫学

新孢子虫与其他顶复亚门原虫相似，宿主感染后的免疫机制非常复杂。虽然越来越多的研究已经证实动物感染新孢子虫后会产生一定程度的保护性免疫力，但是这种保护性免疫是如何被诱导产生的，其功能以及调节机制如何，都还知之甚少，有待于进一步深入研究。从目前的研究资料看，由于新孢子虫是一种专性的细胞内寄生虫，细胞介导的免疫反应(cell-mediated immunity，CMI)在抵抗其感染的过程中发挥主要作用，一些细胞因子如 γ 干扰素(IFN-γ)、肿瘤坏死因子 α(tumour necrosis factor，TNF-α)和白介素(interleukin，IL)等在宿主保护性免疫中扮演着重要角色。

迄今为止，虽然通过对一系列用于抗顶复亚门原虫的有效药物进行筛选，也发现一些抗新孢子虫感染的有效药物，但是还没有任何防控新孢子虫病的特效药物应用于临床。此外，牛感染新孢子虫后的主要临床症状为妊娠母牛流产、死胎或产出隐性感染牛，发生之前很难观察到症状。因此，人们寄希望于应用疫苗接种来预防新孢子虫病。与其他疾病病原的研究类似，新孢子虫免疫学研究主要涉及动物机体的先天性免疫和获得性免疫、功能抗原的筛选、不同种类免疫疫苗的研究等。相对于其他顶复亚门原虫，如弓形虫、艾美耳球虫、疟原虫等，新孢子虫病的免疫预防研究起步较晚，在历经虫体灭活疫苗、弱毒疫苗研究之后，目前寄希望于重组蛋白疫苗和核酸疫苗的研究，以期能够研制出理想的疫苗以有效防控牛的新孢子虫病，从而减少或防止孕畜流产，并有效阻断新孢子虫病的传播。

5.1 免疫机制

寄生虫与宿主之间的关系十分微妙而复杂：一方面，如果寄生虫毒力太强，就会造成宿主的死亡，而寄生虫也会因宿主的死亡无法存活；另一方面，如果宿主防御系统过于强大，以至于可以完全抵抗寄生虫感染,也会导致寄生虫种的灭亡。因此,在长期的进化过程中,寄生虫与宿主之间形成了一种相互适应相互耐受的关系,而寄生虫与宿主之间这种复杂的关系也决定了宿主抗寄生虫感染时免疫反应的复杂性。

新孢子虫在长期进化过程中获得了高度发达的细胞器,其细胞结构比细菌、病毒等其他病原微生物复杂得多。同时,新孢子虫生活史较为复杂,包括中间宿主和终末宿主间的转换。此外,新孢子虫抗原成分复杂,宿主感染后难以将其完全清除。这一系列因素都决定了宿主感染新孢子虫后免疫反应的复杂性。

5.1.1 免疫的一般机制

与其他病原微生物相似,宿主抗新孢子虫感染的免疫主要包括先天性免疫及获得性免疫。

5.1.1.1 先天性免疫

先天性免疫(congenital immunity)又称为固有免疫(innate immunity)或非特异性免疫(non-specific immunity),是机体在漫长进化过程中获得的一系列天然防御功能,是个体与生俱有的,具有遗传特性。对于宿主来说,先天性免疫被称为抵抗病原体入侵的第一道防线。在寄生虫免疫学研究中,先天性免疫又称为自然抵抗力或自然抗性。先天性免疫是指宿主在寄生虫感染之前就存在的,由宿主的种属所固有的结构特点和生理特性所决定,且不被感染所提高的抵抗力。例如,多种小鼠对弓形虫具有较强的易感性,而大鼠对弓形虫则有较强的抵抗力。在抗新孢子虫感染中,不同宿主间存在显著差异,如大鼠类的褐家鼠(rattus norvegicus)只有在注射免疫抑制剂的情况下才能诱导新孢子虫病,而小鼠类的裸鼠对新孢子虫非常敏感,因此常用于新孢子虫虫体的分离;同一品种的不同品系动物也差异较大,研究表明远交系小鼠对新孢子虫具有较强的抵抗力,而近交系小鼠对新孢子虫较为敏感。

5.1.1.2 获得性免疫

获得性免疫(acquired immunity)又称为适应性免疫(adaptive immunity)或特异性免疫(specific immunity)。获得性免疫是动物个体经主动(人工预防接种、疫苗、类毒素或免疫球蛋白等)或被动方式(初乳或无症状感染等)接触某种病原体或其产物而获得的针对该病原的保护性免疫力,因而具有严格的特异性。获得性免疫包括体液免疫和细胞免疫。获得性免疫具有免疫记忆的特点,在消除病原体作用中占有重要地位。一系列研究表明,宿主感染新孢子虫后,会增强其抵抗新孢子虫再次感染的能力。早在1997年,Thurmond等就发现由新孢子虫感染导致的奶牛流产在初次怀孕时最高,但随着怀孕次数的增加,流产发生的几率逐渐降低。2000年,Mcallister等通过比较研究发现,之前感染过新孢子虫的牛群较其他未接触过新孢子虫的牛群发生流产及早产的概率要小。以上研究均表明,牛自然感染新孢子虫后可以获得一定程度预防流产的保护性免疫力;但是这种免疫保护力不是绝对的,不能完全保护牛使其不再发生新孢子虫感染性流产。此外,这种免疫保护力并不足以完全阻断新孢子虫的垂直传播,而垂直传播被认为是新孢子虫在牛群中得以持续感染的主要途径。

5.1.2 细胞免疫

迄今为止,宿主抗新孢子虫感染免疫研究资料非常有限,其免疫机制尚未明确。一般认为,宿主抵抗新孢子虫感染的免疫机制与另一顶复门寄生原虫——弓形虫的宿主抗感染机制类似,即宿主感染新孢子虫后既产生细胞免疫(cellular immunity),也产生体液免疫。细胞免疫主要针对寄生于细胞内的虫体,而体液免疫主要作用于从细胞释放、游离于血液或组织液中的虫体。

免疫机能正常的宿主感染新孢子虫后,新孢子虫在细胞免疫和体液免疫的作用下,以组织包囊形式存活于宿主体内,宿主呈慢性感染状态,一般不表现出临床症状。当宿主免疫机能低下,特别是细胞免疫功能受损时,组织包囊内缓殖子活化转换为速殖子,慢性感染转为急性感染,从而对机体造成危害。寄生于中枢神经系统内的新孢子虫最易被激活,这可能与局部免疫水平低下以及血脑屏障阻碍特异性抗体和细胞因子进入有关。

与大多数顶复门原虫一样,新孢子虫是一种专性细胞内寄生虫。因此,细胞介导的免疫反应在抵抗新孢子虫感染的过程中发挥主要作用,其中 Thl 型细胞因子反应又起着主导作用。参与细胞免疫的主要成分包括巨噬细胞(macrophage)、自然杀伤细胞(natural killer cell,NK cell)、T 淋巴细胞(T lymphocyte,T cell)以及它们分泌的一系列 Thl 型细胞因子,如 IL-12 和 IFN-γ 等。

IL-12 和 IFN-γ 在宿主抵抗新孢子虫急性感染过程中发挥重要作用。1997 年,Khan 等发现用相应抗体中和近交系 A/J 小鼠体内的 IL-12 和 IFN-γ 后,小鼠对新孢子虫的易感性增强。1998 年,Dubey 等用新孢子虫感染 IFN-γ 基因敲除的小鼠,也得到了相似的结果。随后,Baszler 等对 IFN-γ 和 IL-12 在 BALB/c 小鼠新孢子虫急性感染过程中的作用进行了系统研究,得到以下结果:中和小鼠体内的 IFN-γ 导致死亡率和急性发病率增加;外源性重组 IL-12 能减少早期的临床症状,但不能改变整个疾病的发生进程;外源性 IL-12 发挥短暂的免疫效应是由 IFN-γ 介导的。上述研究均证实,IL-12 和 IFN-γ 是介导宿主细胞免疫的两种主要细胞因子。

一般认为,IL-12 的主要作用是诱导 IFN-γ 的产生。宿主感染新孢子虫后,巨噬细胞分泌 IL-12。IL-12 诱导辅助性 T 细胞(helper T cell,Th cell)向 Th1 型细胞分化,并刺激 Th1 型细胞大量增殖以及分泌一系列 Thl 型细胞因子如 IFN-γ 和 IL-2 等。Khan 等研究发现感染新孢子虫的 A/J 小鼠,其脾细胞在 24 h 内即可检测到大量的 IL-12 mRNA,但是直到第 7 天才产生大量 IFN-γ mRNA,这种时间顺序的先后与上述观点相符。Baszler 等在实验中发现的外源性 IL-12 能发挥短暂的免疫效应是由 IFN-γ 所介导的现象,进一步证实了上述观点。

IFN-γ 又称抗原诱导干扰素或免疫干扰素,它在宿主抗寄生虫(尤其是细胞内寄生虫,如弓形虫和新孢子虫等)感染中起关键作用。早在 1995 年,Innes 等就通过体外实验发现与不用 IFN-γ 处理的细胞相比，新孢子虫在用 IFN-γ 处理过的细胞中的增殖受到明显抑制。此后，一系列研究报道都证实了无论是实验感染还是自然感染新孢子虫的宿主体内都会产生大量的 IFN-γ。2000 年，Tanaka 等通过实验证实了在抗新孢子虫感染中，IFN-γ 的主要功能是与 IL-12、IL-2 及脂多糖(lipopolysaccharide，LPS)等协同作用激活巨噬细胞，活化的巨噬细胞可表达高水平的诱导型一氧化氮合酶(inducible nitric oxide synthase，iNOS)，iNOS 以 *L*-精氨酸为底物催化机体内产生大量 NO，NO 发挥细胞毒性作用抑制或杀伤细胞内的新孢子虫。iNOS 基因缺陷的小鼠，因其巨噬细胞无法产生 NO，难以抵御新孢子虫感染，同野生型小鼠相比，这类小鼠对新孢子虫较为易感。

关于 NO 抗寄生虫感染作用的确切机制尚不清楚。多数学者认为，NO 作用于寄生虫的一些关键的代谢相关酶如线粒体呼吸酶、DNA 合成酶及顺乌头酸酶等，通过与这些酶的活性部位 Fe-S 基结合，形成铁-亚硝酰基复合物，抑制酶的活性，阻断细胞的能量合成及 DNA 复制，从而抑制和杀伤胞内寄生虫。

5.1.3 体液免疫

虽然很早就有研究报道宿主感染新孢子虫后，体内会产生特异性的抗体，而基于宿主血清新孢子虫抗体进行的流行病学、病原学研究也层出不穷，但迄今为止关于宿主抗新孢子虫感染的体液免疫(humoral immunity)研究资料依然较少。前期的研究表明，细胞因子可以调控 IgG 亚类的合成，如鼠类的 Th1 型细胞因子通常促进 IgG2a 、IgG2b 和 IgG3 的生成，抑制 IgG1、IgE 和 IgM 的产生。1999 年，Baszler 等发现小鼠感染新孢子虫的同时注射 IFN-γ 抗体，结果小鼠发病率及荷虫量均上升，IgG1 抗体水平高于 IgG2a；小鼠感染新孢子虫的同时注射 IL-12，则发病率及荷虫量均下降，此时 IgG2a 抗体水平高于 IgG1，这表明 IgG2a 在抵抗新孢子虫感染中起着较大作用。

一般认为，特异性抗体水平可以间接反映机体免疫系统与相应抗原的接触程度，所以，特异性抗体的产生有助于新孢子虫病的临床诊断和流行病学研究。对比 Para、Stenlund 及 Guy 等的研究发现，不同母牛在妊娠过程中血清新孢子虫抗体水平存在波动，并且抗体滴度在妊娠中期上升的母牛较之在妊娠晚期时更易发生流产。目前，特异性抗体在宿主抵抗新孢子虫感染的免疫过程中的具体作用机制尚未阐明，但推测其可能是通过与新孢子虫速殖子相关抗原尤其是表面抗原或入侵相关抗原结合，使其入侵细胞能力下降，从而抑制新孢子虫感染的扩散。

5.1.4 妊娠动物抗新孢子虫感染的免疫反应

对妊娠动物来说，母体相当于接受了一次“同种半异体移植”(semi-allogenetic graft)。所谓同种异体移植是指同一物种内遗传基因不同个体间的细胞、组织或器官移植。它是临床器官移植的主要类型。由于供者和受者间的遗传背景存在差异，一般均会导致同种异体排斥反应(allorejection)的发生。因此,对于妊娠母体来说同时带有一半母方遗传基因和一半父方遗传基因的胎盘/胎儿可视为“同种半异体”,因而母体对其会产生排斥反应。对于正常机体而言,成功地妊娠过程依赖于体内免疫系统的精密调节:一方面,Th1 型细胞因子(如 IFN-γ 和 IL-2 等)介导对胎儿的急性排斥反应,另一方面,Th2 型细胞因子(如 IL-4、IL-6 和 IL-10 等)参与同种排斥反应的耐受,二者相互抑制,相互调节,共同维持机体内的母胎免疫关系平衡,保证妊娠过程的正常进行。

妊娠动物感染新孢子虫后,迅速引起机体产生 CMI 反应,其中 Thl 型细胞反应起主要作用,其分泌的 IFN-γ 和 IL-2 等细胞因子能显著抑制新孢子虫的增殖,对机体起免疫保护作用。但是 Th1 型细胞因子却引发机体对胎盘/胎儿的“同种半异体移植”排斥反应,IFN-γ 和 IL-2 等均能对胎盘/胎儿造成损伤而引起死产或流产。因此,为保证妊娠过程的正常进行,机体会分泌大量孕酮,孕酮能促进 Th1 细胞向 Th2 型细胞分化,使细胞免疫偏向 Th2 型反应。此时,胎儿的滋养层细胞会分泌大量的 Th2 型细胞因子,IL-4、IL-6 和 IL-10 等在母-胎界面(maternal-foetal interface)建立 Th2 型细胞因子的局部环境,以抵消 Th1 型细胞因子对胎儿产生的免疫排斥反应。但是,大量分泌的 Th2 型细胞因子会下调 IFN-γ 等主要免疫保护因子水平,这将有助于新孢子虫的增殖,并在一定程度上改变宿主与新孢子虫之间的关系,使之更有利于寄生虫的生存。由此可见,妊娠动物感染新孢子虫后,一方面机体产生的抵抗新孢子虫感染的免疫反应会影响妊娠的正常进行;另一方面为保证妊娠的正常进行所引发的免疫调节也影响了宿主抵抗感染的能力,使妊娠状态下的宿主更易感。这种妊娠宿主与新孢子虫间的消长关系有助于解释牛新孢子虫病的发病机制。

5.2 疫苗候选抗原

从发现新孢子虫至今,在鉴定新孢子虫疫苗的候选抗原方面有了较大的进展。目前新孢子虫疫苗研究不仅仅局限于经典的方式(减毒或致弱的新孢子虫株),而更加关注虫体的亚细胞组分,如从虫体获得的天然蛋白、重组抗原及虫体 DNA 或 RNA 等。研究较多的是虫体表面蛋白、微线蛋白、致密颗粒蛋白、棒状体蛋白抗原以及缓殖子时期特异性抗原等。

5.2.1 新孢子虫表面蛋白抗原

与弓形虫类似,新孢子虫表面蛋白抗原在虫体入侵宿主细胞过程中具有十分重要的作用,通过速殖子表面蛋白与宿主细胞膜的接触和相互作用以完成入侵。新孢子虫表面抗原也是宿主免疫系统的主要识别对象,在宿主抗新孢子虫感染中起着重要作用,但目前对于这一家族蛋白的具体功能尚未明确。NcSAG1 和 NcSRS2 是目前已证实最为重要的两种新孢子虫表面抗原,其在虫体吸附和入侵宿主细胞的过程中起重要作用。早期的新孢子虫疫苗研究主要围绕这两种蛋白展开。无论是以重组蛋白形式的亚单位疫苗,还是基于 NcSAG1

和 NcSRS2 的基因构建的核酸疫苗在实验动物模型中均产生显著的保护作用。但是,由于新孢子虫表膜成分复杂,对于其他膜蛋白的抗原性反应报道不多,其在新孢子虫入侵中的作用以及作为疫苗候选抗原的可能性仍需进一步研究。

5.2.2 微线蛋白抗原

微线蛋白(MICs)在新孢子虫黏附及入侵宿主细胞时发挥着主导作用。近年来,微线蛋白作为疫苗的候选抗原,在对弓形虫研究中较多。小鼠免疫了弓形虫速殖子纯化的 TgMIC1 和 TgMIC4 后呈现 Th1 型免疫反应,并对免疫小鼠有较高的保护率。此外,TgMIC2、TgMIC3 以及 TgAMA1 等均具有较好的免疫原性,是弓形虫疫苗研究的候选抗原。对于新孢子虫,目前只对 NcMIC1、NcMIC3 和 NcROP2 复合体的保护效果进行了研究。Debache 等在实验小鼠中的研究证实,用重组蛋白 NcROP2/NcMIC1/NcMIC3 以复合体的形式作为疫苗可以增强小鼠抵抗新孢子虫感染的能力并减轻临床症状。因此,NcMIC1 和 NcMIC3 可以作为较为理想的新孢子虫疫苗候选抗原。

5.2.3 致密颗粒蛋白抗原

致密颗粒蛋白(GRAs)是一种新孢子虫排泄-分泌抗原,在刺激机体产生保护性免疫反应中起到重要作用。致密颗粒在虫体感染宿主细胞后的前期大量分泌,是带虫空泡及包囊壁的重要组成成分。Nishikawa 等对 NcGRA7 蛋白的免疫原性进行了研究,将该蛋白包埋于由甘露三糖包被的脂质体中,然后将其皮下免疫小鼠,结果显示,NcGRA7 可以诱导小鼠产生特异性 Th1 型免疫反应和体液免疫反应。攻虫实验后,PCR 检测结果显示免疫组小鼠脑组织中新孢子虫 DNA 含量比对照组降低了 66.7%。此外,NcGRA7 免疫可以有效地阻断新孢子虫的垂直传播。Ellis 等发现,NcGRA2 是新孢子虫速殖子表达量较大的一种致密颗粒蛋白,该蛋白与其他成分联合作为重组疫苗也可以有效地抵御新孢子虫速殖子感染。上述基于新孢子虫致密颗粒蛋白的研究证实其可以作为疫苗候选抗原之一,以降低新孢子虫感染率。

5.2.4 棒状体蛋白抗原

棒状体蛋白主要由棒状体分泌,其在虫体接触细胞后分泌速度加快,并主要参与带虫空泡的形成。棒状体蛋白已经成为抗弓形虫病的主要候选抗原。新孢子虫棒状体蛋白的研究较少,目前只对 NcROP2 蛋白进行了克隆、表达及免疫原性研究。Debache 等将原核表达的 NcROP2 重组蛋白免疫 C57BL/6 小鼠,结果证实,NcROP2 疫苗可以诱导机体产生 Th1 或 Th2 的免疫反应。随后进行的攻虫实验发现,NcROP2 免疫组小鼠脑组织荷虫量相对于对照组减少了 75%,表明 NcROP2 也可以作为一种比较理想的新孢子虫疫苗候选抗原。

5.2.5 缓殖子时期特异性抗原

在寻找新孢子虫免疫保护性抗原过程中，大部分工作集中于虫体急性期表达的抗原，但大多数情况下，以速殖子期抗原为疫苗仅能局限于新孢子虫急性期感染的预防，缺乏对其他感染时期的防护。理想的疫苗应能预防各时期的虫体感染，因此，缓殖子阶段特异性表达的蛋白 NcSAG4 及包囊基质抗原 NcMAG1 也就成了新孢子虫疫苗研究新的候选抗原。

对 NcSAG4 和 NcMAG1 重组蛋白在小鼠体内免疫保护效果研究中发现，NcSGA4 和 NcMAG1 均能诱导小鼠产生特异性 Th1 型免疫反应和体液免疫反应。攻虫实验证实，NcMAG1 可以有效抑制新孢子虫的急性感染，而 NcSAG4 则不能有效阻断新孢子虫的急性感染。目前也有研究人员正对该类蛋白在新孢子虫慢性感染中的免疫保护效果进行研究。除此之外，在新孢子虫缓殖子中仍存在众多的特异性蛋白，其功能和免疫保护效果尚未明确，进一步的研究尚待进行，以期筛选出更为高效的新孢子虫疫苗候选抗原。

5.3 新孢子虫病的免疫预防

5.3.1 免疫预防的必要性

目前尚无控制新孢子虫病的有效药物，尤其是没有特效药物用于控制牛感染新孢子虫所导致的流产，淘汰阳性牛和禁止牛与犬科动物的接触等管理措施是减少新孢子虫病危害的主要方法。尽管临床上已经筛选出几种对新孢子虫有一定敏感性的药物如磺胺类、大环内酯类、四环素类等，但这些药物都无法彻底清除动物体内的新孢子虫感染，并且日趋严重的耐药性问题以及肉、奶产品中药物残留问题等都限制了这些药物的广泛应用。此外，由于牛新孢子虫病的临床症状主要是流产，药物对于发生流产的牛来说也为时已晚，这也使得药物研发动力不足。胚胎移植虽然能有效地阻断奶牛新孢子虫病的垂直传播，但因其成本颇高，目前还无法广泛应用于实际生产。

因而，免疫预防对于养殖业来说就成为防控新孢子虫病的一种较为经济、理想的手段。研究表明，自然感染新孢子虫的牛均能产生一定程度的保护性免疫力，对新孢子虫引起的流产或先天性传播有一定的预防作用。1999 年，Liddell 等研究发现，给小鼠注射细胞培养的新孢子虫裂解物和佐剂，能够阻止新孢子虫病的垂直传播。由此可见，新孢子虫病的免疫预防具有一定的可能性，疫苗研究已经成为当前新孢子虫病防控研究中的热点。

5.3.2 疫苗研制标准

自 1796 年第一种疫苗——天花疫苗问世以来，人类对疫苗的研究历史已经超过了 200

年。目前，已知的疫苗可以分为两大类：一类是传统型疫苗，如弱毒苗和灭活疫苗；另一类是生物技术疫苗，包括基因工程重组活载体疫苗、基因工程重组亚单位疫苗、合成肽疫苗、基因缺失疫苗及核酸疫苗等。每种疫苗都有其各自的优缺点，它们研制方法也存在差异。一般来说，一种理想的疫苗应该达到下列标准：

(1)高效。这就要求疫苗具有足够的免疫原性。对于一些本身免疫原性不足的疫苗，如灭活苗和亚单位疫苗，通常需要配合使用合适的免疫佐剂，以增强其免疫效力。

(2)安全。这一方面指疫苗本身的毒副作用小或没有，使用后机体没有或仅有轻微的不良反应；另一方面指疫苗使用后不会造成公共卫生问题。

(3)可产业化生产。要求疫苗的成本较低，贮存、运输及使用方便，易于推广应用。

对于新孢子虫病的防控最理想的疫苗不仅要能减少或防止孕畜流产，更重要的是要能有效阻断新孢子虫病的垂直传播。Monney 等提出，一种有效的抗新孢子虫感染的疫苗应满足下列要求：

(1)能够有效阻止新孢子虫速殖子在怀孕母畜体内增殖及散播，从而阻断新孢子虫经胎盘传播感染胎儿。

(2)能够减少或阻止犬或其他潜在的终末宿主向体外排出卵囊。

(3)能够有效地阻止已经感染了孢子化卵囊或组织包囊的动物体内形成新的组织包囊。

5.3.3 新孢子虫病疫苗研究现状

由于寄生虫在形态结构和生活史上，比细菌和病毒复杂，其功能抗原的鉴定和批量生产困难，因此，寄生虫疫苗的研制也更加困难。正因为如此，尽管目前医学上存在许多危害严重的寄生虫病，如疟疾、血吸虫病、丝虫病、钩虫病及利什曼原虫病等，但仍无任何人用抗寄生虫疫苗产品问世。当前，抗寄生虫疫苗主要应用于动物临床，但全球范围内已商品化的动物用寄生虫病疫苗也仅有 10 余种，其中主要以原虫病(如鸡球虫病、巴贝斯虫病、泰勒虫病及弓形虫病等)疫苗为主。

与弓形虫、艾美耳球虫、巴贝斯虫等其他原虫相比，新孢子虫病疫苗研究起步较晚，但也取得了一些重要的进展。新孢子虫病疫苗的研制经历了传统型疫苗(如活疫苗和灭活疫苗)向分子生物技术疫苗(如基因工程重组活载体疫苗、基因工程重组亚单位疫苗及 DNA 疫苗等)的发展历程。目前，生物技术疫苗大多数还处于试验研究阶段，而弱毒活疫苗已在局部地区用于临床。

5.3.3.1 活疫苗

新孢子虫病活疫苗(living vaccine)包括使用分离株直接制备的疫苗以及采用一定方法如人工致弱或筛选使野毒株毒力下降且保留免疫原性的弱毒苗。目前的研究主要集中在弱毒苗上。活疫苗在最初认为是一种较为理想的疫苗，因其不仅能够诱导宿主产生相应的 CMI 反应，而且还可以诱导宿主产生特异性体液免疫反应，从而有效提高机体抵抗新孢子虫感染的能力。1997 年,Louie 等研究发现,活疫苗可以刺激机体上调主要组织相容性 I 类抗原复合物(major histocompatibility complex I,MHC I),进而产生 CD8＋T 细胞免疫应答。1999 年,Lindsay 等通过化学方法筛选获得了新孢子虫 Nc-1 株的温度敏感型突变株,其对小鼠的致病力显著下降,以此突变株免疫 BALB/c 小鼠后进行攻虫实验,发现其能诱导机体产生显著的免疫保护力,从而证实该温度敏感型虫株能够作为疫苗预防新孢子虫病。2006 年,Ramamoorthy 等将新孢子虫 Nc-1 株通过 γ 射线照射致弱,然后间隔 4 周分两次腹腔注射小鼠(1×10^6/次),于免疫后第 10 周以致死剂量新孢子虫速殖子(2×10^7/只)进行急性感染实验,结果显示,免疫后的小鼠可以抵抗新孢子虫急性感染。

活疫苗虽具有保护力强等优点,但其也存在诸如贮存期短、需要冷冻贮存及运输等缺陷,为使用带来不便。更为重要的是弱毒株毒力易恢复,接种后可能导致新孢子虫病暴发。目前虽然没有人新孢子虫病的报道,但有研究报道,给怀孕灵长类动物接种分离自牛的新孢子虫分离物导致了经胎盘的传播和胎儿感染,胎儿产生了疑似新孢子虫病的病理变化。此外,还有报道在人血清中检出新孢子虫抗体。因而仍不容忽视新孢子虫存在感染人的可能性。因此,食品性动物应用新孢子虫活疫苗不仅会给消费者带来潜在威胁,也给加工、生产和销售人员带来风险。

5.3.3.2 灭活疫苗

灭活疫苗(killed vaccine)又称死疫苗,它是自然分离株经一定理化方法灭活后得到,具有一定的免疫原性,接种后能诱导机体产生特异性抵抗力。灭活疫苗研制周期短,新孢子虫速殖子经大量增殖、灭活、加入适当佐剂即可制成灭活苗。此外,从生物安全的角度考虑,灭活疫苗不存在诱发新孢子虫病的风险,具有使用安全并易于保存的优点。但灭活疫苗的缺点是其不能有效激活 CMI 免疫反应,并且缺乏一些重要的保护性抗原,尤其是在虫体发育过程中的分泌性抗原,这可能是由于灭活处理过程中所导致部分抗原失活或此类抗原只由活虫体分泌的缘故。此外,由于灭活疫苗接种后不能在动物体内繁殖,因此,所需接种剂量较大,并需加入适当佐剂以增强免疫效果。Andrianarivo 等用灭活的新孢子虫速殖子结合 4 种不同佐剂接种奶牛,发现其中使用 POLYGEN™ 为佐剂的疫苗诱导机体产生了很强的抗体反应及与先天感染母牛相似的 IFN-γ 水平。与活疫苗类似,灭活苗的另一个显著缺点是不能阻断新孢子虫病的垂直传播。2000 年,Andrianarivo 等研究发现,使用 POLYGEN™ 佐剂的灭活苗 PAKP 能诱导机体产生的 IFN-γ 水平,与用新孢子虫速殖子感染牛产生的 IFN-γ 水平相当。但妊娠母牛经皮下注射 PAKP 两次免疫后静脉或肌肉接种速殖子,其产下的新生乳牛仍存在新孢子虫感染,表明 PAKP 并不能有效阻断新孢子虫病的垂直传播。

目前全世界唯一商品化的新孢子虫病疫苗 Bovilis NeoGuard™ 是经 Havlogen 佐剂化的灭活疫苗。该疫苗具有使用安全、注射部位反应小等优点,已经在美国等少数几个国家获批上市。美国技术通报报告了该疫苗免疫试验的结果:分别在妊娠后第 56 天和第 77 天给初孕母牛皮下注射 Bovilis NeoGuard™,并且在第 95 天经肌肉注射新孢子虫速殖子攻虫后,免疫牛只产生了新孢子虫特异性抗体，并且所有18头免疫初孕母牛都产下了健康、足月的乳牛，而未免疫过Bovilis NeoGuard™的18头初孕母牛中，有3头流产，1头胎儿自溶，流产率高达22%。结果表明，该疫苗能显著降低健康初孕母牛的流产率。但该疫苗仍不能有效阻断胎儿或胎盘感染。

5.3.3.3 基因工程重组活载体疫苗

因活疫苗和灭活疫苗均不能有效阻断新孢子虫病的垂直传播，且使用过程中存在着种种问题，利用新兴的分子生物学技术开发研制新型疫苗势在必行。基因工程活载体疫苗(recombinant living vectored vaccine)是利用基因工程技术将保护性抗原基因(目的基因)转移到载体中使之表达的活疫苗。选择理想的载体是活载体疫苗的研制及应用成功的关键。目前，有许多理想的病毒载体，如痘病毒、腺病毒和疱疹病毒等都可用于活载体疫苗的制备。到目前为止，唯一的新孢子虫病载体疫苗是由Nishikawa等以痘苗病毒为载体构建的编码NcSRS2的重组载体疫苗。研究发现，该疫苗不仅诱导小鼠产生了保护性免疫力，还有效阻断了新孢子虫病的垂直传播。由此看来，活载体疫苗在新孢子虫病免疫预防中具有广阔前景。

5.3.3.4 基因工程重组亚单位疫苗

基因工程重组亚单位疫苗(recombinant subunit vaccine)即蛋白疫苗，是用DNA重组技术，将编码病原微生物保护性抗原的基因导入原核细胞(如大肠杆菌)或真核细胞(如鸡胚成纤维细胞)，使其在受体细胞中高效表达，表达产物经纯化复性后，加入或不加入免疫佐剂而制成的疫苗。这种疫苗最大的优点就是仅含有产生保护性免疫应答所必需的免疫原成分，因而避免了其他非免疫原成分(如免疫抑制原或其他有害的反应原)的影响，安全性较好。其不足之处首先是成本昂贵，研发以及保存运输的费用都较高；其次这种疫苗是非复制性的，其免疫原性较活载体疫苗及DNA疫苗这些能在体内复制的疫苗要低，通常需要多次免疫才能发挥作用。近10年来，多国学者均致力于以新孢子虫的各类功能抗原(如SAG、GRA、MIC及ROP)为基础的亚单位疫苗的研究。虽然以各种单一抗原为基础制备的亚单位疫苗均有一定的保护性效果，但均无法阻断新孢子虫病的垂直传播。相反，以联合使用多种抗原为基础制备的亚单位疫苗，不但免疫效果较单一抗原的亚单位疫苗效果好，而且还能在一定程度上降低新孢子虫病的垂直传播率。2009年，Debache等分别用重组蛋白recNc-MIC1、recNcMIC3、recNcROP2以及联合这3种抗原为基础制备的疫苗免疫小鼠后，进行攻虫试验，结果发现联合使用这3种抗原的疫苗免疫效果远远好于单一抗原疫苗。与对照组相比，联合使用这3种抗原的疫苗还大大地降低了孢子虫病的垂直传播率。

5.3.3.5 DNA疫苗

DNA疫苗(DNA vaccine)是将编码某种特异抗原的外源基因克隆到带有强启动子的质粒载体中，通过直接肌肉注射或基因打靶方式将此重组质粒导入机体细胞，抗原编码基因在细胞内合成抗原蛋白，从而诱导机体产生保护性免疫反应。DNA 疫苗兼顾了活疫苗与灭活疫苗的优点，能同时诱导机体产生体液免疫和细胞免疫。DNA 疫苗的缺点是免疫原性低、可能激活癌基因、诱生 DNA 抗体和存在同宿主染色体发生整合等潜在风险。赵占中等以新孢子虫的表面抗原 NcSRS2 为基础构建了 DNA 疫苗，经动物试验证实，该疫苗诱导小鼠产生了强烈的 Th1 型细胞免疫应答和较弱的体液免疫应答，而弗氏完全佐剂对免疫反应具有一定的促进作用。

参考文献

[1] Botte C, Saidani N, Mondragon R, et al. Subcellular localization and dynamics of a digalactolipid-like epitope in Toxoplasma gondii. J Lipid Res,2008,49:746-762.

[2] Chahan B, Gaturaga I, Huang X H, et al. Serodiagnosis of Neospora caninum infection in cattle by enzyme-linked immunosorbent assay with recombinant truncated Nc-SAG1. Vet Parasitol,2003,118:177-185.

[3] Dalton J P, Mulcahy G. Parasite vaccines-a reality? Vet Parasitol,2001,89: 149-167.

[4] Debache K, Alaeddine F, Guionaud C, et al. Vaccination with recombinant NcROP2 combined with recombinant NcMIC1and NcMIC3 reduces cerebral infection and vertical transmission in mice experimentally infected with Neospora caninum tachyzoites. Int J Parasitol,2009,39: 1 373-1 384.

[5] Debache K, Guionaud C, Alaeddine F, et al. Vaccination of mice with recombinant NcROP2 antigen reduces mortality and cerebral infection in mice infected with Neospora caninum tachyzoies. Int J Parasitol, 2008,38: 1 455-1 463.

[6] Fernandez-Garia A, Risco-Castillo V, Zaballos A, et al. Identification and molecular cloning of the Neospora caninum SAG4 gene specifically expressed at bradyzoite stage. Mol Biochem Parasitol,2006,146: 89-97.

[7] Friedrich N, Matthews S, Soldati-Favre D, et al. Sialic acids: Key determinants for invasion by the Apicomplexa. Int J Parasitol,2010,40: 1 145-1 154.

[8] Hemphill A. Subcellular localization and functional characterization of Nc-p43, a major Neospora caninum tachyzoite surface protein. Infect Immun,1996,64: 4 279-4 287.

[9] Howe D K, Sibley L D. Comparison of the major antigens of Neospora caninum and Toxoplasma gondii. Int J Parasitol,1999,29: 1 489-1 496.

[10] Innes E A. The host-parasite relationship in pregnant cattle infected with Neospora caninum. Parasitol, 2007, 134: 1 903-1 910.

[11] Innes E A, Andrianarivo A G, Bjorkman C, et al. Immune responses to Neospora caninum and prospects for vaccination. Trends in Parasitol,2002,18: 497-504.

[12] Innes E A, Wright S, Bartley P, et al. The host-parasite relationship in bovine neosporosis. Veterinary Immun and Immunopathol,2005,108: 29-36.

[13] Keller N, Riesen M, Naguleswaran A, et al. Identification and characterization of a Neospora caninum microneme-associated protein (NcMIC4) that exhibits unique lactose-binding properties. Infect Immun,2004,72: 4 791-4 800.

[14] Monney T, Debache K, Hemphill A. Vaccines against a major cause of abortion in cattle, Neospora caninum infection. Animals,2011,1: 306-325.

[15] Nishikawa Y, Inoue N, Xuan X N, et al. Protective efficacy of vaccination by recombinant vaccinia virus against Neospora caninum infection. Vaccine, 2001, 19: 1 381-1 390.

[16] Nishikawa Y, Tragoolpua K, Makala L, et al. Neospora caninum NcSRS2 is a transmembrane protein that contains a glycosylphosphatidylinositol anchor in insect cells. Vet Parasitol,2002,109:191-201.

[17] Vercruysse J, Knox D P, Schetters T P M, et al. Veterinary parasitic vaccines: pitfalls and future directions. Trends in Parasitol,2004,20: 488-492.

[18] Zhang H S, Compaore M K A, Lee E G, et al. Apical membrane antigen 1 is a cross-reactive antigen between Neospora caninum and Toxoplasma gondii, and the anti-NcAMA1 antibody inhibits host cell invasion by both parasites. Mol Biochem Parasitol,2007,151:205-212.

第6章

牛的新孢子虫病

6.1 概　　述

在犬和牛体内发现新孢子虫后的20多年间，人们陆续发现多种动物可以感染新孢子虫。虽然多种动物感染新孢子虫后都可能引起一定的临床症状，但其对于牛的危害最为严重，造成牛的流产、死胎、木乃伊胎等繁殖障碍疾病，是造成世界范围内牛流产的主要原因之一。来自世界各地的流行病学调查发现，新孢子虫感染存在于各种饲养方式的牛群中，不同地区牛群的感染率差异很大。新孢子虫感染动物的一个重要特征就是虫体在健康动物体内很快转化为包囊并形成慢性感染，在怀孕过程中再传染给胎儿。产下的犊牛如果不发病死亡，则处于隐性感染状态，成年后的带虫母牛又可垂直传播给下一代，从而导致新孢子虫在牛群中的持续感染。牛群中一旦出现新孢子虫感染，尽管没有资料表明新孢子虫可在群体内部直接散播，但目前还没有任何药物或手段可以清除感染，只能依靠有效的检测检疫确保清洁牛的引入、做好预防措施、定期进行全群诊断和及时淘汰感染牛来最大限度地减少经济损失。目前，对于牛新孢子虫病的诊断可通过血清学、组织学、免疫组织化学技术和分子生物学技术等方法进行，检查流产牛的胎盘组织和流产胎儿样本中病原是最可靠的确诊方法。临床上常用的是通过血清学方法检测动物的感染，因为新孢子虫对牛的严重危害，对牛的新孢子虫感染、致病性、发病机理、诊断和防控措施研究均较多见。但从发现新孢子虫对牛的危害至今，还没有推荐使用的理想药物和疫苗用以防控牛的新孢子虫病，目前建议的控制策略主要是在牛群中淘汰先天感染牛，减少后天感染。对牛新孢子虫感染的研究仍然是当前寄生虫学工作者的重要方向之一，需要在阐明新孢子虫的感染来源、传播途径、宿主与寄生虫间关系、有效防控药物和疫苗研发以及防控策略的制订等一系列问题的基础上，才能达到有效控制牛的新孢子虫病以致在牛群中清除新孢子虫感染的目的。

6.1.1 新孢子虫在牛体内的发现

在新孢子虫被发现之前，虽然发现牛感染弓形虫和住肉孢子虫后都可能发生流产，但一般情况下将在自然状态下的牛流产及新生牛神经症状的寄生虫学因素归因于住肉孢子虫感染。1987 年，Parish 和 O'Toole 分别报道了出现神经症状新生牛的剖检变化。前者报道了 1980—1985 年，4 头新生牛因精神沉郁和无法站立而被送往华盛顿州立大学大动物临床中心进行诊断。剖检后未发现眼观病变，组织学检查发现多病灶淋巴细胞脊髓炎、脑脊膜炎和脑炎等多处炎性病变，在每头新生牛的组织中都发现原虫的包囊样结构，平均大小为 20μm×30μm；其中两头新生牛的弓形虫和住肉孢子虫血清抗体阴性。后者报道了一头具有神经症状的新生黑白花奶牛，5 日龄死亡，剖检发现原虫性脑脊髓炎，观察超微结构发现病原具有顶复门原虫的裂殖子结构，但与弓形虫有差异，且不能与抗弓形虫血清发生反应，与抗住肉孢子虫血清发生微弱反应。上述两篇报道均未能对病原做出最终诊断。1989 年，Dubey 和 Parish 等对报道的 4 头新生牛组织切片进行回顾性检查，发现切片中原虫的形态结构与弓形虫和住肉孢子虫有一定差异，但与新发现的新孢子虫相似。分别用兔抗新孢子虫、抗弓形虫和抗住肉孢子虫血清对其中一头牛的组织切片染色，发现其可被抗新孢子虫血清识别，且与其他病原的抗血清无交叉反应。这是首次在出现神经症状的新生牛体内确诊新孢子虫感染。而在对此病例确诊之前，Thilsted 与 Dubey 报道了新墨西哥州某牛场发生流产，而该牛场每年均按程序免疫传染性牛鼻气管炎(IBR)、牛流行性腹泻病(BVD)、3 型副流行性感冒病毒(PI-3)、螺旋体、弯曲杆菌和睡眠嗜血菌等疫苗，其中 29 头荷斯坦奶牛在 5 个月内发生流产，每月 4～8 头牛流产，所有流产母牛年龄 5 岁以内，流产胎次为第 2 胎或第 3 胎。流产胎牛出现心肌炎、脑炎和肝炎组织学病变，多个器官中发现速殖子和包囊，血清学检查弓形虫和住肉孢子虫抗体均为阴性；应用抗新孢子虫特异性血清进行免疫组织化学技术检测为阳性，综合镜下观察到的虫体结构特征判定为新孢子虫感染。这是首次发现新孢子虫感染与牛流产有关的报道。1989 年，Barr 等首次将一种弓形虫样原虫作为加利福尼亚州牛流产的主要原因。1991 年，Anderson 等报道，在加利福尼亚舍饲奶牛的 95 个流产胎牛组织中的 89 个能与抗新孢子虫特异性血清反应，首次认识到新孢子虫是引起当时加利福尼亚奶牛流产的主要病原。1992 年，Dubey 等多次报道了美国伊利诺斯州、新墨西哥州、华盛顿州和马里兰州等地与新孢子虫有关的奶牛流产、死胎、弱胎或先天瘫痪犊牛。此后，世界各地的研究者逐渐认识到新孢子虫感染是造成牛群繁殖障碍的主要病原，开始对其传播特征、致病性和防控措施等进行广泛而深入的研究。

6.1.2 新孢子虫在牛群中的传播

新孢子虫在牛群中的传播方式包括两种，一是速殖子通过胎盘感染胎儿(妊娠期间从母牛到胎牛的垂直传播)，二是吞食了孢子化卵囊而被感染(水平传播)。

6.1.2.1 垂直传播

2005年，Trees和Williams提出先天性新孢子虫感染包括外源性胎盘感染和内源性胎盘感染两种形式。外源性胎盘感染指母牛在妊娠期间从外界感染新孢子虫经胎盘传播给胎儿，内源性胎盘感染是指母牛妊娠之前处于新孢子虫慢性感染状态，妊娠期间虫体活化经胎盘传播给胎儿的先天性感染。胎盘感染是新孢子虫传播非常有效的途径，对虫体在牛群中的长期存在和持续感染发挥着重要作用。由于反刍动物母体的免疫球蛋白不能通过胎盘，所以可在新生牛饮用初乳前检测新生牛的血清新孢子虫抗体来判定是否存在胎盘感染。Ortega-Mora等的研究显示，不同牛群胎盘感染的传播率差异很大，从37.1%至95%不等，同时发现抗体滴度高的母牛产下感染犊牛的概率更高。不仅如此，哺育初乳前抗体检测阴性的犊牛也不能排除感染，因为如果胎盘感染发生在妊娠后期，胎儿就没有足够的时间产生抗体。有研究发现血清阴性母牛产下血清阳性犊牛，当然这种现象的概率很低，可能是因为感染母牛的抗体已经下降到检测水平以下。大部分胎内感染的犊牛临床表现正常，这种现象为新孢子虫感染长期存在于牛群中发挥了重要作用。感染母牛在后续的妊娠过程中可能反复发生胎盘感染。牛感染新孢子虫的垂直传播趋势、母牛和其后代的抗体水平、犊牛的感染状态及实验研究数据等都证明胎盘传播是一种极其有效的传播方式。Björkman等追踪了瑞典一牛场新孢子虫血清抗体阳性牛的来源，发现这些牛都是16年前建场之初引进的两头牛的后代。Anderson等研究证实，母牛的慢性持续性感染可通过内源性胎盘感染传播给胎儿。他将25头血清抗体阴性母牛和25头抗体阳性母牛从出生起饲养于同一圈舍中，产犊后检测犊牛的感染情况。血清阴性母牛没有发生血清抗体阳性，所产犊牛也没有发生感染。血清阳性母牛尽管没有出现临床症状，但产下先天感染犊牛。将感染犊牛中的7头剖检，均呈现新孢子虫感染的组织学变化，其中4头牛剖检前精神沉郁。由此推测，感染牛终生带虫并能连续或间断地在孕期将虫体传播给后代。其后的大量研究表明，受机体的免疫功能的影响，内源性胎盘感染发生的概率随胎次增加而降低。2002年，Romero等对哥斯达黎加的20个奶牛场的调查显示，第6胎及以后出生的后代的血清抗体阳性几率显著低于第1胎或第2胎出生所产犊牛。另有研究分析了21个荷兰奶牛场中500头母牛和其后代新孢子虫感染情况，发现头胎母牛的垂直传播率为80%，二胎为71%，三胎为67%，四胎及以后的为66%，垂直传播概率随胎次呈下降趋势。

6.1.2.2 水平传播

垂直传播在牛群新孢子虫感染中重要性是显而易见的，但越来越多的流行病学研究资料和实地考察证明牛群中存在水平传播。French等通过建立的数学模型表明，单一的内源性胎盘感染概率低于100%，若不存在其他感染途径，感染率将不断下降，不足以使新孢子虫感染在牛群中持续存在，所以尽管水平传播概率低于垂直传播，但对维持牛群中新孢子虫的感染发挥着重要作用。牛群中水平传播的重要特征是由新孢子虫感染引起暴发性流产、血清阳性率随着年龄增加而升高以及感染群体内母牛和后代之间缺乏相关性。在西班牙，一项对 37 090 头奶牛和 20 206 头肉牛的大规模新孢子虫血清流行病学调查显示，感染率随年龄增长而增加。奶牛的感染率：12～24 月龄为 10.4%，25～36 月龄为 14.1%，36 月龄以上为 24.6%。肉牛的感染率亦随年龄变化，3 个年龄段流行率分别是 12.9%、15.3% 和 31.8%。荷兰的一个研究发现，一些血清抗体阳性牛的亲代母牛或其子代牛血清抗体为阴性，表明其不是通过垂直传播遭受感染，而是在不同生长阶段通过水平传播遭受感染。在一些出现新孢子虫引起的地方性或流行性流产案例的牛场中，一般认为地方性流产主要由垂直传播造成，而流行性流产则主要由水平传播造成。Björkman 等报道某牛场的流产率没有明显增加，但血清抗体转阳率升高，使用亲和 ELISA 检测显示血清抗体阳性牛的抗体亲和力低，提示感染时间较近，更可能是通过水平传播而感染。还有研究显示，地方性感染牛场血清抗体转阳率较低，或可提示水平传播的程度低。

新孢子虫在动物间的水平传播主要是在犬和牛之间进行的。已经确认，自然状态下牛出生后感染新孢子虫的唯一方式是吞食环境的孢子化卵囊，但环境中新孢子虫卵囊的存在及存活状况还有待研究。加拿大和荷兰的研究证明，有犬存在的牛场，新孢子虫血清阳性率较高，且随犬的数量增加其感染风险亦增加；原因是新孢子虫卵囊随作为终末宿主的犬的粪便排出污染了牛场的饲料和饮水，而且犬在牛场内自由活动食入感染新孢子虫的流产胎牛或死亡犊牛，所以在有犬的牛场这种传播很容易建立，而且自由活动犬还可将卵囊带至其他牛场或地区使感染范围进一步扩大。

时至今日，还没有发现新孢子虫在不同个体之间的直接传播，也没有证据表明无临床症状成年牛的排泄物和分泌物中存在新孢子虫。但确已发现，新生犊牛可因摄入被速殖子污染的乳汁遭受感染，但是在自然状态下还没有证据表明新孢子虫可以通过乳汁传播。已有证据表明，新孢子虫可通过交配传播。研究人员将混有速殖子的精液输入到母牛阴道内，当精液中速殖子数量达到 5×10^{4} 时母牛的血清抗体转阳，但并不是所有接种母牛均发生血清抗体转阳，且转换率与速殖子数量呈正相关，说明通过交配传播的可能性较低。将血清阳性母牛孕育的胚胎移植到阴性母牛，胚胎可免于感染，Baillargeon 等推荐用此方法控制新孢子虫的内源性胎盘传播。他们将血清抗体阳性牛孕育的胚胎移植到血清阴性母牛，继续孕育的 70 个胎儿或犊牛均没有发生新孢子虫感染，而来自血清抗体阴性母牛的 6 个胚胎移植到阳性母牛后，5 个犊牛产出时受到新孢子虫感染。不仅如此，在胚胎植入前将其暴露于新孢子虫环境中，虫体也不能入侵胚胎。自然状态下，尽管能在为数不多的感染公牛的精液中检测到新孢子虫 DNA，但该结果提示精液中存在很少量活虫。另有实验表明，人工授精输入污染有新孢子虫速殖子的冻融精液后母牛也不能感染，与实验感染的公牛交配的母牛也没有发生血清转阳，所以一般认为新孢子虫不能通过交配在牛群中传播。

6.1.3 流行情况

大量研究证实，奶牛与肉牛均能感染新孢子虫，新孢子虫感染是导致牛流产的一个主要原因。许多国家均有流行病学调查或诊断病例的报道，与新孢子虫相关的牛流产和新生牛死亡在阿根廷、澳大利亚、比利时、巴西、加拿大、中国、哥斯达黎加、丹麦、法国、德国、匈牙利、爱尔兰、以色列、意大利、日本、韩国、墨西哥、荷兰、新西兰、波兰、葡萄牙、西班牙、南非、瑞典、英国、美国和津巴布韦等都有报道。虽然牛群血清学的调查结果因所在国家和地区、检测方法、样本量和临界值的选择而影响准确性，但能从一定程度上反映当地牛群的感染水平，有些牛群感染率可高达100%。在对新孢子虫感染的调查中，发现牛群新孢子虫感染率与牛的品种有关，而且发现感染率的差异与繁殖方式有关，未发现不同品种与新孢子虫的易感性有关。在一个大样本的血清流行病学检测中，20 206头肉牛的新孢子虫感染率为25.6%，37 090头奶牛的新孢子虫感染率为22.5%。巴基斯坦的一项研究发现，当地欧洲纯种奶牛新孢子虫血清抗体阳性率比杂交牛低。应用血清学检测抗体对于新孢子虫病的诊断有其固有的缺陷，即检测结果不能有效证明体内虫体存在与否。而新孢子虫病原分离与鉴定是较为繁复的过程，分离的成功率较低，不适宜大样本量的检测和鉴定。因此，虽然已经有组织学检查、病原分离和鉴定、分子生物学检测等多种方法可用于新孢子虫病的诊断，但血清学检测还是应用最为广泛的方法。常用的血清学检测方法有酶联免疫吸附试验、间接免疫荧光、凝集实验等。新孢子虫在世界各地牛群内的感染情况已有广泛报道，尽管各报道所采用的方法不同会在一定程度上导致结果出现误差，但可反映全球范围内牛的新孢子虫病的广泛流行。目前的研究报道多是对牛群新孢子虫感染情况的调查，虽然还没有发现牛群感染其他种新孢子虫，如洪氏新孢子虫（*N. hughesi*），但已有实验研究发现不同分离株存在致病性和垂直传播特性存在一定差异。可以肯定的是，新孢子虫感染已在世界范围内广泛存在，是牛流产的重要原因之一。

6.1.3.1 北美洲新孢子虫病的流行

1. 美国

美国是最先发现并确认新孢子虫的国家，也最先报道了牛感染新孢子虫并引起流产。1988年认定了犬体内的新孢子虫后，研究人员将1987年在新墨西哥州发生的一起奶牛暴发性流产与该病原联系起来。此后，大量研究证实，新孢子虫感染存在于美国多个地区，是造成牛流产的重要原因。在加利福尼亚，研究人员对之前的若干次流产进行回顾性研究，证实1984年之后，新孢子虫在该地区多次引发牛的流产；对流行病学资料的分析表明，约20%的流产胎儿被确诊为新孢子虫感染。而且发现，首次发生新孢子虫感染导致流产的奶牛群，其流产胎儿的新孢子虫检出率高达44%。在美国中西部地区，已有多起因新孢子虫感染导致牛发生散发性或地区性流行流产的报道。1993年以前，在马里兰州与纽约州有多起因新孢子虫感染导致死产或先天感染胎牛的病例报道，美国东部其他地区较少见新孢子虫引起胎牛流产报道。1994年5月到1996年11月，在宾夕法尼亚州的688例牛流产病例中的34例胎儿组织检出新孢子虫。由于在此项研究中采用了检测组织中虫体的诊断方法，敏感性较低，可以推定该地区的流产胎牛的新孢子虫感染率远高于检测数据。

2000年，在马里兰州的一项研究中应用间接免疫荧光抗体试验（IFAT）检测血清抗体，107个犊牛的新孢子虫抗体阳性率为17.9%，233头1岁龄青年牛的抗体阳性率为26.2%，

218 头成年母牛的抗体阳性率为 39.07%，465 头泌乳奶牛的抗体阳性率为 26.9%；在奶牛生产性能较高阶段的血清阳性率较高，且随着年龄的增加，奶牛血清抗体阳性率也随之增加；阉割公牛的新孢子虫血清抗体阳性率仅为同龄的母牛的一半。

2. 加拿大和墨西哥

1998 年，在加拿大进行的一项肉牛血清学普查中发现，新孢子虫抗体阳性率为 30%。在加拿大临海三省（新不伦瑞克、爱德华王子岛和新斯科舍）的 19.2%的被检牛群感染过新孢子虫。

墨西哥的牛新孢子虫病广泛流行于全国各地。在 1996 年 1 月到 1999 年 3 月，对 211 例流产牛胎儿检测，73 例胎牛感染新孢子虫，且出现明显的新孢子虫引起的病理组织学变化；58 例（79%）出现淋巴细胞性心肌炎；39 例（53%）出现脑小神经胶质细胞症与多病灶坏死；39 例（53%）出现淋巴细胞性肝炎；19 例（26%）出现淋巴细胞性肌炎。应用免疫组织化学技术检查 53 例流产胎牛的脑部、心肌及肝脏，41 例（77%）检出新孢子虫抗原，其中 19 例（46%）在被检三器官的之一出现阳性反应，15 例（37%）在其中两器官出现阳性反应，7 例（17%）在三器官均出现阳性反应。

6.1.3.2 欧洲

新孢子虫病已广泛流行于欧洲各国。

1. 比利时

比利时报道的牛新孢子虫病相对较少，但为数不多的资料显示奶牛流产与新孢子虫抗体阳性紧密相关，新孢子虫是造成比利时奶牛流产的一个重要因素。在荷兰也有类似的研究报道。

2. 俄罗斯联邦

报道显示，俄罗斯联邦的莫斯科与卡卢吉亚地区的牛新孢子虫感染非常普遍。1998 年的 1～8 月期间，上述两地区进行的一项血清学调查表明，不同牛场牛新孢子虫 ELISA 血清抗体阳性检出率为 2.99%～21.62%，且该地区牛的流产与新孢子虫感染密切相关。

3. 英国

英国报道的首个新孢子虫病例为一头患脑脊髓炎的犊牛。在苏格兰，一项对 547 例流产牛的检测显示，新孢子虫血清抗体阳性率为 15.9%；另一项对 465 头流产母牛的血清检测，抗体阳性率为 17.4%，故新孢子虫病被认为是英国牛群流产的一个重要原因。北爱尔兰的一项调查发现，流产牛新孢子虫抗体阳性率为 12.6%。近年的报道研究发现，与新孢子虫病相关的流产逐渐增加。在英格兰与威尔士地区，190 例流产与死产胎儿中 4.2%的病例被确诊为新孢子虫感染，与爱尔兰地区的 335 头流产牛的阳性率基本一致。对上述两地区的 1 000 头牛的感染和追踪分析显示，牛新孢子虫感染后发生流产的几率较高。随机样品抽查，英国全国范围内的牛的新孢子虫感染率为 6%，由新孢子虫感染导致的牛流产几率为 12.5%。所以，在英国新孢子虫感染是导致牛流产的一个重要因素。综上所述，新孢子虫感染遍布英国各地，未见有区域性分布的差异。大多数病例发生在荷斯坦奶牛，也有肉牛感染与流产病例的诊断报道，但仍需要进一步的研究来证实新孢子虫病对肉牛的危害。

在英国，1999 年 Davison 等通过对奶牛年龄与流行率、牛场内家族血清抗体阳性率分布以及母牛与犊牛感染的分析表明，垂直传播是新孢子虫感染的主要途径。通过检测初乳或血清样品得知，通过该途径传播的发生率为 95%。尽管如此，应用数学建模分析表明，出生后感染对新孢子虫在牛群内的持续感染发挥着重要作用。目前，犊牛出生后的感染来源主要是经口吞食来自犬或其他犬科动物排出的卵囊；通过乳汁、体液及黏膜感染也可能是感染来源之一。

4. 瑞典

对新孢子虫的研究起始于 20 世纪 80 年代早期。新孢子虫病在瑞典的发生率并不高。一项对 398 份血清的检测结果发现，新孢子虫抗体阳性率 0.5%。其后进行的一项奶牛新孢子虫病流行病学调查中，780 头被检动物仅有 16 头新孢子虫抗体阳性(感染率为 2%)。与同期在德国、荷兰和西班牙进行的调查相比，无论是阳性牛场占牛场总数的比例还是牛群内的抗体阳性率都明显低。瑞典牛群中新孢子虫感染如此低的原因尚未可知，但可能与当地犬的感染率、饲养方式差异、虫株毒力或瑞典的地理环境和气候因素有关。

5. 瑞士

1999 年，Gottstein 等应用 PCR 检测 83 例流产胎牛的脑部新孢子虫 DNA，在 24 例胎牛中检出特异性基因。在瑞士的一个病例对照研究中，对 113 个存在流产的牛场和来自瑞士 6 个州的 113 个对照牛场进行了为期 18 个月的跟踪调查。期间，对 242 例流产胎儿进行了微生物和病理组织学检查，其中 21%的流产胎儿 PCR 检测阳性。另一研究中，从瑞士各地收集到的 83 例流产胎儿中有 23%发现新孢子虫 DNA。血清学研究显示，在 44 个牧场中，有 20%的牛群发生过一次以上的新孢子虫性流产，流产母畜呈现较高的新孢子虫阳性反应。上述数据显示，在瑞士，新孢子虫是导致瑞士牛流产的一个重要病原。

6. 丹麦

该国犬的亚临床新孢子虫病发生率可达 15.3%，而且与性别、年龄、品种、食物和犬的用途无明显相关性。新孢子虫在犬群中的普遍存在给丹麦的牛群带来了严重的感染风险。1999 年，对 31 个牧场的1 561头母牛新孢子虫病的感染与危害进行了全国范围的血清学调查。在 15 个有流产史的牧场，新孢子虫病感染率为 1%～58%，平均感染率为 22%。在 16 个无新孢子虫引起流产的牛群里，有 8 个未检出血清学抗体；剩余的 8 个牛群新孢子虫感染率为 6%～59%。血清抗体阳性率及感染牛分布以及与其流产、死胎的发生等紧密相关。血清阳性及怀孕两次以上的母牛发生流产的风险显著增加。血清抗体阳性率会随着“年龄”或胎次的增加而上升。对于开放饲养的母牛而言，产犊次数越少，其血清抗体阳性率越低。研究结果充分显示，奶牛新孢子虫感染与流产风险密切相关，诊断牛流产时应充分考虑新孢子虫病。

7. 匈牙利

1998 年，对 97 例发生流产的牛血清新孢子虫抗体检测，阳性率为 10%。在 10 例检出新孢子虫的流产奶牛中，未检测到其他可能导致流产的衣原体、螺旋体和牛病毒性腹泻病毒等病原体。此后，分别在野兔、犬、红狐和猫的血清抗体检测中检测新孢子虫抗体。2006年，应用IFAT对匈牙利东北部的1 063头奶牛和肉牛进行血清新孢子虫抗体检测，其中阳性牛27头(2.5%)；感染引起牛群随年龄增加血清阳性率升高，奶牛的抗体阳性率(3.4%)比肉牛的阳性率(1.9%)稍高。

8. 荷兰

有关新孢子虫的报道较多，早在1992年就有因新孢子虫感染引起流产的报道。Wouda等对已知存在新孢子虫感染牛场中的犬进行血清学调查，结果与预期一致，即存在犬的牛场牛群新孢子虫感染率显著地高于无犬牛场，有犬牛场内犬的感染率与牛的感染率呈正相关。1995—1997年的研究表明，荷兰境内的牛流产与新孢子虫感染密切相关，发生流产的牛场新孢子虫感染率明显高于无流产的牛场；流产多发生于夏季至初秋，平均流产孕龄为41.5 d。Bartels等认为，在这些牛场中，新孢子虫感染的风险因素包括牛场中存在犬和禽类以及夏季饲喂霉变饲料等。犬的存在是牛新孢子虫感染的风险因素的原因不言而喻，禽类的存在增加了机械携带病原传播的机会，霉变饲料中的真菌毒素可能引起牛免疫抑制而使处于慢性感染状态的新孢子虫活化。一项研究表明，荷兰确诊为新孢子虫感染的流产胎牛占流产比例的17%。2006年，对荷兰、德国、西班牙和瑞典4个国家牛群新孢子虫感染的对比研究显示，荷兰境内的奶牛场和肉牛场的感染率都高于其他3个国家(>60%)。

9. 法国

法国境内报道的新孢子虫流行病学资料较为有限。1999年，诺曼底地区1 924头母牛血清抗体阳性率为5.6%。Pitel等对12个牛场进行新孢子虫流行病学调查，血清抗体阳性率为6%～47%，其中17%～45%的流产牛新孢子虫阳性，牛的新孢子虫抗体阳性与流产的发生密切相关。因新孢子虫感染导致的流产一年四季均可发生，以夏季居高。在孕期前6个月，新孢子虫感染引发的流产机会较高。在法国境内，新孢子虫感染是导致牛流产的主要原因，且该因素可能长期影响着法国奶牛养殖业。

10. 意大利

Ferrari等于1995年首次报道了意大利的牛新孢子虫感染。此后，有报道该国南部Campania地区的牛的新孢子虫感染率较高。感染新孢子虫的牧场为57.1%，牛体新孢子虫的感染率为18.8%。2000年，对Caserta省的1 377头水牛进行的血清学检测，水牛新孢子虫的感染率为34.6%，随被检动物的年龄增大而感染率升高；82%的水牛群存在新孢子虫感染。2003年，对1 140头奶牛检测显示，抗体阳性率为11%。分析显示，妊娠中晚期孕牛的血清抗体阳性率高于妊娠早期牛或非妊娠牛。

6.1.3.3 拉丁美洲

养牛业是一些南美洲国家的重要产业之一，存栏数约为30亿头。拉丁美洲的新孢子虫感染和研究报道较多，哥斯达黎加、阿根廷、巴西、智利、巴拉圭、秘鲁、乌拉圭及委内瑞拉等国家均存在牛新孢子虫感染。1996年，首先在哥斯达黎加的一例流产山羊体内确诊了新孢子虫感染，同年在流产奶牛体内也首次证实了牛的新孢子虫感染，随后的另一项检测显示牛群血清抗体阳性率为25%～70%。1998年9月至1999年7月，对145个牛场的2 743头牛进行血清抗体检测，其中1 185（43.3%）头牛的新孢子虫血清抗体阳性。分析发现，气候条件影响与牛的感染相关性显著。在干燥的林区，母牛血清新孢子虫抗体阳性达60.7%；在多雨低山森林与潮湿低山森林地区，血清抗体阳性率较低，分别为29.6 %和22.8%。不同品种牛感染亦存在差异。纯种荷斯坦奶牛的血清抗体阳性率为43.2%，娟姗牛的血清抗体阳性率为49.1%，娟姗牛与霍斯坦杂交牛的血清抗体阳性率为50.3%。

在阿根廷，首次发现牛的新孢子虫感染是在流产母牛血清中检出新孢子虫抗体，随后在两例流产胎牛体内证实了新孢子虫的存在。一年后，巴西发现了新孢子虫感染。此后，智利、秘鲁、乌拉圭等国家相继报道了牛的新孢子虫病。2003年，巴拉圭的一项调查显示，新孢子虫感染率为29.8%。对多项统计分析研究表明，牛新孢子虫感染与流产的发生密切相关。2001年，Locatelli-Dittrich等对某牧场的126头成年母牛9年期间发生的流产进行追踪分析，发现新孢子虫血清抗体阳性牛在154次怀孕中发生了31次流产（流产发生率为20%）；新孢子虫血清抗体阴性牛在193次怀孕中仅发生15次流产（流产发生率为7.8%）。在巴西，1999年首次报道了在有流产史奶牛场的流产胎牛检出新孢子虫。检测巴西东北部Bahia州14个奶牛场，14.09%（63/447）的母牛新孢子虫抗体阳性。2002年Corbellini等报道，南大河州联邦大学兽医学院临床病理学系检测56例流产胎牛，22例流产胎牛的大脑和心脏切片中18例（81.8%）被证实为新孢子虫感染。巴西的另一项报道显示，在5个奶牛场的223头荷斯坦母牛中的11.2%为新孢子虫抗体阳性，新孢子虫抗体阳性的牛流产率比血清阴性牛高3.3倍。巴拉圭某发生地区流行性流产的牛场中，具有流产史的母牛血清抗体阳性率明显高于阴性牛。在乌拉圭，Kashiwazaki等的研究结果也支持牛的流产发生率与新孢子虫血清抗体阳性率密切相关。他们对2～6年内牛流产的分析显示，流产风险会随着血清抗体滴度升高及年龄增加而增大。对肉牛的研究显示，血清抗体阳性肉牛的生产性能存在下降的趋势。尚未发现不同品种牛对新孢子虫的易感性不同，推测奶牛与肉牛的饲养管理方式的差异可能是奶牛和肉牛感染新孢子虫的程度和危害不同的原因所在。与肉牛相比，奶牛同人类的生产、生活联系更为紧密，所以较易发产后感染。阿根廷、巴拉圭、巴西、智利等国家的奶牛新孢子虫病感染率亦较高。Patitucci等的研究认为，奶牛新孢子虫的高感染率还可能与奶牛妊娠频次较高有关，大部分奶牛的一半时间处于妊娠状态。

也有一些研究显示，不同年龄牛的感染率存在明显差异，成年牛的总体感染水平高于犊牛和青年牛。乌拉圭的一项研究对奶牛场新孢子虫产后感染研究显示，该场犊牛新孢子虫感染率为22.6%，经产母牛与未开产母牛的新孢子虫抗体阳性率为62.4%。Guimarães等进行的新孢子虫传播方式研究显示，12～24月龄的奶牛血清抗体阳性率低于24月龄以上牛。

不同性别牛均对新孢子虫易感，但公牛新孢子虫自然感染率低于母牛。新孢子虫对公牛的危害以及公牛是否可通过精液传播新孢子虫有待进一步研究。

对胎牛或小牛的几项研究证实，在其体液中存在新孢子虫特异性抗体。Venturini等使用IFAT方法对屠宰场中的104例胎牛进行了新孢子虫特异性抗体分析，结果发现，有20.2%的样品呈现阳性反应。在另一研究中，122例自发流产的胎儿样品新孢子虫抗体阳性率为24.6%。说明在南美新孢子虫垂直传播非常普遍。胎牛一些特征性病变也值得深入研究。Campero等在一例新孢子虫感染的胎儿观察到眼睛先天性发育异常,在另一例新孢子虫感染的失明犊牛的大脑半球几乎全部缺失。

虽然牛的新孢子虫感染较为普遍,但新孢子虫是机会性病原,牛的新孢子虫感染可与其他多种疾病并发,或可因新孢子虫感染继发感染其他病原。2004年,Melo等对巴西Minas-Gerais州某牛场的新孢子虫、牛疱疹病毒1型(BHV1)与牛病毒性腹泻病毒(BVDV)混合感染进行研究,检测了未免疫过BHV1和BVDV疫苗的476份血清样品,其中40份血清存在上述3种病原的特异性抗体。

6.1.3.4 亚洲

1. 中国

2003年,中国农业大学刘群等首次报道奶牛的新孢子虫感染,研究中对采集到的北京及山西的5个奶牛场的40头奶牛进行血清学检测,其中有流产史30头牛的新孢子虫血清抗体阳性率为26.67%;无流产史奶牛的新孢子虫血清抗体均为阴性,初步证实新孢子虫病在我国牛场的存在,可能是牛流产的主要原因之一。2005—2012年,该课题组分别在青海、新疆、吉林、黑龙江、河北、河南、山西、四川、广西、上海、北京、辽宁和天津等地选择不同饲养方式奶牛进行了大规模血清流行病学调查,同时还对青海牦牛、内蒙古绵羊和山羊、北京地区的犬和猫以及海洋馆内的海豚和海狮进行了血清学检测。国内也有其他研究者进行了奶牛、绵羊、山羊、犬等动物的血清学检测。代表性的检测数据有以下几次报道:2007年,刘晶等对全国10省市的591份奶牛血清检测,164份阳性,阳性率为27.7%,其中有流产史的牛阳性率为30.8%,无流产史的为16.3%。同期,刘晶等对946份牦牛血清进行了检测,在21份血清中检出抗体,抗体阳性率为2.22%。2007—2009年,张维等对某连续发生流产的奶牛场进行追踪监测,由于牛群数量的变动,每次检测总数有些变化,3次检测量分别为304头、347头和362头,检测的阳性率分别为30.6%、27.4%和25.4%;由此可见,牛体内的抗体滴度处于波动之中,且随着暴发流产后的时间延长,抗体滴度呈下降趋势。分析发现,该牛场血清抗体阳性与流产之间密切相关,血清抗体的存在与流产之间显著相关,有流产史牛血清抗体阳性率为45.2%,无流产史牛的血清抗体阳性率为26.9%。新孢子虫血清抗体阳性牛发生流产的时间多在妊娠后的4~6个月,且抗体阳性流产牛以3~4岁最多。2008—2011年,杨娜等选择了北京和沈阳地区的各2个牛场共2 800余头的奶牛进行3次血清学检测,每次间隔8个月。所有被检牛(3次检测)的抗体阳性率平均为11.86%。分析发现,有流产史的奶牛在3次检测中的新孢子虫血清抗体阳性率分别为21.8%、29.93%和21.1%,平均阳性率为24.3%;无流产史的奶牛新孢子虫血清抗体阳性率分别为10.0%、14.5%和11.6%,平均阳性率为11.6%。3次新孢子虫血清学抗体阳性与奶牛流产经历具有非常强的相关性($\chi^2=61.16, P<0.01$)。个别牛的抗体波动较大,如第1次检测抗体阳性牛有69.6%在第2次检测时抗体滴度下降,第1次检测为阴性的13.6%牛第2次可检出抗体,另有30.4%的抗体阳性牛依然可检出抗体。虽然牛体内的抗体滴度处于波动状态,但牛

群的新孢子虫血清抗体阳性率变化不大，感染持续存在。

在对牛进行血清学检测的同时，该实验室对获得的流产胎牛组织以及母牛血液进行了新孢子虫特异性基因 *Nc*-5 的检测，发现流产胎牛体内的新孢子虫基因检出率较高。张维等报道，应用 PCR 检测，在 2007 年发生连续流产的某牛场的 6 例送检流产胎牛组织中的 5 例检出新孢子虫 *Nc*-5 基因，新孢子虫 DNA 的检出率高达 80％。2010 年，姚雷等对 2008 年采自天津某养殖小区 206 例流产胎牛，应用巢氏 PCR 在 15 例胎牛组织中检测到 *Nc*-5 基因。杨娜等应该巢氏 PCR 检测了 2008—2011 年采自北京地区不同牛场的 80 例流产胎牛组织的 *Nc*-5 基因，在 25 例胎牛体内检出新孢子虫基因，检出率为 31.3％。由此，更进一步证明新孢子虫感染是导致奶牛流产的重要原因。

该实验室对新孢子虫的分离与鉴定一直持续进行，其间多次在流产胎牛体内发现疑似新孢子虫的虫体，但由于胎牛腐败变质、培养细胞污染等原因，未能获得直接证据证明病原的存在。2007 年，张维、邓冲等在北京某牛场的流产胎牛脑组织内鉴定出新孢子虫，是国内首次对牛体内新孢子虫病原的直接证明。2011 年，杨娜、郝攀等在北京某牛场的成年牛体内分离获得了新孢子虫，命名为新孢子虫北京株(Nc-BJ)，已经在实验室连续传代和保存。

此外，该课题组在绵羊、山羊、犬、猫以及海豚体内检测到新孢子虫抗体。

张守发、贾立军、晁万鼎、沈莉萍、王春仁和徐雪平等多位专家分别报道了对国内不同地区的奶牛、犬、绵羊、山羊以及黄牛等多种动物的新孢子虫抗体或基因的检测，结果显示新孢子虫已广泛分布于我国大陆多个地区，且多种动物普遍感染。

台湾地区对新孢子虫病的报道早于大陆地区。2002 年 5 月，在台湾发生奶牛感染新孢子虫引起的暴发性流产，流产母牛的妊娠时间为 3～8 个月。在发生流产的 38 头奶牛中，分别在 52.6％(20/38)、13.2％(5/38)和 10.5％(4/38)的牛检出新孢子虫特异性抗体 IgG 和 IgM、IgG 及 IgM。一年后重新检测显示，28 头牛中 23 头的血清学转变，即由原抗体阳性转变为阴性。虽然，此次病例中未进行病原检测，但对照血清检测结果与流产之间关系发现，推测引发此次流产的主要原因是新孢子虫感染。

2. 日本

1992 年，日本首次报道了牛新孢子虫病。随后对某发生流产牛场诊断中发现，86 例流产胎牛中 47 例被诊断为新孢子虫感染。相继又有许多因新孢子虫病引发牛流产的病例报道，但此时在日本全国范围内新孢子虫病流行病学研究的数据并不多。2006 年进行了全国范围内牛的新孢子虫血清流行病学研究，对日本 18 个地区的 2 420 份临床健康奶牛的血清样品进行新孢子虫特异性抗体检测，结果显示新孢子虫抗体阳性率大约为 5.7％(139/2 420)，在所有地区均有阳性牛存在。此次研究未发现动物年龄与血清抗体阳性率之间的明显相关性，但说明牛的新孢子虫感染遍及日本，可能是日本牛流产的重要原因之一。

3. 泰国

1999 年，泰国报道一起新孢子虫引起牛的暴发性流产。在流产发生后的 3 个月里，该牛场牛群新孢子虫抗体阳性率高达 40％。2004 年，在 NakhonPathom 省对 59 个牛场的 549

头牛进行新孢子虫抗体检测，抗体阳性率为5.5%，牛场阳性率为34%；分析发现，当地牛的抗体阳性率与牛的年龄和牛场内犬的存在均无显著相关性。泰国学者还对新孢子虫病流行季节进行了研究。在Muang省的一项研究显示，6月份、8月份和11月份牛的新孢子虫的感染率分别为37.5%、60%和62.5%；在NongBuaLamphu省，8月份和11月份牛的新孢子虫抗体阳性率分别为50%和70%。此外，Chanlun等还进行了牛场的新孢子虫血清抗体动态变化的研究，对2001—2004年泰国东北部KhonKaen省11个牛场进行每年一次的血清学检测，发现总体阳性率变化不显著，一般为10%～13%，但个体牛血清抗体转化较为常见，说明牛体抗体水平处于动态变化；通过数学模型分析，计算出该地区新孢子虫的垂直传播率为58%，水平传播率为5%。

6.1.3.5 大洋洲

1. 澳大利亚

澳大利亚是奶牛与肉牛饲养量均较为发达的国家，2006年牛的存栏数为2亿余头。养牛业是其农业的支柱产业之一。奶牛饲养主要限于澳大利亚的南部与沿海地区，有83%的奶牛场分布于东海岸；接近70%的肉牛集中于澳大利亚东部。澳大利亚也是对新孢子虫病研究和报道较多的国家之一。关于牛新孢子虫病的研究主要集中在南威尔士州与昆士兰州。

2000年，对某奶牛场进行新孢子虫流行病学调查，应用免疫印迹检测全场266头奶牛血清，阳性率为29%。其中，有流产史奶牛的新孢子虫阳性率达86%，无流产史的奶牛阳性率为30%；抗体阳性牛的流产率为26%，阴性牛的流产率为3%。由此可见，该牛场的流产与新孢子虫感染密切相关。另一项研究报道了在126个新孢子虫感染的牛场中发现729例流产胎儿感染新孢子虫。

在澳大利亚，不同地区的牛新孢子虫感染存在一定程度的差异。对南威尔士全区进行的奶牛血清流行病学调研中，198个奶牛场中有21%的牛场存在新孢子虫感染，59个肉牛场中的5.4%牛场存在新孢子虫感染。昆士兰州的肉牛新孢子虫的血清抗体阳性率约为15%；对昆士兰的3个奶牛场的流行病学研究表明，牛群新孢子虫阳性率为23%～34%，阳性母牛流产的发生率显著高于阴性牛，且血清抗体阳性母牛的子代新孢子虫阳性率远高于阴性母牛的后代，感染率比阴性母牛后代高3.5倍。在南威尔士地区的研究发现，该地35%的被检奶牛与60%的被检肉牛的血清抗体阳性，昆士兰地区某牛场95%的肉牛血清抗体水平较高。2012年Nasir等最新的报道显示，澳大利亚南部对奶牛和肉牛进行血清学调查得出的总阳性率仅为2.7%(25/943)，阳性率最高的肉牛场和奶牛场也仅为20%和25%。

2. 新西兰

新西兰也是养牛业发达的国家，对新孢子虫病的研究报道较多。首例确诊感染新孢子虫的胎牛可追溯到1991年。1991年，Thornton等对收集的流产胎牛脑组织进行复检，诊断为新孢子虫感染。在一次全国范围内对牛的新孢子虫血清流行病学调查显示，新西兰肉牛抗体阳性率为2.8%，奶牛新孢子虫感染率为9%。发生流产的牛群血清抗体阳性率约为30%。1997年3月份的3周内，某奶牛场306头泌乳母牛连续发生流产，血清抗体检测发现,60%的犊牛及23.5%来自血清阳性母牛子代青年母牛均呈现阳性反应,充分说明该牛场新孢子虫的垂直传播较为严重。

6.1.3.6 非洲

非洲的畜牧业发展程度低,疫病诊断和科研能力均不足,有关牛的新孢子虫感染和流行病学研究均较少,只在南非、塞内加尔和阿尔及利亚有新孢子虫引起牛流产的报道,其他地区有少量犬和野生动物感染新孢子虫的报道。2010年的一项研究报道显示,塞内加尔达喀尔的4个牛场存在散发性流产,对196头母牛进行了血清学检测,新孢子虫抗体阳性率为17.9%。2011年,阿尔及利亚的87个牛场799头牛中,新孢子虫抗体阳性率为19.6%。由此可推测,非洲地区同样存在新孢子虫的垂直感染,且与世界各地普遍发生的牛新孢子虫感染一样,是牛流产的主要病原之一。

6.2 临床表现

6.2.1 流产

流产、死胎等繁殖障碍几乎是奶牛和肉牛感染新孢子虫后唯一可见的症状。新孢子虫引发的牛流产多发生于怀孕3个月到妊娠后期,任何年龄的母牛都可感染并发生流产。因为新孢子虫感染引起的繁殖问题可以多种形式呈现,如死胎、胎儿自溶以及木乃伊胎等,尤其是妊娠早期发生的流产。妊娠3～8个月胎儿流产时常可见中等程度自溶;妊娠5个月内死亡的胎儿未必即时排出死胎,往往在子宫中滞留数月形成牛木乃伊胎;怀孕早期死亡的胎儿则会被母体吸收,很难被发现。牛新孢子虫病感染引起的流产可能以两种不同方式发生,即地区散发性流产和流行性流产。地区散发流行的流产,牛群的流产率持续若干年呈逐渐上升趋势,每年上升可超过5%。对加利福尼亚的两个发生新孢子虫散发性流产的奶牛场研究发现,因新孢子虫感染引起的年流产率为10.6%～17.3%。暴发性流产不常见。有些牛场30%以上的孕牛在数月内因新孢子虫感染导致流产,如果6～8周内某牛场的流产率高于10%,即可认为是流行性流产。一些研究发现,暴发性流产的发生与短期内的水平感染有关;但也有研究表明,水平感染并不能导致流产概率增加。某些新孢子虫性流产零星病例与偶尔暴发性流产的牛场,两种流产模式可能同时存在。牛群的流产模式在一定程度可以提示所感染新孢子虫致病性和感染途径。

一般情况下,因新孢子虫感染发生过流产的母牛仍可反复发生流产,或产出先天感染的犊牛,但新孢子虫造成重复流产的频繁程度仍不清楚。一头母牛1987年、1988年和1989年的连续3次怀孕都发生流产,在1987年和1989年的流产胎牛组织内检出新孢子虫。Anderson等报道,在112头因新孢子虫病引发流产的母牛中,有4头发生两次流产。他据此认为因新孢子虫导致的两次重复流产的几率小于4%。在荷兰的一项研究发现,26头母牛中的两头发生两次流产，并且证实流产是由新孢子虫感染引起的。在新西兰，对一个 158 头母牛的牛场研究发现，在经历一次新孢子虫感染引起的暴发性流产后，仅有两头牛发生重复性流产。在英格兰 Cornwall 地区，95 头奶牛中有 10 头在 39 d 内发生了流产，应用 IFAT 检测发现其中 9 头牛的抗体滴度≥1∶640，一头牛的抗体滴度为 1∶5 120，此牛再次发生流产。在随后的一年里，9 头母牛中有 6 头产下临床健康的犊牛，其他 3 头被淘汰。由此可见，新孢子虫感染可引起牛发生反复流产；反复发生流产的几率虽不高，但在以后妊娠中仍比血清阴性母牛的流产风险高 5.7 倍。产下临床健康的犊牛后可能造成更严重的危害。因为这些表面健康的隐形感染牛，在其成年妊娠时依然可能发生流产。无论是奶牛还是肉牛，血清新孢子虫抗体阳性牛都比血清阴性牛发生流产的几率高。因此，牛群内一旦感染新孢子虫，其危害不仅是引起感染牛的流产，更重要的是通过垂直传播在牛群中播散该病原，导致感染的持续存在，也就意味着流产会持续发生。一般青年牛的垂直传播率高于老龄牛，这与机体逐渐产生对新孢子虫的免疫力是相关的。当然，并非所有案例都表现出这样的规律，如果某段时间内发生水平传播或患牛淘汰等情况，那么这期间垂直传播的年龄规律就会被打破。研究发现，牛感染后是否发生流产的影响因素很多，其中母牛的感染时间和所感染虫株的毒力是两个重要因素。

除了流产与先天感染导致的直接危害，新孢子虫感染还会造成牛的产奶量下降与生产周期缩短，导致多方面的间接经济损失，因此血清抗体阳性牛比阴性牛淘汰率更高。

6.2.2 其他症状

胎牛感染新孢子虫后，除了流产外，大多数都顺利足月产出。足月的先天感染胎牛可能表现出不同程度的神经肌肉功能障碍。神经症状多发生于 1 月龄内的先天感染犊牛，可见犊牛体重偏低，不能站立，前肢、后肢或二者均僵硬，或过度伸展；进一步检查会发现运动失调、膝跳反射减弱和自我意识丧失等症状，有时可见眼球突出或左右眼不对称，还可见脊柱侧凸、脑水肿和脊髓狭窄等先天畸形。实验性感染新孢子虫的母牛会出现双相热，但至今未见自然感染牛体温异常的报道。除发热外，所有母牛与新生犊牛实验接种大量的新孢子虫临床未见异常。

虽然新孢子虫感染导致牛流产的情况非常常见，但绝大部分先天感染的胎牛还是会正常产出，且无临床症状。一般情况下，正常产出的先天感染犊牛在哺乳前体内即存在高水平新孢子虫抗体，因此可利用这一特点诊断犊牛的胎内感染。

6.2.3 免疫学及临床生化指标的变化

6.2.3.1 细胞因子变化

新孢子虫感染是造成奶牛流产的一个主要原因，但是感染牛发生流产的机制以及机体防御寄生虫的机制至今尚不清楚。大量研究发现，新孢子虫感染与弓形虫或其他细胞内寄生虫感染宿主类似，细胞介导免疫发挥着重要作用。Th1 型免疫反应涉及一系列对宿主的保护性免疫至关重要的促炎细胞因子。IFN-γ 可以保护宿主免受新孢子虫的攻击，且 IFN-γ 在对未妊娠动物发挥保护作用的同时也参与对抵抗母牛妊娠过程中的胎儿排除反应。孕鼠感染硕大利什曼原虫（*Leishmania major*）后，Th1 型细胞因子与病变减轻、感染终止密切相关，但也与胎儿死亡有关。与之类似，母牛妊娠过程的自然免疫调节与流产有关，但并不能控制新孢子虫感染的进程。牛实验感染新孢子虫后，大约在妊娠第 18 周出现 T 淋巴细胞的短暂性免疫抑制。怀孕母牛经口感染环境中的新孢子虫卵囊，或其体内的慢性感染被激活，导致缓殖子从组织包囊释放，会激发宿主产生高水平的 IFN-γ。Innes 等认为，高水平 IFN-γ 可导致流产的发生。自然感染牛尤其是慢性感染的牛体内的 IFN-γ 是促进流产的发生还是对流产起保护作用还有待于研究。Lopez-Gatius 等研究发现，慢性感染母牛在妊娠中期细胞免疫反应会逐渐减弱，但若在妊娠中期到晚期感染新孢子虫，机体的体液免疫反应会增强。高水平的母源抗体对新孢子虫病并不具保护作用，母源抗体水平的骤然上升与内源性胎盘感染密切相关。在妊娠过程中，机体需要进行体液与细胞免疫之间的调节达到某种平衡。观察发现新孢子虫抗体阳性牛与 IFN-γ 的水平密切联系，能产生 IFN-γ 的抗体阳性牛比检测不出 IFN-γ 的抗体阳性牛的流产率低，接近新孢子虫抗体阴性母牛的流产率，所以推测与 IFN-γ 产生相关的细胞免疫反应能保护慢性感染牛发生流产。

诱导 Th1 型免疫反应产生的另一重要细胞因子是 IL-12。实验感染表明，外源性 IFN-γ 和 IL-12 抗体中和体内的细胞因子会增加小鼠对新孢子虫的易感性。研究还发现，在母牛和胎儿脾脏中 IFN-γ 和 IL-12 的表达水平都上调，提示这两种细胞因子可能提供了部分保护性免疫。

IL-10 也是 Th1 型免疫反应所产生的细胞因子，新孢子虫感染后其在母牛和胎儿体内的表达水平升高，可能导致母体孕期控制新孢子虫的能力减弱。另有研究表明，IL-10 水平升高可导致孕鼠对利什曼原虫的易感性增加。

研究发现，Th2 型细胞因子如 IL-6 和 IL-4，尽管不具有保护性，但仍参与到对抗新孢子虫的体液免疫反应中。Pinheiro 等的研究中大鼠胶质细胞体外感染新孢子虫，星形胶质细胞和小胶质细胞的激活就与 IL-6 和 IL-10 上调表达有关，而与 IFN-γ 无关。IL-6 是一种多效性的调节性细胞因子，能与 IL-10 一起抑制 IFN-γ 的产生，而这种作用对宿主抵抗新孢子虫起着非常重要的作用。另有研究表明，怀孕小鼠脾脏内 IL-4 水平升高将增加其对弓形虫的易感性和垂直传播率，而新孢子虫感染小鼠的 IL-4 分泌量减少和 IFN-γ 分泌量增加也可以降低垂直传播率。

一般情况下，感染寄生虫后会导致宿主细胞免疫反应的下调。牛实验感染新孢子虫后，可观察到妊娠 70 d 时子宫中出现活化的转化生长因子（TGF），其表达水平也有所升高，而在妊娠 210 d 时 TGF 的表达却没有升高，所以，提示新孢子虫感染后 TGF 只在妊娠早期表达上调。

妊娠早期母牛实验感染新孢子虫导致胎儿死亡的几率较高，可观察到显著的 Th1 型、

Th2 型和 Treg(调节型)细胞因子表达上调;而在妊娠后期实验感染新孢子虫,一般情况下会产下先天感染、表面健康的犊牛,细胞因子的上调表达不明显。

6.2.3.2 抗体变化

新孢子虫抗体的产生意味着感染的存在,而且是临床上检测牛慢性感染的常用指标。新孢子虫血清抗体阳性牛比阴性牛发生流产的几率高 2~3 倍,流产母牛的新孢子虫抗体水平明显高于未流产牛。因此,可通过检测牛的血清抗体作为淘汰母牛的依据,用于降低牛群的流产风险,还可用于预测流产或先天性感染。

迄今为止,有关自然感染牛抗体的变化及持续存在的相关研究较为有限,因为随着牛群内个体淘汰和不同地区水平传播率的差异,研究牛群在相对稳定状态下的抗体变化规律较为困难。但对妊娠过程中母牛的研究较为容易,所以对妊娠母牛的抗体水平变化的研究较多。Stenlund 等对自然感染母牛的研究发现,流产母牛抗体水平普遍高于未流产母牛,一般情况下感染母牛在分娩前 4~5 个月的抗体水平均升高,而在分娩后 2 个月抗体水平开始下降。Quintanilla-Gonzalo 等和 Pereira-Bueno 等在西班牙对 32 头妊娠母牛的新孢子虫阳性母牛的抗体水平逐月检测,观察抗体水平的变化情况,结果:在妊娠中期抗体滴度升高;与正常产犊的牛相比,其中 10 头牛流产,流产母牛的抗体水平变化更显著。Pare 和 Dannatt 的研究发现,在妊娠 6~7.5 个月时抗体滴度升高,可能是此时胎盘中的虫体增殖,产生的大量抗原物质刺激了机体免疫系统。Guy 等对 9 头自然感染的母牛进行检测也得到类似结果,其中 1 头牛在妊娠 124 d 流产,5 头母牛产出临床正常的先天感染犊牛,3 头母牛产出未感染犊牛。5 头产出先天感染犊牛的母牛在流产发生前及妊娠 155~250 d,抗体水平上升至峰值,而产出未感染犊牛的 3 头母牛体内在妊娠期间未发生抗体水平的变化。

母牛在妊娠过程中新孢子虫抗体呈现出特征性的变化:在妊娠中期抗体水平上升,而在分娩前抗体水平下降。在受孕前 3 个月、妊娠后期和妊娠结束后的 3 个不同时间段,抗体水平的变化显著不同。在怀孕后第 3 个月到第 7 个月抗体水平明显高于其他时间段($P<0.05$)。一般情况下,流产母牛在怀孕第 3 个月的抗体水平上升且一直维持较高水平到妊娠后第 7 个月;此后,感染母牛的抗体水平持续下降。在怀孕中期,感染牛是否会发生流产,其体内的抗体水平会出现显著性差异。因此,在妊娠过程中检测母牛的新孢子虫抗体滴度是预测流产是否发生的重要指标。

6.3 牛感染新孢子虫的危害

世界各地的报道均显示,牛感染新孢子虫病导致的主要经济损失来自于繁殖障碍,除流产导致的直接经济损失外还包括护理、诊断、产奶量下降、流产母牛淘汰、重新繁育、饲料、牛舍的使用等间接成本。时至今日,直接诊断某流产是否由新孢子虫感染引起仍较困难,大部分工作需要在实验室进行确切诊断后完成,且诊断费用昂贵。尽管许多国家都已经开展了对新孢子虫引起牛流产的相关研究，但因材料所限，直接以针对流产胎儿检查的研究数据较少。因为新孢子虫病有较高的垂直传播率，很多感染牛并不表现出临床症状，通过在流产胎儿中检测新孢子虫 DNA 或抗体并不能确认新孢子虫感染引起的流产。因此，对流产病因所采用的研究方法至关重要，很多时候需要对多方面的数据进行综合判断。巴西、美国和荷兰等国家的综合研究显示，新孢子虫感染引起的牛流产占所有流产的 20%左右。

即使做出准确诊断，由于母牛的年龄、品种和后代生产性能等多方面的差异，每次流产造成的经济损失不尽相同，并不能准确计算。至今，还没有新孢子虫病对全球养牛业造成经济损失的准确数据，但大量的研究和报道表明经济损失巨大。例如，美国加利福尼亚州每年估计有 4 万起流产是由新孢子虫感染引起的，每年造成的直接经济损失约为 3 500 万美元；澳大利亚和新西兰每年因新孢子虫感染牛而导致的损失超过 1 亿美元；瑞士新孢子虫感染导致每头奶牛的平均经济损失约为 9.7 欧元，所以 2001 年，该国将新孢子虫病列为重大疫病；在加拿大，一个拥有 50 头奶牛的牛场因新孢子虫病导致的年损失是 2 304 美元。在荷兰，因新孢子虫感染导致牛流产的牛场年经济损失约为 2 000 欧元。发生流行性流产的牛场，每年每头奶牛多消费约 50 欧元，包括淘汰母牛、延长产犊间隔和推迟产犊时间、产奶量下降以及诊断和治疗等费用。

6.3.1 流产

流产是牛感染新孢子虫的主要临床症状。流产导致的经济损失源于多个方面，包括犊牛的直接损失、母牛的淘汰、产犊间隔延长、产奶量下降、饲料报酬降低等。有报道显示，牛感染新孢子虫的流产发生率比未感染牛高 3～7 倍；另有研究显示，先天感染的初产母牛比其他年龄相仿、未感染牛发生流产的几率高 7.4 倍，且新生牛发病的可能性也高 2～3 倍。保守估计，感染母牛发生流产机会比未感染牛高 3 倍左右，且初次妊娠牛发生流产的机会更高。

例如，英格兰与威尔士地区约有 238.4 万头母奶牛，如果每年的流产率为 2%，那么在该地区每年发生流产的奶牛数量约为 4.768 万头；如果按其中 12.5%的流产是由新孢子虫感染所致，其经济损失是显而易见的。

6.3.2 肉牛增重下降

对肉牛流产病因的研究比奶牛流产少得多，因为肉牛的早期流产很难发现，进而也就无法对新孢子虫引起的流产所造成的经济损失进行准确估算。没有直接证据显示新孢子虫能导致成年牛发病。但 Barling 等的血清流行病学研究中发现，新孢子虫抗体阳性犊牛的增重受到明显影响，平均每头犊牛因增重下降所致的损失约为 15.62 美元。肉牛新孢子虫感染导致淘汰率增加、增重下降和繁殖性能降低。例如，在加拿大的 8 个肉牛场，血清抗体阳性牛因各种原因被淘汰的风险比阴性牛高 1.9 倍；在密苏里州一肉牛场的新孢子虫地方性流行的研究中发现，出售收入降低与新孢子虫感染有关。

6.3.3 新生牛死亡

新孢子虫感染可以引起新生犊牛的脑脊髓炎。

6.3.4 淘汰率增加

成年牛感染后除流产外自身并无其他临床表现,但流产母牛的淘汰率大大增加,这是新孢子虫感染导致的又一重要损失。在适孕阶段,泌乳母牛的生产力会随着年龄的增加而提高,过早淘汰会导致利润的大大降低,甚至难以收回成本。母牛可能因多种原因而被淘汰,繁殖力下降是被淘汰的常见原因之一,所以,新孢子虫感染是母牛淘汰的一个重要原因。由于调查对象和检测方法的不同,各地各牛场与新孢子虫感染相关的淘汰率有所不同。美国的一项研究表明,新孢子虫感染牛的淘汰率是平均淘汰率的 1.6 倍;血清抗体阳性牛的淘汰率是血清阴性牛的 2 倍。另一项在美国加利福尼亚州的研究发现,拥有 2 000 余头母牛的奶牛场发生了新孢子虫性流产,新孢子虫抗体阳性母牛的淘汰比新孢子虫抗体阴性牛早 6 个月。对加拿大安大略省的 56 个牛场 3 416 头母牛研究发现,母牛的淘汰率也与新孢子虫感染密切相关。Tiwari 等报道了在加拿大的 4 个省的新孢子虫阳性奶牛的淘汰率比阴性牛高 1.43 倍。Bartels 等对随机选择的 83 个荷兰牛场研究发现,其中 17 个牛场有新孢子虫引起流行性流产史;在有流行性流产史的牛场,阳性牛的流产率比阴性牛高 1.9 倍,新孢子虫感染牛的淘汰率比阴性牛高 1.7 倍。

6.3.5 产奶量下降

新孢子虫感染会影响产奶量。首先,流产可使母牛的产仔间隔增加,因而缩短了泌乳时间。对加利福尼亚州 2 000 余头奶牛的研究中发现,新孢子虫抗体阳性母牛的日均产奶量比同群抗体阴性母牛少 1 kg;佛罗里达州一个 700 头母牛牛场中,新孢子虫感染导致产奶量下降 3%~4%,相当于平均每头牛单个泌乳期损失 128 美元;在哥斯达黎加,新孢子虫阴性母牛在 305 d 的泌乳期内比阳性牛多产 84.7 L 奶。Bartels 等报道,在发生流行性流产后牛场的产奶量会明显下降,尤其在发生流产后第 1 年的前 100 d 内。但也有与上述研究相矛盾或不完全一致的报道,如在加拿大安大略省的涉及 140 个奶牛场的 6 864 头母牛的大规模研究,发现流产明显影响产奶量,与是否因新孢子虫感染无关;而在对加拿大沿海诸省奶牛场的研究显示,产奶量与新孢子虫阳性率无关。流产对泌乳的影响相当复杂,其中涉及病理生理学途径还不清楚,至今还不能完全确定其内在机制。另一项研究显示,新孢子虫感染后未流产母牛的产奶量下降可达 4%,这一现象对初次泌乳的奶牛尤为明显。因此,在新孢子虫在世界范围内普遍存在和引起流产的情况下,新孢子虫病对整个养牛业产奶量造成的损失比流产的直接损失更严重。

6.3.6 育种价值下降

越来越多的证据表明，新孢子虫感染或许伴随母牛终生，且其大部分后代也获得先天感染，从而使感染在牛群内持续存在。因此，牛一旦感染新孢子虫，就不能再作为种畜使用，牛的淘汰就带来了直接经济损失。新孢子虫感染的高流行率使养殖户面临沉重的经济损失，优质品种牛所造成的损失更加沉重。

由于各地区牛群品种不同、管理系统的差异、感染虫株的差异、数据来源不同、分析方法及所选实验参数不同，可能得出不同的结果。迄今为止，新孢子虫感染造成的影响还未被广泛认可和充分认识；随着对新孢子虫感染危害重要性认识的日益深入，新孢子虫病一定会被逐渐重视起来。

6.4 牛新孢子虫病的防控

6.4.1 风险因素研究

了解牛群感染新孢子虫和与新孢子虫性流产的风险因素对制定和实施牛新孢子虫病的防控措施尤为重要。目前，依据实验研究结果与大量背景资料进行综合分析，发现牛感染新孢子虫的风险因素是多方面的。

6.4.1.1 牛的年龄

肉牛和奶牛的新孢子虫感染会随着年龄和妊娠次数的增加而增大，这也说明某些牛场中新孢子虫的水平传播起着重要作用。但也有一些不同的报道，Waldner 等在加拿大奶牛场没有发现感染的年龄效应，因为他们观察到该牛场血清阳性牛的淘汰率要远高于血清阴性牛，这种对阳性牛的高淘汰率可能是没有发现年龄效应的原因。在欧洲的研究也发现牛场中血清抗体阳性的年龄效应在不同地区表现不同。例如，西班牙的研究发现，血清抗体阳性率随年龄而增加，但在瑞典则相反。因此，年龄效应会因一些因素的变化发生变化，如水平传播的概率不同（即吞食卵囊的机会）、牛群更替率的差异（影响水平传播的暴露时间）以及诸如阳性牛被选择性淘汰等管理措施；如果引进母牛的血清抗体阳性率较低，牛群内又实施无选择性的淘汰，那么年龄和阳性率就会呈现出正相关的规律。

6.4.1.2 终末宿主的存在

牛场中有犬存在是牛新孢子虫感染的重要风险因素。10 年前有犬存在过和当前存在着犬同样是牛群感染新孢子虫的风险因素。在发现犬是新孢子虫的终末宿主之前就观察到这一现象，后来搞清楚犬是新孢子虫的终末宿主，也就很容易理解犬给牛群感染新孢子虫带来的风险所在。对于没有发现存在水平传播直接证据的牛场,犊牛出生后会由于饲草、饲料或饲料运输过程中被犬粪污染而感染。存在出生后犊牛感染的牛场中,饲养人员把牛流产或正常产出的胎盘、子宫排出物、初乳或乳汁喂犬,犬因此从感染的胎盘及其相关组织中感染;所以,牛场犬的主要感染来源就是流产牛或感染牛的胎盘、流产胎牛等。但是,给犬饲喂流产胎牛或脑组织后,犬并不一定能顺利排出卵囊,因为流产胎牛极易发生自溶,胎儿自溶的同时虫体也无法存活,以致犬不易被感染。Conrad 等在 49 头确诊感染的流产胎牛中只在其中两头胎牛内分离到虫体。新购入的犬传播新孢子虫的风险要高于本地犬,这一现象与猫在弓形虫的传播中的现象类似;幼年犬(10～14 周龄)比成年犬(2～3 岁)对新孢子虫更易感。除了牛场内部的犬,牛场附近的犬也是新孢子虫感染的风险因素。在德国的一项具有代表性的研究中,某一区域犬的饲养量与当地牛场的血清抗体阳性率高度一致,因此,大量养犬导致牛感染新孢子虫的风险增加。在德克萨斯州,对肉牛新孢子虫病的流行病学研究显示,不同生态区域的山狗(coyote)和灰狐(gray fox)数量与牛群的新孢子虫血清抗体阳性率相关,山狗已被确认为是新孢子虫的终末宿主,灰狐可能也是新孢子虫的终末宿主。红狐和狼是否是新孢子虫的终末宿主,它们在新孢子虫的水平传播中的作用存在争议。但狼、狐狸与犬均为犬科动物,推测它们也可能是新孢子虫的终末宿主。

牛场犬或牛场附近的犬在肉牛新孢子虫感染中的作用还没有翔实的研究资料。一般情况下,肉牛多为散养,难以观察到肉牛和犬之间的密切关系。但从犬在新孢子虫发育过程中的重要性来看,其在肉牛的新孢子虫感染中的作用也是不言而喻的。

6.4.1.3 其他动物

猫不能作为新孢子虫的终末宿主,而且在一项流行病学调查中发现奶牛场猫的存在对于牛新孢子虫感染是一种抑制因素。分析认为,因为猫一般不与犬同时存在于牛场,且猫可能是其他小动物(如鼠类)的捕食者,因此猫的活动减少了新孢子虫的中间宿主存在,也就减少了终末宿主与中间宿主之间接触的机会。

除牛以外的其他新孢子虫中间宿主也可作为犬或其他犬科动物的感染源。多种鼠类、禽类及其他小动物都可自然感染新孢子虫,它们也就成为肉食动物的重要感染来源。来自法国、意大利等国家的报道称,牛场中的兔、鸭或其他禽类也是牛感染新孢子虫的潜在风险因素。至于鼠类、兔、鸭子、麻雀及其他动物在牛场中新孢子虫传播中的地位还有待于进一步研究。

6.4.1.4 饲料及饮水来源

被新孢子虫卵囊污染的牧草、饲料和饮水可能是牛出生后感染的主要来源,饲喂不当会增加感染的风险。明确这些对减少新孢子虫的传播显得非常重要。

在美国西北部和意大利的一些地区,夏季牛群的放牧饲养被看做是一个降低新孢子虫感染的措施。尽管野生犬科动物和犬能在牧场中自由行动,但它们排出卵囊造成的污染水平很低,不是一个非常重要的风险因素;虽然夏季气温高、环境干燥均利于卵囊的存活,但几乎没有对环境中新孢子虫卵囊存活条件和存活时间的研究报道。

肉牛场使用干草给料装置也被认为是牛新孢子虫感染的潜在风险因素，因为母牛通常都在这种装置附近分娩、流产和排出胎盘。牛场中的犬就会来吞食胎盘，犬在附近的活动增加，其粪便污染饲料的机会也就随之增加。野生动物与犊牛断奶后的补充饲料密切接触也会使小牛感染新孢子虫的风险增加。

法国的一项研究表明，与使用井水或公共水源作为奶牛的饮水相比，饮用池塘水也是奶牛感染新孢子虫的风险因素。对野生海洋哺乳动物的血清学检测发现，它们也可感染新孢子虫，推测是新孢子虫卵囊污染地表水源，进而污染海水导致海洋哺乳动物的感染。所以与水源污染导致弓形虫病的流行性暴发类似，新孢子虫卵囊污染水源可能是宿主感染新孢子虫的重要来源，应加以重视。

6.4.1.5 母牛哺乳

新生牛可通过摄入有速殖子的乳汁而获得感染。虽然牛奶中是否存在活虫以及犊牛是否通过吮乳传播尚存争议，已有在牛乳中检出新孢子虫 DNA 的报道，但仍有研究提出初乳是一种潜在的风险因素。

6.4.1.6 分娩管理

美国德克萨斯州一项对犊牛感染新孢子虫的风险因素分析表明，分娩季节与血清阳性率有关，在牧场中春季分娩牛的感染率高于秋季。还没有研究结果可以解释这种现象，可能是犊牛本身的易感性随季节变化，也可能与山狗和灰狐等终末宿主在不同产崽季节的活动规律有关。已有证据表明，未感染过的犬或幼年犬对新孢子虫较为易感，推测幼年山狗和灰狐也有相同的情况。在法国，有研究者观察到一个有趣现象，当牛场的产犊期从 3 个月延长到 6 个月或从 6 个月延长到 12 个月，牛群感染的风险有所降低，但无法合理地解释这种现象。

6.4.1.7 牛群规模和饲养密度

对德克萨斯和美国西北部几个州（爱达荷、蒙大拿、俄勒冈、华盛顿和怀俄明州）的牛场观察都发现，牛群饲养密度高是一个潜在的新孢子虫感染风险因素。有人将这种现象解释为牛群饲养密度高的牛场更有可能利用在牛场外储存饲料，导致饲料易吸引鼠类，而大量的鼠被终末宿主捕食的几率也就增加，进而增加了终末宿主粪便污染环境的机会，导致犊牛出生后感染。

对巴西南部一奶牛场的观察发现，随着牛场面积的增加，血清抗体阳性率下降，且似乎与牛群密度无关，可能是因为在面积较小的牛场，犬更容易接触到牛尸体、流产胎儿、胎盘和子宫排出物。

在意大利的一项研究发现，个体牛血清抗体转为阳性的风险随着群体数量的增加而增大，同时发现该地区牛群体数量与犬的数量密切相关。在德国的研究发现，群体数量较大的牛场其牛抗体阳性率较高，或许是新购进的母牛背景不明存在潜在的新孢子虫感染，从而增加了群体阳性率，也可能随着群体数量增加，使得牛场为防止犬接触到胎盘等感染源而要采取的卫生管理措施变得更加困难。

6.4.1.8 母牛的来源

新孢子虫主要通过垂直传播在牛群中散播，所以牛场自繁育种母牛比从外购进血清阴性母牛更易使新孢子虫感染在牛群内持续存在。如果输出的牛血清阳性率低于输入群体，那么输入母牛后能降低当地牛场的感染率。这就是为什么将所谓的“自繁种母牛”视为引起高感染的潜在风险因素。

6.4.1.9 气候

在两个分析欧洲气候对牛群体或个体牛的血清阳性率影响的研究中指出：“牛场缓冲区春季平均气温”和“牛场所在城市 7 月份平均气温”是两个风险因素。这个结论是基于气候对卵囊孢子化和卵囊存活的影响而提出的，如较高的温度可以促进饲料或环境中卵囊的孢子化。

6.4.1.10 植被指数

意大利的一项研究观察到，牛血清抗体阳性率会随着牛场附近 3 km 缓冲区的夏季归一化植被指数(normalized difference vegetation index, NDVI)升高而降低。较高的夏季归一化植被指数说明当地植被繁茂，无需到别处进行放牧，从而减少了吞食卵囊的机会。但这一观察结果与在意大利的一项研究发现相悖，在该研究中“不放牧”被视为牛血清阳性转换的风险因素。

6.4.1.11 人口密度

人口密度与犬的密度呈正相关。由于犬的密度是感染的潜在风险因素，所以可以用人口密度来预测某一地区牛场新孢子虫感染的风险。

6.4.1.12 其他疫病的影响

Björkman 等在瑞典牛群中观察到，牛体内的新孢子虫抗体阳性率与牛病毒性腹泻病毒(bovine viral diarrhea virus, BVDV)抗体阳性率密切相关。因此假设，即有利于 BVDV 在牛群中传播的风险因素同样可以增加感染新孢子虫风险，如牛群密度较高和频繁购进动物。在意大利的一项研究中也证实牛疱疹病毒 1 型(BHV-1)抗体阳性率与新孢子虫抗体阳性率呈正相关。犊牛自然感染 BHV-1 后可能会诱导免疫抑制从而增加二次感染新孢子虫的机会。另外，杨娜等对北京等地奶牛场 9 种引起奶牛流产的病原的感染及其相互之间的关系，发现新孢子虫与牛传染性鼻气管炎存在共感染的情况。

6.4.1.13 牛的品种

新孢子虫的血清抗体阳性率因牛品种不同而有所不同，可能是由于不同品种所采取的不同生产管理方式造成，而不是品种本身对新孢子虫的易感性不同造成。例如，西班牙土种牛的血清抗体阳性率要低于荷斯坦牛、金黄加利西亚牛（RubiaGallega）或杂交种。经调查发现这与管理措施密切关联：在西班牙的荷斯坦奶牛和金黄加利西亚牛饲养更加集中，而西班牙土种牛多采取在丘陵自由放牧，群体密度较小。

6.4.2 预防

迄今为止，还没有控制新孢子虫病的有效药物和疫苗。目前所采取的控制新孢子虫感染的管理措施如下：

（1）避免犬或其他终末宿主的粪便污染饲料和饮水。

（2）彻底清除流产的胎儿、胎膜、胎盘和死胎，禁止犬食入这类物质。

（3）在牛引进前进行新孢子虫的检疫，严防从场外引进新孢子虫感染牛。

（4）定期监测，淘汰感染牛。

（5）胚胎移植能有效地阻止奶牛新孢子虫病的垂直传播。

由于各地区经济发展水平和饲养条件的差异，以上控制措施只能在一定程度上实施。

虽然还没有药物可以彻底清除牛的新孢子虫感染，但研究发现新孢子虫对几类药物有一定敏感性，如磺胺类、大环内酯类、四环素类、青蒿素等。尽管如此，因为牛感染新孢子虫后一般不表现临床症状，只有发生流产才能诊治，因此，往往失去了治疗的机会；而且耐药性的产生、消费者对无药物残留肉奶的需求、环境因素的考虑，限制了药物预防在控制新孢子虫感染中的应用。

6.4.2.1 免疫预防

研究发现，感染新孢子虫的牛能够产生一定程度的免疫力以预防流产或先天性传播，这为进行免疫预防提供了依据。新孢子虫可以通过胎盘传播给后代，大大增加了牛的感染数量和流产的发生，使新孢子虫在牛群内持续存在。有效控制奶牛的新孢子虫性流产是研制疫苗的目标，但控制该病的最终目的是阻断新孢子虫的垂直传播。科研工作者已经对预防新孢子虫病的活虫苗、死虫苗、重组蛋白苗以及 DNA 等多种类型疫苗开展了研究。

活虫疫苗易于诱导宿主产生相应的细胞介导的免疫反应。Lindsay 等进行了新孢子虫弱毒株研究，发现能够作为疫苗预防新孢子虫病。商品化的弓形虫疫苗 Toxovax® 即是此类疫苗，已成功用于预防羊弓形虫病。但是，活疫苗有许多缺陷，如成本昂贵、贮藏期短、需要冷冻储存等，而且弱毒株毒力易恢复。虽然没有人感染新孢子虫的报道，但 Barr 等给怀孕的灵长类动物接种新孢子虫分离物，结果导致了胎盘传播和胎儿感染，产生了与新生儿弓形虫病相似的病理变化，且已有多篇人血清抗体阳性的报道。由此可知，新孢子虫感染人的潜在威胁不容忽视。因此,人类在加工或食用应用过活疫苗的食品性动物过程中存在一定的危害,限制了活虫苗的使用。

研制新孢子虫死疫苗的周期短,即将新孢子虫大量增殖、裂解、灭活并加入适当佐剂制成灭活苗。死苗具有安全、易保存的优点,但研究发现它不能有效激活细胞介导的免疫反应,缺乏一些重要的保护性抗原,原因在于灭活处理是抗原失活和某些抗原只在虫体的发育繁殖中分泌。Lunden 等用新孢子虫裂解物加佐剂后接种具有脑炎病变的新孢子虫病鼠模型,发现病变减轻,产生了新孢子虫特异性抗体和重要细胞因子 IL-4、IL-5 和 IFN-γ。Andrianarivo 等研究了灭活新孢子虫速殖子分别与 4 种不同佐剂接种奶牛后的免疫原性,疫苗能够不同程度地诱导机体产生体液免疫反应,并产生与自然感染母牛相似的 IFN-γ 水平,但不能阻止免疫奶牛的垂直传播。

对于新孢子虫感染的免疫预防研究,一般都在感染新孢子虫的小鼠模型上进行。研究发现给,小鼠接种活虫或虫体蛋白能够阻断新孢子虫的垂直传播。若在小鼠交配前接种新孢子虫速殖子,同时中和母源 IL-4,在妊娠过程中攻虫,发现小鼠发生先天性新孢子虫感染的概率减小。在雌鼠、雄鼠交配前,给 BALB/c 小鼠皮下注射速殖子裂解粗提物,可完全阻断新孢子虫的垂直传播。Nishikawa 等分别在交配前给 BALB/c 小鼠腹腔注射携带有 NcSRS2 和 NcSAG1 基因的重组痘苗病毒,同样切断了新孢子虫的垂直传播,并且观察到 NcSRS2 的免疫效果较 NcSAG1 好。崔霞应用新孢子虫 IMP1 蛋白和 DNA 疫苗免疫小鼠,不仅能够有效抵抗新孢子虫的攻击,而且对弓形虫的攻击有一定的保护作用。大量的免疫预防研究为新孢子虫的疫苗研究提供了可靠的资料和信息。

6.4.2.2 疫苗的初步应用

由于活虫疫苗存在种种缺陷,最初的试验主要集中在评价灭活的新孢子虫速殖子辅以不同佐剂(死苗)的免疫效果上。PAKP(加 POLYGEN™ 佐剂化的灭活苗)能够诱导机体产生高水平的 IFN-γ,与用新孢子虫速殖子感染牛产生的 IFN-γ 水平相当。但给妊娠牛皮下注射 PAKP 两次,然后静脉或肌肉接种速殖子,未能阻止犊牛的先天感染,说明 PAKP 并不能切断垂直传播。同以往在配种前接种活虫体相比,妊娠过程中给牛免疫 PAKP,牛产生的免疫力可持续至怀孕中期,但为何免疫注射 PAKP 不能阻止牛的垂直传播的具体原因还不清楚。

NeoGuard™ 是加入 Havlogen 佐剂化速殖子灭活疫苗,也是美国农业部批准使用的第一个和唯一一个新孢子虫疫苗。该疫苗具有使用安全、注射部位反应小等优点。根据美国技术通报的报道,分别在妊娠后第 56 天和第 77 天给初孕母牛皮下注射 NeoGuard™,再在妊娠后第 95 天肌肉注射新孢子虫速殖子,免疫牛能产生新孢子虫特异性抗体,所有 18 头免疫接种的初孕母牛均产下了健康、足月的犊牛;而未进行免疫的 18 头初孕母牛,3 头流产,1 头发生胎儿自溶,流产率高达 22%。所以认为,该疫苗能显著降低健康初孕母牛的流产率。在新西兰的牛场中试用该疫苗,总有效率为 5.2%~54.0%。在哥斯达黎加的某些牛场中该疫苗也证明能有效减少流产,有效率达 46%。但是,另有研究也发现,NeoGuard™ 并不能切断胎盘感染。

机体感染新孢子虫后的免疫机制极其复杂，了解新孢子虫的生物学特性和阐明其诱导宿主产生免疫的机理有助于制定相应的预防措施，这也是未来疫苗研制所面临的问题和挑战。研制新孢子虫疫苗的最终目标就是切断垂直传播。这在未感染的成年牛较容易实现，但预防先天感染牛的胎盘传播是我们面临的最大障碍。妊娠过程中的对机体的免疫调控有助于预防措施的制定，如促炎因子的产生有利于新孢子虫的生存和增殖，但它在母胎界面却是有害的，使妊娠过程不能顺利进行，所以，未来研制的疫苗应该能够纠正宿主和新孢子虫之间的平衡关系，使之向有利于宿主方向的发展同时不中断妊娠的正常进行。无论是借助未感染牛吞食包囊还是通过先天性感染牛的胎盘传播，自然的感染途径是评价疫苗效果的较好模型，所以应该使用自然感染的牛进行疫苗的免疫效果试验。

6.4.3 治疗

迄今为止，尚未发现治疗牛新孢子虫病的特效药物，对新孢子虫病的治疗尚处于探索阶段。目前，筛选出的敏感化学药物有磺胺类的二氢叶酸还原酶/ 胸苷酸合成酶(DHFR/TS)、抑制剂、离子剂类抗生素（拉沙里菌素）、马杜拉霉素、莫能菌素、放线菌素、盐霉素、大环内酯类、四环素、硝唑尼特等；有些药物在体外抑制新孢子虫的入侵、繁殖效果较好，但在动物效果不甚明显；有些药物还没有在体内对新孢子虫防控效果的报道。Dubey 等的研究认为，下列药物有一定作用：

(1)复方新诺明即甲氧氨苄嘧啶(TMP)每日 200 mg/kg 与磺胺甲基异恶唑(SMZ)，每日 100 mg/kg，分 4 次服用，连续用 2 周。

(2)羟基乙磺酸戊烷脒，每日 804 mg/kg，连用 12～14 d；本品毒性较大，慎用。

(3)MP 合剂或片剂（含乙胺嘧啶 25 mg，磺胺六甲氧嘧啶 500mg），首次每日 3 片，以后每日 2 片，连用 2 周。

随着我国养牛业的迅速发展，疫病的防控形势越趋严峻，多种新疫病也随之发生，如何防控疫病成为养牛业发展的重要问题。新孢子虫病是近 20 年被世界各国学者和畜牧业工作人员广泛关注和认识的疾病。我国在 10 年前进行了报道，目前对牛新孢子虫病的研究已取得一定进展，但离有效防控该病的距离甚远；在加大流行病学调研、基础生物学研究、诊断方法研制的基础上，还应加大该病疫苗和药物的研究力度，加强防控体系的建设，建立有效的综合防制体系，才能保障养牛业的顺利发展。

参考文献

[1] 刘群. 如何防治新孢子虫病. 农产品市场周刊，2004，14:22-24

[2] 刘群，李博，齐长明，等. 奶牛新孢子虫病血清学检测初报. 中国兽医杂志，2003，39(2):8-9.

[3] Anderson M L, Blanchard P C, Barr B C,et al. Neospora-like protozoan infection as a major cause of abortion in California dairy cattle. J Am Vet Med Assoc,1991,198:241-244.

[4] Anderson M L Reynolds J P Rowe J D, et al. Evidence of vertical transmission of Neospora sp. infection in dairy cattle. J Am Vet Med Assoc,1997,210:1 169-1 172.

[5] Barr B C,Anderson M L,Blanchard P C,et al. Bovine fetal encephalitis and myocarditis associated with protozoal infections. Vet Patho,1990,127: 354-361.

[6] Bjorkman C,Johansson O,Stenlund S,et al. Neospora species infection in a herd of dairy cattle. J Am Vet Med Assoc,1996,208:1 441-1 444.

[7] Canada N, Meireles C S, Ferreira P,et al. Artificial insemination of cows with semen in vitro contaminated with Neospora caninum tachyzoites failed to induce neosporosis. Vet Parasito,2006,1 139:109-114.

[8] Davison H C,Otter A, Trees A J. Estimation of vertical and horizontal transmission parameters of Neospora caninum infections in dairy cattle. Int J Parasito,1999,129: 1 683-1 689.

[9] Dijkstra T,Barkema H W, Eysker M,et al. Evaluation of a single serological screening of dairy herds for Neospora caninum antibodies. Vet Parasito,2003,1110:161-169.

[10] Dijkstra T, Eysker M, Schares G,et al. Dogs shed Neospora caninum oocysts after ingestion of naturally infected bovine placenta but not after ingestion of colostrum spiked with Neospora caninum tachyzoites. Int J Parasito,2001,131:747-752.

[11] Dubey J P, Buxton D, Wouda W. Pathogenesis of Bovine Neosporosis. Journal of Comparative Pathology,2006,134:267-289.

[12] Dubey J P, Janovitz E B,Skowronek A J. Clinical neosporosis in a 4-week-old Hereford calf. Vet Parasito,1992,143:137-141.

[13] Dubey J P, Leathers C W, Lindsay D S. Neospora caninum-like protozoon associated with fatal myelitis in newborn calves. J Parasito,1989,175:146-148.

[14] Dubey J P,Schares G. Neosporosis in animals—The last five years. Veterinary Parasitology,2011,180:90-108.

[15] Dyer R M, Jenkins M C, Kwok O C,et al. Serologic survey of Neospora caninum infection in a closed dairy cattle herd in Maryland: risk of serologic reactivity by production groups. Vet Parasito,2000,190:171-181.

[16] Eiras C, Arnaiz I, Alvarez-Garcia G,et al. Neospora caninum seroprevalence in dairy and beef cattle from the northwest region of Spain, Galicia. Prev Vet Med,2011,98: 128-132.

[17] Lindsay D S, Dubey J P. Immunohistochemical diagnosis of Neospora caninum in tissue sections. Am J Vet Res,1989,50:1 981-1 983.

[18] O'Toole D, Jeffrey M. Congenital sporozoan encephalomyelitis in a calf. Vet Rec, 1987, 121: 563-566.

[19] Ortega-Mora L M, Fernández-García A, Gómez-Bautista M. Diagnosis of bovine neosporosis: Recent advances and perspectives. Acta Parasitologica, 2006, 51: 1-14.

[20] Osoro K, Ortega-Mora L M, Martinez A, et al. Natural breeding with bulls experimentally infected with Neospora caninum failed to induce seroconversion in dams. Theriogenology, 2009, 71: 639-642.

[21] Parish S M, Maag-Miller L, Besser T E, et al. Myelitis associated with protozoal infection in newborn calves. J Am Vet Med Assoc, 1987, 191: 1 599-1 600.

[22] Romero J J, Perez E, Dolz G, et al. Factors associated with Neospora caninum serostatus in cattle of 20 specialised Costa Rican dairy herds. Prev Vet Med, 2002, 53: 263-273.

[23] Santolaria P, Almeria S, Martinez-Bello D, et al. Different humoral mechanisms against Neospora caninum infection in purebreed and crossbreed beef/dairy cattle pregnancies. Vet Parasito, 2011, 1 178: 70-76.

[24] Shabbir M Z, Nazir M M, Maqbool A, et al. Seroprevalence of Neospora caninum and Brucella abortus in dairy cattle herds with high abortion rates. Vet Parasito, 2011, 197: 740-742.

[25] Thilsted J P, Dubey J P. Neosporosis-Like Abortions in a Herd of Dairy Cattle. Journal of Veterinary Diagnostic Investigation, 1989, 1: 205-209.

[26] Trees A J, Williams D J. Endogenous and exogenous transplacental infection in Neospora caninum and Toxoplasma gondii. Trends Parasito, 2005, 121: 558-561.

第7章

犬的新孢子虫病

新孢子虫是多种动物的共患病原，但人类首次发现虫体及确认为新虫种均在犬体内。挪威兽医学家 Bjerkes 等于 1984 年在患脑膜炎和肌炎的幼犬体内发现了一种形态与刚地弓形虫(*Toxoplasma gondii*)相似并可形成包囊的原虫。这是人类对新孢子虫的首次描述。1988 年，美国农业部寄生虫学家 Dubey 等对原被诊断为弓形虫病的 23 只患犬的器官标本进行回顾性诊断，再次发现这种原虫；经过一系列鉴定，确认其为一种新原虫，命名为犬新孢子虫(*Neospora canium*)，简称新孢子虫。当时对该病原的认识只限于是犬的寄生虫。随后，Dubey 等于 1989 年从美国新墨西哥州一个发生持续性流产的牛场胎牛脑组织中分离到类似弓形虫的组织包囊，包囊能与新孢子虫的抗体发生反应，且流产母牛体内未检测到抗弓形虫抗体，进而确认新孢子虫是牛流产的病原。自此之后，新孢子虫宿主的种类进一步得到证实和扩大，多种家畜、野生动物、禽类和海洋哺乳动物都可作为其宿主。但是，犬在新孢子虫的生活史和传播中有着重要地位，它不仅是新孢子虫的中间宿主而且是其终末宿主；在各种被感染动物中，犬的新孢子虫病严重性仅次于牛新孢子虫病。本章将简述犬的新孢子虫感染途径、流行历史及现状、致病性、临床症状和防控措施。

7.1 犬新孢子虫病的感染与流行

7.1.1 犬新孢子虫的发现

由于新孢子虫与弓形虫具有相似的形态结构，人们曾长期将新孢子虫误认为是刚地弓形虫。1988 年，美国农业部家畜寄生虫病研究所 Dubey 等回顾性诊断 Angell Memorial 动物医院的犬病理组织切片，对诊断患有弓形虫病的 23 只患犬的器官标本进行重新检查，发现其中 13 只患犬确实感染了弓形虫，而在余下的 10 只患犬体内发现一种新的寄生原虫。该原虫在形态结构上与刚地弓形虫相似但也有明显不同，主要寄生于犬的脑部和脊髓等多种组织内，以包囊形式存在。当时未观察到细胞内的带虫空泡结构，认为虫体寄生于宿主细胞的胞浆内。患犬的主要症状为脑膜脑脊髓炎和肌炎，其中 1 只犬出现皮肤溃疡和皮炎症状。Dubey 等认为该病原为一种新原虫，将该发现以“Newly recognized fatal protozoan disease of dogs”发表于《Journal of the American Veterinary》上，详细地描述了组织病理学变化和病原形态，并将该病原命名为犬新孢子虫。

7.1.2　犬新孢子虫的生活史及流行情况

7.1.2.1　犬在新孢子虫生活史中的地位

自 1988 年 Dubey 对犬新孢子虫命名之后，多次在犬的肌肉和脑组织中发现新孢子虫的速殖子和包囊。速殖子和缓殖子均在其体内进行无性繁殖，说明犬是新孢子虫的中间宿主。此后逐渐发现多种动物均可作为新孢子虫的中间宿主，但人们对新孢子虫的生活史并不清楚。1998 年，McAllister 等用人工感染新孢子虫的小鼠组织饲喂 4 只犬，以未感染新孢子虫的小鼠组织饲喂 2 只犬作为对照。在饲喂后的 30 d 内，每日用蔗糖漂浮法检查犬粪。3 只饲喂了感染小鼠组织的犬排出球形或近球形的卵囊。新鲜卵囊未孢子化，直径为 10～11 μm；室温培养 3 d 后，卵囊完成孢子化，孢子化卵囊内含 2 个孢子囊，每个孢子囊内含 4 个子孢子。对照犬未出现任何临床症状，也未有卵囊排出。这是关于犬可能是新孢子虫终末宿主首次报道。1999 年，Lindsay 证实并拓展了 McAllister 的结论，给肌肉注射甲基泼尼龙（methylprednisolone acetate）的犬口服含卵囊的小鼠组织可排出更多的新孢子虫卵囊，并发现新孢子虫卵囊在最适条件下 24 h 内可完成孢子化。其后发现狐狸也可作为新孢子虫的终末宿主。据此人们推测，其他犬科动物可能也是其终末宿主。

7.1.2.2　犬新孢子虫病的流行情况

在世界各地均有关于犬新孢子虫抗体检测的报道（表 7.1）。Yakhchali 等应用 IFAT 法检测伊朗乌亚米市 135 份流浪犬血清抗体，结果显示，36 份血清呈新孢子虫抗体阳性，抗体滴度随犬年龄增长呈上升趋势。Płoneczka 等检测 110 份波兰西部的犬血清，18 份血清抗体阳性，阳性率为 16.36%，抗体滴度（1∶50）～（1∶200）。Figueredo 检测了 625 份巴西伯南布哥州犬血清抗体，177 份血清抗体阳性，且抗体阳性血清中的 102 份弓形虫抗体也呈阳性，说明在这一地区，犬的新孢子虫和弓形虫感染都较为严重。Dubey 等检测了西印度群岛的格林纳达犬血清中弓形虫和新孢子虫抗体，107 份血清中仅 2 份样品呈新孢子虫抗体阳性。

Cruz-Vázquez 等调研了墨西哥阿瓜斯卡连特斯州犬的新孢子虫感染情况，分析了犬的年龄、性别、犬群规模与新孢子虫感染间的关系；分别采集 152 只农场犬和 116 只城镇犬的血清，总体新孢子虫抗体阳性率为32%(86/268)，农场犬阳性率为41%(62/152)，城镇犬的阳性率20%(23/116)；老龄犬(11～15岁)血清新孢子虫抗体阳性率为67%，显著高于其他年龄犬；公犬与母犬的感染率非常接近。农场大型犬群新孢子虫感染率达58%，而城镇中等犬群新孢子虫感染率为27%，犬群规模越大感染率越高。推测犬群内存在一定程度的水平传播。

表7.1 新孢子虫血清学调查

国家/地区	种 类	数量/只	阳性率/%	检测方法	文献来源
阿尔及利亚		100	21.0	ELISA	Ghalmi (2009)
	收容犬	261	22.5	IFAT	
	警犬	85	6.6	IFAT	Ghalmi (2009)
	饲养犬	184	12	IFAT	
	农场犬	80	44.4	IFAT	
巴西萨尔瓦多和巴伊亚	城镇犬	49	32.7	Wb ELISA	Jesus (2007)
巴西戈亚斯	城镇犬	197	32.9	IFAT	Boaventura(2008)
巴西玛多克罗索	就诊犬	60	45.0	IFAT	Benetti (2008)
	牛场犬	37	67.6	IFAT	Benetti (2009)
巴西米纳斯吉拉斯	就诊犬	228	3.1	IFAT	Guimarães (2009)
巴西帕拉州	乡下犬	72	11.1	IFAT	Valadas (2010)
	城镇流浪犬	57	14	IFAT	
	城镇犬	181	12.7	IFAT	
巴西巴拉那州	城镇周边犬	178	15.7	IFAT	Fridlund-Plugg(2008)
	乡下犬	197	25.3	IFAT	
巴西保利斯塔人	定居犬	289	26.0	IFAT	Lopes (2011)
巴西阿马拉日	定居犬	168	26.2	IFAT	Lopes (2011)
巴西加拉纽斯	定居犬	168	34.5	IFAT	Lopes (2011)
巴西皮奥伊	城镇犬	530	30.2	IFAT	Lopes (2011)
巴西南里奥格兰德	乡下犬	230	20.4	IFAT	Cunha Filho(2008)
	城镇犬	109	5.5	IFAT	
巴西圣保罗	城镇犬	108	15.7	IFAT	Bresciani (2007)
	肉牛场犬	963	25.4	IFAT	de Moraes(2008)
加拿大西北地区	就诊犬	108	3.7	IFAT	Salb (2008)
哥斯达黎加	农场犬	31	48.4	cELISA	Palavicini (2007)

续表 7.1

国家/地区	种　类	样本量	阳性率/%	检测方法	文献来源
格林纳达 西印度群岛		107	2	IFAT	Dubey (2008)
印度	乡下犬	126	21.4	ELISA	Sharma (2008)
	城镇犬	58	6.9	ELISA	Sharma (2008)
伊朗	农场犬	50	28	IFAT	Haddadzadeh (2007)
	城镇犬	50	11.3	IFAT	Haddadzadeh (2007)
	就诊犬	233	10.3	ELISA、 IFAT	Hosseininejad (2010)
伊朗乌米亚	流浪犬	135	27	IFAT	Yakhchali (2010)
意大利	城镇犬	188	20.2	NAT	Ferroglio (2007)
	乡下犬	302	36.4	NAT	Ferroglio (2007)
	狗舍犬	144	14.6	ELISA	Paradies (2007)
	农场犬	162	26.5	ELISA	Cruz-Vázquez (2008)
日本	就诊犬	1 206	10.4	ELISA	Kubota (2008)
墨西哥阿瓜斯卡连特斯州	城镇犬	116	20	ELISA	Cruz-Vázquez (2008)
	奶牛场犬	152	40.7	ELISA	Cruz-Vázquez (2008)
墨西哥杜兰戈	收容犬	101	2	IFAT	Dubey (2007)
秘鲁	农场犬	122	14.8	IFAT	Vega (2010)
波兰	就诊犬	257	21.7	ELISA	Gó zdzik (2011)
	就诊犬	110	16.3	IFAT	Płoneczka and Mazurkiewicz (2008)
塞内加尔 非洲西部		196	17.9	ELISA	Kamga-Waladjo(2010)
西班牙安大路西亚	野生犬	28	17	ELISA	Millán (2009)
西班牙加利西亚	农场犬	141	47.5	IFAT	Regidor-Cerrillo(2010)
	流浪犬	134	39.5	IFAT	Regidor-Cerrillo(2010)
西班牙马略卡岛	狗舍犬	44	0	ELISA	Cabezón (2010)
西班牙一些地区	家养犬	102	2.9	IFAT	Collantes-Fernán(2008)
	流浪犬	94	24.5	IFAT	
	猎犬	100	23	IFAT	
	农场犬	100	51	IFAT	
土耳其克勒克卡莱	流浪犬	121	28.9	IFAT	Yildiz (2009)

Shama 等检测印度旁遮普的 184 只犬(包括 126 只乡村犬和 58 只城镇犬)血清新孢子虫抗体阳性率为 16.8%(31/184),乡村犬的血清抗体阳性率为 21.4%(27/126),城镇犬 6.9%(4/58)。Gózdzik 等对波兰马佐夫舍省的 257 只城镇犬血清抗体进行检测,其中:56 份血清新孢子虫抗体阳性,新孢子虫抗体阳性率为 21.7%;母犬的抗体阳性率为 28%;高于公犬(17.3%),二者差异显著;不同年龄犬之间的抗体阳性率没有显著差异。

除了采用血清学方法检测犬体内抗体来证实犬的感染,近年来也有应用分子生物学方法检测新孢子虫的报道。Palavicini 等采用 PCR 检测哥斯达黎加犬粪便中新孢子虫卵囊,以确认牛场附近犬粪便中卵囊的存在。2005 年 2～8 月份,采集 34 只犬的 265 份粪样,在 4 份粪样中检出了新孢子虫卵囊基因,其中两份粪样来自同一只犬,但均未观察到新孢子虫卵囊;在其中 31 只犬(31/34)血清中检出了新孢子虫抗体。

新孢子虫病流行病学调查显示,农场犬的分布和数量与牛场新孢子虫病流行情况具有显著的相关性。Wouda 在 1999 年的一份调查报告显示,荷兰乡村犬的新孢子虫血清抗体阳性率高达 23.6%(36/152),城镇犬的新孢子虫血清抗体阳性率 5.5%(19/344)。农场犬高血清抗体阳性率与临近农场牛的新孢子虫血清抗体阳性率呈显著相关性,附近的肉牛场和奶牛场的牛血清抗体阳性率高达 51%(51/100)。在西班牙也有类似的研究报道。Regidor-Cerrillo 等分别检测了西班牙农场犬和流浪犬的血清抗体,275 份血清样品中 120 份(43.6%)抗体阳性,其中农场犬和流浪犬血清的新孢子虫抗体阳性率分别为 47.5%(67/141)和 39.5%(53/134),二者差异不显著,但农场犬的抗体滴度明显高于流浪犬;随着农场犬年龄的增加,新孢子虫抗体阳性率逐渐增高。另外,可自由出入农场的犬更易感染新孢子虫,并在农场犬的粪便中观察到新孢子虫样卵囊,但由于卵囊数量有限,卵囊生物学特征未得到验证。进一步研究证实,农场犬和流浪犬均是牛场新孢子虫感染的危险因素(表 7.1)。

综上所述,犬的新孢子虫感染分布于世界各地,犬在新孢子虫的生活史中具有重要地位,在新孢子虫的传播上具有重要意义。多篇研究显示,犬的新孢子虫感染与牛的新孢子虫性流产密切相关,犬的新孢子虫病应当引起人们的广泛关注。

7.1.3 犬的新孢子虫感染途径

大量研究报道显示,犬既可通过垂直传播途径也可通过水平传播途径感染新孢子虫。最早确定犬体内存在新孢子虫垂直传播是对 1957 年的一次回顾性诊断研究,美国俄亥俄州一个农场主的 4 只德国牧羊幼犬确诊患有严重的新孢子虫病。这是患病母犬垂直感染子代幼犬的最早证据。实验感染研究也证实,犬存在新孢子虫垂直传播。怀孕后期母犬和哺乳期幼犬均可感染新孢子虫,大多数自然感染新孢子虫的犬在出生后 5～7 周的临床症状最为明显。在对 17 只新孢子虫抗体阳性母犬的回顾性研究中发现仅 3%子代幼犬患有新孢子虫病,患病母犬所产的 80%子代幼犬并未感染新孢子虫。另一份对某只感染有新孢子虫母犬的追踪研究发现,其所产第一代幼犬的 3/11 患有新孢子虫病,第二代幼犬中仅 1/7 患病。有关犬的新孢子虫感染与年龄相关性调查结果显示,大多数犬在出生后感染新孢子虫;随着年龄的增长，犬的新孢子虫感染率呈上升趋势。因此推测，在犬的新孢子虫感染过程中，水平传播较垂直传播发挥着更重要的作用。

水平传播可发生在同种中间宿主群内，也可发生在中间宿主和终末宿主犬之间。当中间宿主食入了新孢子虫包囊、速殖子和孢子化卵囊，均可被感染。用牛的感染组织饲喂300条猎狐犬，检查发现，50%的猎狐犬感染了新孢子虫；而在分别给3只澳洲野犬和3只家犬饲喂了感染新孢子虫Nc-Nowra株的患牛组织后，应用PCR检测新孢子虫卵囊的特异性基因，其中的1只澳洲野犬在饲喂感染组织后12～14 d排出少量的新孢子虫卵囊，未在其他犬粪便中检出卵囊和DNA；但在感染后14 d和28 d分别在2只澳洲野犬的血液中检出新孢子虫DNA。由此可见，犬食入新孢子虫包囊后，虫体可能进入小肠进行球虫型发育而成为终末宿主，也可能进入其他有核细胞进行无性繁殖而成为中间宿主，而究竟由什么因素决定虫体在犬体内的去向尚不可知。食用流产胎牛可以导致犬的新孢子虫感染，但研究发现食用流产牛的胎盘更易导致犬感染新孢子虫。在流产牛的胎盘内可检测到新孢子虫。犬在人工饲喂新孢子虫阳性牛的胎盘后，犬粪便中可检出新孢子虫卵囊。上述研究表明，犬误食了新孢子虫感染组织后可通过水平传播或垂直传播而感染新孢子虫病。

虽然1996年已证实犬是新孢子虫的终末宿主，但迄今为止仅有数例在犬体内分离到新孢子虫卵囊，犬自然感染新孢子虫的报道较少。Basso等从自然感染新孢子虫的8周龄拳师犬粪便中分离到一株新孢子虫。给IFN-γ缺失小鼠口服100个新孢子虫孢子化卵囊，经小鼠传代的新孢子虫在Vero细胞上成功培养传代。这是首次从葡萄牙自然感染新孢子虫患犬粪便中分离到的新孢子虫分离株，该虫株进一步鉴定后命名为Nc-P1虫株。

由于新孢子虫卵囊在结构上与犬粪便中其他球虫十分相似，卵囊鉴别在新孢子虫流行病学调查中尤为重要(表7.2，表7.3)。

表7.2 犬粪便中新孢子虫卵囊的检测

国家	数量	种类	阳性数量	显微观察	PCR检测	生物鉴定	文献来源
哥斯达黎加	34	奶牛场犬	3	0	3	0	Palavicini (2007)
伊朗	174	89只农场犬，85只家养犬	4	4	2	未做	Razmi (2009)
意大利	230	农场犬	0	0	未做	未做	Paradies (2007)
西班牙	285	农场犬	1	1	未做	未做	Regidor-Cerrillo(2010)
阿根廷	1	幼犬	1	1	未做	1	Basso(2005)
捷克共和国	1	1周龄幼犬	1	1	1	未做	Slapeta(2002)
英国	15	猎狐犬	2	2	1	未做	McGarry(2003)
德国	24 089	猎狐犬	28			28	Schares(2004)

表 7.3 其他动物接种新孢子虫后粪便中新孢子虫卵囊的检测

动物种类	数 量	接种物	粪便排出天数	小鼠体内生物鉴定	新孢子虫抗体	文献来源
猫	3	自然感染新孢子虫的犬脑	21	无	未做	Cuddon(1992)
	2	感染 Nc-1 Nc-2 Nc-3 虫株小鼠组织	30	有	有	Dubey 和 Lindsay (unpublished, 1996)
	1	实验感染新孢子虫的猫脑	29	无	有	Dubey 和 Lindsay (unpublished, 1990)
	3	口服 Nc-1 虫株速殖子	30	无	有	Dubey(1990)
	1	皮下注射 Nc-1 虫株速殖子	20	无	有	Dubey 和 Lindsay (1988)
	2	自然感染患牛组织	22	无	无	Dubey 和 Lindsay (unpublished, 1988)
	6	3 只自然感染患牛组织	15	无	未做	Dubey 和 Lindsay (unpublished, 1988)
	2	实验感染患牛组织	17	无	无	Dubey 和 Lindsay (unpublished, 1988)
犬	1	口服和皮下注射 Nc-1 虫株速殖子	30	无	有	Dubey 和 Lindsay (unpublished, 1989)
浣熊	2	Nc-1 虫株感染小鼠组织	50	有	有	Dubey(1993)
丛林狼	2	Nc-1 Nc-2 Nc-3 虫株感染小鼠组织	30	有	有	Lindsay(1996)
红尾鹰	2	Nc-1 Nc-2 Nc-3 虫株感染小鼠	30	有	未做	Baker(1995)
土耳其秃鹰	2	Nc-1 Nc-2 Nc-3 虫株感染小鼠	30	有	未做	Baker(1995)
仓鸮	2	Nc-1 Nc-2 Nc-3 虫株感染小鼠	31	有	未做	Baker(1995)
美国乌鸦	3	Nc-1 Nc-2 Nc-3 虫株感染小鼠	30	有	未做	Baker(1995)

7.2 犬感染新孢子虫的危害

7.2.1 致病性与临床症状

当犬作为终末宿主时，新孢子虫在其肠道上皮细胞内发育，无明显临床症状。而当犬作为中间宿主时，可引起各年龄段犬严重的神经肌肉损伤，先天感染的幼犬可见严重的后肢瘫痪和脊柱过伸。

患新孢子虫病的母犬可发生死胎或产弱胎。先天感染新孢子虫的幼犬临床症状最为严重，可见后肢持续麻痹、僵直、肌无力、萎缩和吞咽困难等症状；严重者发生心力衰竭。病理变化包括脑炎、肌炎、肝炎和持续性肺炎等全身多器官组织的炎症；一般可见幼犬后肢偏瘫，可发展为进行性麻痹；后肢比前肢更易受到影响，经常可导致后肢僵直。根据新孢子虫寄生于神经组织的部位不同而表现为不同的神经症状；其他的功能障碍包括吞咽障碍、下颌麻痹、肌肉无力、肌肉萎缩以及心脏功能障碍。后肢麻痹的患犬可存活数月。后肢麻痹的原因尚不明确，很可能是由于神经麻痹与肌炎并发，迅速导致纤维痉挛以致关节活动不便。该病可呈现局限病灶，或可恶化以致波及皮肤等多组织，甚至发生新孢子虫性皮肤炎症。Barber等报道，在英国和欧洲其他国家的27例新孢子虫先天感染犬中(年龄为2日龄到1周龄)，有21例表现为步态不稳，14例肌肉萎缩，10例四肢僵直，11例瘫痪，4例头部歪斜，4例吞咽困难，1例抽搐。

任何年龄犬均可感染新孢子虫，犬的新孢子虫先天感染较为普遍，且感染新孢子虫的母犬可反复将新孢子虫传播给子代，同一只母犬的连续几窝幼崽均可先天性感染新孢子虫。1990年Dubey报道，挪威的1只母犬连续3窝产出的7只幼犬，均先天感染新孢子虫，其中6只犬在2～4月龄时出现共济失调和轻度麻痹的症状。另有两窝幼犬共5只，幼犬出生时健康，5～8周龄时后肢出现轻度瘫痪，诊断患有新孢子虫病。患犬的主要病理变化为肉芽肿，显微镜下可观察到新孢子虫的存在。将患犬组织接种细胞、小鼠和实验犬，均可成功分离出新孢子虫。应用IFAT可检出患犬血清中存在新孢子虫抗体。

新孢子虫还可导致幼犬和老龄犬发生致死性新孢子虫病。1988年，Cummings等报道一只5岁拉布拉多母犬一窝产下8只幼犬，其中5只被诊断患有新孢子虫病。母犬与同一公犬再次交配产下7只幼犬，出生时健康状态良好。但到产后5～6周，7只幼犬均呈现不同程度的新孢子虫病症状，主要表现为后肢僵直的偏瘫症状，其中3只幼犬实施安乐死，另3只幼犬被处死，只有1只轻度感染幼犬存活下来，病情有好转趋势。经检测，这一同窝出生的7只幼犬均感染了新孢子虫。老龄犬新孢子虫病症状主要表现为神经症状。不同病例报道显示，新孢子虫病对犬的致病程度差异很大，对有些犬为致死性的，而有些犬只表现轻度症状。尽管两窝幼犬的父母是同一对犬，但在雄性犬体内未检出新孢子虫抗体，因而目前认为新孢子虫病尚不能通过性传播途径散播。

犬新孢子虫病病例参见表 7.4。

表 7.4 新孢子虫病患犬病例

国 家	数量/只	品 种	年 龄	症 状	文献来源
澳大利亚	4	2 只灰犬,2 只品种不明确	＜3 个月,＜3 个月,＞6 个月,＜3 个月	3 只出现神经症状,1 只猝死	Munday(1990)
	1	拳师犬	6 个月	神经症状	Gasser(1993)
比利时	5	3 只拳师犬,1 只杜宾犬,1 只拉布拉多犬	2 个月,2 个月,2.5 个月,1 个月,1 个月	5 只全部出现神经症状	Poncelet(1990)
加拿大	1	牛头獒	10 个月	猝死,心脏病	Odin 和 Dubey (1993)
	1	金毛猎犬	12 周	神经症状	Cochrane 和 Dubey (1993)
哥斯达黎加	1	可卡犬猎犬	2 岁	神经症状	Morales(1995)
英国	1	设德兰牧羊犬	9 个月	神经症状	Dubey
	3	2 只拳师犬,1 只拉布拉多猎犬	5 周,18 个月,15 周	神经症状和 2 只出现神经肌肉症状	Knowler Wheeler (1995)
芬兰	1	大丹犬	8 个月	神经症状,多尿症	Rudback(1991)
法国	1	蓝皮卡第猎犬	1 个月	神经症状	Poncelte(1990)
	1	西伯利亚爱斯基摩犬	6 岁	皮肤症状	Fritz(1996)
德国	2	1 只拳师犬,1 只拉布拉多猎犬	2 个月,5 个月	神经症状	Burkhardt(1992)
匈牙利	1	矮腿猎犬	2 个月	神经症状	Sreter(1992)
爱尔兰	5	1 只拳师犬,4 只灰犬	6 个月,7 周,9 周,10 周,6 个月	神经症状	Sheahan(1993)
日本	1	设德兰牧羊犬	5 个月	神经症状	Umemura(1992)
南非	3	1 只大丹犬,1 只拉布拉多犬,1 只苏格兰㹴犬	12 周,6 个月 2 周	神经症状	Jardine 和 Dubey (1992)
西班牙	1	獒	4 个月	神经症状	Pumarola(1996)

续表 7.4

国　家	数量/只	品　种	年　龄	症　状	文献来源
瑞典	1	灰犬	4 个月	神经症状	Hilali(1986)
	1	拳师犬	10 周	神经症状	Uggla(1989)
	1	巨型雪纳瑞	4 岁	神经肌肉症状	Uggla(1989)
瑞士	9	5 只拳师犬,1 只金毛,1 只圣比纳犬,2 只爱尔兰猎狼犬	幼犬	神经肌肉症状	Wolf(1991)
美国	2	1 只侦探猎犬,1 只波尔瑞狼犬	3.5 岁,6 岁	神经肌肉症状	Braund(1988)
	9	1 只设德兰牧羊犬,3 只矮腿猎犬,1 只柯利牧羊犬,1 只金毛,1 只混种犬,2 只狮子犬	8 个月,5 岁,5 个月,3 个月,3 岁,6 个月,15 岁,2 岁	神经症状	Dubey(1988)
	1	拉布拉多猎犬	12 周	神经症状	Hay(1990)
	1	矮腿猎犬	10 岁	神经症状	Hoskins(1991)
	1	维希拉猎犬	3 岁	神经症状	Ruchlmann(1995)
	1	金毛猎犬	3.5 岁	神经症状	Jackson(1995)
	1	金毛猎犬	12 岁	皮肤症状	Dubey(1995)

7.2.2　病理变化

新孢子虫患犬体内某些脏器可出现明显的病理变化。新孢子虫可寄生于肌肉、肺、皮肤和脓液等活组织中。病理剖检病变可表现为中枢神经系统和肺组织坏疽、内脏肉芽肿、横膈膜等肌组织黄白条纹、小脑萎缩以及皮肤坏疽,也可见多灶性肌炎、心肌炎和多灶性心内膜炎,以中心坏死灶和周围浸润的大量浆细胞、巨噬细胞、淋巴细胞和少量嗜中性粒细胞组成的黄色炎症病灶为特征;在变性的心肌细胞周边和炎性细胞内,可见大量的新孢子虫速殖子群落,也可发生以坏死、严重的血管炎、血管套、多灶性胶样变性为特征的脑膜脑脊髓炎,其病变部位从大脑一直延伸至腰部脊髓区。重症多发性肌炎多见于骨骼肌、颞肌、咬肌、喉肌和食道肌等。在肌肉病变中可检查到新孢子虫。解剖死亡患犬,可在体内分离出新孢子虫。新孢子虫病灶可通过免疫组织化学实验与弓形虫病灶进行鉴别,光学显微镜下和电子显微镜下均可观察到新孢子虫速殖子与弓形虫速殖子的不同。

病理剖检病变还可见到以各种炎性细胞浸润为特征的坏死性肝炎、化脓性胰腺炎、肉芽肿性肺炎、肾盂肾炎、皮炎及眼部病变。并非每只患犬都同时具有上述病变,但可观察到一种或几种病变。

7.2.3 犬新孢子虫感染对牛的影响

大量的牛场新孢子虫流行病学调查显示,农场犬是牛群感染新孢子虫的危险因素之一。尽管犬引发牛群新孢子虫病散发的途径尚不明确,以下的发现有助于理清这一问题:在牛场饲喂区、青储区及饲料储藏区周围有未及时清理的犬粪,则新生牛的新孢子虫感染率增高;而另一项研究显示,正常饲舍牛群的新孢子虫阳性率比与感染牛同槽的牛群阳性率更高。根据这些结果,我们推测,牛群在投食区感染新孢子虫的机会大于污染饲料带来的危险。另外,如果农场主常用牛胎盘、废弃的初乳和牛奶饲喂农场犬,牛群新孢子虫感染率高于其他农场,其中食用胎盘是农场犬感染新孢子虫的主要原因,饲喂牛初乳则不会导致犬的新孢子虫感染;而且食入新孢子虫性流产胎盘的犬较食入流产胎儿的犬对新孢子虫更易感。对上述结果难以做出合理的解释,可能初乳中出现虫体的机会并不高,也可能胎盘组织内虫体的数量和虫体的活力均高于流产胎儿组织,因为流产胎儿很快发生自溶,或者发生流产时胎儿体内的大多数虫体活力下降或已死亡。1993 年,Conrad 从 49 例流产胎牛体内分离出新孢子虫,仅在 2 例胎牛体内成功分离到虫株。2008—2011 年,中国农业大学动物医学院刘群课题组先后采集 80 例流产胎牛,经 PCR 检测组织新孢子虫 DNA 阳性者 27 例,但均未获得新孢子虫分离株,可能也是由于虫体活力不足或死亡所致。

牛场犬和农场附近的犬都可能是牛群新孢子虫水平感染的主要来源。2004 年,Hemphill 的一项调查结果显示,德国某区域内犬的数量在一定程度上可作为该区域牛群新孢子虫感染的指示数据。

迄今还没有足够的证据表明,农场犬或其他犬科动物是肉牛感染新孢子虫的潜在威胁。原因可能在于肉牛的饲养管理更为严格,犬粪与肉牛间的接触机会较少。美国德克萨斯州的相关研究指出,野生犬科动物的大量出现是肉牛新孢子虫感染率高的因素之一。

总之,犬作为新孢子虫的终末宿主在中间宿主尤其是牛群新孢子虫的感染中起着重要作用,是牛群新孢子虫水平传播的重要来源。但是犬的新孢子虫感染对周围牛群感染新孢子虫的影响途径以及犬与牛新孢子虫之间的相互影响是否是水平传播的主要来源,有待于进一步研究和调查。

7.3 犬的实验感染

新孢子虫实验感染犬只可观察到犬先天性新孢子虫病的临床症状和病理变化,但人工感染实验犬不能完全呈现自然感染新孢子虫的典型病理症状。

1996 年,Dubey 设计 3 组实验:

第 1 组,2 只怀孕母犬分别人工接种 Nc-1 株速殖子。母犬临床表现均正常,28 d 后共正常分娩 8 只幼犬(A 至 H 犬);母犬与幼犬的临床症状如表 7.5 所示:

表 7.5 实验感染犬临床表现

犬	临床症状
母犬	临床表现正常,体内可分离到新孢子虫速殖子
幼犬 A	出生时已死亡
幼犬 B	出生 2 d 后死亡
幼犬 C	2 d、3 d 时由于不能正常进食,安乐死
幼犬 D	
幼犬 E	20 d 时出现濒死症状,安乐死
幼犬 F	临床表现正常,体内可分离到新孢子虫速殖子,在给大剂量的皮质
幼犬 H	类固醇类药物后,出现脂肪肝、肺炎以及肌炎等病理症状

第 2 组,6 只母犬在怀孕 21 d 分别人工接种 5×10^{6} 个新孢子虫速殖子。4 只母犬发生胎儿自溶和木乃伊胎现象,无法检测胎儿体内是否感染新孢子虫。1 只母犬足月产出 3 只幼崽后,死于新孢子虫病恶化。幼犬表现出轻微的神经症状。余下 1 只母犬在攻虫 18 d 时经超声检查胎儿已死亡,母体和胎儿胎盘均发生坏疽,可检测到新孢子虫的存在。

第 3 组,3 只 5 日龄的幼犬分别人工接种 Nc-1 株、Nc-2 株、Nc-3 株 10^{6} 个速殖子。一只幼犬肌痛,骨盆肌肌肉萎缩,持续性咳嗽;在攻虫后 27 d 剖检,可在脑部和肌肉组织内分离到新孢子虫。一只幼犬瘫痪,在脑、心、舌、骨骼肌、肺和肝组织可见散在微小病创。第 3 只幼犬在攻虫后 12 d 死亡,在脑、心、舌、四肢肌肉、横膈肌、肺和肝组织内检测到新孢子虫。

7.4 诊　断

新孢子虫病的诊断与其他疾病一样,应根据病史调查、临床症状、病原学检测、免疫学及分子生物学方法等进行综合诊断。迄今为止,还没有对犬作为终末宿主时的临床症状进行描述的报道,因为虫体寄生于肠上皮细胞内时,对犬的致病性轻微,犬通常不表现临床症状。而犬作为中间宿主时,新孢子虫寄生于肌肉和神经组织,可表现明显的临床症状,因此受到较多关注。新孢子虫病的诊断需根据病原的分离鉴定、病理组织学检查、免疫学及分子生物学技术检测等进行综合判断。

7.4.1 病原学检查

病原分离鉴定是最为有力的证据，但新孢子虫的分离较为困难，成功率很低；直接从病料涂片检查，检出率更低。

将患犬脑神经组织匀浆后用胰酶或胃蛋白酶消化进行虫体富集，将富集的沉淀物处理后进行细胞培养，或直接感染免疫抑制小鼠及 IFN-γ 敲除鼠(GKO)等，经鼠传代，连续传代几次后对虫体进行进一步的鉴定。从犬体内已经分离得到的虫株见表 7.6。

表 7.6 犬体内新孢子虫分离株

虫株	日期(年.月.日)	病料来源	国家/地区	文献来源
Nc-1	1988.2.2	2只先天感染犬的组织	美国宾夕法尼亚州	Dubey(1988)
Nc-2	1988.7.9	犬的肌肉活组织	美国弗吉尼亚州	Hay(1990)
Nc-3	1988.8.7	犬的脑和脊髓	美国威斯康星州	Cuddon(1992)
Nc-Liverpool	1993.8.13	犬脑组织	英国利物浦	Barber(1995) Barber(1993)
Nc-4	1998.1.27	犬神经组织	美国	Dubey(1998)
Nc-5	1988.5.1	犬的脑和脊髓	美国	Dubey(1998)
CN-1	1998.7.9	犬神经组织	美国	Marsh(1998)
BPA1	1998.7.9	犬神经组织	美国	Marsh(1998)
Nc-GER1	2000.1	犬中枢神经	德国	Peters(2000)
Nc-Bahia	2001.10	犬神经组织	巴西	Gondim(2001)
Nc-6-Argentina	2001.7	犬神经组织	阿根廷	Basso(2001)

7.4.2 病理学诊断

新孢子虫病组织病理变化包括多病灶多肌炎、多病灶寄生虫性心肌炎、间质性肺炎、严重得多病灶脑炎以及脊髓炎。

新孢子虫血清可使虫体特异性着染。利用抗新孢子虫血清可检测组织切片中的新孢子虫。亲和素-生物素-过氧化物酶染色法是免疫组织化学法的常用方法。Lindsay 在

1990 年制作福尔马林固定组织切片、石蜡包埋，用兔抗新孢子虫血清进行染色。此方法可检测各种动物的新孢子虫感染。速殖子和缓殖子均可检测，与其他原虫无交叉反应。

7.4.3 免疫学诊断

间接免疫荧光(IFAT)和酶联免疫吸附试验(ELISA)是最常用的免疫学诊断方法。

7.4.3.1 间接荧光抗体检测(IFAT)

IFAT 作为抗体检测的标准，是目前最常见的诊断方法之一。经临床确诊为新孢子虫病患犬，Dubey 实验室 IFAT 方法测定患犬抗体滴度从 1∶200 到 1∶1 600。检测脑脊髓液抗体也具有诊断意义。

临床上，IFAT 具有更高的可应用性。当动物同时感染新孢子虫和弓形虫时，虽然新孢子虫和弓形虫具有几种相同的抗原，但由于 IFAT 方法特异性高，用 IFAT 检测动物的新孢子虫抗体时血清稀释 100 倍后不与弓形虫发生交叉反应。Dubey 等用 IFAT、改良凝集实验(MAT)和传统的 Sabin-Feld-man 染色试验，检测了实验感染牛、绵羊、山羊、猪、家兔、小鼠和大鼠的血清，发现与弓形虫没有或仅有很小的交叉反应。

7.4.3.2 酶联免疫吸附实验(ELISA)

Yamane 等用 ELISA 检测实验感染犬时出现交叉反应现象，但是在自然感染犬体内很少出现新孢子虫抗体交叉反应现象。

应用新孢子虫的粗提取抗原进行 ELISA 试验，较常规的 IFAT 出现更多的交叉反应，但在可溶性提取物抗原中加入免疫刺激复合物(iscoms)可解决这一问题。

用 IFAT 或多种 ELISA 方法检测个体或群体血清样品中新孢子虫抗体，是检测新孢子虫感染率的好方法。感染动物可向感染率低的地区散播新孢子虫病，新孢子虫病监测旨在防止新孢子虫病在跨国农畜产品贸易中扩散。

7.4.4 分子生物学诊断

应用 PCR 方法检测新孢子虫特异性 DNA，灵敏度高，适用性强，因而更具有诊断新孢子虫病的应用前景。1996 年，有 5 个研究单位先后报道了针对不同的基因采用 PCR 方法诊断新孢子虫病(表 7.7)。应用 16s rRNA 基因进行 PCR 诊断新孢子虫病，可能与弓形虫病存在交叉反应，因此，PCR 诊断需选择新孢子虫特异性基因。PCR 可诊断动物脑、肺、肝、体液或福尔马林固定组织中的新孢子虫。

表 7.7 新孢子虫病诊断 PCR 方法

方 法	序 列	文献来源
PCR	5.8s 和 16s rRNA 间基因序列 ITS-1	Holmdahl and Mattsson(1996)
PCR＋杂交	SSrRNA＋与新孢子虫特异性多核苷酸探针杂交	Ho(1996)
巢式 PCR	14-3-3 蛋白基因	Lally(1996)
PCR	pNc-5 新孢子虫特异 DNA 序列	Yamage(1996)
PCR	5.8s 和 16s rRNA 间基因序列 ITS-1	Payne and Ellis(1996)

7.5 防 控

目前，犬的新孢子虫病与牛新孢子虫病一样没有特效药物，但也有一些实验研究和病例治疗的报道，在临床上可以试用。有效防控犬的新孢子虫病主要还是依靠综合防控措施来实现。

7.5.1 药物治疗

药物治疗的效果取决于患犬用药时机，对早期出现四肢功能障碍的患犬用药有一定疗效。甲氧苄氨嘧啶和磺胺嘧啶联合用药(15 mg/kg 体重，2 次/d)，乙嘧啶(1 mg/kg 体重，1 次/d)，连续用药 1 个月，有治愈偏瘫患犬的记录。盐酸克林霉素用药 3 d，磷酸克林霉素用药 24 d，这一治疗方案对治疗 6 岁威玛猎犬的新孢子虫病性肌炎是有效的。克林霉素(10 mg/kg 体重，3 次/d)、联合用药甲氧苄氨嘧啶和磺胺嘧啶(15 mg/kg 体重，2 次/d)对新孢子虫病引起截瘫和下肢僵直有治疗作用。盐酸克林霉素(7.5 mg/kg 体重，用药 45 d)对 12 岁老龄犬的新孢子虫性脓性皮炎有效。Barder 和 Trees 报道，单独或联合应用克林霉素、乙嘧啶和磺胺药物治疗 16 只新孢子虫病患犬，5 只犬痊愈，5 只犬有一定好转。

目前，尚无阻止新孢子虫患病母畜垂直传播给仔畜的治疗方法。

7.5.2 防控措施

因为新孢子虫病对牛的危害最大，所以，防控的重点主要为牛的新孢子虫病。犬是牛新孢子虫病水平传播的主要来源，因此，对犬的防控是牛新孢子虫病防控的重要措施。首先，牛场内禁止养犬。如果养犬需严格限制犬的活动范围，避免犬或其他犬科动物的粪便污染草场或饲料，阻断新孢子虫从犬至牛的传播。其次，严禁将流产胎牛、胎盘以及其他感染组织饲喂犬，阻断新孢子虫从牛至犬的传播。再次，严格限制犬食入其他动物组织，阻断新孢子虫从其他中间宿主至犬的传播。如果以动物组织作为犬的食物需彻底加工、煮熟，如多种啮齿动物、鹿、禽类都是新孢子虫的自然宿主，犬可通过食入这些动物的组织遭受感染。此外，由于新孢子虫的卵囊也是导致犬感染的重要来源，需及时清理犬粪，堆积发酵，减少犬食入卵囊的机会。加强对犬新孢子虫病的认识，及时诊断，发现病犬进行有效隔离与治疗。

参考文献

[1] Bandini L A, Neto A F, Pena H F, et al. Experimental infection of dogs (Canis familiaris) with sporulated oocysts of Neospora caninum, Vet Parasitol,2011,176:151-156.

[2] Dubey J P, Carpenter J L, Speer C A, et al. Newly recognized fatal protozoan disease of dogs. J Am Vet Med Assoc,1988,192:1 269-1 285.

[3] Dubey J P, Hattel A L, Lindsay D S, et al. Neonatal Neospora caninum infection in dogs: isolation of the causative agent and experimental transmission. J Am Vet Med Assoc,1988,193:1 259-1 263.

[4] Dubey J P, Schares G,Orteqa-Mora L M. Epidemiology and Control of Neosporosis and Neospora caninum. Clinical microbiology reviews,2007,20:323-367.

[5] King J S, Slapeta J, Jenkins D J, et al. Australian dingoes are definitive hosts of Neospora caninum. Int J Parasitol,2010,40:945-950.

[6] Lindsays D S, Blaqburn B L,Dubey J P. Infection of Mice with Neospora caninum (Protozoa: Apicomplexa)does not protect against challenge with Toxoplasma gondii. Infect immun,1990,58: 2 699-2 700.

第8章

其他动物新孢子虫感染

8.1 马的新孢子虫感染

随着世界经济的发展,马的功能已经逐渐从传统的运输、载人、使役向观赏、体育竞技等方向发展,这大大增加了马的经济价值。随之而来,马的各种疾病也日益受到关注。由于新孢子虫的感染能对马匹造成较大危害从而使马新孢子虫病成为一种引起被广泛重视的疾病。

8.1.1 马新孢子虫的发现历史

1986年,Dubey和Porterfield在一匹距分娩2个月的流产马驹肺组织内发现了弓形虫样原虫,但用经典的弓形虫免疫组化方法检测不到。1988年,Dubey在犬体内发现并命名了一种新原虫——犬新孢子虫。1990年,两人又对当时保存的流产马驹肺组织进行了抗犬新孢子虫血清染色,结果为阳性,且该肺组织不与抗弓形虫血清发生反应,说明该流产马匹感染了新孢子虫。这是世界上首例马感染新孢子虫的报道,同时也表明马属动物的新孢子虫可以通过胎盘传给胎儿。

自从Dubey和Porterfield报道了第一例马新孢子虫感染之后,许多学者先后在流产马驹、先天性感染的马驹以及成年马匹体内发现了新孢子虫样原虫。

1996年,Daft等报道一匹患有库兴氏病(肾上腺皮质机能亢进)母马的新孢子虫性脑脊髓炎和多神经根神经炎;Marsh等报道一例由新孢子虫引起的马原虫性脑脊髓炎;Gray等报道一例10岁马的内脏型新孢子虫病;Lindsay等报道一例马驹的中枢神经系统新孢子虫病。1998年,Hamir等也报道了与新孢子虫相关的马原虫性脑脊髓炎;同年,Marsh等从一匹成年家马的脑组织中分离出新孢子虫。1999 年以后，各国的学者相继在不同国家和地区（包括美国、阿根廷、韩国、法国、意大利、瑞典、巴西、以色列等）发现了马匹感染新孢子虫的病例，并进行了相关的流行病学调查。2001 年，Dubey 等在美国俄勒冈州从一匹马的脊髓中分离出洪氏新孢子虫（*Neospora hughesi*），并对该虫株进行了形态学和分子生物学方面的研究。2007 年，Finno 等报道了美国加利福尼亚州的 3 例因洪氏新孢子虫感染引起的马原虫性脑脊髓炎。2009 年，Wobeser 等报道了加拿大萨斯喀彻温省一例由洪氏新孢子虫感染引起的马中枢神经系统的炎性损伤，这也是美国之外，首次报道的由洪氏新孢子虫感染引起的马原虫性脑脊髓炎。

8.1.2 马新孢子虫病的病原确认

在确立新孢子虫属以后，学者们已经成功地从犬和牛等多种动物体内获得了新孢子虫分离株，这些源于不同动物的分离株缺乏抗原差异性并且都具有高度保守的内转录区域 ITS-1，所以认为这些分离株均属于同一个种，即犬新孢子虫。起初人们认为在马匹体内分离出的新孢子虫样原虫是和感染牛以及犬的犬新孢子虫为同种病原。后来通过形态学、分子生物学等方法进行比较研究发现，马体内分离的新孢子虫可能与犬新孢子虫不同；通过对马体内新孢子虫分离株与犬新孢子虫之间 ITS -1 的差异水平认为前者为新虫种。

1996 年，Marsh 等在美国加利福尼亚州的一匹出现神经症状马的脑干和脊髓内发现新孢子虫样的原虫（*Equine neospora* sp. Isolate，NE1 株）；其后，他对 NE1 株的超微结构（图 8.1）及其分子和抗原特征进行研究，并与犬新孢子虫进行比较研究发现，该分离株的表型和 ITS -1 基因序列均与犬新孢子虫存在明显差异，可能是一个新种。因此，Marsh 等提议将马新孢子虫分离株定为新孢子虫属的一个新种，命名为洪氏新孢子虫。其种名是为了纪念对马的繁殖和疾病药物研究做出伟大贡献的 Hughes 教授。

Marsh 首次对洪氏新孢子虫的形态特点进行了详细描述。透射电镜检查发现其具有顶复门原虫的基本结构特征；与犬新孢子虫相比，该分离株包含更多的高电子密度的棒状体；核的前后两端都分布一些电子致密颗粒，核前端存在大量平行或垂直于表膜的微线。通过比较二者的超微结构，发现洪氏新孢子虫和犬新孢子虫的棒状体数量差异较大，洪氏新孢子虫的棒状体在 13～27 个之间变化，犬新孢子虫一般具有 8～18 个棒状体。此外，洪氏新孢子虫与犬新孢子虫的组织包囊壁形态也存在差异。洪氏新孢子虫的包囊壁更薄，平均厚度 0.43 μm，且厚度变化也较大，一般为 0.15～1 μm；犬新孢子虫包囊壁的厚度一般为 1～2 μm，变化范围在 1～4 μm。同种新孢子虫包囊壁厚度的变化可能反应在宿主种类的差异以及包囊形成时间的不同，已经成为成囊原虫的重要形态特征之一。

洪氏新孢子虫和犬新孢子虫之间除了形态学差异外，它们的分子生物学特征亦存在一定差异。对洪氏新孢子虫和犬新孢子虫的保守性抗原基因序列进行比对，发现二者具有类似的表面蛋白 SAG 和 SRS。犬新孢子虫分离株之间的 NcSAG1 及 NcSRS2 的抗原性及分子序列是保守的，分离自马的新孢子虫分离株之间的 NhSAG1 及 NhSRS2 也具有极高的保

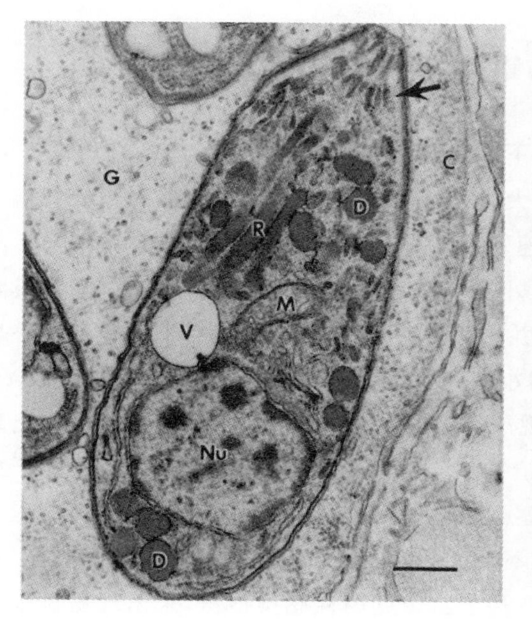

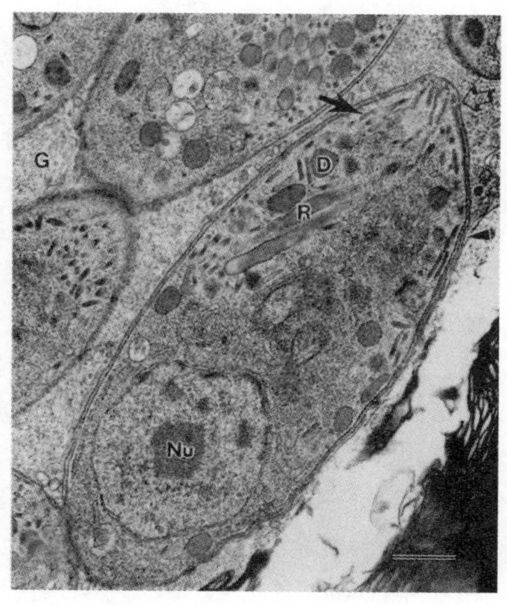

图 8.1 洪氏新孢子虫缓殖子和速殖子

(引自 Marsh 等,1998)

左图为缓殖子:R. 棒状体;D. 致密颗粒;Nu. 细胞核;箭头. 微线;M. 线粒;V. 小泡。

右图为速殖子:实心箭头. 微线;空心箭头. 顶质体和极环。标尺长度 0.5 μm

守性,但犬新孢子虫与洪氏新孢子虫的这两种蛋白存在明显差异。研究显示,NhSAG1 和 NcSAG1 的氨基酸序列的差异为 6%,NcSRS2 和 NhSRS2 的氨基酸序列差异为 9%。2001 年,Lindsay 等对这两种虫体的致密颗粒蛋白 GRA6 及 GRA7 进行了比较研究。通过 PCR 扩增到洪氏新孢子虫 Nh-A1 株和犬新孢子虫的 4 个分离株的 GRA6 和 GRA7 基因,分析发现二者的 GRA6 及 GRA7 的核苷酸序列差异较显著,4 株犬新孢子虫的 GRA6 及 GRA7 基因序列是一致的,NhGRA6 基因在 3′端有 2 个串联重复序列,比 NcGRA6 多 96 个碱基,导致 NhGRA6 的氨基酸比 NcGRA6 多 32 个。Western Blot 分析发现,NhGRA6 蛋白分子量为 42 KDa,NcGRA6 蛋白分子量为 37 KDa;NcGRA7 和 NhGRA7 基因有 6 个碱基不同,氨基酸序列差异为 14.8%。尽管分析发现 NcGRA7 和 NhGRA7 的氨基酸残基数目相同,但 Western Blot 表明二者的分子量存在差异,这可能是蛋白构象或转录后翻译发生了变异造成的。此外,Marsh 等还发现洪氏新孢子虫和犬新孢子虫的 ITS -1 序列相似性为 98%。上述差异使我们能够在分子水平上鉴别犬新孢子虫和洪氏新孢子虫。

虽然两种新孢子虫存在上述种种差异,但在临床病例上难以准确区分二者,所以多篇有关马新孢子虫病的报道都未能明确指出所检测的病原是犬新孢子虫还是洪氏新孢子虫。目前的血清学检测方法还不能有效区分两种新孢子虫病原的感染,所以虽已确认洪氏新孢子虫是马新孢子虫病的病原,但是犬新孢子虫是否可以感染马属动物尚不可知。

8.1.3 洪氏新孢子虫对其他动物的感染性

迄今为止，尚未见非马属动物在自然条件下感染洪氏新孢子虫的报道。

一些学者用洪氏新孢子虫对小鼠、沙鼠和犬进行感染试验，观察实验动物对洪氏新孢子虫的易感性。2000 年，Walsh 等用 Nh-A1 株速殖子分别感染 γ-干扰素基因敲除 BALB/c 小鼠、正常 BALB/c 小鼠、CD-1 小鼠、C57BL/6 小鼠和沙鼠后发现，只有 γ-干扰素基因敲除 BALB/c 小鼠在感染后出现严重的临床症状，并在感染后 19～25 d 死亡，伴有严重的心脏病变。而之前有研究报道，γ-干扰素基因敲除的小鼠在感染犬新孢子虫 Nc-1 或者 Nc-Liverpool 株后的 8～10 d 死亡，肝脏、脾脏和肺出现严重病变。接种洪氏新孢子虫的沙鼠未出现临床症状，组织病变亦不明显，但能够检出血清抗体。其后，给 2 只犬饲喂含洪氏新孢子虫的小鼠脑组织，感染后 23 d 内在粪便中未观察到新孢子虫样卵囊。由此可见，洪氏新孢子虫对鼠的致病性明显低于犬新孢子虫，而且也不能证明犬是洪氏新孢子虫的终末宿主。

2001 年，Dubey 等以 4×10^6 个/只洪氏新孢子虫俄勒冈株感染沙鼠，未出现明显致病性；而分别用相同剂量的犬新孢子虫 Nc-1 株、Nc-2 株和 JPA-1 株感染沙鼠均出现明显致病性。

为数不多的研究结果表明，洪氏新孢子虫能够成功感染小鼠和沙鼠，但对它的致病性明显低于犬新孢子虫。洪氏新孢子虫能否感染其他动物还有待于进一步研究。

8.1.4 致病性、危害及病理变化

8.1.4.1 致病性及危害

洪氏新孢子虫感染主要引起马的原虫性脑脊髓炎以及母马的繁殖障碍，包括流产、死产等。

1. 马原虫性脑脊髓炎

在北美，马原虫性脑脊髓炎(equine protozoal myeloencephalitis，EPM)被认为是最常见的神经系统疾病之一。在新孢子虫被发现之前，人们认为引起马原虫性脑脊髓炎的病原是住肉孢子虫(*Sarcocystisneurona*)。在发现洪氏新孢子虫后，对以往认定的马原虫性脑脊髓炎病例进行回顾性诊断，只在 67%的病例中检出住肉孢子虫。在 2 匹患有脑脊髓炎症状的马中检出新孢子虫，因此认为新孢子虫是引起马原虫性脑脊髓炎的另一病原。

新孢子虫引起的原虫性脑炎可表现多种临床症状，包括共济失调、后肢乏力，进而可能发展为截瘫、卧地不起以及排尿困难等；这些症状与住肉孢子虫引起的马原虫性脑脊髓炎的临床症状非常相似。原虫性脑炎所表现的临床症状与感染剂量的大小、机体免疫力和环境应激有关。

2. 流产和死产

2008年，Veronesi等在关于马的新孢子虫感染与流产、死产相关性的研究中，检测了26份流产马驹的脑组织，在6份(23.07%)样品中检出了新孢子虫特异性DNA片段，其中3例流产发生于妊娠后期，马疱疹病毒-1(ECV-1)检测亦为阳性；3例为死产胎儿，其中2例马疱疹病毒-1为阳性。在这6例新孢子虫阳性马驹的脑组织内并未发现原虫导致的病理变化。此项研究表明新孢子虫感染与马流产和死产有一定相关性，但未能证实新孢子虫是马流产和死产的主要病原。研究发现，新孢子虫与马疱疹病毒并发感染可能会加重流产的发生。

其后，McDole、Pitel以及Duarte等陆续报道，有流产史的马匹和健康马匹的血清新孢子虫抗体差异显著，表明新孢子虫感染可能引起马流产，但鉴于检测样品的数量太少，不具有统计分析意义。Villalobos等采集更广泛的样品来确定血清抗新孢子虫抗体阳性是否和母马的流产及死产有关，结果显示血清抗新孢子虫抗体阳性与母马的繁殖障碍有一定的相关性。但不同研究报道结果不完全一致，McDole等的报道显示新孢子虫抗体阳性马发生流产的比例比抗体阴性马高，但差异不显著；Duarte等的研究则认为血清抗体阳性率和妊娠早期流产具有弱相关性。

显而易见，不同地区、不同研究报道的结果不一致，但可表明新孢子虫感染和马的繁殖障碍存在一定的相关性。

3. 肠炎

1996年，Gray等报道了一匹患肠炎的阿帕卢萨马的新孢子虫感染。他在母马小肠的固有层和黏膜下层发现了新孢子虫速殖子，肠系膜淋巴结和小肠存在不同程度的病理变化。这是唯一一例马匹感染新孢子虫而引发肠炎的报道。

8.1.4.2 病理变化

马新孢子虫性脑脊髓炎的主要病理变化为患马的脑部灰质、白质以及脑干、脊髓的弥散性病灶(图8.2)。但一般观察不到典型的马原虫性脑脊髓炎的多病灶软化、脊髓及脑部出血等肉眼病变。在中枢神经系统可观察到显微病变，在脊髓白质部的小血管附近有轻度的以巨噬细胞为主的炎性细胞浸润，并可见大量虫体；脑部可见弥散的肉芽肿病变，肉芽肿内的小血管周围有大量巨噬细胞和虫体。电镜下，可观察到虫体具有典型的新孢子虫的电子致密棒状体。

患有马新孢子虫性脑脊髓炎的病马易出现并发症，如并发多糖肌病、链球菌引起的支气管肺炎等。据此，可推测洪氏新孢子虫与犬新孢子虫一样，马感染后导致机体抵抗力下降，易并发或继发其他疾病或感染其他病原。

8.1.4.3 洪氏新孢子虫的传播及流行

由于马的新孢子虫感染病例多为散发，其传播途径在很长一段时间都不明确，现在已经证实的传播途径是内源性胎盘传播。1990年，Dubey和Porterfield在一匹距分娩2个月的

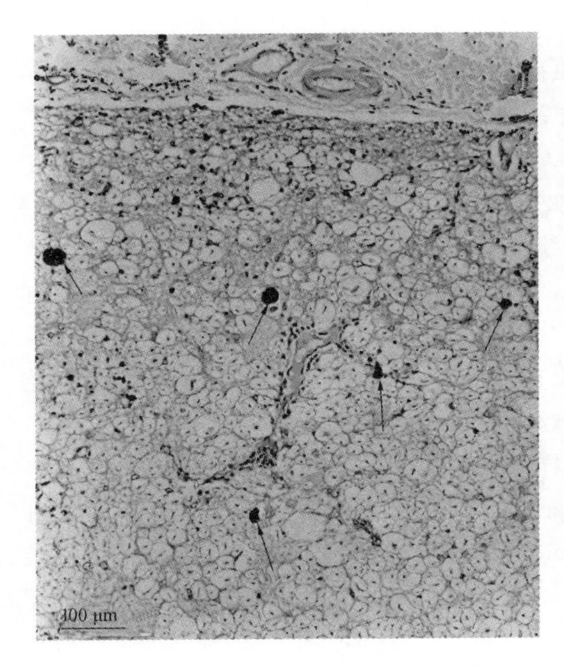

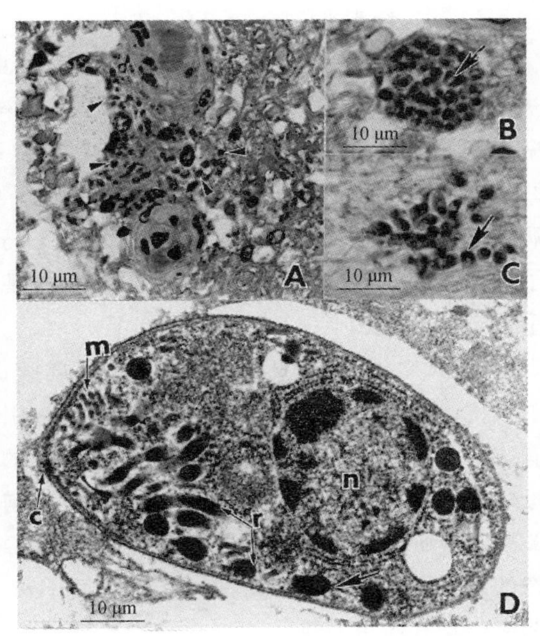

图 8.2　感染新孢子虫的马脊髓切片

(引自 Hamir 等,1998)

左图:感染新孢子虫的马脊髓切片。血管周围有轻度单核细胞浸润;白质内出现脱髓鞘、炎症及大量的速殖子(实心箭头所指)。右图:感染马匹的脊髓处的新孢子虫和组织损伤。A. 大量速殖子造成的血管周炎(箭头所指)　B. 带虫空泡,实心箭头所指处为正在分裂的速殖子 C. 细胞外速殖子(实心箭头所指),H. E 染色
D. 透射电镜下的新孢子虫速殖子

流产马驹的肺组织检出新孢子虫,初步表明洪氏新孢子虫可进行垂直传播。其后,Pitel、Villalobos 和 Kligler 也在流产马驹体内检出新孢子虫。2011 年,Pusterla 等在对两匹隐性感染洪氏新孢子虫的母马所产的 8 匹马驹进行哺初乳前血清检测,检出洪氏新孢子虫的抗体,进一步证实了洪氏新孢子虫可通过胎盘传播。2012 年,Albertine Leon 等对流产马匹进行进一步研究,发现在流产母马的脑部、心脏及胎盘有新孢子虫的存在。

尽管洪氏新孢子虫的终末宿主还未确定,学者们推测其水平传播可能与犬新孢子虫同样可通过摄入终末宿主粪便排出的卵囊而感染。

马新孢子虫感染的血清学检测已经在多个国家和地区进行,如阿根廷、巴西、美国、新西兰、韩国、意大利、瑞典和以色列等,我国至今未见报道。表 8.1 为对马新孢子虫血清抗体检测一览表。

马的性别与马新孢子虫抗体阳性率没有相关性。一项研究结果显示,在 1 106 匹马血清中,新孢子虫抗体阳性率为 10.3%(114/1 106),其中公马的阳性率为 7.4%(22/298),母马的阳性率为 11.4% (92/808)。统计结果表明,公马和母马的抗体阳性率差异不显著。

表 8.1 马的新孢子虫血清抗体检测结果一览表

国家	样品数	检测方法	阳性率/%	文献来源
阿根廷	76	NAT[1]	0	Dubey 等(1999)
巴西	101	NAT	0	Dubey 等(1999)
	36	IFAT[2]	60.8	Locatelli-Dittrich 等(2006)
	36		46.6	
法国	434	NAT	23	Pitel 等(2001)
美国	296	NAT	21.3	Dubey 等(1999)
	536	IFAT	11.5	Cheadle 等(1999)
	208	IFAT	17	Vardeleon 等(2001)
	300	IFAT	10	McDole 等(2002)
韩国	191	IFAT	2	Gupta 等(2002)
意大利	150	IFAT	10.5	Ciaramella 等(2004)
			17	
瑞典	414	iscom-ELISA[3]	1	Jakubek 等(2006)
以色列	800	IFAT	11.9	Steinman 等(2007)
	92		58.7	

注：[1] NAT，新孢子虫凝集试验；[2] IFAT，间接荧光抗体试验；[3] iscom-ELISA，免疫刺激复合物 ELISA。

8.1.5 诊断

8.1.5.1 诊断

对马新孢子虫感染的诊断应以临床症状为基础，凝集试验(NAT)、间接荧光抗体试验(IFAT)和免疫刺激复合物 ELISA(iscom-ELISA)等多种血清学方法有助于新孢子虫感染的诊断(具体方法参见本书有关内容)，但最终确诊需根据病原学检测的结果。

马的脑脊髓炎可由多种原因引起，如由新孢子虫和住肉孢子虫引起的马原虫性脑脊髓炎、指形丝状线虫引起的马丝虫性脑脊髓炎、病毒引起的病毒性脑脊髓炎或由其他原因引起的脑脊髓炎。各种脑脊髓炎的临床症状非常相似。在对马脑脊髓炎疑似病例的诊断时，必须综合考虑各种致病原因进行鉴别诊断。

对于新孢子虫感染引起马流产的诊断，请参考本书中新孢子虫病诊断的有关内容。

8.1.5.2 与犬新孢子虫的鉴别诊断

洪氏新孢子虫是一种引起马原虫性脑脊髓炎的病原，对马新孢子虫病的诊断常需要进行组织中病原分离鉴定来确诊。但因为普通的病原鉴别方法不能区分犬新孢子虫和洪氏新孢子虫,所以在临床病例中无法鉴别新孢子虫虫种。通过超微结构的比较能很好地鉴别两种虫种,但因可操作性不高,在临床中很少应用。

因为犬新孢子虫和洪氏新孢子虫拥有共同的速殖子抗原表位,血清学诊断方法难以区分犬新孢子虫和洪氏新孢子虫。如果通过 IFAT 鉴别犬新孢子虫和洪氏新孢子虫的感染需采用高的阳性判定值。

针对新孢子虫特定抗原的免疫印迹分析能很好地鉴别洪氏新孢子虫和犬新孢子虫。Dubey 等分别采用抗新孢子虫 Nc-1 株的 SAG1(NcSAG1)和 SRS2(NcSRS2)的单抗和多抗对犬新孢子虫 Nc-1 株和洪氏新孢子虫俄勒冈株进行免疫印迹分析,发现能和 NcSAG1 反应的 6C11 单抗并不能识别 NhSAG1,而兔抗 NcSAG1 多抗却能识别 NhSAG1 抗原(图 8.3)。这表明洪氏新孢子虫存在 SAG1 抗原,但缺少能被 6C11 单抗识别的特异性表位。抗 NcSRS2 的单抗(5H5)和多抗都能识别 Nc-1 株和洪氏新孢子虫俄勒冈株的 SRS2,但是后者的 SRS2 在 SDS 聚丙烯酰胺凝胶电泳中的迁移率要比前者慢(图 8.3),说明二者的抗原性有较高的相似性,但分子量存在差异。这一特点使得能通过特定抗原的免疫印迹分析来辅助鉴别这两种虫种。但 Western Blot 阳性只能表明抗体的存在并不能代表有其感染引发的疾病,所以临床新孢子虫感染以及 EPM 的确诊必须以病原体的鉴定、临床症状以及流行病学特点进行综合诊断。

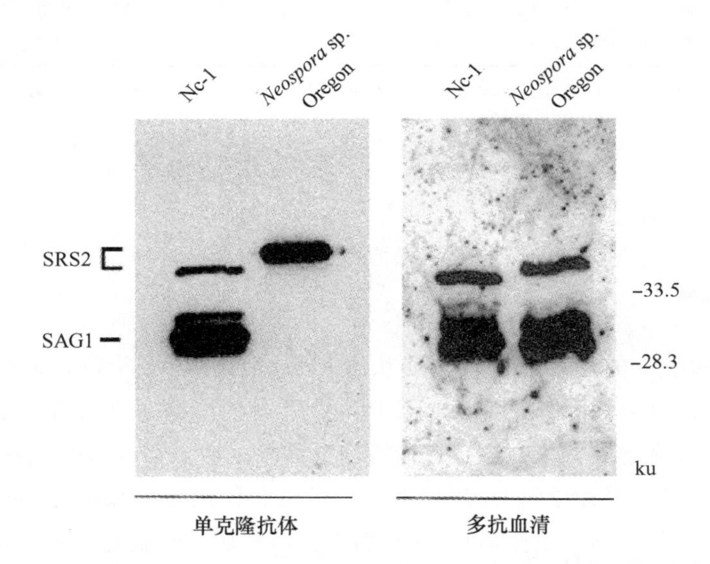

图 8.3 犬新孢子虫和洪氏新孢子虫抗原 SAG1 和 SRS2 的免疫印迹分析

(引自 Dubey 等,2001)

左图:用单抗 6C11 和 5H5 检测,洪氏新孢子虫的 SAG1 蛋白不能被 6C11 识别;右图:用抗 NcSAG1 和 NcSRS2 的多抗进行检测。两图中洪氏新孢子虫的 SRS2 蛋白均比犬新孢子虫的 SRS2 蛋白迁移率慢。Nc-1,犬新孢子虫分离株。*Neospora* sp. Oregon,洪氏新孢子虫俄勒冈分离株

大部分马的新孢子虫感染,常通过分子生物学方法,如比较虫体基因组内转录区域(ITS)、表面抗原 1(SAG1)、表面相关序列 2(SRS2)和致密颗粒蛋白(GRA6 和 GRA7)等基

因序列的差异,最终确认感染病原种类。

8.1.6 防控措施

目前还没有由洪氏新孢子虫引起的马原虫性脑脊髓炎的较为系统的治疗方案。因为新孢子虫能形成组织包囊,使其能够在很大程度上抵抗药物作用。Finno 在其报道的病例中采用了帕托珠利治疗,这是被美国食品药品管理局批准可用以治疗住肉孢子虫引起的马原虫性脑脊髓炎的药物。在使用帕托珠利并辅助抗炎药或者维生素 E 治疗 1~2 个月后,所有马匹的临床症状都得到了改善。因此,可用帕托珠利来缓解马新孢子虫感染引起的临床症状,同时监控患马的血清抗体水平。

虽然还不能证明新孢子虫感染是马流产和死产的主要因素,但目前的研究已经证实新孢子虫能够在马体内进行垂直传播。因而对马新孢子虫病的防控最有效的方法是从切断传播途径出发,对马群进行新孢子虫抗体检测,及时淘汰新孢子虫抗体阳性马。

8.2 绵羊、山羊的新孢子虫感染

新孢子虫及新孢子虫病的危害已经逐渐被人们所认识。尽管新孢子虫是多种动物共患病原,但由于其对牛的危害最严重,所以对牛新孢子虫病的研究最为深入。羊也是新孢子虫的中间宿主,但对羊新孢子虫感染的研究和了解相对较少。本章综合羊新孢子虫病的有关研究,阐述羊新孢子虫病的感染、流行、危害以及防控等,为羊新孢子虫病的研究提供参考资料。

8.2.1 绵羊的新孢子虫感染

8.2.1.1 发现

绵羊感染新孢子虫的首个病例来自英格兰一只先天性感染的羔羊,1975 年由 Hartley 和 Bridge 报道。该羊出生后虚弱,无法站立,侧卧倒地,前肢不时作划水样运动,1 周后死亡。剖检发现非化脓性脑脊髓炎,单侧脑灰质,腹角明显缩小,并带有灶性空泡,且在损伤部位发现一个与弓形虫包囊相似的包囊,诊断为弓形虫病。由于当时除人外,在其他动物中还未发现弓形虫感染引起的先天性畸变,他们对该病例做了报道。1988 年,Dubey 在犬体内确认了新孢子虫感染后,Hartley 对该羔羊组织进行再次检查,通过透射电子显微镜和免疫组织化学染色观察发现,其包囊壁较弓形虫包囊壁厚,亲和素-生物素过氧化物酶复合物法(avidin-biotin peroxidase complex,ABC)染色与抗弓形虫抗体呈阴性反应,经依次排除弓形虫或住肉孢子虫感染的可能,将原病例确诊为新孢子虫感染。

8.2.1.2 流行

已有多项研究结果表明，绵羊对新孢子虫速殖子易感性强，对组织包囊的易感性如何还未见报道。在自然情况下，作为新孢子虫的中间宿主，理论上绵羊可以通过粪口途径感染新孢子虫卵囊，也可以通过垂直传播维持羊群的持续感染。将约 10^4 个新孢子虫 Nc-2 株卵囊分别接种到 6 只 3～4 月龄绵羊，通过 PCR 可检测到血液中新孢子虫的特异性 DNA 片段，应用 ELISA 及免疫印迹方法还可检测到血清中新孢子虫特异性抗体，证明绵羊可经口感染新孢子虫卵囊。羊新孢子虫流行病学调查资料不多，仅有的资料显示，羊群新孢子虫感染率普遍低于牛群，但人工感染实验证明绵羊和牛对新孢子虫的易感性相当，病理变化相似。羊与牛同为反刍动物，且体型小、成本低，可以代替牛作为研究牛新孢子虫感染的良好动物模型。

自 1988 年 Dubey 从犬体内分离到第一株新孢子虫并成功体外培养后，各地从犬、牛等多种动物体内均分离到了新孢子虫。在日本与巴西，分别从绵羊体内获得两个分离株。在 20 世纪，几乎没有绵羊新孢子虫感染情况的调查，对世界各地绵羊新孢子虫的感染情况更是知之甚少。2000 年以后，随着检测手段的发展成熟，特别是商品化检测试剂盒的广泛使用，越来越多的学者开始报道本国（地区）新孢子虫在绵羊群体的流行情况（表 8.2）。但各地报道的无症状绵羊新孢子虫感染情况差异很大，羊新孢子虫的感染来源与途径尚不清楚，与之相关的环境因素也不明确，羊新孢子虫病的危害以及对养羊业的影响也有待进一步研究。

表 8.2 绵羊新孢子虫抗体检测一览表

国家/地区	样本量	检测方法	阳性率/%	文献来源
瑞士	117	IFAT	10.3	Hassig(2003)
巴西 São Paulo	597	IFAT	9.2	Figliuolo(2004)
意大利	1 010	ELISA	2.0	Gaffuri(2006)
巴西 Parana	305	IFAT	9.5	Romanelli(2007)
中国青海省海西地区	120	ELISA	8.3	马利青(2007)
菲律宾	38	IB,ELISA	26.3	Konnai(2008)
新西兰	640	ELISA	0.6	Howe(2008)
约旦南部	320	ELISA	4.3	Al-Majali(2008)
中国青海省乌兰县	97	ELISA	8.3	李晓卉(2008)
巴西 Campo Grande	441	IFAT	30.8	Andreotti(2009)
巴西中部	1 028	IFAT	8.7	Ueno(2009)
捷克	547	cELISA	12.0	Bártová(2009)
巴西 Mossoro	409	IFAT	1.8	Soares(2009)
斯洛伐克	382	ELISA	3.7	Špilovská(2009)

续表 8.2

国家/地区	样本量	检测方法	阳性率/%	文献来源
巴西 Alagoas	343	IFAT	9.6	Faria(2010)
巴西 Minas Gerais State	334	IFAT	8.1	Salaberry(2010)
西班牙 Galicia	177	ELISA	57.0	Panadero(2010)
约旦北部	339	ELISA	18.6	Abo-Shehada(2010)
澳大利亚新南威尔士	232	ELISA	2.2	Bishop(2010)
巴西 Uberlândia	155	IFAT	47.1	Rossi(2010)
	155	ELISA	26.4	
巴西 São Paulo	382	IFAT	12.8	Langoni(2011)

8.2.1.3 致病性

新孢子虫感染是导致牛流产和新生犊牛死亡的重要原因。这已经是寄生虫学研究者的共识。新孢子虫和弓形虫在形态结构和生物学特性上都具有极高的相似性，弓形虫是导致妊娠母羊流产的重要原因。新孢子虫可通过垂直传播引起新生羔羊死亡，那么，新孢子虫感染是否也是绵羊流产的重要原因呢？这一问题一直存在争议。目前一致认为，妊娠母羊不仅对新孢子虫易感，而且可导致流产。1990 年，Dubey 等对 2 只妊娠约 3 个月的母羊分别通过颈静脉和臀部肌肉接种 1.5×10^7 个/只新孢子虫 Nc-1 速殖子，这 2 只母羊在接种后 25 d 和 26 d 分别发生流产，所怀双胎均死亡。英国学者 1996 年以 1.7×10^5 个/只或 1.7×10^6 个/只新孢子虫速殖子分别经静脉接种到怀孕 65 d、90 d、120 d 的 3 组妊娠母羊，发现在怀孕 65 d 接种的妊娠母羊全部发生流产，怀孕 90 d 接种的母羊发生部分流产，而于怀孕 120 d 时接种母羊全部正常产出羔羊且外观健康，流产的发生与接种剂量无关。所有流产都发生在接种 36 d 之后，平均发生流产时间是接种后 45 d。大部分流产胎儿出现中等至严重程度的自溶，还有一些胎儿干尸化。另一英国学者 Buxton 以 10^6 个速殖子/只的剂量皮下接种妊娠时间分别为 45 d、65 d 和 90 d 的 3 组孕羊，3 组孕羊均发生胎儿吸收或流产，且接种时妊娠期越短，胎儿被吸收或流产的情况越严重，这与 1996 年的实验结果趋势一致。针对新孢子虫感染能否刺激绵羊产生保护性免疫以抵抗下次妊娠期间感染新孢子虫可能出现的流产，这两个研究小组又进行了后续研究，结果显示，有感染史的母羊在下一个妊娠期再次接种新孢子虫，部分母羊仍然发生流产，但流产率明显低于前一次，提示新孢子虫感染可诱导部分保护性免疫。其中一个小组还做了如下实验：两组健康母羊，一组在配种前 3 周皮下接种新孢子虫速殖子，另一组则在配种前 21 个月和 9 个月分两次皮下接种虫体，妊娠期间正常饲养，除 1 个胎儿因难产死亡外，两组母羊均足月诞下外观正常羔羊（部分羔羊血清抗体阳性），说明绵羊妊娠前感染新孢子虫引起流产的可能性较低。

与新孢子虫自然感染引起牛的流产相比，绵羊自然感染新孢子虫与其流产之间的相关性研究报道较少，且结论不尽一致。1997 年，Otter 对来自英格兰和威尔士的 281 个流产胎羊样本进行了新孢子虫组织学或血清学检测，结果均为阴性。2002 年，英国一研究结果显示，660 只流产母羊中仅有 3 只呈现新孢子虫血清抗体阳性。然而，据瑞士的 Hassig 报道，在当地某羊群通过 PCR 检测，在 20 只流产胎羊脑组织中检出 4 个阳性，并称这是绵羊自然感染新孢子虫与流产存在相关性的报道。一位学者对新西兰两个羊群流产病因进行了调查，也认为该次流产可能与新孢子虫感染有关。在新西兰，某弓形虫疫苗免疫羊群中出现了不明原因的流产，Howe 等经调查，认为新孢子虫感染可能是造成这些流产的重要原因。这一观点可以通过 Innes 等的实验得到证实，感染新孢子虫组的母羊交配前接种商业化弓形虫疫苗，妊娠 90 d 时向每只母羊接种 10^7 个新孢子虫 Nc-1 株速殖子，结果发现弓形虫疫苗免疫组与非免疫对照组母羊感染新孢子虫后均全部发生流产或死胎，说明弓形虫疫苗不能提供足够的交叉免疫保护，而且确认母羊可因新孢子虫感染发生流产。

1. 病理变化

几乎所有感染新孢子虫的绵羊都产生与绵羊弓形虫病相似的病变。

两只妊娠母羊分别静脉和肌内接种新孢子虫速殖子，分别于接种后 25 d 和 26 d 发生流产，双胎均死亡。4 例死胎的脑、脊髓、肌肉和胎盘均出现相似的病变，出现以多病灶神经胶质细胞增生、出血、坏死、血管套形成及单核细胞浸润为特征的脑炎病变，其中 3 只出现以肌细胞坏死及肌束膜单核细胞浸润为特征的肌炎。免疫组化检测在所有胎儿中枢神经系统中均观察到新孢子虫速殖子，在 1 只呈现肌炎的胎儿腿肌细胞中也发现有速殖子存在，但 2 只母羊在接种 31 d 时处死，没有发现明显的组织病变和速殖子。可见新孢子虫感染对母羊造成的直接影响甚微，主要是影响怀孕母羊体内胎儿的发育甚至引起死亡，与牛感染新孢子虫后临床表现类似。

2001 年，Kobayashi 等报道一只 5 岁萨福克母羊自然感染新孢子虫以及对其体内双胎的影响。在母羊妊娠 113 d 时，人工诱导其中的 1 个胎儿产生出血性低血压，用以研究因此造成的脑部损伤，另 1 胎儿作为正常发育对照。6 d 后剖腹取出两胎儿对脑进行灌注固定。胎儿脑部无肉眼可见病变，但切面皮层下白质均发生透明化；胎儿脑部切片中，均发现神经胶质结节和单核细胞血管套形成，为轻度多病灶脑炎病变；在皮层下区域大脑回顶部，观察到小胶质细胞浸润和空腔形成。另外，在对照胎儿的大脑皮层深部发现局灶性凝固性坏死。在大脑、脑干的部分切片中，发现神经元胞浆和神经纤维网内存在新孢子虫样包囊，包囊内含有大量细长的缓殖子，过碘酸-希夫(periodic acid-Schiff，PAS)染色后缓殖子呈阳性反应。该母羊在剖腹术后第 34 天因严重的慢性化脓性子宫内膜炎死亡，剖检发现轻度脑脊膜炎、神经胶质结节和轻度单核细胞血管套形成。除此类轻度炎性病灶外，大脑和脑干中也存在新孢子虫包囊。经免疫组化和 PCR 鉴定为新孢子虫感染，这是首个成年绵羊自然感染新孢子虫的病例报道。

在对绵羊新孢子虫感染的研究中，发现母羊妊娠期间感染新孢子虫，一般情况下对胎儿的影响较大，而母羊往往不出现或仅出现轻度病变。最近的一项针对青年母羊的研究发现，配种后 90 d 将青年母羊分为 4 组，分别静脉接种 50 个/只、5×10^3 个/只、10^6 个/只或 10^8 个/只的速殖子，同时设不接种对照组。两个高剂量接种组的母羊全部发生流产，中剂量接种组的半数母羊发生流产，低剂量组未发生流产。所有流产胎儿、两个早产羔羊和两个正常产羔羊脑部均出现原虫感染征象，显微检查可见充血、白质软化灶、肉芽肿及坏死性肉芽肿、神经胶质细胞增生、室周围出现多病灶软化出血，局部还可检出组织包囊。有些胎盘也存在炎症病灶，部分组织钙化或有纤维蛋白渗出，滋养层细胞和部分上皮细胞含有明显的黄色素颗粒。但在所有母羊脑组织中均未观察到新孢子虫感染引起的病变。

2. 临床症状

除流产外，关于绵羊新孢子虫感染的临床症状报道较少，症状主要出现在新生羔羊，确诊的首例绵羊新孢子虫感染即是本节开篇所描述的羔羊神经症状。

经人工感染新孢子虫的妊娠母羊，除部分流产外，未观察到其他临床症状。所产的羔羊，部分表现为虚弱、肢体无力、无法站立等。对 21 只去势公羊及 20 只妊娠母羊分组皮下接种不同数量的新孢子虫 Nc-Liverpool 株速殖子，各组羊体温均升高。公羊日平均体温呈双相热趋势，每日平均体温最大值与接种数量呈正相关；妊娠母羊各设一个实验组(12 只)和一个对照组(8 只)，实验组羊日平均体温呈简单发热反应，在接种后第 8 天出现峰值，但其中 3 只也出现双相热反应，接种后第 6 天或第 7 天体温下降，隔天再度升高。对照组羊在实验期内体温正常，各实验组羊均在接种后第 12 天左右恢复正常体温。该研究小组一年后又用 Nc-1 速殖子感染处于不同妊娠期的母羊，除体温变化和妊娠中止外，均未观察到其他临床症状。

1996 年，Dubey 等将 3 只一周龄羔羊分别自静脉、皮下和肌内接种 1.5×10^{6} 个速殖子，28 d 后经免疫荧光抗体试验(immunofluorescent antibody test，IFAT)检测到血清中产生高滴度抗体(≥1∶6 400)，且不与弓形虫抗原发生交叉反应，3 只羔羊均未出现临床症状，表明绵羊出生后感染新孢子虫可能不会发展为有临床症状的新孢子虫病。2010 年，Bishop 等报道澳大利亚一只 3 岁美利奴母羊，在干旱季节经一段时间人工补饲后死亡，死亡前出现“观星望月”姿势和肌肉震颤，濒死期长时间侧卧，四肢划水样运动，经 PCR 鉴定和病理组织学检查确诊为新孢子虫感染，这是至今首个且唯一的新孢子虫感染引起成年绵羊出现明显临床症状的病例，提示成年绵羊也可能出现临床型新孢子虫病。

综上所述，不同研究中绵羊感染新孢子虫后的表现不尽相同。本文仅呈现几篇关于绵羊新孢子虫感染后临床表现的客观描述，不同研究结果并不统一，可能是因为绵羊感染新孢子虫后的表现较为复杂，影响因素较多，还有待于进一步研究总结。

8.2.2 山羊的新孢子虫感染

8.2.2.1 发现

1992 年，美国最先对山羊新孢子虫感染进行了报道，共报道 3 例，其中两例是加利福尼亚州送检的流产胎羊，另一例是来自宾夕法尼亚州的一只死产胎羊，3 只均为未能正常发育的侏儒羊。

加利福尼亚州的2只流产胎羊中,1只于1989年11月连同胎盘送检。流产母羊两岁,无流产史,但近两年同群另3只母羊发生流产。该胎羊于130日孕龄流产,顶臀长24 cm,自溶,组织出血红染,体腔内存在大量深红色浆液,胎盘严重水肿。另1只胎羊于1991年3月送检,羊群背景资料未知,该羊顶臀长14 cm,无体毛,有一定程度的干尸化,胸腔内存在少量积液。两只胎羊均无明显的其他眼观病变,但可观察到明显而相似的组织病理学病变:脑内可见散在的实质坏死小病灶和神经胶质细胞增生,一些坏死灶的中心存在嗜碱性矿化沉着物,还可见直径为10～32 μm的原虫组织包囊,壁厚1～2 μm。两胎儿心肌严重自溶,心内膜及心外膜单核细胞浸润,部分浸润深达心肌。有些其他器官也可见单核细胞浸润及组织包囊。免疫组织化学染色和组织病理学特征均提示为新孢子虫样原虫感染。

宾夕法尼亚州的死产胎羊来自于有流产史的羊群,该羊群在11个月内频发流产、死产或产出弱胎,弱胎于两周内死亡,羔羊损失率高达50%。送检胎羊的器官和胎盘无眼观病变;显微镜下观察,在大脑和胎盘可见典型的炎性病变,脑内发现组织包囊,与抗新孢子虫血清均呈阳性反应,但未发现典型的速殖子。

8.2.2.2 流行病学

从20世纪90年代中期开始,陆续出现山羊感染新孢子虫的流行病学的报道,尤其是2007年之后,各地流行病学调查的报道增多,其中以巴西的报道最多(表8.3)。不同国家和地区之间的山羊新孢子虫感染率差异较大,从0%到15%不等,这种差异与绵羊感染新孢子虫的情况类似,如此巨大差异的原因尚不可知。一般情况下,羊群新孢子虫的抗体检测与弓形虫的检测同时进行,尽管各地新孢子虫抗体阳性率差异较大,但各地新孢子虫感染率普遍低于同群羊的弓形虫抗体阳性率,所以新孢子虫和弓形虫对山羊的感染及流行情况还需进行深入研究,尤其是山羊新孢子虫感染造成的危害还缺乏足够的数据和资料。

表8.3 山羊血清新孢子虫抗体检测一览表

国家/地区	样本量	检测方法	阳性率/%	文献来源
哥斯达黎加	81	IFAT	7.4	Dubey(1996)
中国台湾地区	24	IFAT	0	Ooi(2000)
巴西 São Paulo	394	IFAT	6.4	Figliuolo(2004)
斯里兰卡	486	IFAT	0.7	Naguleswaran(2004)
巴西 Paraiba	306	IFAT	3.3	Faria(2007)
阿根廷 La Rioja	1 594	IFAT	6.6	Moore(2007)
巴西 Bahia	384	IFAT	15.0	Uzeda(2007)
中国青海省海西地区	531	ELISA	6.8	马利青(2007)
中国青海省海西州德令哈市	207	ELISA	7.7	陆艳(2007)
菲律宾	89	ELISA	23.6	Konnai(2008)
约旦南部	300	ELISA	5.7	Al-Majali(2008)

续表 8.3

国家/地区	样本量	检测方法	阳性率/%	文献来源
巴西 Bahia	102	PCR	2.0	Silva(2009)
约旦北部	302	ELISA	0.7	Abo-Shehada(2010)
西班牙	531	IFAT	5.1	García-Bocanegra
		CELISA	5.6	(2010)
波兰	1 060	ELISA	0.5	Czopowicz(2011)

8.2.2.3 致病性

与绵羊新孢子虫感染相比，有关山羊感染情况的研究较晚，且报道数量远低于绵羊。已有的关于山羊新孢子虫自然感染的文献都因流产或新生羔羊发病而报道，可认为新孢子虫感染与流产、死产等的发生有一定相关性。1995 年，Lindsay 以侏儒山羊为实验动物研究新孢子虫对山羊的影响。该品种山羊原产于非洲，体型小、孕期短，能自然感染新孢子虫。他们将 7 只妊娠母羊分为 4 组，各组分开饲养，实验组分别于妊娠第 51 天(早期)、85 天(中期)和 127 天(晚期)皮下接种 Nc-1 株速殖子 10^7 个/只。在妊娠早期接种新孢子虫的 2 只母羊，1 只以死胎方式流产，发生自溶；另 1 只胎儿死亡被吸收，在流产胎儿的大脑、脊髓和心脏观察到病变和速殖子；妊娠中期接种的两只母羊诞下外观健康羔羊，但从胎盘中分离到新孢子虫速殖子，其中 1 只母羊分娩一天后又产下一个自溶死亡胎羊，其脑内多发性坏死病灶，亦观察到速殖子；妊娠晚期接种的母羊足月产出羔羊，但新生羔羊虚弱并在不久后死亡，组织病理学检查未观察到病变和速殖子，作者推测该现象有可能不应归因于新孢子虫感染。该研究初步说明新孢子虫感染与山羊流产存在一定的相关性。

8.2.2.4 病理变化

自 1992 年的两篇研究报道之后，另几篇文献也对山羊感染新孢子虫的组织病理学进行了描述，所描述的组织病理学变化基本相似。山羊感染新孢子虫的病理变化主要有脑炎、肝炎、肺炎、骨骼肌炎及心肌炎等。1996 年，哥斯达黎加某地送检 1 只 3.5 个月胎龄的流产胎羊，同群的山羊发生不明原因流产。胎羊的病理解剖学变化包括皮下水肿和点状出血，体腔中有大量液体，肝肿大且表面异常，脑积水、小脑发育不全及大脑半球萎缩。镜下观察可见脑膜淋巴细胞和组织细胞浸润，提示脑膜脑炎；多病灶坏死，神经胶质细胞增生，出血及血管套形成，还可见大脑、脑干及脉络丛处的淋巴细胞浸润，骨骼肌和心肌也呈现炎性病变。在大脑及骨骼肌切片中发现组织包囊，大脑切片中还观察到一群胞外速殖子。经免疫组化染色，包囊及速殖子都与新孢子虫抗血清发生特异性反应。这是首次关于新孢子虫感染引起奶山羊流产的报道。

来自巴西的另一报道称，因某羊场 4 个月内 3 头母羊出现流产及产弱胎现象，遂将一只 1 日龄新生莎能羔羊送检。由于严重的神经症状，送检羔羊于 3 日龄被施以安乐死并剖检，无肉眼可见变化，但镜下发现中枢神经系统、心脏、肺脏及肝脏均存在炎性病变，脑内存在数个大小不一的原虫组织包囊，包囊壁厚 1.1～3.0 μm，免疫组化染色与新孢子虫抗血清呈强阳性反应。2004 年，Eleni 报道了意大利第一个与新孢子虫感染相关的山羊流产病例。送检胎羊为 3～4 月龄，剖检眼观及组织病理学变化与前述病例相似，脑组织中发现 10～20 μm 直径的圆形或卵圆形组织包囊，经 PCR 检测扩增出新孢子虫特异性基因片段。

8.2.2.5 临床症状

山羊新孢子虫感染出现的临床症状与其他动物的相似，一般见于新生儿发病，主要表现为明显的神经症状，如前述的 1 日龄莎能奶山羊羔羊，送检时体弱，不能吮乳，站立困难并伴有共济失调和角弓反张，3 d 后愈加严重。但至今未见母羊及成年山羊感染新孢子虫而发病的病例报道。在 Lindsay 等的实验研究中，发现妊娠母羊流产与死产为其主要症状，此结果与人工模拟牛的新孢子虫感染相似，也与绵羊人工感染新孢子虫的结果基本一致。但是，山羊人工感染新孢子虫的报道仅此一篇，有一定的代表性，却不具有普遍性；再则，此研究与绵羊人工感染新孢子虫最显著的不同之处是所有感染母羊均未出现发热现象，究其原因，是对发热的判定标准不同还是山羊本身对于新孢子虫感染存在不同于绵羊的生理反应，有待于进一步研究，若原因是后者，那么造成山羊出现不同反应的生理机制值得深入研究。

8.2.3 羊新孢子虫感染的诊断

羊新孢子虫感染的诊断，早期主要依赖于病原学诊断，即动物死后取其组织进行病理组织学观察。但是传统 HE 染色切片难以观察到包囊和速殖子，即使发现原虫包囊也不能与弓形虫以及住肉孢子虫相区别。透射电子显微镜可更细微观察虫体及包囊结构，一般认为新孢子虫包囊壁较厚，可达 1～4 μm，而弓形虫包囊壁不超过 1 μm，可根据该特征区别新孢子虫与弓形虫，但尚未发育成熟（形成时间较短）的新孢子虫包囊壁也较薄，加上病理切片技术等问题也给区别两者带来困难。免疫组织化学染色能帮助检测人员更易在切片上找到虫体，并能通过血清的特异性反应区别新孢子虫与其他原虫，是早期确诊新孢子虫感染的重要方法。过碘酸雪夫染色（periodic acid-schiff stain，PAS）可用于区分急性和慢性感染。因为缓殖子内含有大量支链淀粉颗粒，能与 PAS 发生反应呈现红色。从感染羊体内，主要是脑组织内分离虫体也是一种确诊方法，但由于该方法时间长、成本高、成功率低，一般不能单纯用于新孢子虫感染的诊断，而主要用来进行新孢子虫虫株的分离和体外培养。目前，分别在日本和巴西的羊体内各成功分离到 1 个新孢子虫分离株。随着分子生物学技术的发展，PCR 越来越广泛地用于新孢子虫感染的诊断以及虫体在实验动物体内组织分布的研究。常用于检测的新孢子虫特异基因是 Nc-5 和 ITS-1。巢式 PCR 和荧光定量 PCR 技术的应用增加了检测的敏感性，后者还可对虫体进行定量检测。

流行病学调查中使用最多的还是血清学方法，20 世纪 90 年代中期以前，IFAT 被认为是检测小反刍动物新孢子虫感染的金标准，几乎所有的羊新孢子虫血清抗体检测都采用

IFAT,但其不足之处一是样品处理繁琐、成本高且需荧光显微镜观察,不适于进行大规模筛查;二是需要操作者技术娴熟,并对各实验室判定标准进行统一,也有一些报道称其准确性可能比预期的要低。ELISA 检测血清抗体是较为快速简便的方法,目前已有商品化的羊新孢子虫病 ELISA 检测试剂盒,越来越多的报道开始使用商品化试剂盒进行羊新孢子虫感染的调查。

8.2.4 防控

对牛而言,新孢子虫感染造成的经济损失主要来源于胎牛和犊牛死亡,间接损失则包括咨询专家、建立诊断、重新配种、产奶量减少及淘汰病牛等高额成本,准确损失难以估量。由于对羊新孢子虫病研究较少,现在仍然没有足够的证据确定新孢子虫对羊的致病性(如流产、死产等),由新孢子虫感染造成的养羊业的损失也就无法衡量,但以上研究及相关的流行病学调查提示,至少应将新孢子虫感染作为引起羊群不明原因流产的可能病因之一。

目前还没有资料专门讨论羊群中新孢子虫病的防控,但羊与牛同为反刍动物,在生物学特性和饲养环境上具有相似之处,羊新孢子虫病的防控措施暂时可参照牛执行。已经开发出商品化疫苗 toxovax(INTERVET)来控制绵羊弓形虫病,该活疫苗是通过在小鼠体内连续传代获得的致弱的弓形虫 S48 株,丧失了转化为缓殖子的能力。目前,还没有令人满意的商品化疫苗应用于新孢子虫病的防控,但许多学者已经开始研究和评价新孢子虫灭活疫苗、活载体疫苗、核酸疫苗或各种重组蛋白亚单位疫苗在小鼠感染模型上的免疫效果。但是,小鼠与反刍动物差异较大,未来可用羊代替小鼠进行免疫预防的深入研究,不仅可以为羊新孢子虫病防控提供第一手资料,也为牛及其他动物新孢子虫病的防控奠定基础。

8.3 猫的新孢子虫感染

新孢子虫病是由犬新孢子虫(*Neospora caninum*)寄生于有核细胞内引起的多种动物共患原虫病,导致感染动物的神经-肌肉功能障碍,以渐进性麻痹和不全麻痹为主要特征,临床主要表现为孕畜流产、死胎以及新生儿四肢运动障碍和神经系统紊乱。临床上,该病对牛的危害尤其严重,是牛流产的重要原因;对犬的危害仅次于牛。此外,在自然条件下新孢子虫还可感染犬、绵羊、山羊、牛、马、猪等家养动物以及多种野生动物。猫也可自然感染,猫感染后可产弱胎或死胎,并出现肝炎、肾炎、脑脊髓炎、子宫炎及胎盘炎等病理变化,但临床上罕见猫罹患本病。对猫进行新孢子虫流行病学研究发现,家猫、流浪猫及野猫均有不同程度的新孢子虫感染。

8.3.1 猫新孢子虫的感染与发现

目前发现自然感染猫的新孢子虫病原为犬新孢子虫(*N. caninum*)。

新孢子虫与弓形虫的形态结构、培养特性、中间宿主范围和致病机制等都极为相似,但二者的终末宿主完全不同。现已证实新孢子虫的终末宿主是犬和郊狼,弓形虫的终末宿主是猫及猫科动物。在确认犬为新孢子虫的终末宿主之前,有人曾提出假说,即猫为新孢子虫的终末宿主。为验证这一假说,美国怀俄明州立大学兽医学院的 McAuister 给断奶幼猫口服新孢子虫的组织包囊,漂浮粪便持续检查,始终未发现卵囊。这一结果基本排除了猫是新孢子虫终末宿主的可能性。

临床上很少见猫自然感染新孢子虫的报道。直到 2002 年,Dubey 等对猫进行人工感染,感染猫的发病率较高,并表现出相应的神经症状,人们才意识到猫科动物可能在新孢子的传播中有着重要作用,从而开始重视对猫科动物新孢子虫病的研究。

8.3.2 症状及病理变化

新孢子虫病主要引起孕畜流产或胎儿死亡,以及新生儿神经-肌肉系统功能障碍。猫在急性感染时可出现类似于犬新孢子虫病的典型症状,即神经-肌肉系统功能障碍,产下死胎、弱胎等。病理组织学检查可见肝、肾、肾上腺、舌肌和股部肌肉均出现炎性细胞浸润,并伴有大量坏死灶,流产孕猫发生严重的急性子宫炎和胎盘炎,可在病变部位观察到大量的新孢子虫速殖子。慢性感染时症状较轻,病变亦不严重,在脑脊髓处出现局部坏死。

8.3.3 流行现状

8.3.3.1 家猫

2002 年最早在猫体内检出新孢子虫抗体,Dubey 应用新孢子虫凝集试验(NAT)检测了巴西 562 只家猫的血清抗体,阳性率为 9.96%(56/562)。应用 Western Blot 对其中 10 只阳性猫血清进行验证,发现 10 只猫的血清抗体效价均在 1∶80 以上。运用改良的弓形虫凝集试验(MAT)检测弓形虫血清抗体,结果均为阴性,表明应用弓形虫 MAT 与新孢子虫 NAT 能够很好地区分 2 种抗体,它们之间没有交叉反应性。

2006 年,Sandor 利用 IFAT 对匈牙利 20 个不同地区的 330 只猫进行流行病学调查,结果显示血清抗体阳性率为 0.6%(2/330)。这两只血清抗体阳性的雌猫均来自郊区,且与犬一起饲养,作者推测可能是因为它们吞入了犬排出的新孢子虫卵囊而感染。2007 年,Bresciani 等应用 IFAT 检测巴西家猫的血清抗体,阳性率为 24.5%(98/400)。

2010 年,于珊珊应用胶体金免疫层析法(ICT)及巢式 PCR 检测了北京地区宠物猫血清新孢子虫抗体和血液中新孢子虫的特异性基因片段，结果显示血清抗体阳性率为6.45%(12/186)，在4只猫的血液中检出新孢子虫特异性基因片段，检出率为2.15%(4/186)。抗体阳性率高于基因片段的检出率，推测新孢子虫在血液中存在时间较短或间歇出现，但抗体可持续并存在较长时间。同时也检测了猫血清中弓形虫的抗体水平，发现有些猫存在新孢子虫和弓形虫的双重感染。

8.3.3.2 流浪猫

流浪猫的活动区域广阔，采食范围和种类都远大于宠物猫，而且环境中有大量新孢子虫的保虫宿主，如鼠类可自然感染新孢子虫，流浪猫则可以通过捕食鼠类感染新孢子虫。2005年，Ferroglio等用凝集试验检测了意大利南部的282只流浪猫的血清新孢子虫抗体，血清抗体阳性率为24.8%，分析发现新孢子虫感染与猫的性别、群体及年龄无明显相关性。2010年，中国农业大学于珊珊等分别应用胶体金免疫层析技术和PCR对北京地区流浪猫的新孢子虫感染情况进行检测，发现血清抗体阳性率为7.3%(10/137)，血液中新孢子虫特异性基因检出率为3.65%(5/137)，与宠物猫同样存在着一定程度的新孢子虫与弓形虫的双重感染。

8.3.3.3 野猫

西班牙东部的马略卡岛上野猫数量庞大，Dubey于2009年利用竞争ELISA法对岛上4个不同区域的野猫新孢子虫感染情况进行调查，并用IFAT进一步确认。结果显示，该岛野猫新孢子虫血清抗体阳性率为6.8%(4/59)，血清抗体阳性的4只猫分别来自岛上4个不同区域，表明该岛4个猫群中均存在新孢子虫感染。

综上所述，不同国家和地区的宠物猫、流浪猫及野猫均存在不同程度的新孢子虫感染。而且，有些猫群存在新孢子虫与弓形虫的双重感染。猫在弓形虫流行病学中的重要地位已被人们充分认识，而其在新孢子虫的流行中有着何种重要意义还需进一步研究。

8.3.3.4 诊断

兽医临床上，猫新孢子虫病的诊断要依据临床症状判定。若发现母猫流产，幼猫瘫痪，出现神经症状，尤其是一窝或几窝都出现症状时，可怀疑是新孢子虫病。然后，利用病原学、病理组织学、血清学及分子生物学等进行综合诊断(见新孢子虫病诊断)。

8.3.3.5 治疗与预防

尚无特效药物可用于新孢子虫病的预防和治疗。磺胺类、嘧啶类、大环内酯类和四环素类药物，复方新诺明、羟基乙磺酸戊烷脒及MP合剂或片剂(水性丙烯酸类肠溶系统，含乙胺嘧啶25 mg，磺胺六甲氧嘧啶500 mg)有一定的疗效，但不能有效清除包囊阶段虫体。

猫新孢子虫病的预防同其他动物一样，需进行猫新孢子虫病流行病学监测，重点监测与犬混养的猫，及时处理被感染猫；对宠物犬、猫进行严格管理，有关部门应出台相关规定管理好流浪犬和猫;加强对群众的宣传教育,避免犬和猫混养,通过切断传播途径来有效预防猫新孢子虫病。

8.3.3.6 人工感染

1989 年,Dubey 等分别用新孢子虫速殖子和组织包囊人工接种猫,从而获得了猫感染新孢子虫后临床症状及病理变化的第一手资料。

1. 成年猫的人工感染

(1)速殖子接种成年猫。先通过肌肉注射 10^6 个/只速殖子,再口服 5×10^5 个速殖子。死后剖检发现:经免疫抑制剂处理的猫出现坏死性脑炎、脊髓炎、弥散性骨骼肌肉坏死、肝坏死、间质性肾炎及肾小管坏死;而未经免疫抑制剂处理的猫基本正常,仅有一只猫体重轻微下降,安乐死后可见轻度的肌炎及脑炎;对照组神经肌肉系统未出现任何病变。

由此可见,猫可通过人工接种感染新孢子虫并出现典型症状和病理变化,成功复制新孢子虫病。感染免疫抑制猫可出现严重的全身性炎症和器官组织的一系列病理变化。

(2)速殖子接种孕猫。猫在受孕 47 d 后皮下每只接种 2×10^6 个速殖子,接种后 17 d 产下足月幼猫,但幼猫于 2 d 后死亡。母猫接种后出现精神沉郁、厌食症状,分娩后剖检母猫,在肝脏、肾脏均有直径 1～3 mm 大小的灰白色病灶,子宫内残留一只死胎。病理变化可出现在一处或多处,且多与虫体的寄生部位有关。镜检可见病猫有严重的急性子宫炎和胎盘炎,子宫肌层、腺状上皮组织及血管内皮组织坏死,脱落的上皮细胞和炎性分泌物堵塞黏膜下层腺体,在子宫肌层出现大量新孢子虫速殖子。组织学检查可见肾炎、肝炎、肾上腺炎、肌炎、肺炎和脑脊髓炎等多部位炎症病变。肾脏的最初病理变化为上皮细胞坏死、血管炎及血栓,进一步发展为肾皮质血管周围巨噬细胞、浆细胞和淋巴细胞浸润。肝脏出现了以肝细胞坏死和单核细胞浸润为主要特征的肝炎病变,门管区胆管增生,但是在肝细胞内未观察到新孢子虫速殖子。肾上腺的病理变化包括髓质区大量单核细胞浸润,皮质区多点坏死,在坏死皮质区域存在大量速殖子。在舌肌及股肌处亦有坏死灶及单核细胞浸润,均可观察到速殖子存在。肺脏以间质性肺炎为特征。中枢神经系统出现以神经胶质细胞增生、血管周围的单核细胞浸润为特征的脑脊髓炎,仅可观察到少量速殖子。同时,从该感染猫体内重新分离到新孢子虫。

母猫感染新孢子虫速殖子后,可通过胎盘传播给胎儿,即使能够正常产下胎儿,也会在数日内死亡。剖检胎儿发现脑脊索及肝脏的病变最为严重。胎儿肝肿大,肝脏表面存在大量针尖大小的灰白色病灶,镜下可见弥散的广泛性肝坏死及大量速殖子,并从其中一只幼猫体内分离到新孢子虫;中枢神经系统有多个坏死灶以及大量正在进行二分裂的速殖子;心脏、股肌、脑、脊索、胸腺、肺及肾上腺等多处组织均有不同程度的炎症变化。

(3)新孢子虫组织包囊饲喂孕前母猫。在母猫受孕前经口接种新孢子虫组织包囊,174 d 后产下 3 只外观健康的足月小猫,产后 30 d 剖检母猫,在颈脊髓处观察到一个直径约 200 μm 的坏死灶,但体内未检出虫体。所产幼猫病变主要集中在心脏、骨骼肌、肺和肝等组织器官,仅出现轻微的病理变化和极少量速殖子,骨骼肌炎以中性粒细胞及单核细胞浸润为主要特征，未出现病变的幼猫体内观察不到速殖子。应用IFAT，在母猫及其所产胎儿的血清中均检测到了新孢子虫特异性IgG抗体，表明母猫能够摄入包囊感染新孢子虫，幼猫可能是通过胎盘获得先天感染。进一步推测，自然条件下，猫可捕食含有组织包囊的其他动物(如鼠类)感染新孢子虫，捕食循环可能是新孢子虫的一种传播模式。

在感染了新孢子虫速殖子或组织包囊的母猫及其胎儿的血清中检测到了特异性IgG抗体，说明猫新孢子虫病在急性感染和慢性感染阶段均可经胎盘垂直传播给下一代。

2. 幼猫的人工感染

通过皮下注射及口服的方式给3日龄的幼猫接种新孢子虫速殖子，发现幼猫出现间质肉芽肿性肺炎、肉芽肿性骨骼肌炎及多病灶性脑脊髓炎等病变，在病变组织中均观察到速殖子。取被感染幼猫脑组织进行分离培养，重新获得新孢子虫速殖子。利用直接凝集试验检测该猫的血清抗体(10倍稀释)，新孢子虫抗体阳性，弓形虫抗体阴性，表明幼猫也可成功感染新孢子虫。

新孢子虫能感染猫并引起相应的组织病变，新孢子虫可寄生于猫的肾小管上皮细胞，虽然理论上新孢子虫可寄生于多种有核细胞，但还未见在其他动物的肾小管上皮细胞检出新孢子虫的报道。

幼猫由于免疫力较低，通过人工途径感染新孢子虫可发病，出现相应的症状。成年猫感染后症状较轻，但在使用免疫抑制剂时病情加重。母猫怀孕前后感染新孢子虫均可经胎盘传播给下一代。

自发现新孢子虫能够感染猫以来，各国研究者对猫新孢子虫病逐渐重视起来，但目前的研究仅局限于流行病学调查、人工感染实验及垂直传播等。由于猫在弓形虫的传播中起着重要作用，世界各地对猫弓形虫病研究较为深入，而对猫在新孢子虫感染、流行及传播中的作用尚不可知，建议今后在对猫弓形虫病研究的同时，更广泛地开展猫新孢子虫病的研究，为猫弓形虫病和新孢子虫病的防控提供更加可靠的资料和数据。

8.4 禽类的新孢子虫感染

禽类感染新孢子虫的研究始于1999年，当时，新西兰一个牛场暴发了由新孢子虫感染引起的流产，Bartels等观察发现该牛场周边存在大量的犬和禽类，而且发现禽类是犬猎食的对象，于是就提出禽类感染新孢子虫的可能性。

1999年，美国学者McGuire等通过人工接种，也发现禽类可以感染新孢子虫。他们将新孢子虫Nc-2株和Nc-Liverpool株速殖子按1∶1的比例混合后，分别接种3只家鸽和3只斑马雀，剂量分别为1×10^6个/只、1×10^5个/只、1×10^4个/只。感染后第6周，分别应用间接免疫荧光实验(IFAT)检测血清抗体、PCR方法扩增脑组织中新孢子虫特异性基因片段、免疫组化法对各脏器组织进行病原鉴定及病原分离，结果发现所有斑马雀的各项指标均为阴性，而各组家鸽均呈现阳性结果，说明家鸽成功感染了新孢子虫，可能是易感性较强的动物,但所有感染动物均未出现临床症状。2007 年 Furuta 报道,将人工感染新孢子虫速殖子的鸡胚饲喂犬,能够在犬粪便中检出新孢子虫卵囊。上述感染实验的成功,有理由推测禽类很有可能是新孢子虫的自然宿主。

2008 年以来,研究人员开始在世界范围内对禽类新孢子虫的感染情况进行调查。主要应用两种检测方法,一是用 IFAT 检测禽类血清中新孢子虫抗体,二是利用 PCR 方法对禽类脑组织中新孢子虫 DNA 进行检测。目前已有数篇有关鸡和野生鸟类新孢子虫感染的报道。

8.4.1 鸡的新孢子虫感染

2008 年,Costa 等对巴西巴伊亚州 200 只散养鸡和 200 只舍饲鸡的新孢子虫血清抗体进行了检测,发现散养鸡新孢子虫的血清抗体阳性率高达 23.5%,而舍饲鸡的血清抗体阳性率仅为 1.5%。为进一步确认鸡被新孢子虫感染,选择 10 只抗体阳性鸡,检测其脑组织中新孢子虫特异基因片段,其中 6 只扩增出新孢子虫特异性基因 Nc-5,测序结果显示该片段与 Genebank 上登录的新孢子虫 Nc-5 基因的相似性为 97%~98%。这一发现首次证明禽类能够自然感染新孢子虫,是新孢子虫的中间宿主。2011 年,Martins 等对美洲北部、中部和南部的 1 324 只散养鸡进行了新孢子虫血清抗体的检测,其中有 524(39.5%)只鸡为阳性,抗体水平最高的地区是美洲中部的尼加拉瓜,阳性率为 83.6%(82/98),最低的地区是美国的俄亥俄州,阳性率为 5.7%(5/87)。该结果毫无争议地证实鸡是新孢子虫的重要易感动物。该研究所检测鸡只的分布情况及结果见表 8.4。

表 8.4 美洲地区散养鸡新孢子虫血清抗体检测结果(引自 Martins 等,2011)

美洲大陆	国家/地区	检测总数/只	阳性数(阳性率/%)	不同滴度下的数量	
				25	≥100
北部	墨西哥	97	18(18.5)	11	7
	美国				
	伊利诺伊州	10	2(20.0)	2	0
	俄亥俄州	87	5(5.7)	2	3
	美国其他地区	97	7(7.2)	4	3
中部	哥斯达黎加	144	57(39.5)	44	13
	格林纳达	102	73(71.5)	57	16
	危地马拉	50	22(44)	14	8
	尼加拉瓜	98	82(83.6)	22	60
南部	阿根廷				
	拉普拉塔	29	15(51.7)	7	8
	圣地亚哥	26	17(65.3)	13	4

续表 8.4

美洲大陆	国家/地区	检测总数/只	阳性数(阳性率/%)	不同滴度下的数量	
				25	≥100
	阿根廷其他地区	55	32(58.1)	20	12
	巴西				
	亚马逊河	50	35(70.0)	13	22
	费尔南多-迪诺罗尼亚	50	7(14.0)	5	2
	帕拉州	38	9(23.6)	5	4
	巴拉那州	40	11(27.5)	9	2
	里约热内卢	115	45(39.1)	27	18
	南里奥格兰德州	50	13(26)	4	9
	圣保罗州	15	3(20.0)	2	1
	巴西其他地区	358	123(34.3)	65	58
	智利	85	53(62.3)	33	20
	哥伦比亚	62	7(11.2)	6	1
	圭亚那	80	31(38.7)	23	8
	秘鲁	50	9(18)	3	6
	委内瑞拉	46	10(21.7)	9	1
总计		1 324	524(39.5)	311(23.4)	213(16.0)

8.4.2 野生禽类新孢子虫的感染

野生禽类新孢子虫感染情况的调查主要来自巴西和西班牙。2010 年，Gondim 等对巴西东北部的 40 只麻雀脑组织的 DNA 进行 ITS1 基因序列的扩增和测序，在其中的 3 只(7.5%)中检出新孢子虫特异性的序列，这是麻雀自然感染新孢子虫的首次报道。2011 年，Darwich 采用 IFAT 对巴西的 17 种野生禽类的 294 只禽进行了新孢子虫血清抗体的检测，结果均为阴性，但在两种鹦鹉的脑组织中观察到疑似新孢子虫包囊，经免疫组织化学法(IHC)染色后确认其为新孢子虫包囊，说明鹦鹉自然感染了新孢子虫。未检测到抗体的原因可能是动物感染后产生的新孢子虫抗体不能持续高滴度存在，也有可能是检测方法的敏感度不够。

2012 年，Almería 等分别报道了西班牙多种野生鸟类和渡鸦的新孢子虫感染情况。他们采集到 200 只(14 个种)野生死鸟，在两只喜鹊和一只秃鹰的脑组织中检测到新孢子虫特异的基因(Nc-5)。在西班牙农场，常有渡鸦采食牲畜的草料。捕获 67 只渡鸦并检测新孢子虫血清抗体，其中的 24 只(35.8%)抗体为阳性，且抗体滴度较高。

虽然关于禽类新孢子虫感染的研究报道有限，但已有的结果说明多种禽类是新孢子虫的自然宿主。新孢子虫感染对禽类的危害如何,禽类在动物新孢子虫感染和传播中究竟起到什么作用还有待于深入研究,进而揭示禽类新孢子虫感染的意义。

8.5 野生动物的新孢子虫感染

新孢子虫不仅可自然感染犬、绵羊、山羊、牛、马等家畜,也可感染多种野生动物以及禽类,并可人工感染多种实验动物。已经确认郊狼和白尾鹿分别是新孢子虫的终末宿主和中间宿主,说明新孢子虫在野生动物间也能传播,即存在野生动物循环,这使得新孢子虫病的传播途径变得更加复杂,对其防控也愈加困难。本节将对已经发表的有关野生动物新孢子虫的感染、发病、危害以及流行等相关资料进行总结和综述。

8.5.1 野生食草动物

自然环境中存在大量的野生食草动物,且品种繁多,已经有多篇关于食草动物的新孢子虫血清学检测或 DNA 检测报道。

1993 年,Woods 报道了首个野生动物新孢子虫感染病例,是来自美国加利福尼亚州的 1 只黑尾鹿。当时,1 只 2 月龄雌性黑尾鹿未出现临床症状死亡,尸体剖检的主要病理变化为消瘦、肺水肿、软泥状肾脏和稻草色的心包积液渗出。免疫组织化学检查和血清学检测证实该黑尾鹿感染了新孢子虫。

动物园中动物也相继确诊两例新孢子虫病例。1996 年,Dubey 在法国动物园的一只足月死胎鹿的脑内检测到了新孢子虫包囊。患鹿表现非化脓性脑炎的病变特征,经免疫化学斑点试验证实感染了新孢子虫。2001 年,Peters 在德国动物园的两只足月的双生羚羊体内也检测到了新孢子虫。羚羊具有多病灶非化脓性脑炎病变,并在心、脑、肝、肺和脾组织内均检测到新孢子虫的特异性 DNA,PCR 和血清学检测证实患羊感染了新孢子虫。

8.5.1.1 鹿

野生鹿在很多国家和地区大量存在,品种多样。最近证实鹿为新孢子虫的自然中间宿主。2004 年,Gondim 发现犬在食入自然感染新孢子虫的白尾鹿组织后,在粪便中排出新孢子虫样卵囊。PCR 扩增得到卵囊 DNA 的内部转录间隔区基因(the internal transcribed spacer 1,ITS1),证实该犬排出的卵囊确为新孢子虫卵囊。2005 年,Vianna 从自然感染的白尾鹿体内分离到一株新孢子虫,该分离株已经在细胞上成功培养、传代。鹿分离株的 ITS1 序列与家畜感染的新孢子虫 ITS1 序列一致,表明寄生于鹿的新孢子虫与寄生于家畜的新孢子虫变异性较小。

在美国,每年有数千只白尾鹿死于交通事故或被猎杀,它们的组织成为野生犬或郊狼的新孢子虫主要感染来源,可能引起野生食肉动物的新孢子虫感染,从而导致大量新孢子虫卵囊被排至环境中，造成新的污染。因为野生环境中存在着大量的白尾鹿和郊狼，且这些野生动物有从森林向农区迁移的趋势，大大增加了野生动物与家畜的接触机会，在一定程度上增加了新孢子虫由野生动物向家畜的传播。Dubey 分别应用免疫印记（Western Blots）、酶联免疫吸附实验（ELISA）、间接免疫荧光实验（IFAT）和直接凝集实验（NAT）对采自美国中西部爱荷华州的 170 只白尾鹿（73 只幼鹿、9 只 1 周岁幼鹿以及 88 只成年鹿）样本进行新孢子虫血清抗体检测，发现 170 只白尾鹿中有 150 只感染新孢子虫，其中 47 只同时感染弓形虫和新孢子虫。幼鹿的新孢子虫感染率较高，提示先天性感染可能是白尾鹿感染新孢子虫的主要方式。

2005 年，Tiemann 等用 IFAT 检测了来自巴西两个地区的草原鹿血清，在采集的 39 份血清样品中，38.46%呈血清新孢子虫抗体阳性。其中一个地区为巴西 Emas 国家公园，该地区的热带稀树草原被农用耕地环绕，野生动物与家畜接触机会较少，23 份血清的新孢子虫抗体阳性率为 13%(3/23)；另一个地区为潘塔纳尔地区，该地为洪泛区，家畜与野生动物接触频繁，采集的 16 份血清中新孢子虫抗体阳性率为 75%(12/16)。两地区之间草原鹿的新孢子虫抗体阳性率差异显著，提示与犬、牛等家畜的频繁接触是野生动物新孢子虫的主要感染源，据此推测，在家畜与野生动物之间存在着新孢子虫水平传播。

由于野生动物体内寄生大量的新孢子虫，使得新孢子虫病存在自然疫源性，给家畜新孢子虫的防控带来了更大的困难。

8.5.1.2 野羊

野羊分布广泛，品种繁多。驼羊（*Lama glama*）和羊驼（*L. pacos*）隶属于驼羊属（*Lama*），主要分布在南美洲的西部和南部，栖息在从地平面直到海拔 5 000 m 高的半沙漠地区，是南美洲重要的经济动物。2007 年，Serrano-Martínez 采集秘鲁的 50 只流产胎羊样品，包括 18 只美洲驼羊和 32 只羊驼进行检测，发现 19 只胎羊感染了新孢子虫；在 13 只胎羊的脑组织中观察到原虫引起的相关损伤，其中的 3 只表现出典型的非化脓性多灶性脑炎病变，其余 10 只胎羊脑内观察到兼容性神经胶质的结节状病变；其他组织也出现与原虫相关的病理性损伤。14.3%的胎羊心脏呈现局限性或弥漫性的心肌炎病变，在 13 只胎羊的心脏组织中发现有散在病灶；14.9%胎羊出现慢性进行性肝炎病变，在 3 只胎羊的肝脏内观察到多处肝细胞坏死病灶。此外，分别在胎羊的肝脏（16%）、肾脏（8%）和肾上腺（8%）中观察到与原虫感染相关的多处非化脓性浸润病变。

2005—2007 年，More 等收集了阿根廷胡胡伊省 6 个地区 55 个牧场的美洲驼羊血清样品共 308 份，经检测，血清新孢子虫抗体阳性率为 4.6%。被调查的 55 个牧场占胡胡伊省近一半地区，14.5%的羊场遭受新孢子虫感染。因而确认新孢子虫感染是引起阿根廷美洲驼羊流产的原因之一，但实验数据也证明在阿根廷新孢子虫感染对美洲驼羊繁殖影响较小。新孢子虫的感染率与被调查地区的气候和地理条件有关，可能是当地气候导致当地牛群的生育力不高，牛群数量较少，新孢子虫重要中间宿主数量的下降减少了终末宿主与新孢子虫感染源的接触机会。但是，美洲驼羊的住肉孢子虫感染率很高，表明美洲驼羊与犬科动物之间存在频繁的接触，分析认为新孢子虫的低感染率可能是因为美洲驼羊作为中间宿主所发挥作用不及牛有效，美洲驼羊新孢子虫的垂直传播现象也不及牛的表现明显。

2010 年，García-Bocanegra 等在西班牙南部用 cELISA 方法检测了 531 只野山羊的血清抗体，新孢子虫抗体阳性率为 5.6%(30/531)。这是首次在野山羊体内检出新孢子虫抗体的报道。其后的血清流行病学调查结果表明，野山羊在野生动物之间的新孢子虫传播中发挥一定的作用，也在一定程度上对公共卫生存在威胁。

8.5.1.3 野牛

野牛品种众多，不同国家和地区的野牛可能存在较大差异。牦牛是我国的特有品种，有近 130 万头，主要分布在青藏高原的高海拔、高寒地区，其中 90%以上为野生牦牛，是游牧民族的主要经济动物。2008 年，刘晶等采用间接凝集实验(IAT)和 ELISA 方法检测 946 份青海地区的牦牛血清，其中 21 份为新孢子虫阳性血清，阳性率为 2.2%。可见，高原野生牦牛可感染新孢子虫，其感染来源尚不得而知。

2005 年，Cabaj 等用 ELISA 方法检测了波兰的 320 头欧洲野牛血清，其中 23 份野牛血清抗体阳性，经 Western Blot 对所检出的阳性血清进行验证，新孢子虫抗体阳性率为 7.3%，提示波兰的欧洲野牛存在新孢子虫感染，在波兰也存在着新孢子虫的野生动物间传播。欧洲野牛新孢子虫感染现象以及新孢子虫对公共卫生状况的影响应当引起当地卫生部门的重视。

8.5.1.4 其他非食肉动物

2007 年，Almería 等应用 ELISA 和 IFAT 对采自西班牙的 1 034 只非食肉动物进行新孢子虫抗体的血清学检测，红鹿新孢子虫血清抗体阳性率感染率为 11.8%(28/237)，鬣羊为 7.7%(1/13)，狍为 6.1%(2/33)，野猪为 0.3%(1/298 只)。其中，野猪是杂食性动物，用鼻子拱地寻觅食物，在野猪觅食的过程中可能感染新孢子虫，尽管野猪新孢子虫感染率检出较低，但也证实野猪可自然感染新孢子虫(表 8.5)。

表 8.5 新孢子虫在野生反刍动物中的流行情况

宿　主	国家/地区	样品数	检测方法	阳性率/%	文献来源
西班牙野山羊	西班牙	531	ELISA IFAT	5.6	García-Bocanegra (in press)
欧洲盘羊	捷克共和国	105	IFAT	3	Bártová(2007)
驴鹿	美国	42	NAT	16.6	Dubey (2008a)
黑尾鹿	美国	43	NAT	18.6	Dubey (2008a)
白尾鹿	美国爱荷华州	170	NAT IFAT	88.2	Dubey (2009)

续表 8.5

宿 主	国家/地区	样品数	检测方法	阳性率/%	文献来源
	美国明尼苏达州	62	NAT	70.0	Dubey (2009)
			IFAT		
越南梅花鹿	捷克共和国	14	IFAT	14.0	Bártová (2007)
			ELISA		
狍	比利时	73	ELISA	2.7	de Craeye (2011)
	捷克共和国	79	IFAT	14.0	Bártová(2007)
	西班牙加利西亚	160	ELISA	13.7	Panadero (2010)
	瑞典	199	ELISA	1	Malmsten (2011)
			IB		
小鹿	比利时	4	ELISA	0	de Craeye (2011)
	波兰	47 头野生	ELISA	13	Gózdzik (2010)
		106 头家养	IB	11	
		335	ELISA	2.9	Bien (in press)
红鹿	比利时	7	ELISA	0	de Craeye (2011)
北美驯鹿	美国阿拉斯加州	453	IFAT	11.5	Stieve (2010)
驼鹿	瑞典	417	IH-ISCOM	1.0	Malmsten (2011)
			ELISA		
	美国阿拉斯加州	201	IFAT	0.5	Stieve (2010)

这是首次在西班牙境内的野生动物体内检测到新孢子虫，这也是在野猪和鬣羊体内检测到新孢子虫抗体的首次报道。

Bártová 等用 ELISA 和 IFAT 检测了捷克共和国 7 个不同地区 565 份野猪血清，样品采集时间为 1999—2005 年。其中 102 份野猪血清新孢子虫抗体阳性，表明在捷克共和国境内野猪的新孢子虫感染较为普遍。

多种野生食草动物和杂食动物都可自然感染新孢子虫，有报道认为，红鹿的感染对新孢子虫的传播尤其重要，因为在这些地区的丛林中与农场内动物之间的新孢子虫感染存在相关性。防止犬科动物粪便污染环境，正确处理捕获或宰杀后的鹿等野生动物，可能是有效地防控新孢子虫病、防止发生疫情暴发的有效措施之一。

8.5.2 野生犬科动物的新孢子虫感染

人们相继在郊狼、野生犬和灰狐等几种野生犬科动物体内检测到新孢子虫抗体。野生犬科动物的猎食习性决定了其在新孢子虫传播中的重要意义。如在美洲北部，灰狼猎食鹿等大型野生反刍动物。而白尾鹿是新孢子虫的中间宿主，自然感染较为普遍。灰狼可通过捕食白尾鹿而感染新孢子虫。野生犬科动物是新孢子虫的终末宿主，卵囊随粪便排出污染环境，鹿等野生食草动物又可因此自然感染新孢子虫。可见，野生犬科动物在新孢子虫的野生动物循环中发挥着重要作用。

8.5.2.1 野生犬

野生犬的活动范围较大，与家畜的接触机会很多，与其他野生食草动物也有较多的接触机会。野生犬可通过猎食其活动范围内的食草动物和家畜而感染新孢子虫，其粪便污染环境，又成为食草动物感染新孢子虫的主要来源，从而完成新孢子虫在野生动物间传播。新孢子虫的野生动物传播同细粒棘球绦虫很相似，犬科动物是新孢子虫的终末宿主，是其自然猎物的感染来源，牛场附近的野生犬可能引起牛场新孢子虫病的暴发性流行，所以野生犬科动物对新孢子虫的顺利传播具有重要意义。

野生澳洲野犬主要生存在澳洲和泰国，在澳大利亚澳洲野犬可能在新孢子虫的传播中发挥一定的作用。为了证实这一假说，King 于 2010 年将感染 Nc-Nowra 的患牛组织分别饲喂 3 只澳洲野犬和 3 只家养犬。在饲喂感染组织后 12～14 d，经特异性 PCR 检测 1 只澳洲野犬排出少量的新孢子虫卵囊，其他实验动物均未排出新孢子虫样卵囊。在饲喂患牛组织后的第 14 天和第 28 天，2 只澳洲野犬血液中可检测到新孢子虫特异性 DNA。在澳洲野犬的小肠内可观察到新孢子虫卵囊，说明澳洲野犬是新孢子虫的终末宿主，可能在从澳洲野犬到农场犬和野生动物的新孢子虫水平传播途径中发挥一定的作用。

澳洲野犬可能与牛场新孢子虫病的散发流行相关，但尚未证实这种推测。澳洲野犬排出含有新孢子虫卵囊粪便，但是还不能据此直接证实澳洲野犬是新孢子虫感染家畜的重要感染源。野犬是否比农场附近的家犬更容易传播新孢子虫给家畜，对此还需做进一步的调查研究。

可见，野生犬可能是放牧食草动物(包括野生草食动物)和家畜新孢子虫病流行的关键因素。控制野生犬旨在减少犬的数量，甚至予以消灭，以降低对家畜造成的经济损失。目前还没有具体数据显示，控制野生犬数量是否可有效降低当地牛场新孢子虫感染率，是否可减少新孢子虫在家畜和野生动物间的传播。近些年，野生犬数量上升，新孢子虫的传播范围扩大，增加了新孢子虫通过水平传播感染家畜的机会。建立防控农场新孢子虫病的有效措施，应考虑新孢子虫的家畜间传播和野生动物间传播在新孢子虫生活史中的重要作用。

8.5.2.2 狼

在确定犬是新孢子虫终末宿主后，人们对其他犬科动物是否能够作为新孢子虫的终末宿主还存在疑问。为验证其他犬科动物是否是新孢子虫的终末宿主，2002 年，Almeria 人工感染小鼠新孢子虫，待新孢子虫于小鼠脑内形成包囊后，取小鼠脑组织饲喂 3 只郊狼幼崽，但在它们的排泄物中并未观察到新孢子虫样卵囊。2004 年，Gondim 将新孢子虫感染的犊牛组织饲喂 4 只野外捕获的郊狼，在感染后 4～28 d 内检测郊狼排出的粪便。一只郊狼排出新孢子虫样卵囊，经 PCR 方法鉴定为新孢子虫卵囊，确定了郊狼是新孢子虫的终末宿主。

郊狼是北独有的一种犬科食肉动物，在森林、沼泽、草原，甚至牧场和种植园都能看到它们的身影，城镇的郊区也不时有郊狼出没，所以郊狼在新孢子虫家畜间和野生动物间传播发挥重要作用。2007 年，Wapenaar 等应用 IFAT 检测 52 只南美得克萨斯郊狼血清，5 份血清为新孢子虫抗体阳性，阳性率为 9.6%。应用 IFAT 方法检测了 113 只犹他州的郊狼，12 只郊狼的血清呈新孢子虫抗体阳性。

由于郊狼是新孢子虫的终末宿主，且分布广泛，使得新孢子虫病存在自然疫源性，给家畜新孢子虫的防控带来了更大的困难。

8.5.2.3 狐狸

狐狸虽没有郊狼与灰狼捕杀鹿的机会多。但在每年秋季的捕猎季节，美洲北部的狐狸和郊狼有较多的机会接触感染新孢子虫的鹿肉。因而狐狸的新孢子虫血清抗体阳性率在一定程度上反映出每个捕猎季节田野上遗弃动物感染孢子虫的情况。欧洲地区的狐狸比美洲北部的郊狼新孢子虫血清抗体阳性率低，可能是由于欧洲狐狸的食谱更加广泛，包括小型哺乳动物、鸟类和水果，因而欧洲狐狸与郊狼相比，感染新孢子虫机会更少。

红狐是一种小型犬科动物，习性与郊狼相近，在欧洲十分常见。2003 年，Jakubek 首次报道欧洲棕野兔可感染新孢子虫，匈牙利的棕野兔新孢子虫感染率为 8.6%。而野兔是红狐的主要猎物，在东欧野兔占红狐食物总量近一半。Jakubek 推测红狐也可能感染新孢子虫，应用 ELISA 方法检测了 337 份红狐血清，只有 5 份血清为新孢子虫抗体阳性。证实红狐可感染新孢子虫，提示新孢子虫在此地区存在着野生动物循环。

多个国家和地区的血清学流行病调查结果均证实红狐可感染新孢子虫。2006 年，Hůrková 首次报道了捷克共和国狐狸感染新孢子虫的情况，PCR 方法检测了 240 只野生食肉动物的脑组织，在 4.61% 的红狐脑组织中检测到新孢子虫特异性 DNA 片段。2008 年，Marco 应用 NAT 检测了来自西班牙东北部比利牛斯山脉的 53 份红狐血清（包括 29 份雄性红狐血清和 24 份雌性红狐血清）的新孢子虫抗体，血清抗体滴度为 1∶40、1∶80 和 1∶160 的血清占总样品比率分别为 69.8%、47.2% 和 7.5%。如此高的红狐血清抗体阳性率表明该地区的红狐新孢子虫感染严重。

2007 年，Murphy 等检测了爱尔兰乡村的红狐胸腔积液中弓形虫抗体和新孢子虫抗体。弓形虫抗体阳性率为 56%（115/206），新孢子虫抗体阳性率为 3%（5/220）。这一报道与前人调查结果基本一致，即野生犬科动物的新孢子虫感染率低于弓形虫感染率。推测是因为新孢子虫在环境中的分布不及弓形虫广泛，或者新孢子虫的终末宿主排出的新孢子虫卵囊量低于猫科动物排出的弓形虫卵囊量。与其他野生犬科动物相似，红狐也是新孢子虫野生动物间传播中的一个重要环节，但尚未发现新孢子虫在红狐体内存在垂直传播现象。

灰狐身体以灰色为主，尾端黑色，在北美旷野荒漠活动。2001 年，Wapenaar 用 NAT 方法检测美国南卡罗来纳洲非农业区灰狐的血清新孢子虫抗体，在 26 份被检灰狐血清中 4 份

(15.4%)为新孢子虫抗体阳性。其中3份血清的抗体滴度为1∶25,1份血清的抗体滴度为1∶50。灰狐是杂食动物,它们食物总量的1/3~1/2为兔子,一些小型啮齿类动物也是灰狐的捕食对象。灰狐新孢子虫血清阳性率较低,也意味着它们所捕食动物的新孢子虫感染率低。

1999—2004年,Steinman等用IFAT方法检测了以色列的114只金豺、24只红狐以及9只狼的血清,仅在2只金豺、1只红狐和1只狼的血清中检出新孢子虫抗体。如此低的阳性率,说明在以色列,野生犬科动物在新孢子虫传播过程中的重要性不大。但不同种类的犬科动物可能有着不同的摄食范围,甚至同种犬科动物在不同群体的摄食范围也有所不同,所以很难根据单次检测确定野生犬科动物在新孢子虫传播中的作用。表8.6为新孢子虫在野生犬科动物中的流行情况。

表8.6 新孢子虫在野生犬科动物中的流行情况

宿　主	国家/地区	样品数	检测方法	阳性率/%	文献来源
郊狼	美国	12	IFAT	16.7	Stieve(2010)
灰狼	斯堪的纳维亚	109	IB	3.7	Björkman(2010)
			ELISA		
	西班牙	28	NAT	21.4	Sobrino (2008)
			ELISA		
	美国阿拉斯加州	324	IFAT	9.0	Stieve (2010)
	美国黄石公园	220	IFAT	50.0	Almberg (2009)
红狐	爱尔兰	220	IFAT	3.0	Murphy (2007)
	西班牙	95	NAT	3.2	Sobrino (2008)
			ELISA		
			IFAT		
		53	NAT	69.8	Marco (2008)

8.5.3 野生猫科动物

野生环境中存在多种野生猫科动物,猫科动物是弓形虫的终末宿主,其在新孢子虫的传播链中的作用以及感染情况也为人们所关注。

马霍卡岛是西班牙地中海巴里亚利最大的岛屿,岛屿上生活着大量的野猫。这些野猫处在马霍卡岛岛屿食物链的顶端,有机会接触到各种病原体,是检测多种感染性疾病的"哨兵",在某种程度上能够提供关于环境污染情况的有效信息,反映饲养环境与野生环境中病原体的动态变化。2009年,Millán用诱饵捕获到59只野猫,用cELISA和IFAT方法检测血清新孢子虫抗体,抗体阳性率为6.8%。野猫的新孢子虫阳性率低于弓形虫(84.7%),但从4个不同区域采集的野猫血清都检测到了新孢子虫抗体，说明新孢子虫较弓形虫分布更为广泛，见表8.7。

表8.7 新孢子虫在野生猫科动物中的流行情况

宿 主	国家/地区	样品数	检测方法	阳性率/%	文献来源
野猫	西班牙	59	IFAT	6.8	Millán (2009)
			ELISA		
欧亚猞猁	西班牙	26	ELISA	19	Millán (2009)
伊比利亚猞猁	西班牙	25	EliSA	12.0	Sobrino (2008)
			IFAT		
欧洲野猫	西班牙	6	NAT	16.7	Sobrino(2008)
			ELISA		
埃及猫鼬	西班牙	21	ELISA	13	Millán (2009)

8.5.4 野生啮齿动物

野生啮齿动物分布广泛，且是一些自然疫源性疾病的贮存宿主，因而有必要研究野生啮齿动物在新孢子虫传播过程中的潜在作用。

意大利西南部山麓地带的牛场已经证实有新孢子虫病流产的发生。在2007年，Ferroglio等在该牛场捕捉到75只家鼠、103只大鼠和55只田鼠。经PCR检测，所捕捉到的14只大鼠(13.6%)、9只家鼠(13.8%)和2只田鼠(3.6%)感染了新孢子虫。其中家鼠(2/75)和大鼠的脑组织(2/103)，家鼠(1/75)、大鼠(4/103)和田鼠(1/55)的肾脏，家鼠(8/75)、大鼠(10/103)和田鼠(1/55)的骨骼肌，经PCR均可检测到新孢子虫特异性DNA。表明在新孢子虫感染牛场附近的啮齿动物也感染了新孢子虫，其中大鼠和家鼠的感染率较高，田鼠的新孢子虫抗体阳性率较低，可能因为田鼠主要以植物种子为食，动物源性食物较少。家鼠和大鼠与家畜接触频繁，很容易吞食由犬排出的新孢子虫卵囊或新孢子虫感染的流产胎牛组织和胎盘而感染。

水豚是一种大型的食草类啮齿动物，广泛分布在美洲热带地区，许多国家人们喜好食用水豚肉。2008年，Yai等检测了来自圣保罗和巴西11个县市的野生水豚血清新孢子虫抗体情况。当IFAT检测抗体滴度≥1∶25时判定为新孢子虫抗体阳性。结果显示，20只水豚感染了新孢子虫，抗体滴度水平为1∶25、1∶50和1∶100的水豚数目分别为4、7和9只。

这一发现具有重要的流行病学意义，因为野生啮齿类动物广泛分布在城市、乡村和野外地区，可在终末宿主与其他动物之间水平传播新孢子虫，所以野生啮齿动物在新孢子虫传播中的作用不可轻视。有必要弄清其他啮齿类动物感染新孢子虫的情况，很有可能大多数啮齿类动物都是新孢子虫的天然中间宿主。

8.5.5 野生鸟类

在确认犬是新孢子虫的终末宿主之前，人们曾一度怀疑分布广泛的鸟类可能是新孢子虫的终末宿主。用人工感染新孢子虫的鼠组织分别饲喂4个属的9种鸟，其中包括红尾隼、2种土耳其鹫、2种号草科鸟类和3种美洲鸦。接种实验鸟的粪便中并没有检测到新孢子虫样卵囊。还有学者推测鸟类是新孢子虫的中间宿主，因为在狐狸血清中检出新孢子虫抗体，而鸟类通常是狐狸的猎物。

麻雀分布广泛，它们是弓形虫的天然中间宿主，但对弓形虫病有一定抵抗力。为了证实麻雀是否是新孢子虫的天然中间宿主，Gondim于2010年在巴西的巴伊亚和伯南布哥两省共捕获293只麻雀，7.5%的麻雀在组织内检测到新孢子虫特异性DNA。这是在麻雀体内检测到新孢子虫的首次报道，也是野生鸟类首次被确认为新孢子虫的中间宿主。麻雀在乡村与城市都有较大数量，因而这一发现对新孢子虫的流行病学研究具有重要意义。

目前，尚无研究证实牛场附近家禽的出没与牛新孢子虫性流产之间的相关性，但鸟类可以感染新孢子虫，增加了新孢子虫感染犬的可能性。

总之，新孢子虫是引起牛流产和犬神经肌肉疾病的主要病因之一，野生动物普遍感染。新孢子虫可在野生动物间传播，也可在野生动物与家畜之间传播。人们对于新孢子虫病防控主要集中于犬和牛之间的传播或牛群内的垂直传播，但现在大量研究已经证实新孢子虫不仅可感染多种野生动物，而且可在它们之间进行传播，因此新孢子虫病的防控变得更为复杂。鸟类、啮齿类动物、海洋动物和其他野生动物在新孢子虫传播中的重要性应引起人们的高度重视，以便更好地防控家畜的新孢子虫病。

8.6 海洋哺乳动物的新孢子虫感染

新孢子虫除了对牛和犬表现出较为严重的危害，引起孕畜的流产、死胎、木乃伊胎以及新生动物的神经肌肉症状外，在其他多种动物如山羊、绵羊、马和鹿等均能引起不同程度的脑炎。近年来在海洋哺乳动物体内也陆续发现了新孢子虫的感染，不同动物感染率有所不同。虽然目前还没有人类感染的病例，但已在人体内检出新孢子虫特异性抗体，所以进行更加广泛的调研，做好各项预防措施，不仅可以减少养殖业的经济损失，而且更重要的是可以减少人类感染的几率，保护人类的健康。

8.6.1 海洋哺乳动物感染概况

1998—2006年，Fujii等对日本北海道的5种不同种类海豹进行新孢子虫感染状况调查，发现海豹的新孢子虫感染普遍存在，感染率从2%～25%。所有被检动物的新孢子虫血清抗体总阳性率为2%,2004年阳性率为5%,2005年上升到10%。检测结果在一定程度上反映了近年来海洋哺乳动物感染新孢子虫呈上升趋势。2003年,Dubey等在美国报道多种海洋哺乳动物均存在不同程度的新孢子虫感染,其中海象血清抗体阳性率为6%、海獭为19%、麻斑海豹为3.5%、环斑海豹为12.5%、胡子海豹为12.5%、海狮为3.7%、槌鲸为91%、海豚为91.5%。感染了新孢子虫的3只海象抗体滴度分别为1∶400、1∶200和1∶200,并在其中2只海象体内检测到弓形虫抗体。2011年,中国农业大学刘群课题组检测了某海洋馆的13只海豚和2只海狮的血清抗体,分别有2份和5份海豚血清中检出新孢子虫抗体和弓形虫抗体。到目前为止,海洋动物体内已经发现多种多宿主寄生虫的感染,住肉孢子虫、隐孢子虫及弓形虫等原虫的感染已有很多相关报道。Cole等已成功从15只海獭的脑和心脏分离到弓形虫。新孢子虫与弓形虫极其相似,在海洋哺乳动物体内存在新孢子虫的感染并不出人意料,但是海洋哺乳动物的感染来源值得人们进一步关注,或许与海洋环境的污染有一定关系。

8.6.2 感染来源

Cole等认为,海洋哺乳动物的弓形虫感染主要是由于陆地环境中的弓形虫卵囊随着暴风雨的冲刷,进入海洋生态系统中,被无脊椎动物如蛤、贻贝、牡蛎等吞食,后者又成为海獭、海狮等海洋哺乳动物的食物,其体内感染或携带的弓形虫是海洋哺乳动物感染的直接来源。Lindsay等也认为,鼠的住肉孢子虫也以同样的方式污染海洋生态系统导致海洋哺乳动物感染。海洋无脊椎动物体内隐孢子虫卵的发现,也充分证明了球虫类原虫卵囊可以进入海洋生态系统,并且这些卵囊极有可能被其他海洋动物,或者可通过海洋鱼类被人类或其他动物摄取,从而造成球虫类寄生虫在陆地和海洋生态系统中的循环传播。

新孢子虫在中间宿主和终末宿主之间的传播主要通过以下3种途径:中间宿主体内的速殖子及组织包囊经口感染其他中间宿主或者终末宿主;终末宿主粪便中的卵囊孢子化后污染中间宿主的饲料和饮水,后者经口感染;从母亲到胎儿的垂直传播。目前还没发现新孢子虫能在变温动物体内寄生,但被蛤、贻贝、牡蛎等贝类滤食的卵囊可在它们体内富集,从而造成以这些软体动物为食的海洋哺乳动物或鱼类的新孢子虫感染。有些海洋哺乳动物以鱼类或者其他草食动物为食,因此贝类又成为海洋哺乳动物新孢子虫感染的间接来源。

弓形虫病的垂直传播已经在海洋哺乳动物体内得到证实,Jardine和Dubey发现母鲸感染弓形虫后可引起流产、死胎及幼鲸的先天性感染。Miller等在出生不到3 d的海獭体内检测到弓形虫IgM和IgG抗体,并在其体内检测到大量的弓形虫速殖子,表明海獭处于急性感染期;又在脑内发现大量弓形虫包囊,更充分证明了弓形虫在海獭体内的垂直传播现象,因为在弓形虫的感染实验中,啮齿动物后脑内形成包囊至少要8 d时间,所以海獭体内的包囊应是先天感染的。至今还未见新孢子虫能否在海洋哺乳动物体内垂直传播的报道,因为很难对海洋中新生胎儿及时地进行病原检测或者由于流产胎儿在母体内直接被吸收,所以即使有垂直传播也较难证明。

Miller发现,靠近地表径流处的海獭比靠近污水排放处的海獭弓形虫的阳性率高3倍,由此推测海洋中软体动物摄取的新孢子虫卵囊也有可能来自地表径流,但新孢子虫卵囊在海水中的存活时间还有待于进一步研究。Lindasy的研究显示弓形虫的孢子化卵囊在海水中可以存活数月,或可推测新孢子虫卵囊也可在海水中存活较长时间。由于新孢子虫的终末宿主只有犬和郊狼,且新孢子虫卵囊排出量较少,因此海洋哺乳动物的新孢子虫感染到底从何处来引起了学者们的极大兴趣。

8.6.3 诊断与防控

海洋动物由于受生活环境的影响,感染新孢子虫后临床症状无法进行监测,因此通常采用病原学、病理组织学(免疫组化)、血清学(凝集实验、ELISA、Western Blot)及分子生物学(PCR)等检测手段进行综合诊断。虽然海洋哺乳动物的新孢子虫病还未造成明显危害,但是有效的预防措施对于动物自身及人类来说都是必不可少的,搞好环境卫生才能降低新孢子虫的感染几率,从而有效控制卵囊的排放量,才能有效减少海洋哺乳动物新孢子虫的发生。

8.7 新孢子虫感染的实验动物模型

实验动物是人工饲养并对其携带的病原体实行控制,遗传背景明确或者来源清楚的,用于科学研究、教学、生产、检定及科学实验的动物。新孢子虫为专性细胞内寄生原虫,主要危害是引起孕畜流产或死胎,以及新生儿运动神经障碍,对牛的危害尤为严重,是牛流产的重要原因。但由于牛体庞大,对牛人工感染新孢子虫进行实验研究较为困难。已报道小鼠、沙鼠和兔等动物可实验感染新孢子虫,特别是某些近交系小鼠对新孢子虫更易感,感染后能表现出一定的临床症状,可用于致病性、药物治疗和疫苗评价的研究。通过建立新孢子虫病模型,初步明确新孢子虫在中间宿主体内感染、发育、移行和致病过程,为进一步研究牛等大动物的新孢子虫病提供可借鉴的资料。

8.7.1 小鼠

目前已经培育出多种封闭群和近交系小鼠,由于小鼠基因图谱已经绘制完成,所以小鼠被广泛应用于生物学、医学、兽医学等领域的研究教学和药品、生物制品的鉴定等工作。

8.7.1.1 近交系小鼠

在研究寄生虫感染的小鼠模型中,近交系小鼠比封闭群小鼠应用更广泛。近交系小鼠对不同寄生虫的敏感性不同。例如,C57BL/6 系小鼠对球虫最敏感;BALB/c 系小鼠对蠕虫敏感;CBA 系和 C3H 系小鼠对利什曼原虫敏感;C57L 系小鼠对疟原虫敏感。新孢子虫与弓形虫在生物学特性上极为相似,就弓形虫而言,C57BL/6 对其敏感而 BALB/c 不敏感,但 Liddel 和 Eperon 等的研究表明这两个品系小鼠对新孢子虫均敏感。因而,新孢子虫实验动物的研究主要集中在这两种品系的小鼠上。

BALB/c 小鼠感染新孢子虫是研究寄生虫与宿主免疫反应的良好模型。因为 BALB/c 小鼠在感染新孢子虫后会表现一定的临床症状(接种速殖子的剂量需在每只小鼠 10^6 个以上),可以对其致病性进行观察并且可以用来评价疫苗的免疫效果。BALB/c 小鼠有正常的免疫系统,而使用免疫抑制剂的小鼠若不对饲养环境严格控制容易继发感染,故使用 BALB/c 小鼠对研究新孢子虫的生物学特性是非常有益的。

邓冲选用 8×10^6 个/只和 5×10^5 个/只新孢子虫速殖子两个接种剂量感染 BALB/c 小鼠,成功引起小鼠较明显的临床症状。主要变化是内脏器官广泛性出血,以肺脏出血出现最早且最为严重。高剂量组接种小鼠在接种后第 5～6 天时腹腔内出现大量腹水,镜检观察到大量细胞成分,但未观察到虫体;低剂量组小鼠未出现此种现象,可能与炎症反应程度有关。脑组织病变表现为坏死、血管套和血管炎性渗出,与牛新孢子虫病的非化脓性脑炎特征非常相似。高剂量组接种小鼠在接种后第 8 天的脑组织中检测到新孢子虫特异性基因 Nc-5,证明感染后第 8 天时新孢子虫就已突破血脑屏障而侵入脑内。接种后第 16 天免疫组织化学染色观察到脑组织内的包囊,提示新孢子虫进入脑后约需要 8 d 的时间才能形成包囊。包囊直径为 10～25 μm,包囊壁较明显但囊壁较薄,说明急性感染病例可以形成包囊,但形成完整的包囊壁则需要更长的时间。在心肌、后肢肌肉和其他脏器组织中都未观察到包囊,提示在这些组织中形成包囊可能需要更长的时间。PCR 扩增结果和组织病理观察均证实新孢子虫在宿主体内各组织中的分布不均一,而且随着时间的变化而改变,说明新孢子虫有嗜组织性。邓冲首次发现新孢子虫对小鼠肺脏有致病性,肺脏的主要病变是出血,这可能因为肺脏与脑组织一样有丰富的血管有关。通过皮下或腹腔向 BALB/c 小鼠接种新孢子虫后,PCR 结果提示虫体一天内即可进入血液循环,但存在于血液中的虫体在 8 d 后消失,而脑内虫体可长期存在。

Collantes-Fernandez 等用新孢子虫 Nc-1 和 Nc-Liverpool 株分别感染 BALB/c 小鼠,用 Real-time PCR 检测不同时间两株新孢子虫在小鼠血液和组织的分布及荷虫量的动态变化。此外,还用 ELISA 方法检测不同时间采集的血清中总 IgG、IgG1 和 IgG2a 的变化情况用以评估不同虫株刺激小鼠机体产生免疫应答强度和类型的差异。该模型已经成功应用于多个相关研究,为评价新孢子虫不同虫株的致病性奠定基础。

Bartley 对感染新孢子虫 BALB/c 小鼠所表现的临床症状病变建立了评分系统。感染新孢子虫的小鼠与感染弓形虫的小鼠临床表现相似,如被毛蓬乱、不喜活动、反应迟缓和体重减轻等。BALB/c 小鼠脑部损伤模型根据脑部损伤部位不同表现的临床症状也有所不同,如头部倾斜、肢体麻痹、转圈运动等。小鼠新孢子虫感染程度也可根据小鼠 30 d 体重变化判定,小鼠模型死亡情况因接种剂量和虫株不同而不同,体重损失量最大值可以达到

20%。表8.8为Nc感染小鼠发病评价积分表。

表8.8 新孢子虫感染小鼠发病评价积分表(Bartley等,2006)

分类	特征	积分
热反应	毛发光滑	0
	毛发皱褶(ruffled coat)	1
	毛发僵硬	2
脱水/食欲	体重正常	0
	损失10%体重	1
	损失20%体重	2
动作	敏捷	0
	驼背(hunch)	1
	步态蹒跚	1
	不喜活动(蜷缩)	1

与BALB/c小鼠感染新孢子虫相似,C57BL/6感染新孢子虫后也会表现一定的临床症状,大剂量感染可造成死亡,感染母鼠还可以进行垂直传播,造成死胎、新生胎儿发病死亡等情况。Ramamoorthy等将不同剂量的新孢子虫Nc-1株腹腔接种4～6周龄的C57BL/6小鼠,观察21 d内出现的临床症状和死亡情况,最终初步确定新孢子虫Nc-1对C57BL/6小鼠的半数致死量为1.5×10^7个速殖子。垂直传播模型发现,在交配前两周接种新孢子虫,比在妊娠12～14 d时接种,每窝平均产仔数显著减少,垂直传播率都在90%以上。致死和亚致死的接种剂量可以引起小鼠脑组织广泛的病变,但病变程度与临床症状的严重程度及是否死亡无必然联系(表8.9)。根据脑组织的病变程度,有经验的病理学研究者可对这些致病特征进行量化积分处理,从而获得比较客观的评价。

表8.9 新孢子虫感染小鼠脑组织病变积分表(Ramamoorthy等,2007)

病变积分	病变描述
0	无损伤
1	轻微病变,仅限于淋巴浆细胞脑膜炎、血管周围炎
2	轻度病变,包括脑膜炎、血管周围炎以及局部神经胶质细胞活化
3	中等程度病变,包括脑膜炎、血管周围炎、神经胶质细胞活化、神经纤维网透明化以及巨噬细胞浸润
4	严重病变,包括中等程度病变特征和局部广泛坏死

C57BL/6小鼠感染新孢子虫模型已经用于候选疫苗保护效果的研究。各免疫实验组小鼠分别免疫表达不同新孢子虫重组蛋白的布氏杆菌弱毒苗RB51,在接种致死剂量每只小鼠2×10^7个速殖子后,未免疫对照组小鼠在7 d内全部死亡,而各免疫组的存活时间都有不同

程度延长。后续研究中，以相同免疫程序免疫雌鼠，末次免疫后 4 周交配，在妊娠期 11～13 d 每只孕鼠接种 5×10^6 个速殖子，各免疫组的垂直传播保护率在 6%～38%。尽管远交系小鼠在遗传学上更为接近牛，因为它们的后代为杂合状态，C57BL/6 小鼠感染新孢子虫后垂直传播率高于远交系小鼠，与牛的 90%～100%垂直传播率达到相似的水平，所以 C57BL/6 小鼠比其他品系更适宜作为研究新孢子虫垂直传播的动物模型。综上所述，C57BL/6 小鼠用于新孢子虫疫苗的研究有几点优势：第一，接种致死和亚致死剂量后可对其致病性进行观察并通过组织病理学和 PCR 鉴定；第二，适于疫苗阻断垂直传播效果的研究；最后，感染后可因新孢子虫病出现临床症状，严重时导致死亡。

新孢子虫研究中还会用到 Qs 小鼠，其体型比普通小鼠大，成年鼠可抵抗新孢子虫的感染但是虫体会在体内经胎盘垂直传播，所以 Qs 小鼠也可以作为研究新孢子虫垂直传播的动物模型。通常，在母鼠孕期免疫接种新孢子虫疫苗，攻虫后观察子代存活率和临床症状，从而评价疫苗的保护效果。

新孢子虫实验动物主要以 BALB/c 和 C57BL/6 小鼠较为理想，因为两种小鼠均对寄生虫敏感，也是弓形虫和疟原虫等其他寄生虫可供选择的动物模型。其中 BALB/c 小鼠实验操作方便，应用更为广泛。

8.7.1.2 远交系小鼠

在研究新孢子虫小鼠动物模型的早期，新孢子虫命名者 Dubey 与 Lindsay 用远交 Swiss Webster 系小鼠进行研究，证实新孢子虫可经过胎盘传播。Swiss Webster 成年小鼠对新孢子虫有抵抗力，在免疫系统正常的情况下不易感，即使感染也不表现任何临床症状，只能在组织切片中观察到包囊。

如对远交小鼠使用皮质激素，影响其免疫系统，造成免疫力下降，此时感染不同的新孢子虫虫株或同一虫株不同剂量，Swiss Webster 小鼠会出现不同程度的临床症状，如小鼠可出现死亡、亚急性或慢性新孢子虫感染症状。新孢子虫亚急性感染的小鼠会表现出一定的神经症状，可在感染小鼠组织中观察到新孢子虫速殖子，组织包囊则主要存在于中枢神经系统。

8.7.1.3 免疫缺陷小鼠

免疫缺陷小鼠主要包括裸鼠和 γ-干扰素基因敲除小鼠，它们对腹腔接种的速殖子或组织包囊易感，但对腹腔或经口感染的卵囊较不易感。裸鼠在接种新孢子虫 Nc-1 后会出现新孢子虫病的典型症状，最主要病变部位在肺脏。γ-干扰素敲除小鼠腹腔接种 1×10^4 个 Nc-1 速殖子可致死。由于免疫缺陷小鼠在免疫学状态上与正常小鼠差异较大，一般不用于研究新孢子虫的致病性和评价候选疫苗的效果，而是主要用于新孢子虫的体内繁殖，以获得一定数量的速殖子，所以免疫缺陷小鼠是新孢子虫新虫株分离的有效工具。

8.7.2 大鼠

与小鼠类似，大鼠也是常用的实验动物模型。与小鼠不同的是，大鼠体型较大，抵抗力强，所以大鼠常应用于毒理学、肿瘤学及免疫学等研究领域，对于病原体致病性实验大鼠不敏感。SD大鼠对新孢子虫不易感，只有在用2～4 mg醋酸甲基氢化泼尼松（MPA）处理后接种虫体才能出现临床症状。联合4 mg MPA再接种1×10^5个或更多的速殖子，大鼠会因急性新孢子虫病死亡，肝脏、肺脏和脑可见病变，但组织包囊少见，只在接种后17 d的大鼠脑内发现一个包囊。

8.7.3 沙鼠

沙鼠之所以能够成为研究新孢子虫病的动物模型，是因为相对其他品系，沙鼠对新孢子虫更易感。沙鼠腹腔接种2×10^5个速殖子后可表现出临床症状，如虚弱和嗜睡等，并产生含有大量速殖子的腹水。从腹水中收集的速殖子可以在沙鼠体内传代，也能入侵体外培养的Vero细胞。接种相同数量新孢子虫速殖子的SCID小鼠和BALB/c裸鼠也产生了神经症状，普通BALB/c小鼠没有出现临床症状，3种小鼠均没有出现腹水。Dubey等研究表明，沙鼠对经口感染的新孢子虫卵囊易感。沙鼠在经口接种约1 000个卵囊后6～13 d出现临床症状或发生死亡，7～9 d能在沙鼠小肠溃疡性病变区观察到速殖子。接种10个卵囊的沙鼠可产生新孢子虫抗体，大脑病变部位可观察到速殖子。

在此基础上，Ramamoorthy等建立了急性新孢子虫病的沙鼠模型。5组沙鼠每只腹腔接种新孢子虫Nc-1株速殖子，剂量分别为1×10^6、2×10^6、3×10^6、4×10^6和5×10^6。最高剂量组沙鼠在10 d内全部死亡，其余4组在12 d内死亡一半以上，未死亡小鼠于第20天处死。已死亡和因急性炎症处死的沙鼠腹腔内存在0.5～1.5 mL纤维素性渗出液，镜检发现大量炎性细胞和速殖子。胰脏、脾脏和胃紧密粘连，肝脏和脾脏被膜增厚粗糙，小肠较完整，肺脏、心脏和胸腺外观正常。根据Spearman和Karber的计算方法得出新孢子虫对沙鼠的半数致死量（LD_{50}）为9.3×10^5个速殖子/只沙鼠。Kang等用新孢子虫Nc-Kr2株感染沙鼠，研究虫体在沙鼠各组织内的分布情况和引起的病理学损伤。PCR检测发现，最早可在接种后5 d检测到虫体DNA，第8天各组织均能检测到。最先出现虫体的组织是肝脏、脾脏和肾脏，这与BALB/c小鼠新孢子虫感染模型虫体首先出现在血液中有所不同。只在肝脏和脾脏发现病理变化，其他组织相对正常。值得注意的是，接种后1 d即在肝脏观察到局部颗粒性肝炎病变，而脾脏病变则在接种后5 d才发现。他们的研究还将该株新孢子虫对沙鼠的LD_{50}确定为5×10^6，这与Ramamoorthy等的结果相似。LD_{50}是一种被广泛接受的研究疫苗和毒性的工具，LD_{50}的确定有利于在以后的研究中评估疫苗和药物的功效。

相对于其他品系啮齿动物，沙鼠感染相对较低剂量的新孢子虫即可出现临床症状或死亡，因而成为研究急性新孢子虫病较为适合的实验动物。当然，其缺点是价格稍高，体型稍大,并且不适于慢性新孢子虫病的研究。沙鼠动物模型可应用于急性新孢子虫病的检测和药物的筛选。腹腔注射速殖子可作为抗新孢子虫药物剂量确定的常规研究方法。沙鼠能够诱导免疫应答,可对新孢子虫疫苗有效性进行评价。

8.7.4 兔

兔体型较大,易感性较差,未见新孢子虫感染兔引起发病的模型。但是,选择适宜的免疫程序接种新孢子虫可以使兔产生高滴度的抗体,Dubey 等曾用兔来制备大量的抗新孢子虫高免血清。

8.7.5 绵羊和山羊

新孢子虫的自然宿主之一是牛,主要引起流产、新生牛死亡等繁殖障碍,并可在牛群中垂直传播,给养牛业带来巨大的经济损失。如果以牛作为实验动物研究新孢子虫,最为接近自然情况,容易取得进展。但是,牛价格昂贵,体型庞大,繁殖周期长,不易饲养管理,这些都对研究新孢子虫对牛的致病性和垂直传播特性带来巨大不便。相对而言,绵羊和山羊与牛一样是反刍动物,生理特征相近,体型较小,妊娠期较短,替代牛作为新孢子虫感染模型具有其他动物不可比拟的优势。

新孢子虫在绵羊和山羊体内存在垂直传播现象已被多次证实。人工接种速殖子感染母羊可导致新孢子虫经胎盘垂直传播感染子代。妊娠母羊对新孢子虫敏感,妊娠早期接种新孢子虫速殖子可导致孕羊流产,接种时间越晚,流产几率越小,但仍可造成垂直传播。接种新孢子虫后,母羊除可能发热外一般不表现出任何症状,剖检也无组织病变,但在流产胎羊和羔羊各组织中可观察到病变或虫体,病变特征与自然感染的牛相似。有关绵羊和山羊实验感染新孢子虫的详细资料可参见本章 8.2。

8.7.6 犬

犬是新孢子虫的终末宿主,新孢子虫在犬体内垂直传播和先天性感染现象已多次被报道。人工感染孕犬,新孢子虫可垂直传播感染给幼犬。Barber 和 Trees 应用血清学方法,检测了血清新孢子虫抗体阳性母犬及他的后代,179 只幼犬。结果显示 20%的幼犬经胎盘感染了新孢子虫,其中 3%的感染幼犬出现新孢子虫病的临床症状。因此,两人认为在自然状态下犬体内新孢子虫发生垂直传播的几率较低,流行病学调查结果表明水平传播途径是新孢子虫群内高感染率的主要原因。Cole 等人工感染犬,建立动物模型,从而研究感染新孢子虫患犬体内的垂直传播途径。人工感染妊娠母犬,在母犬组织中可观察到新孢子虫虫体,但是在产出幼崽组织内和接种的细胞培养物中均未发现虫体;若将新孢子虫直接感染幼犬,幼犬组织内可观察到虫体。该结果支持了 Barber 等的观点。

研究新孢子虫在其终末宿主体内发育的动态过程，掌握新孢子虫的有性繁殖特性，对于防控新孢子虫病意义重大。迄今为止，犬感染新孢子虫后排出卵囊规律和虫体在其肠道内的发育过程仍不清楚。尽管已经确认犬是新孢子虫的终末宿主，但并非每次饲喂含有新孢子虫包囊的组织都能从犬粪便中获得卵囊。Cedillo 给犬饲喂不同新鲜程度的感染胎牛组织均未能从犬粪便中收集到卵囊，小肠内没有发现虫体，也没有在犬血清中检测到新孢子虫抗体。实验状态下犬经口感染新孢子虫包囊能否排出卵囊受多种因素影响，如组织包囊内虫体的活性、虫体数量、犬年龄和免疫学状态等。胡月凤用来源于 BALB/c 小鼠的组织包囊饲喂 1 月龄雄性犬研究新孢子虫在犬体内的内生发育，观察期内部分肠段 PCR 阳性，肠道出现一定程度非典型病变，免疫组化染色也为阳性，但没有观察到明显的虫体或包囊结构，犬血清抗体未发生阴阳转换，也未能从粪便中检测到卵囊。

研究新孢子虫在犬体内发育的动态过程，掌握新孢子虫传播特性，对于防控新孢子虫病意义重大。所以，作为新孢子虫终末宿主的犬，其实验动物模型的建立还需进一步研究。

8.7.7 其他动物

其他动物也可作为研究新孢子虫病的实验动物。有报道肌肉注射新孢子虫速殖子感染孕期母猪，母猪和仔猪均出现一定的新孢子虫病临床症状，但在仔猪体内未发现新孢子虫速殖子或组织包囊。新孢子虫感染孕期母猫，可引起新孢子虫性流产；新孢子虫经口感染孕期母猫，产下的幼猫表现为慢性新孢子虫感染，并在组织中观察到新孢子虫虫体。Bjerkas 给蓝狐肌肉注射自然感染犬的脑组织匀浆液，10 周后，在蓝狐脑组织切片中观察到炎性病变和新孢子虫样速殖子。2 只浣熊饲喂新孢子虫感染组织后未出现临床症状，粪便中也未发现卵囊，但产生了抗新孢子虫抗体。孕期猕猴也可作为实验动物来评估灵长类动物对新孢子虫的易感性。孕期猕猴感染新孢子虫后，在胎儿体内也可观察到新孢子虫速殖子，说明新孢子虫在灵长类动物体内也能通过垂直传播途径感染子代，病变特征非常类似于人类先天性弓形虫病。灵长类动物的新孢子虫感染模型可以帮助我们预测新孢子虫感染人体后的状态，还可以用于评估疫苗和药物在类似人体情况下的保护效率和治疗效果。

新孢子虫实验动物模型主要用于研究新孢子虫对家畜的危害，旨在减少畜牧业的经济损失。借助于动物模型的间接研究，可以有意识地改变自然感染新孢子虫条件下不可能或不易排除的因素，以便更准确地观察模型的实验结果，并与自然感染新孢子虫病比较研究，有助于更方便、更有效地认识新孢子虫病的发生发展规律，研究防治措施。

参考文献

[1] 李晓卉. 青海省乌兰县绵羊感染犬新孢子虫的血清学检查. 中国人兽共患病学报，2008，24(2)：188.

[2] 马利青,王戈平,李晓卉,等. 青海省海西地区山羊和绵羊犬新孢子虫病的血清学调查. 家畜生态学报,2007,28(1):79-81.
[3] 陆艳,王戈平,马利青,用重组蛋白 NcSAG1t 作为 ELISA 诊断抗原进行改良绒山羊 Neospora caninum 的血清学诊断. 中国畜牧兽医,2007,34(2):109-111.
[4] 于珊珊. 新孢子虫胶体金免疫层析方法的改进与应用. 中国农业大学硕士学位论文,2011.
[5] 邓冲,张维,刘群. BALB/c 小鼠新孢子虫病动物模型的建立及在其体内发育过程的研究. 中国农业科学,2009,42(3): 1123-1128.
[6] 胡月凤. 新孢子虫在犬肠道内发育的初步研究. 中国农业大学硕士学位论文,2010.
[7] Albertine Leon,Eric Richard,Christine Fortier, et al. Molecular detection of Coxiella burnetii and Neospora caninum in equine aborted foetuses and neonates. Prev Vet Med, 2012,104:179-183.
[8] Antoinette E Marsh,Bradd C. Barr,Andrea E. Packham,et al. Description of a new Neospora species (Protozoa Apicomplexa Sarcocystidae). J. Parasitol, 1998, 84: 983-991.
[9] Bruce K Wobeser,Dale L Godson,Daniel Rejmanek,et al. Equine protozoal myeloencephalitis caused by Neospora hughesi in an adult horse in Saskatchewan. Can Vet J, 2009,50:851-853.
[10] Catherine P Walsh,Ramesh Vemulapalli,Nammalwar Sriranganathan,et al. Molecular comparison of the dense granule proteins GRA6 and GRA7 of Neospora hughesi and Neospora caninum. Int J Parasitol,2001,31:253-258.
[11] Catherine P Walsh,Robert B. Duncan Jr. ,Anne M. Zajac,et al. Neospora hughesi-experimental infections in mice, gerbils, and dogs. Vet Parasitol, 2000, 92: 119-128.
[12] Dubey J P,M L Porterfield. Neospora caninum (Apicomplexa) in an Aborted Equine Fetus. J. Parasitol,1990,76:732-734.
[13] Dubey J P,S Liddell,D Mattson, et al. Characterization of the Oregon isolate of Neospora hughesi from a horse. J. Parasitol,2001,87:345-353.
[14] DubeyJ P. Review of neospora caninum and neosporosis in animals. Korean J. Parasitol,2003,41:1-16.
[15] Eitan B Kligler,Varda Shkap,Gad Baneth,et al. Seroprevalence of Neospora spp. among asymptomatic horses,aborted mares and horses demonstrating neurological signs in Israel. Vet Parasitol,2007,148:109-113.
[16] Eliana Monteforte Cassaro Villalobos,et al. Association between the presence of serum antibodies against Neospora spp. and fetal loss in equines. Vet Parasitol,2006, 142:372-375.

[17] Eliana Monteforte Cassaro Villalobos, Tatiana Evelyn Hayama Ueno, Silvio Luis Pereira de Souza, et al. Association between the presence of serum antibodies against Neospora spp. and fetal loss in equines. Vet Parasitol,2006,142:372-375.

[18] Eva-Britt Jakubek, Anna Lunden, Arvid Uggla. Seroprevalences of Toxoplasma gondii and Neospora sp. infections in Swedish horses. Vet Parasitol,2006,138:194-199.

[19] Finno C J, M Aleman, N Pusterla. Equine Protozoal Myeloencephalitis Associated with Neosporosis in 3 Horses. J Vet Intern Med,2007,21:1405-1408.

[20] Hamir A N, S J Tornquist, T C Gerros, et al. Neospora caninum-associated equine protozoal myeloencephalitis. Vet Parasitol,1998,79:269-274.

[21] Marsha A E, D K Howe, G Wang, et al. Differentiation of Neospora hughesi from Neospora caninum based on their immunodominant surface antigen, SAG1 and SRS2. Int J Parasitol,1999,29:1575-1582.

[22] McDole M G, J M Gay. Seroprevalence of antibodies against Neospora caninum in diagnostic equine serum samples and their possible association with fetal loss. Vet Parasitol,2002,105:257-260.

[23] Pusterla N, Conrad P A, Packham A E, et al. Endogenous Transplacental Transmission Of Neospora Hughesi In Naturally Infected Horses. J. Parasitol, 2011, 97: 281-285.

[24] Paolo Ciaramella, Marco Corona, Laura Cortese, et al. Seroprevalence of Neospora spp. in asymptomatic horses in Italy. Vet Parasitol,2004,123:11-15.

[25] Paulo C Duarte, Patricia A Conrad, Bradd C Barr, et al. Risk of transplacental transmission of Sarcocystis neurona and Neospora hughesi in California horses. J. Parasitol,2004,90:1345-1351.

[26] Pierre-Hugues Pitel, Stephane Romand, Stephane Pronost, et al. Investigation of Neospora sp. antibodies in aborted mares from Normandy, France. Vet Parasitol,2003,118: 1-6.

[27] Veronesi F, Diaferia M, Mandara M T, et al. Neospora spp. Infection associated with equine abortion and/or stillbirth rate. Vet Res Commun,2008,32:223-226.

[28] Dubey J P, Lindsay D S. Neospora caninum induced abortion in sheep. Journal of Veterinary Diagnostic Investigation,1990,2(1):230-233.

[29] McAllister M M, McGuire A M, Jolley W R, et al. Experimental Neosporosis in Pregnant Ewes and Their Offspring. Veterinary Pathology,1996,33(6):647-655.

[30] Buxton D, Maley S W, Wright S, et al. The pathogenesis of experimental neosporosis in pregnant sheep. Journal of Comparative Pathology,1998,118(1):267-279.

[31] Helmick B. Serological investigation of aborted sheep and pigs for infection by Neospora caninum. Research in Veterinary Science,2002,73(2):187-189.

[32] Hassig M. Neospora caninum in sheep: a herd case report. Veterinary Parasitology, 2003,117(3):213-220.

[33] Howe L, West D M, Collett M G, et al. The role of Neospora caninum in three cases of unexplained ewe abortions in the southern North Island of New Zealand. Small Ruminant Research, 2008, 75(2-3):115-122.

[34] Kobayashi Y, Yamada M, Omata Y, et al. Naturally-occurring Neospora caninum infection in an adult sheep and her twin fetuses. Journal of Parasitology, 2001, 87(2): 434-436.

[35] Weston J F, Howe L, Collett M G, et al. Dose-titration challenge of young pregnant sheep with Neospora caninum tachyzoites. Veterinary Parasitology, 2009, 164(2-4): 183-191.

[36] Buxton D, Maley S W, Thomson K M, et al. Experimental infection of non-pregnant and pregnant sheep with Neospora caninum. Journal of Comparative Pathology, 1997, 117(1):1-16.

[37] Bishop S, King J, Windsor P, et al. The first report of ovine cerebral neosporosis and evaluation of Neospora caninum prevalence in sheep in New South Wales. Veterinary Parasitology, 2010, 170(1-2):137-142.

[38] Koyama T, Kobayashi Y, Omata Y, et al. Isolation of Neospora caninum from the brain of a pregnant sheep. Journal of Parasitology, 2001, 87(6):1486-1488.

[39] Pena H, Soares R, Ragozo A, et al. Isolation and molecular detection of Neospora caninum from naturally infected sheep from Brazil. Veterinary Parasitology, 2007, 147(1-2):61-66.

[40] Barr B C, Anderson M L, Woods LW, et al. Neospora-like protozoal infections associated with abortion in goats. Journal of Veterinary Diagnostic Investigation, 1992, 4(1):365-367.

[41] Dubey J P, Acland H M, Hamir A N. Neospora caninum (Apicomplexa) in a stillborn goat. Journal of Parasitology, 1992, 78(3):532-534.

[42] Lindsay D S, Rippey N S, Powe T A, et al. Abortions, fetal death, and stillbirths in pregnant pygmy goats inoculated with tachyzoites of Neospora caninum. Am J Vet Res, 1995, 56(9):1176-1180.

[43] Eleni C, Crotti S, Manuali E, et al. Detection of Neospora caninum in an aborted goat foetus. Veterinary Parasitology, 2004, 123(3-4):271-274.

[44] Czopowicz M, Kaba J, Szaluœ-Jordanow O, et al. Seroprevalence of Toxoplasma gondii and Neospora caninum infections in goats in Poland. Veterinary Parasitology, 2011, 178(3-4):339-341.

[45] Dubey J P, Schares G. Neosporosis in animals—The last five years. Veterinary Parasi-

tology,2011,180(1-2):90-108.

[46] Hassig M. Neospora caninum in sheep: a herd case report. Veterinary Parasitology, 2003,117(3):213-220.

[47] Figliuolo L. Prevalence of anti-Toxoplasma gondii and anti-Neospora caninum antibodies in ovine from Sao Paulo State,Brazil. Veterinary Parasitology,2004,123(3-4): 161-166.

[48] Gaffuri A,Giacometti M,Tranquillo V M,et al. Serosurvey of roe deer,chamois and domestic sheep in the central Italian Alps. Journal of Wildlife Diseases,2006,42(3): 685-690.

[49] Romanelli P,Freire R,Vidotto O,et al. Prevalence of Neospora caninum and Toxoplasma gondii in sheep and dogs from Guarapuava farms, Paraná State, Brazil. Research in Veterinary Science,2007,82(2):202-207.

[50] Konnai S,Mingala C N,Sato M,et al. A survey of abortifacient infectious agents in livestock in Luzon, the Philippines, with emphasis on the situation in a cattle herd with abortion problems. Acta Trop,2008,105(3):269-273.

[51] Howe L,West D M,Collett M G,et al. The role of Neospora caninum in three cases of unexplained ewe abortions in the southern North Island of New Zealand. Small Ruminant Research,2008,75(2-3):115-122.

[52] Al-Majali A M,Jawasreh K I,Talafha H A,et al. Neosporosis in Sheep and Different Breeds of Goats from Southern Jordan: Prevalence and Risk Factors Analysis. American Journal of Animal and Veterinary Sciences,2008,3(2):47-52.

[53] Andreotti R,Matos Mde F,Goncalves K N,et al. Comparison of indirect ELISA based on recombinant protein NcSRS2 and IFAT for detection of Neospora caninum antibodies in sheep. Rev Bras Parasitol Vet,2009,18(2):19-22.

[54] Ueno T E H,Gonçalves V S P,Heinemann M B,et al. Prevalence of Toxoplasma gondii and Neospora caninum infections in sheep from Federal District,central region of Brazil. Tropical Animal Health and Production,2008,41(4):547-552.

[55] Bártová E,Sedlák K,Literák I. Toxoplasma gondii and Neospora caninum antibodies in sheep in the Czech Republic. Veterinary Parasitology,2009,161(1-2):131-132.

[56] Soares H S,Ahid S M M,Bezerra A C D S,et al. Prevalence of anti-Toxoplasma gondii and anti-Neospora caninum antibodies in sheep from Mossoró,Rio Grande do Norte, Brazil. Veterinary Parasitology,2009,160(3-4):211-214.

[57] Špilovská S,Reiterová K,Kováeová D,et al. The first finding of Neospora caninum and the occurrence of other abortifacient agents in sheep in Slovakia. Veterinary Parasitology,2009,164(2-4):320-323.

[58] Faria E B,Cavalcanti E F,Medeiros E S,et al. Risk factors associated with Neospora

caninum seropositivity in sheep from the State of Alagoas, in the northeast region of Brazil. Journal of Parasitology, 2010, 96(1): 197-199.

[59] Salaberry S R, Okuda L H, Nassar A F, et al. Prevalence of Neospora caninum antibodies in sheep flocks of Uberlandia county, MG. Rev Bras Parasitol Vet, 2010, 19(3): 148-151.

[60] Panadero R, Painceira A, Lopez C, et al. Seroprevalence of Toxoplasma gondii and Neospora caninum in wild and domestic ruminants sharing pastures in Galicia (Northwest Spain). Res Vet Sci, 2010, 88(1): 111-115.

[61] Abo-Shehada M N, Abu-Halaweh M M. Flock-level seroprevalence of, and risk factors for, Neospora caninum among sheep and goats in northern Jordan. Preventive Veterinary Medicine, 2010, 93(1): 25-32.

[62] Bishop S, King J, Windsor P, et al. The first report of ovine cerebral neosporosis and evaluation of Neospora caninum prevalence in sheep in New South Wales. Veterinary Parasitology, 2010, 170(1-2): 137-142.

[63] Rossi G F, Cabral D D, Ribeiro D P, et al. Evaluation of Toxoplasma gondii and Neospora caninum infections in sheep from uberlandia, Minas Gerais State, Brazil, by different serological methods. Veterinary Parasitology, 2010.

[64] Langoni H, Greca H Jr, Guimaraes F F, et al. Serological profile of Toxoplasma gondii and Neospora caninum infection in commercial sheep from Sao Paulo State, Brazil. Vet Parasitol, 2011, 177(1-2): 50-54.

[65] Dubey J P, Morales J A, Villalobos P, et al. Neosporosis-associated abortion in a dairy goat. Journal of American Veterinary Medicine Association, 1996, 208(2): 263-265.

[66] Ooi H K, Huang C C, Yang C H, et al. Serological survey and first finding of Neospora caninum in Taiwan, and the detection of its antibodies in various body fluids of cattle. Vet Parasitol, 2000, 90(1-2): 47-55.

[67] Figliuolo L. Prevalence of anti-Toxoplasma gondii and anti-Neospora caninum antibodies in goat from Sao Paulo State, Brazil. Small Ruminant Research, 2004, 55(1-3): 29-32.

[68] Naguleswaran A, Hemphill A, Rajapakse R, et al. Elaboration of a crude antigen ELISA for serodiagnosis of caprine neosporosis: validation of the test by detection of specific antibodies in goats from Sri Lanka. Veterinary Parasitology, 2004, 126(3): 257-262.

[69] Faria E, Gennari S, Pena H, et al. Prevalence of anti-Toxoplasma gondii and anti-Neospora caninum antibodies in goats slaughtered in the public slaughterhouse of Patos city, Paraíba State, Northeast region of Brazil. Veterinary Parasitology, 2007, 149(1-2): 126-129.

[70] Moore D P, de Yaniz M G, Odeón A C, et al. Serological evidence of Neospora caninum infections in goats from La Rioja Province, Argentina. Small Ruminant Research, 2007, 73(1-3): 256-258.

[71] Uzeda R, Pinheiro A, Fernandez S, et al. Seroprevalence of Neospora caninum in dairy goats from Bahia, Brazil. Small Ruminant Research, 2007, 70(2-3): 257-259.

[72] Konnai S, Mingala C N, Sato M, et al. A survey of abortifacient infectious agents in livestock in Luzon, the Philippines, with emphasis on the situation in a cattle herd with abortion problems. Acta Trop, 2008, 105(3): 269-273.

[73] Al-Majali A N, Jawasreh K I, Talafha H A, et al. Neosporosis in Sheep and Different Breeds of Goats from Southern Jordan: Prevalence and Risk Factors Analysis. American Journal of Animal and Veterinary Sciences, 2008, 3(2): 47-52.

[74] Silva M S A, Uzêda R S, Costa K S, et al. Detection of Hammondia heydorni and related coccidia (Neospora caninum and Toxoplasma gondii) in goats slaughtered in Bahia, Brazil. Veterinary Parasitology, 2009, 162(1-2): 156-159.

[75] Abo-Shehada M N, Abu-Halaweh M M. Flock-level seroprevalence of, and risk factors for, Neospora caninum among sheep and goats in northern Jordan. Preventive Veterinary Medicine, 2010, 93(1): 25-32.

[76] García-Bocanegra I, Cabezón O, Pabón M, et al. Prevalence of Toxoplasma gondii and Neospora caninum antibodies in Spanish ibex (Capra pyrenaica hispanica). The Veterinary Journal, 2010.

[77] Czopowicz M, Kaba J, Szaluœ -Jordanow O, et al. Seroprevalence of Toxoplasma gondii and Neospora caninum infections in goats in Poland. Veterinary Parasitology, 2011, 178(3-4): 339-341.

[78] Dubey J P, Lindsay D S. Fatal Neospora caninum infection in kittens. J Parasitol, 1989, 75: 148-151.

[79] Dubey J P, Lindsay D S. Transplacental Neospora caninum infection in cats. J Parasitol, 1989, 75: 765-771.

[80] Dubey J P, Carpenter J L. Toxoplasma gondii-like schizonts in the tracheal epithelium of a cat. J Parasitol, 1991, 77: 792-796.

[81] Dubey. An unidentified Toxoplasma-like tissue cyst-forming coccidium in a cat. Parasitol Res, 1992, 78: 39-42.

[82] Dubey. Prevalence of Antibodies to Neospora caninum and Sarcocystis neurona in Sera of Domestic Cats From Brazil. J. Parasitol, 2002, 88: 1 251-1 252.

[83] Elikira N Kimbita, et al. Serodiagnosis of Toxoplasma gondii infection in cats by enzyme-linked immunosorbent assay using recombinant SAG1. Veterinary Parasitology, 2001, 102: 35-44.

[84] E. Ferroglio, et al. Antibodies to Neospora caninum in stray cats from north Italy. Veterinary Parasitology, 2005, 131: 31-34.

[85] Javier Milla, et al. Seroprevalence of Toxoplasma gondii and Neospora caninum in feral cats (Felis silvestris catus) in Majorca, Balearic Islands, Spain. Veterinary Parasitology, 2009, 165: 323-326.

[86] K D S Bresciani, et al. Antibodies to Neospora caninum and Toxoplasma gondii in domestic cats from Brazi. Parasitol Res, 2007, 100: 281-285.

[87] Little L, et al. Toxoplasma gondii-like organisms in skin aspirates from a cat with disseminated protozoal infection. Vet Clin Pathol, 2005, 34: 150-160.

[88] McAllister M M, et al. Oral inoculation of cats with tissue cysts of Neospora caninum. Am J Vet Res, 1998, 59: 441-444.

[89] Sandor Hornok, et al. Seroprevalence of toxoplasma gondii and neospora caninum infection of cats in Hungary. Acta Veterinaria Hungarica, 2008, 56 (1): 81-88.

[90] Bartels C J M, Wouda W, Schukken Y H. Risk factors for Neospora caninum-associated abortion storms in dairy herds in The Netherlands(1995—1997). Theriogenology, 1999, 52: 247-257.

[91] McGuire A M, McAllister M, Wills R A, et al. Experimental inoculation of domestic pigeons (Columbia livia) and zebra finches (Poephila guttata) with Neospora caninum tachyzoites. Int. J. Parasitol, 1999, 29: 1 525-1 529.

[92] Furuta P I, Mineo T W P, Carrasco A O T, et al. Neospora caninum infection in birds: experimental infections in chicken and embryonated eggs. Parasitology, 2007, 134: 1931-1939.

[93] Costa K S, Santos S L, Uzêda R S, et al. Chickens (Gallus domesticus) are natural intermediate hosts of Neospora caninum. Int. J. Parasitol, 2008, 38: 157-159.

[94] Martins J, Kwok O C H, Dubey J P. Seroprevalence of Neospora caninum in free-range chickens (Gallus domesticus) from the Americas. Vet Parasitol, 2011, 182: 349-351.

[95] Gondim L S Q, AbeSandes K, Uzêda R S, et al. Toxoplasma gondii and Neospora caninum in sparrows (Passer domesticus) in the Northeast of Brazil. Vet. Parasitol, 2010, 168: 121-124.

[96] Darwich L, Cabezón O, Echeverria I, et al. Presence of Toxoplasma gondii and Neospora caninum DNA in the brain of wild birds. Vet Parasitol, 2012, 183: 377- 381.

[97] Mineo T W P, Carrasco A O T, Raso T F, et al. Survey for natural Neospora caninum infection in wild and captive birds. Vet Parasitol, 2011, 182: 352- 355.

[98] Molina-López R, Cabezón O, Pabón M, et al. High seroprevalence of Toxoplasma gondii and Neospora caninum in the Common raven (Corvus corax) in the Northeast of Spain. Res Vet Sci. doi: 10. 1016/j. rvsc, 2011. 05. 011.

[99] Yakhchali Mohammad, Javadi Shahram, Morshedi Ahmad, et al. Prevalence of antibodies to Neospora caninum in stray dogs of Urmia, Iran. Parasitol Res, 2010, 106: 1 455-1 458.

[100] Lindsay D S, Weston J L, Little S E, et al. Prevalence of antibodies to Neospora caninum and Toxoplasma gondii in gray foxes (Urocyon cinereoargenteus) from South Carolina. Veterinary Parasitology, 2001, 97: 159-164.

[101] Gondim L S, Abe-Sandes K, Uzêda R S, et al. Toxoplasma gondii and Neospora caninum in sparrows (Passer domesticus) in the Northeast of Brazil. Veterinary Parasitology, 2010, 168: 121-124.

[102] Gennari S M, Rodrigues A A, Viana R B, et al. Occurrence of anti-Neospora caninum antibodies in water buffaloes (Bubalus bubalis) from the Northern region of Brazil. Veterinary Parasitology, 2005, 134: 169-171.

[103] Cabaj W, Moskwa B, Pastusiak K, et al. Antibodies to Neospora caninum in the blood of European bison (Bison bonasus bonasus L.) living in Poland. Veterinary Parasitology, 2005, 128: 163-168.

[104] Dubey J P, Zarnke R, Thomas N J, et al. Toxoplasma gondii, Neospora caninum, Sarcocystis neurona, and Sarcocystis canis-like infections in marine mammals. Veterinary Parasitology, 2003, 116: 275-296.

[105] Millán J, Cabezón O, Pabón M, et al. Seroprevalence of Toxoplasma gondii and Neospora caninum in feral cats (Felis silvestris catus) in Majorca, Balearic Islands, Spain. Veterinary Parasitology, 2009, 165: 323-326.

[106] Liu J, Cai J Z, Zhang W, et al. Seroepidemiology of Neospora caninum and Toxoplasma gondii infection in yaks (Bos grunniens) in Qinghai, China. Veterinary Parasitology, 2008, 152: 330-332.

[107] MarcoI, Ferroglio E, López-Olvera J R, et al. High seroprevalence of Neospora caninum in the red fox(Vulpes vulpes) in the Pyrenees (NE Spain). Veterinary Parasitology, 2008, 152: 321-324.

[108] Fujii K, Kakumoto C, Kobayashi M, et al. Seropidemiology of Toxoplasma gondii and Neospora caninum in Seals around Hokkaido, Japan. J, Vet. Med. Sci., 2007, 69 (4): 393-398.

[109] Conrad P A, Miller M A, Kreuder C, et al. Transmission of Toxoplasma: Clues from study of sea otters as sentinels of Toxoplasma gondii flow into the marine environment. Int. J. Parasitol, 2005, 35: 1155-1168.

[110] Miller M A, Gardnerb I A, Kreuder C, et al. Coastal freshwater runoff is a risk factor for Toxoplasma gondii infection of southern sea otters (Enhydra lutris nereis). International Journal for Parasitology, 2002(32): 997-1006.

[111] Lindsay D S,Collins M V,Mitchell S M,et al. Sporulation and survival of Toxoplasma gondii oocysts in seawater. J. Eukaryot. Microbiol,2003,50: 687-688.

[112] Nakaoka T,Hamanaka T,Wada K,et al. Food and feeding habits of Kuril and spotted seals captured at the Nemuro Peninsula,1986:103-125.

[113] Cole R A,Lindsay D S,Howe D K,et al. Biological and molecular characterization of Toxoplasma gondii strains obtained from southern sea otters (Enhydra lutris nereis). J. Parasitol,2000,86,526-530.

[114] Fayer R,Lewis E J,Trout J M, et al. Cryptosporidium parvum in oysters from commercial harvesting sites in the Chesapeake Bay. Emerg. Infect. Dis,1999,5:706-710.

[115] Graczyk T K,Fayer R,Lewis E J,et al. Cryptosporidium oocysts in Bent mussels (Ischadium recurvum) in the Chesapeake Bay. Parasitol. Res,1999,85:518-521.

[116] Jardine J E,Dubey J P. Congenital toxoplasmosis in an Indo-Pacific bottlenose dolphin (Tursiops aduncus). J. Parasitol,2002,88:197-199.

[117] Lindsay D S,Thomas N J,Dubey J P. Isolation and characterization of Sarcocystis neurona from a Southern sea otter (Enhydra lutris nereis). Int. J. Parasitol,2000,30: 617-624.

[118] Miller M,Conrad P,James E R. Transplacental toxoplasmosis in a wild southern sea otter (Enhydra lutris nereis). Veterinary Parasitology,2008(153):12-18.

[119] Atkinson R,Harper P A,Ryce C. Comparison of the biological characteristics of two isolates of Neosporacaninum. Parasitology,1999,118 (Pt 4): 363-370.

[120] Cedillo C,Martinez M,Santacruz A,et al. Models for experimental infection of dogs fed with tissue from fetuses and neonatal cattle naturally infected with Neosporacaninum. Veterinary Parasitology,2008,154: 151-155.

[121] Collantes-Fernandez E,Rodriguez-Bertos A,Arnaiz-Seco I. Influence of the stage of pregnancy on Neosporacaninum distribution,parasite loads and lesions in aborted bovine foetuses. Theriogenology,2006,65: 629-641.

[122] Dubey J P,Lindsay D S. Gerbils (Merionesunguiculatus) are highly susceptible to oral infection with Neosporacaninumoocysts. Parasitol Res,2000,86: 165-168.

[123] Dubey,Lindsay. Fatal Neospora caninum infection in kittens. J Parasitol,1989,75 (1): 148-151.

[124] Dubey,Hattel,Lindsay D S. Neonatal Neosporacaninum infection in dogs: isolation of the causative agent and experimental transmission. J Am Vet Med Assoc,1988, 193(10): 1 259-1 263.

[125] Eperon S,Brönnimann K,Hemphill A. Susceptibility of B-cell deficient C57BL/6 (microMT) mice to Neosporacaninum infection. Parasite Immunol,1999,21(5): 225-236.

[126] Liddell S,Jenkins M C,Collica C M. Prevention of vertical transfer of Neosporacaninum in BALB/c mice by vaccination. J. Parasitol,1999,85: 1072-1075.

[127] Lindsay D S,Dubey J P. Infections in mice with tachyzoites and bradyzoites of Neosporacaninum (Protozoa: Apicomplexa). J Parasitol,1990,76(3): 410-413.

[128] Long M T,Baszler T V. Fetal loss in BALB/c mice infected with Neosporacaninum. J. Parasitol,1996,82: 608-611.

[129] Lopez-Perez I C,Collantes-Fernandez E,Aguado-Martinez,A. Infeuence of Neosporacaninum infection in BALB/c mice during pregnancy in post-natal development. Vet. Parasitol,2008,155: 175-183.

[130] Miller C M,Quinn H E,Windsor P A. Characterisation of the first Australian isolate of Neosporacaninum from cattle. Aust. Vet. J,2002,80: 620-625.

[131] Quinn H E,Miller C M,Ryce C,et al. Characterization of an outbred pregnant mouse model of Neosporacaninum infection. J. Parasitol,2002,88: 691-696.

[132] Ramamoorthy S,Sriranganathan N,Lindsay D S. Gerbil model of acute neosporosis. Veterinary Parasitology,2005,127: 111-114.

[133] Ramamoorthy S,Duncan R,Lindsay D S. Optimization of the use of C57BL/6 mice as a laboratory animal model for Neosporacaninum vaccine studies. Vet. Parasitol,2007,145: 253-259.

[134] Ramamoorthy S,Sanakkayala N,Vemulapalli R. Prevention of vertical transmission of Neosporacaninum in C57BL/6 mice vaccinated with Brucellaabortus strain RB51 expressing N. caninum protective antigens. Int. J. Parasitol,2007,37:1 531-1 538.

[135] Vemulapalli R,Sanakkayala N,Gulani J. Reduced cerebral infection of Neosporacaninum in BALB/c mice vaccinated with recombinant Brucellaabortus RB51 strains expressing N. caninum SRS2 and GRA7 proteins. Vet. Parasitol,2007,148:219-230.

第9章

新孢子虫病诊断方法

新孢子虫病(neosporosis)是由犬新孢子虫(*Neospora caninum*)引起的能感染多种动物的原虫病,呈世界范围内流行。该病对牛的危害最为严重,是造成奶牛流产、产弱胎、死胎、木乃伊胎的主要原因之一。迄今为止,还没有防治新孢子虫病的有效药物和疫苗,淘汰感染牛只及其他辅助措施是当前仅有的防治新孢子虫病方法。因而检测牛群感染情况、快速诊断该病是防治新孢子虫病的前提。目前,新孢子虫病的主要检测方法有组织病理学、分子生物学、病原学以及血清学诊断等。但是,要确诊由犬新孢子虫引发的流产或死胎,则应在常规新孢子虫检测结果的基础上,排除其他病原感染可能性,并结合流行病学、临床症状等综合判定。

犬新孢子虫病原分离是最为有力的感染证据,但新孢子虫虫体的分离至今仍是非常困难的工作,自 Dubey 于 1988 年成功分离犬新孢子虫后,世界范围内的病原分离工作成功甚少。血清学诊断被认为是较为快速的检测新孢子虫感染的方法之一,也是目前应用最为广泛的诊断方法。在诸多检测新孢子虫血清抗体的方法中,ELISA 是最常用的方法。而以胶体金免疫层析技术为基础的快速诊断试纸条(ICT)具有快速、易用的特点,不需要特殊仪器和繁杂的实验操作,适用于田间及基层兽医人员的检测应用。目前,新孢子虫病主要诊断产品仍主要依靠进口,尚无国产的成熟产品应用。

9.1 病原学诊断

病原分离是最为有力的感染证据,但虫体的分离至今仍是非常困难的工作,因为虫体会随着感染胎儿的死亡而死亡,世界范围内的分离工作成功甚少,实验室间仍没有成熟的用于病原分离的技术规程,实验手段各异。Conrad 等对 49 例被新孢子虫感染而造成流产的胎牛组织进行病原分离培养，只有2例成功获得活的速殖子。相对于流产胎牛，从先天感染的胎牛神经组织内分离可能更容易一些，因为组织包囊对自溶的抵抗能力更强。目前在实验室还没有成熟的用于病原分离的操作方法。为了提高分离的成功率，富集具有感染性的虫体是最为重要的步骤。收集的匀浆可以直接在培养细胞上，如牛肾细胞、Vero细胞等传代细胞系，进行传代接种，也可以先感染实验动物如BALB/c鼠及IFN-γ敲除鼠(GKO)等，然后再次感染单层细胞以获得能够传代的速殖子。

对于新孢子虫速殖子和缓殖子在不同浓度的消化液(胰酶或胃蛋白酶)中的存活时间目前还无定论，尽管弓形虫的速殖子和缓殖子被证明在消化液中能够至少存活2 h，但之后其活性会快速地降低直至死亡。因而在进行病原分离时，消化组织的时间不要长于60 min。

9.1.1 用于新孢子虫分离的样品

犬新孢子虫主要寄生于中间宿主牛和犬的中枢神经系统(脑和脊髓)中，因而常用的实验室分离以脑和脊髓为对象，经消化后感染细胞、实验鼠等进行增殖。对于终末宿主犬，通过收集其粪便中的新孢子虫卵囊，进而感染沙鼠等模型动物后再以沙鼠脑组织进行分离培养，也是犬新孢子虫病原分离的一种方法。但因用于新孢子虫分离培养的样品来源复杂，极易造成培养细胞或模型动物的污染或感染，导致分离培养工作的失败。

9.1.1.1 牛

1. 牛的脑组织

依据文献报道，目前成功从牛脑组织中分离出新孢子虫的案例共24个，包括流产胎牛、死产牛、犊牛和母牛等，分布于美国、日本、欧洲等地。具体分离信息见表9.1。

表9.1 新孢子虫奶牛分离株

国　家	分离株	病料来源	胰酶处理方式	培养细胞	鼠
澳大利亚	Nc-Nowra	7日龄犊牛	0.05%，30 min	Vero	KO
巴西	BCN/PR3	胎牛	0.05%，30 min	Vero	SW，gerbils
巴西	BNc-PR1	3月龄犊牛	0.05%，30 min	Vero	无
意大利	Nc-PVI	45日龄犊牛	0.25%，45 min	Vero	无
意大利	Nc-PGI	8月龄犊牛	无	Vero	SW(免疫抑制)
日本	JPA-1	2周龄犊牛	0.25%，45 min	CPAE	裸鼠
日本	BT-3	成年牛	无	无	裸鼠
韩国	KBA-1	1日龄犊牛	0.25%，30 min	Vero	无
韩国	KBA-2	胎牛	0.25%，30 min	Vero	无
马来西亚	Nc-MalB1	1日龄犊牛(已死亡)	无	无	BALB/c

续表 9.1

国　家	分离株	病料来源	胰酶处理方式	培养细胞	鼠
新西兰	NcNZ1	母牛	2%,30 min	Vero	无
新西兰	NcNZ2	2 日龄犊牛	2%,30 min	Vero	无
新西兰	NcNZ3	流产胎牛	2%,30 min	Vero	无
葡萄牙	Nc-Porto 1	胎牛	2%,60 min	无	SW
西班牙	Nc-SP-1	胎牛	2%,60 min	无	SW
瑞典	Nc-SweB1	流产胎牛	0.25%,30 min	Vero	无
英国	Nc-LivB1	流产胎牛	0.5%,30 min	Vero	无
英国	Nc-LivB2	胎牛	—	—	—
美国	BPA-1	胎牛	0.05%,1 h	无	无
美国	BPA-2	胎牛	0.05%,1 h	无	无
美国	BPA-3	2 日龄犊牛	—	CPAE	无
美国	BPA-4	6 日龄犊牛	—	CPAE	无
美国	Nc-Beef	犊牛	—	—	—
美国	Nc-Illinois	犊牛	—	—	—

SW:Swiss Webster。

从流产的胎牛中分离虫体的成功率比较低。寄生于流产胎儿脑组织中的新孢子虫虫体会随着胎儿的死亡活力逐渐减弱,并最终失去活力,从流产发生到病料送至实验室进行分离培养的时间是影响病原分离成功的重要因素。新孢子虫速殖子活性受脑组织的自溶影响较大,大多数病料在送至实验室时即已丧失感染活性,即使是以包囊形式存在的缓殖子同样受脑组织自溶的影响。大多数情况下,脑组织中新孢子虫检测阳性并不意味着其具有感染活性,也不意味着分离培养能够成功。

从先天感染的小牛神经组织中分离新孢子虫比从流产胎牛脑组织中分离的成功率更高,成熟的组织包囊及较短的处理时间可能是该方法成功率较高的原因。Fioretti 等成功从一个 8 个月大无临床症状的小牛脑组织内分离出新孢子虫病原,认为母牛高血清抗体滴度及脑组织中包囊的大量存在是其成功分离病原的原因。在该报道中,母牛在怀孕 230 d 时 IgG 和 IgM 抗体滴度均非常高,胎盘有炎性病灶,并且通过小鼠接种获得有活力的新孢子虫速殖子,小牛脑组织里见到大量包囊组织,且用于分离培养的脑组织较为新鲜,未发生自溶等影响分离的现象。

此外,也有从确认感染新孢子虫的母牛组织中进行成功分离的报道。Sawada 等从 2 岁大的母牛脑组织中分离出新孢子虫。该母牛有过 2 次流产史,无其他临床症状,其流产胎儿被证实存在新孢子虫感染,母牛脑组织仅有轻微的非化脓性脑炎。Okeoma 则在新西兰成功从一头 2 岁成年母牛中分离出新孢子虫。这头母牛在怀孕 150 d 时呈新孢子虫血清抗体阳性,之后在整个怀孕过程持续保持抗体阳性。但该母牛与其产生的小牛均未出现临床症状。

2. 牛外周血白细胞

犬新孢子虫可入侵多种细胞,在新孢子虫感染的早期,虫体基本能入侵所有脏器,后期主要寄生于脑组织中。

牛的外周血单核细胞和粒性白细胞-巨噬细胞是树突状细胞(DCs)的前体。体外实验证明,树突状细胞能够携带传递新孢子虫。Strohbusch 等证明树突状细胞与新孢子虫能够直接作用。透射电镜研究发现,新孢子虫能够入侵并在树突状细胞内增殖,移动的树突状细胞能将新孢子虫转移至全身各器官并导致感染。弓形虫也具有类似的入侵机制。

2010 年,Bien 等从感染动物外周血白细胞进行新孢子虫分离的研究,该研究小组从2 头欧洲野牛外周血的白细胞中成功分离出 2 株新孢子虫。ELISA 检测结果表明其血清抗体滴度非常高,说明牛只正处于急性感染时期,虫体通过外周血转移扩散至全身其他器官。Bien 等利用淋巴细胞分离液将白细胞从牛外周血中分离,将分离出的白细胞接种于 Vero 细胞进行培养。用该方法分离的样品来源广泛,操作简单,不易污染,分离出虫体的概率较高。

9.1.1.2 犬

1. 犬的脑组织

虽然犬既可作为新孢子虫的中间宿主,也可以作为其终末宿主,但从犬脑组织中分离新孢子虫的报道较少。大部分分离实验均以具有临床症状的犬为对象。在德国,Martin Peters 等从 2 只后肢局部麻痹的幼犬成功分离出 2 株新孢子虫。其中 1 只小母犬在 6 周时出现左下肢僵硬,以甲氧苄氨嘧啶和磺胺嘧啶治疗 12 d,但无明显改善。安乐死后,血清学和组织病理学检测证实是新孢子虫感染。在巴西,Gondim 等从 1 只 7 岁大的公牧羊犬脑组织中成功分离出新孢子虫。当时该牧羊犬后肢麻痹,怀疑是脊髓炎恶化,在用皮质类固醇治疗 10 d 未见好转,并于 2 周后死亡,血清学检测发现呈新孢子虫抗体阳性。

2. 犬的粪便

犬作为新孢子虫的终末宿主,感染犬的粪便中可能会排出新孢子虫卵囊。孢子化的卵囊具有感染性。收集犬粪中的卵囊接种易感动物,如 IFN-γ 敲除鼠(GKO)、沙鼠等,再以鼠脑组织进行分离培养。目前,已有德国和葡萄牙的 2 个实验室分别采用此方法成功分离出新孢子虫速殖子。

3. 犬的皮肤

根据已发表的文献资料,只有澳大利亚的 McInnes 等从 1 例患新孢子虫病的犬病灶皮肤上分离出新孢子虫。患病动物是西部丘陵地带一种小犬,其出现典型的神经系统疾病,表现为共济失调、身体僵硬、不能直立、头向左边倾斜等,同时在其右肘背外侧皮肤出现 5 mm 大的结节损伤。研究人员将该皮肤结节取下并经过一定的处理,接种 Vero 细胞,并最终分离出新孢子虫速殖子。

9.1.2 分离培养模型

9.1.2.1 传代细胞系

富集具有感染性的病原是提高分离成功率非常重要的步骤，细胞培养是应用最为广泛的一种方式，众多哺乳动物细胞系都能用来分离新孢子虫，如牛肾细胞、非洲绿猴肾细胞(Vero 细胞)等。尽管用于分离培养的细胞系以 Vero 细胞居多，但没有证据表明新孢子虫速殖子对于不同细胞系具有亲嗜性。将用于病原分离的组织匀浆酶解并接种于培养细胞是分离过程的关键步骤，在这个过程中应极力避免污染的发生。对于接种培养时间与分离成功率间尚无明显联系，通常，组织匀浆液接种细胞 1 h 后对培养细胞进行清洗并更换新鲜培养基。有报道培养基中使用的牛血清可能会影响新孢子虫分离效果，因为使用的血清可能存在新孢子虫抗体。因而对培养用胎牛血清进行新孢子虫抗体检测有助于避免因此造成的干扰，提高分离培养成功率。

相对于弓形虫速殖子，新孢子虫感染活性较弱，从组织中分离出的速殖子在体外培养条件下需较长的适应及分裂增殖时间，尤其是以包囊形式存在的缓殖子培养时间更为漫长，其中涉及从缓殖子到速殖子的转化过程。自接种到可见的速殖子或裂殖体的时间没有统一的规律，从几周到数月不等，一般接种后需要 60 d 才能观察到虫体，最长的培养时间长达 200 d 左右。以色列分离株 NcIs491 和 NcIs580 在接种后第 30 天和第 32 天时就可观察到有活力的虫体。Gozdzik 和 Cabaj 接种牛的脑组织于 Vero 细胞，接种后 66 d 才观察到虫体(Nc-PolB1)。Bien 等将 2 头欧洲野牛外周血白细胞接种于 Vero 细胞，分别于第 60 天和第 70 天观察到虫体，命名为 Nc-PolBb1 和 Nc-PolBb2。Stenlund 等在接种培养 56 d 观察到虫体(Nc-SweB1)。日本分离株 JPA1 则是将 2 周大的小牛脑组织接种于 Vero 细胞后 49 d 观察到虫体。韩国分离株 KBa-1 和 KBA-2 是接种新生小牛脑组织后第 45 天和第 56 天时观察到虫体。还有文献报道，有的分离培养达到 100～200 d 才看到有活的虫体出现。

9.1.2.2 实验动物

用于病原分离的组织匀浆除可用于接种培养细胞外，也可以直接用于感染实验动物如 BALB/c 鼠及 IFN-γ 敲除小鼠(GKO)等，再以感染动物脑及其他组织接种培养细胞以获得有活性的新孢子虫速殖子。接种感染病料于免疫抑制的小鼠比直接接种细胞更能有效地获得有活力的新孢子虫。近亲交配的小鼠，如 BALB/c，比远交系小鼠对新孢子虫更为敏感。基因敲除小鼠(GKO)比裸鼠更适合新孢子虫的分离；但是尚无针对不同品系 GKO 鼠易感性的比较性研究。现在常用的是来源于 BALB/c 的 GKO 鼠。裸鼠和 SCID 鼠同样也对新孢子虫敏感。Pipano 等比较了蒙古沙鼠(*Meriones unguiculatus*)与沙滩鼠(*Psammomys obesus*)的新孢子虫易感性，发现在接种 10 个速殖子后两种实验鼠均获得感染并出现临床症状。

通过使用免疫抑制剂使实验动物产生免疫抑制，降低其对感染的抵抗性，有助于提高新孢子虫易感性。皮下注射甲强松醋酸盐或可的松醋酸盐通的方式使小鼠获得免疫抑制，或者用地塞米松(10 μg/mL)通过饮水方式使小鼠获得免疫抑制。免疫抑制剂的应用时间一般从接种病料开始直至观察到临床症状时停止，可能长达 8 周(如 GKO 鼠)。在接种病料后 2～4 周死亡的免疫抑制小鼠，新孢子虫一般分布于肝、肺、心等脏器。在接种 5 周后，可在脑组织中观察到虫体的出现。定期对感染小鼠进行血清学抗体检测有助于更好地掌握新孢子虫感染状态，并在最佳时间段获得感染性组织用于细胞培养分离操作。因此，相对于不产生抗体的裸鼠，GKO 鼠用于分离培养具有一定的优势，但成本相对较高。还有文献报道，将牛脑组织均浆液和鼠肉瘤细胞同时接种于免疫抑制小鼠腹腔有助于提高分离成功率，操作较为繁琐。

此外，从犬粪便中分离得到的新孢子虫卵囊亦可以直接经口感染易感动物如沙鼠等，并将成功感染动物的脑及其他组织用于单层细胞的分离培养。蒙古沙鼠(*Meriones unguiculatus*)对新孢子虫卵囊易感，但沙鼠用于分离培养时存在虫体在沙鼠体内自然消失的现象。

9.2 组织病理学诊断

9.2.1 病理学变化

9.2.1.1 流产胎牛及死胎

组织病理学检测是新孢子虫感染的一项重要的检测手段。炎症是新孢子虫感染组织中最为常见的病灶。在脑、脊髓、心脏、肝、肺及肾脏等各组织中均可出现，伴有炎性细胞浸润。但病灶主要集中在中枢神经系统(CNS)、心脏和肝脏内。通常无肉眼可见的损伤。心脏和肌肉易出现白色点状病灶，脑组织中会出现脑水肿样病变，病灶周围伴有单核细胞浸润。通常流产的胎儿会发生自溶或木乃伊化。

新孢子虫感染后，脊髓及脑组织中易出现神经性损伤。新孢子虫感染在神经系统的病变以非化脓性脑脊髓炎为主要特征，包括以多点性的非化脓性炎性渗透为标志的非化脓性脑脊髓炎，伴随有多病灶性坏死以及脑膜的非化脓性白细胞浸润。坏死病灶中心区域的单核细胞浸润是新孢子虫感染后中枢神经系统最具代表性病变。在妊娠晚期流产的胎儿常出现神经胶质细胞增多，偶尔也会有钙化现象。新孢子虫感染对心肌的损伤十分严重，但在大多数情况下，心肌病变因组织自溶而不易观察。心肌的病变常表现为多发性心肌炎和多发性心内膜炎。肝脏主要表现为坏死性肝炎，有大量浆细胞、巨噬细胞、淋巴细胞和少量嗜中性粒细胞浸润。肝门静脉周围单核细胞浸润，出现不同程度的坏死灶及纤维蛋白血栓。胎盘典型病变是胎盘绒毛小叶上有局灶性坏死和非化脓性炎症。速殖子在滋养层内存在。

通过结合流行病学背景，新孢子虫流行性流产导致的组织器官损伤较地方性流产更为严重，主要体现在感染动物心脏、脑、肺、肝脏、肾脏等组织中，虫体在胎儿体内分布得也更为广泛。感染所造成的损伤程度与流产时不同的妊娠阶段也有关系，妊娠前期和中期较妊娠后期导致的损伤严重。

9.2.1.2 新生牛及成年牛

一般来说，先天性感染的牛犊很少表现出临床症状，即使有临床表现也很难在组织学上观察到。研究发现，在6头有神经症状且所食初乳中含有新孢子虫抗体的犊牛中，只有一头在组织切片中检测到新孢子虫。在有明显临床症状犊牛或是那些出生后不久即表现出临床症状的犊牛组织中，脑脊髓炎是新孢子虫感染的典型病变。

新孢子虫引起成年牛的特异性损伤仍未得到证实，至少在2月龄以上犊牛的组织学诊断中仍未获得确证。但有 Sawada 等报道在成年牛体内分离到新孢子虫，该牛中枢神经系统出现神经胶质细胞增生、血管套、局灶性肌炎和心肌炎，肝脏和肾脏出现单核细胞浸润。在病变组织中可以发现速殖子的存在，并能够与新孢子虫抗体反应。

9.2.1.3 其他动物

Neospora hughesi 从马组织中分离，其在马脑组织中形成包囊壁的厚度要比犬新孢子虫(*N. caninum*)薄，其缓殖子亦比犬新孢子虫小，但目前还不能确定 *N. hughesi* 是否是唯一能够感染马的新孢子虫种。

在患有先天性新孢子虫感染的山羊组织中，少见有肉眼可见病变，组织病理学病变主要以非化脓性脑脊髓炎并伴随有单核细胞浸润。此外，在山羊组织中还可以观察到组织包囊损伤及肉芽肿性炎症。在心脏、肺和肝脏等脏器中也可见新孢子虫感染所致病变，但没有观察到速殖子存在的报道。在对绵羊肝脏、肺脏、心脏及肾脏的组织病理学诊断中发现，新孢子虫感染易导致肝脏溃疡，肺充血及非化脓性心肌炎。脑及脊髓中易发生急性非化脓性脑膜炎及脊髓炎，尤其以中脑病变最为严重，表现为多病灶性水肿和坏死，并伴随有严重的多病灶脉管炎和神经胶质过多症。神经胶质结节大量见于脑及脊髓灰质和白质。

Dubey 等报道了表现有后肢瘫痪等临床症状的比格犬脊髓组织压片中可以发现大量新孢子虫组织包囊存在，在100个压片中共发现有45个组织包囊。肌肉组织中存在单核细胞浸润及偶见性钙质化。前后肢肌肉中还可观察到组织包囊及游离的缓殖子。而在人工感染新孢子虫的犬组织病理学研究表明，肝坏死、肺炎、脑脊髓炎及坏疽为最主要病变。

Yu 等在对感染新孢子虫病的蓝狐组织研究中发现，脑及脊髓组织中可见散发的点状病灶。非化脓性脑脊髓炎，伴随有血管外周胶质细胞聚集也是较为常见的病理变化。在脑组织炎性病灶周围看见新孢子虫组织包囊，直径为25～100 μm，囊壁厚度约3 μm。值得注意的是，相对于以往包囊往往发现于脑和肌肉组织中不同，蓝狐的包囊存在于脑组织及肾脏肾小管内。另有报道，白尾鹿等野生动物感染新孢子虫后，其组织中也可观察到非化脓性脑炎等病变。

9.2.2 组织病理学诊断

即使在保存完好的组织切片中也很难发现新孢子虫，HE 染色条件下也很难辨别新孢子虫速殖子的存在。寄生虫在入侵宿主细胞后所引发的机体保护性反应在杀死宿主细胞的同时也同样造成了虫体的损伤，因而在死亡胎儿组织中很难发现速殖子。HE 染色条件下，速殖子长度会稍微增长，偶尔遇到纵切时呈现为新月形，但在进行组织切片观察时应注意与死亡细胞相区分。在牛的组织中，新孢子虫组织包囊直径大小通常为 5～50 μm，包囊壁厚度从小于 1 μm 到 5 μm 不等，包囊壁厚度与包囊大小无关。包囊中缓殖子的细胞核位于虫体末端，与 PAS 反应后呈红色。

在流产牛脑组织中发现顶复门类原虫时，可以怀疑为犬新孢子虫感染。弓形虫和枯氏住肉孢子虫是另外两种可能引发流产的病原。枯氏住肉孢子虫裂殖体在内皮细胞中形成，无裂殖子但有以多核为代表的未成熟阶段。而犬新孢子虫和弓形虫则无此未成熟阶段。在超微结构上，枯氏住肉孢子虫缓殖子缺少棒状体。弓形虫在形态上与犬新孢子虫相似，且可以从流产胎儿中分离出病原，但目前尚无弓形虫诱发奶牛流产的案例报道。

9.2.3 免疫组织化学诊断

免疫组织化学较 HE 染色更能准确判定新孢子虫的感染。所有出现病变的组织均应进行免疫组化检测。多克隆抗体和单克隆抗体在免疫组织化学诊断中均适用，且二者均有商品化产品。最早的免疫组化采用的是兔抗新孢子虫血清对组织切片进行染色，可检测到新孢子虫速殖子和缓殖子。而新孢子虫血清对刚地弓形虫、哈氏哈芒球虫、枯氏住肉孢子虫等不着色，同时兔抗刚地弓形虫血清对新孢子虫亦无反应。新孢子虫与亲缘关系较近的其他原虫的交叉反应不是主要问题，因为这些原虫很少能引起牛的流产，但在实验过程中设立阴性对照还是必需的。观察到包囊是一个最好的证明，但在免疫组化中，通常不能很好地区分成团的速殖子和包囊，因此，必要的时候需要采用缓殖子特异性的抗体对组织包囊进行着染。对于过氧化物酶含量较高的组织如胎盘，在进行免疫反应前应用胰酶或胃蛋白酶进行处理。

虽然在其他组织诸如肌肉亦能检测到包囊的存在但免疫组织化学染色在脑和心脏中检测到虫体的几率远高于其他组织器官。Wouda 等在对 80 份胎牛样品的检测中，有 71 例(81%)在脑中检测到新孢子虫；11 例(14%)出现在心脏中；21 例(26%)在肝脏中。但值得注意的是，新孢子虫有可能仅在外周神经系统中被观察到。

9.3 免疫学诊断

血清学检测是较为方便、快捷的检测方法，尤其适用于大规模的流行病学研究。血清学诊断不仅能够提供是否感染的信息，还能够根据对活体动物进行检测，获取不同感染阶段等信息，来分析了解新孢子虫感染状态及其感染规律。犊牛和成年牛在初次感染后几天内就产生特异性 IgM 和 IgG 抗体。在感染后 2 周 IgM 达到高峰，第 4 周抗体水平降到检测线以下。IgG 水平在初次感染后第一周增加，持续 3～6 个月。在速殖子或卵囊诱导的感染实验中，IgG1 首先增加，IgG2 随后增加。但在对人工卵囊诱导牛感染的检测中，没有检测到 IgA 的增加。新孢子虫特异性抗体会长期存在，但在不同的时期会有所波动，有时会低于检测标准，因而为获得最准确的检测数据，结合其他检测手段综合分析就显得十分必要。

牛群进行新孢子虫疫苗免疫之后，对血清学结果的判读则显得比较困难。目前已经商品化的疫苗主要是全虫灭活苗，在美国、哥斯达黎加以及新西兰都有应用。实验数据表明，进行疫苗接种的动物其产生的抗体反应与自然感染状态下机体的抗体反应十分类似，因而在进行血清学诊断时应考虑疫苗因素的影响。

初次感染后特异性抗体的亲和力会随着时间的延长而增加，这为感染状态的研究提供了基础，据此开发出了多种亲和力特异性的 ELISA 检测方法，以区分不同亲和力的 IgG 抗体。一般来说，低亲和力的 IgG 表明是初次感染，这种低亲和力状态能持续约 2 个月；而高亲和力的 IgG 抗体则表明是长期的慢性感染。多个田间研究表明低亲和力的 IgG 抗体应答与新孢子虫引起的流行性流产相关，近期的初次感染是引起流产的主要原因。

9.3.1 间接免疫荧光试验(IFAT)

间接免疫荧光试验(IFAT)是最早应用于检测新孢子虫抗体的血清学技术。也是目前新孢子虫血清学检测方法的“金标准”。IFAT 以固定在玻片上的完整速殖子为反应载体，通过与待检血清共孵育，利用荧光标记的二抗显色，在荧光显微镜下观察判定结果。阳性结果的判定是以虫体周围出现明亮的、不间断的外周荧光为准。但 IFAT 临界值受多种因素的影响。如结合物的特性、显微镜本身的影响等。不同实验室 IFAT 所采用的临界值各不相同，通常犬为 1∶50，牛为(1∶160)～(1∶640)。不同实验室间 IFAT 的不同临界值使得实验室间结果的比较很难进行。不仅如此，IFAT 实验结果的判定需要训练有素并具一定经验的实验人员，因为个人视觉的观察不同，所判定的结果也会有差异，故 IFAT 的结果判定在一定程度上会受到主观因素的影响。该试验需要理想的荧光标记的二抗，已知的阳性和阴性标准血清，以及荧光显微镜。虽然 VMRD 公司已经生产出 IFAT 的商品化试剂，该试验需要的试剂和仪器较为复杂，不适于基层的检测。

不同宿主间的 IFAT 试验表明，新孢子虫 IFAT 与其他原虫间的交叉反应几率很小，主要是由于 IFAT 以表面抗原为主对不同病原进行鉴定，虫体表面抗原相对于内部抗原有着更好的特异性。这些特点也使得 IFAT 能够很好地区分弓形虫感染与新孢子虫感染。因此 IFAT 常作为其他检测方法的参考试验(金标准)。

由于 IFAT 采用速殖子为反应载体，不同实验室采用的新孢子虫速殖子来源也不尽相同，主要有分离自犬和牛的分离株，但不同来源的新孢子虫似乎不会影响 IFAT 试验的准确性。牛源的新孢子虫速殖子可以应用于犬血清抗体的检测，同样分离自犬的新孢子虫也可检测牛的血清抗体。IFAT 可用于检测多种动物种属的新孢子虫抗体，包括犬、猫、狐狸、绵羊、山羊、水牛、马、啮齿动物和灵长目动物。

9.3.2 直接凝集试验

弓形虫直接凝集试验(DAT)自 1959 年创建以来仍广泛应用于人类和其他动物的血清学试验，并有商品化的试剂盒提供(Toxoscreen;BioMerieux)。DAT 的原理是经福尔马林固定的完整的速殖子在特异性抗体的作用下发生凝集。经过改良后的 DAT 实验只能检测到 IgG 的抗体，因为特异及非特异的 IgM 抗体已经在试验过程中被巯基乙醇所破坏。该试验需要大量的速殖子，以便能在微孔反应板底部观察到肉眼可见的凝集。1998 年，Romand 等应用犬分离株 Nc-1 速殖子，Packham 等应用牛分离株 BPA-1 速殖子根据改进的弓形虫 DAT 建立了新孢子虫的 DAT 试验。对来源于 16 种不同种属动物的血清用 DAT 方法进行分析并与 IFAT 对比分析后，认为 DAT 与 IFAT 具有相似的特异性和敏感性。该方法具有很高的特异性，能够区分包括弓形虫在内的类似原虫的感染。由于 DAT 具有简单、易用且多功能的特性，对于多种属动物血清学的分析相对具有优势，因而，在某些研究环境下有取代 IFAT 成为第一手试验方法的可能。然而，DAT 对不同宿主体系的适用性还需进一步的评估。新孢子虫的 DAT 方法也已经商品化(Vétoquinol)。

9.3.3 酶联免疫吸附试验(ELISA)

目前已广泛应用的新孢子虫检测 ELISA 方法有间接 ELISA 和竞争性 ELISA。间接 ELISA 可应用于检测多种动物新孢子虫感染。ELSIA 方法从最开始采用粗制速殖子作为包被抗原到目前采用重组蛋白作为包被抗原，经历了较长时间的发展和应用，在此期间也开发出了多种用于不同检测目的的 ELSIA 方法。相对于传统的应用速殖子粗提物为检测抗原的 ELISA 方法，应用膜表面抗原作为血清学诊断抗原则具有更好的种属特异性。于是开发出了将整个速殖子固定后包被在酶标板上的 ELISA 方法，以限制能够影响特异性的虫体内部抗原的干扰。随着重组蛋白技术的发展，应用重组蛋白作为检测抗原的 ELISA 技术受到越来越多的关注。

竞争 ELISA 是利用单克隆抗体与被检血清中的抗体共同竞争检测抗原的抗原表位。通过比较检测孔与对照孔间吸光光度值的差异来判定血清中特异性抗体浓度。竞争 ELISA

的优点在于可以检测到针对单一抗原表位的抗体水平，较传统的ELISA有更好的特异性。另外，该方法能够用于多种属动物血清抗体的检测，因为其二抗为抗鼠的抗体而非针对待检动物的抗体。

由于ELISA相对于IFAT法具有操作规范的特点，其结果的判定不受主观因素影响。因而更适用于大批量样本的血清流行病学调查。

9.3.3.1 速殖子粗提物ELISA

速殖子粗提物抗原是通过超声或离子去污剂制备的全虫裂解物，因而包含了膜表面抗原和细胞内抗原。采用该提取物作为检测抗原的ELISA方法已有许多报道，如利用从牛体内分离到的BPA-1或犬体内分离到的Nc-1制备的天然抗原应用于间接ELISA。Pare等利用全速殖子裂解物作为抗原建立的ELISA方法具有89%的灵敏度和97%的特异性。其他实验室利用这些天然抗原所建立的ELISA的敏感性和特异性也分别为92%～98%和87%～100%。速殖子粗提抗原ELISA与其他的原虫包括弓形虫没有明显的交叉反应，目前只有一例巴贝斯虫感染的牛血清用该方法检测呈阳性反应。

提取的虫体天然抗原ELISA方法可应用于牛、绵羊和山羊的检测。用于检测牛血清抗体的全速殖子裂解物ELISA试剂盒已经商品化（IDEXX Laboratories，BIOVET，HIPRA等）。

9.3.3.2 速殖子ELISA

将整个速殖子固定后包被在酶标板上的ELISA方法能够限制虫体内部抗原对于反应的干扰。Williams等将新孢子虫Nc-Liverpool株包被后用4%福尔马林固定，通过这种处理方法处理后只有膜表面蛋白能够识别血清中的抗体。该方法与其他类似病原感染无交叉反应，检测结果与IFAT比较其敏感性和特异性分别达到95%和96%。该方法在经过改进后也已经商品化（Mastazyme-Neospora；MAST Diagnostics）。

9.3.3.3 免疫刺激复合物(Iscom)

ELISA免疫刺激复合物（immunostimulating complexes，ISCOM）是由皂苷、胆固醇、磷脂、蛋白质抗原等构成的直径为40 nm的球形笼状颗粒，具有佐剂和抗原提呈的双重功能。该复合物能够用于结合两性分子如膜蛋白。新孢子虫Nc-1株免疫刺激复合物包括所有细胞表面和细胞间隔内的膜抗原。主要抗原包括18、30～45和61 ku的膜抗原。最早采用Iscom-ELISA方法进行血清学检测是在检测犬血清的研究中，之后该方法被应用于牛血清和牛奶中新孢子虫抗体的检测。该方法经适当改进后也可用于水牛和绵羊血清的检测。Iscom-ELISA与弓形虫或其他类似原虫没有交叉反应。对比Iscom-ELISA与IFAT的结果，其对犬检测的敏感性和特异性可达到98%和96%，牛则达100%和96%。

Iscom-ELISA在经过改进之后能够对IgG的亲和性进行分析，据此也能够对被检动物的感染状态进行判断，因为初次感染后形成的抗体较之后形成的抗体对抗原的亲合力较低。在牛新孢子虫病流行病学调查中需要分析急性或是慢性感染时该方法相对于传统 ELISA 能够发挥独特的作用。

9.3.3.4 抗原捕获 ELISA

Dubey 等应用针对新孢子虫的一个 65 ku 抗原的单克隆抗体构建了捕获 ELISA 方法，通过与竞争 ELISA 类似的原理检测血清样本。酶标二抗与 65 ku 蛋白的其他抗原决定簇作用而与抗原结合。但该方法的特异性和敏感性未有报道。

9.3.3.5 重组抗原 ELISA

随着越来越多的新孢子虫特异性抗原被筛选出来，其作为新孢子虫感染的诊断抗原和潜在疫苗抗原也开始展开研究。由于重组抗原具有易规模化及标准化生产，以其为基础建立的 ELISA 方法在将来的应用中会越来越重要。目前已经报道了致密颗粒蛋白、膜表面蛋白等重组蛋白的 ELISA 方法。Lally 等分别应用 30 ku 和 35 ku 的两种重组蛋白为抗原建立了 ELISA 方法。急性感染牛的血清经这两种方法检测与 IFAT 有很好的一致性。随后的试验表明，针对这两种重组蛋白的抗体在因新孢子虫而引发流产的牛体内可至少存在一年。利用重组 NcSRS2 和 NcSAG1 也能检测新孢子虫的抗体。对马新孢子虫 *Neospora hughesi*，Hoane 等以重组的 NhSAG1 为检测抗原建立了针对马新孢子虫感染的 ELISA 方法，通过与 Western Blot 结果对比，该方法具有 95%的特异性和 94.4%的敏感性。Aguado Martinez 等利用 NcGRA7 和 NcSAG4 分别建立了两种 ELISA 检测方法以区别鉴定急性感染和慢性感染，与传统的利用 IgG 亲合性分析不同感染状态不同，作者采用的是不同感染时期特异性表达的抗原作为检测抗原来区别鉴定。目前为止还没有用重组抗原制备的商品化 ELISA 诊断试剂盒。

9.3.4 用于血清学诊断的新孢子虫抗原

新孢子虫在入侵、增殖以及移行的过程中会分泌多种相关的抗原，对这些抗原的研究，既可以有助于我们了解宿主和寄生虫之间的相互关系及寄生虫的致病机制，也有助于我们利用这些抗原应用于诊断和免疫预防领域。国外学者对新孢子虫各个时期以及各细胞器所分泌的抗原进行了较深入的研究，取得了一定的进展。自 1992 年新孢子虫速殖子免疫优势抗原(immunodominant antigens)经 Western Blot 鉴定出后，大量新孢子虫抗原被筛选并在免疫学检测及其他领域得到广泛应用。

9.3.4.1 新孢子虫表面抗原

新孢子虫表面抗原在介导虫体黏附和入侵宿主细胞的过程中发挥着重要的作用。目前研究较多的是 NcSRS2(SAG1 related sequences)和 NcSAG1(surface antigens)。在利用新孢子虫抗体阳性牛的血清对新孢子虫速殖子非降解性裂解物进行的免疫印迹(immunoblot)实验中发现若干免疫优势抗原，分子质量为37、29/30、16/17和46 ku，其中部分抗原在利用低抗体滴度血清进行blot反应时无法识别，但37 ku和29/30 ku始终能够被不同滴度血清识别，因而被认为是血清学诊断的主要靶抗原，这些抗原被认为是血清学诊断和疫苗的潜在候选抗原。

37 ku和29/30 ku这两种抗原基因序列与弓形虫表面抗原SRS2和SAG1具有同源性。NcSRS2基因的ORF大小为1 206 bp，编码401氨基酸，表达的蛋白分子质量为43 ku，研究表明NcSRS2是一种含有糖基磷脂酰肌醇锚的跨膜蛋白，在其N端含有53个氨基酸大小的信号肽。该蛋白在速殖子、缓殖子阶段的致密颗粒以及棒状体中均有表达。对于NcSRS2的功能，主要认为其能够介导虫体入侵宿主细胞。研究发现，针对NcSRS2的单克隆抗体能够阻断虫体的入侵。由于该抗原在新孢子虫的速殖子以及缓殖子阶段均可表达，故其能较好地应用于诊断抗原和免疫抗原。NcSAG1基因的ORF大小为960 bp，编码319个氨基酸，表达的蛋白分子质量为36 ku，NcSAG1仅在速殖子阶段表达。

新孢子虫和弓形虫在形态上相似，二者的很多抗原也具有相当的同源性。NcSRS2和NcSAG1均具有与TgSAG/SRS抗原类似的结构。SAG/SRS蛋白家族中氨基酸序列具有25%左右的保守性，这些都可能证明弓形虫和新孢子虫进化上的同源性。NcSAG1在氨基酸序列上与弓形虫P30蛋白具有76.3%的相似性，NcSRS2与弓形虫SAG1相关蛋白家族中SRS2的氨基酸一致性达到44%。但是，二者的这种序列上的相似性并未激发宿主产生抗体交叉反应。NcSAG1和NcSRS2是牛、犬及鼠新孢子虫阳性血清所识别的主要抗原，因此，这二者可以作为有效区别弓形虫和新孢子虫感染的优良诊断抗原。目前已有多种以NcSAG1和NcSRS2为基础构建的ELISA检测方法。另外，NcSAG1和NcSRS2还是新孢子虫疫苗潜在的候选抗原，两种抗原均能够激发宿主对于新孢子虫强烈的免疫反应。Nishikawa等分别在交配前给BALB/c小鼠腹腔注射携带有NcSRS2和NcSAG1基因的重组痘苗病毒，能诱导小鼠产生保护性免疫力，且NcSRS2的免疫效果较NcSAG1好。

9.3.4.2 致密颗粒抗原

致密颗粒(dense granules)是存在于所有球虫目寄生虫内的一种分泌性细胞器。其所分泌的蛋白在寄生虫完全侵入宿主细胞后释放到带虫空泡腔内，这些蛋白对于带虫空泡的形成及其功能具有重要的作用。新孢子虫体内已筛选出3种致密颗粒抗原，分别是NcDG1(NcGRA7)、NcDG2(NcGRA6)和NcNTPase。

1997年，用牛新孢子虫阳性血清筛选新孢子虫的cDNA表达文库时发现NcDG1。用针对该抗原的多克隆抗体进行金标染色，发现NcDG1位于致密颗粒内，Hemphill 1998年用Triton-X-114处理新孢子虫速殖子后，用多克隆抗体分析到大约33 ku的片段，经研究证实为NcDG1。对比NcDG1和弓形虫致密颗粒蛋白后发现，二者的氨基酸相似性有42%之多，且在序列上NcDG1与弓形虫GRA7相似。弓形虫的GRA7与带虫空泡膜相联系，因而推测在新孢子虫中 NcDG1 也同样参与了带虫空泡的形成和参与其功能。

NcDG2 也是在用牛新孢子虫阳性血清筛选新孢子虫的 cDNA 表达文库时发现。NcDG2 与形虫致密颗粒抗原 TgGRA6 具有 34% 的氨基酸序列一致性，被认为对应于 TgGRA6。在弓形虫中，TgGRA6 参与了带虫空泡骨架的形成，因为 NcDG2 与 TgGRA6 在序列上的相似性，故推测其在功能上也类似。并且，在 NcDG2 的氨基酸序列上存在疏水区，因而 NcDG2 可能还参与了带虫空泡膜的形成。

另一致密颗粒蛋白 NcNTPase 与弓形虫的 NTPase 有交叉血清学反应和相似的酶活性。

尽管目前对于已发现的新孢子虫致密颗粒抗原其功能仍未阐明，但根据其入侵后释放及其带虫空泡的定位，可以推测这些致密颗粒蛋白主要参与了带虫空泡的形成及泡内虫体营养获取。致密颗粒抗原也是良好的疫苗候选抗原，同时也能用于检测研究。可以确定的是，基于 NcDG1 和 NcDG2 的血清学检测技术能够很好地区分弓形虫和新孢子虫感染，尽管二者具有一定的相似性。

9.3.4.3 微线和棒状体抗原

微线(microneme)为顶复门原虫入侵宿主阶段的一个重要细胞器。微线所合成和分泌的蛋白在寄生虫入侵宿主细胞的过程中发挥着重要的作用。已知的新孢子虫的微线抗原包括：NcMIC1、NcMIC2、NcMIC3、NcMIC4 以及 NcAMA1。NcMIC1 由 460 个氨基酸编码，在 N 端有 20 个氨基酸的信号肽，随后有两个串联的重复序列，该蛋白能与宿主细胞表面磷酸化的葡萄糖胺聚糖相结合是糖基磷脂酰肌醇锚的跨膜蛋白。NcMIC2 是一种血栓收缩蛋白相关的蛋白(thrombospondin-rekated anonymous protein homologue，TRAP)的成员，其分泌是由钙离子所调控的。NcMIC3 大小为 38 ku，在速殖子和缓殖子阶段均有表达，含有一段 4 个连续的 EGF 样区域，它们的功能是参与虫体与宿主细胞的黏附，这种黏附功能是由磷酸化作用所调控。NcMIC4 能够与乳糖结合，蛋白在还原和非还原条件下分别为 70 ku 或 55 ku，速殖子侵入细胞 30 min 后即开始表达。

NcAMA1 是最近通过鼠的新孢子虫阳性血清筛选新孢子虫速殖子 cDNA 文库新发现的一个微线抗原。NcAMA1 编码 564 个氨基酸，与 TgAMA1 具有 73.6%的序列一致性，能够与 TgAMA1 交叉反应。针对 NcAMA1 的抗体能够阻断速殖子的入侵，证明新孢子虫 AMA1 在宿主细胞入侵过程中起到关键作用。

新孢子虫棒状体(rhoptry)抗原研究较少。在弓形虫中，棒状体蛋白主要参与了入侵及带虫空泡的形成。有部分棒状体蛋白能够进入细胞核，参与了寄生虫-宿主的相互作用。NcROP2 是新孢子虫中目前已研究的棒状体蛋白之一。研究表明，抗 NcROP2 抗体能够阻断新孢子虫速殖子入侵宿主细胞。在 C57BL/6 鼠模型上的研究表明，NcROP2 具有很好的保护作用。编码弓形虫核苷三磷酸水解酶(NTPase)和棒状体基因 ROP2 转染新孢子虫后可在新孢子虫内进行表达。

9.3.5 血清学诊断方法的选择及其临界值

上述用于检测新孢子虫感染的血清学诊断方法可以根据不同的检测目的加以取舍。但是应该注意的是，在应用某种血清学检测方法之前应该对其效果进行有效的评估，同样的方法可能由于临界值的选择而造成结果的差异，因而临界值的确定在新孢子虫感染的血清学诊断检测中就显得十分重要。同时，在方法的选择上不仅需要注意临界值的确定，有时应根据实验目的的变化而相应地变化检测方法中的某个条件，如检测抗原，检测抗原浓度以及血清稀释度等。大多数的血清学检测方法都是针对奶牛流产状况而研发，但不可忽视的是，检测感染牛并淘汰也是流行病学关注的方向之一。因而对于这些方面的研究，其临界值的选择应考虑提高检测方法的敏感性。

血清学检测无论是对新孢子虫病进行临床诊断，还是进行流行病学调查都是必不可少的。随着越来越多的新孢子虫血清学诊断方法的出现，应该谨慎地评估它们的优缺点。长远看来，建立一种高效的、具有高特异性和敏感性且无需金标准的诊断方法显得十分重要。

9.3.6 血清学结果分析

对于个体的母牛，新孢子虫血清学检测结果阳性表明牛已经被新孢子虫感染。而且流产时大部分母牛的血清学均呈阳性，在分娩后亦是如此。但是，阴性的结果并不代表牛未受感染。在一些研究中发现，新孢子虫阳性胎儿的母牛血清学呈阴性，造成这种现象的原因可能是由于母牛体内抗体水平的波动所造成。或者是由于检测方法的敏感性不高形成的假阴性。在人工感染实验中，被感染了卵囊的犊牛甚至不产生相应的抗体。而且，新孢子虫阳性母牛的流产，新孢子虫感染也并非是造成流产的首要原因，要最终的确诊，则需要结合多种检测手段进行分析。所以，对于个体母牛来说，新孢子虫阳性的血清学诊断结果仅仅能够提供新孢子虫感染的信息，而不能据此判定新孢子虫感染是流产的成因。

对于群体而言，血清流行病学研究能够提供群体性疾病的证据。对比流产牛群和非流产牛群间新孢子虫阳性率，通过统计分析确定新孢子虫感染与流产的相关性。由新孢子虫感染造成流产的母牛其抗体水平要高于非流产的感染母牛。应用不同的血清学方法，通过统计分析，能够获取更多的关于寄生虫感染状态的信息。如通过母-犊血清学对比，可以获得关于传播途径的有效信息。

9.3.7 血清学诊断的应用

9.3.7.1 牛

自 1989 年新孢子虫病作为引起胎牛流产的疾病被首次报道以来，人们开始研究新孢子虫病在牛群中的重要性。牛是新孢子虫感染危害最为严重的动物，因而针对牛的新孢子虫感染所研发的各种血清学诊断方法最为常见。牛体内分离的 BPA-1 分离株被应用于检测牛血清的血清学实验。早期，IFAT 是应用于牛血清学诊断最为常用的方法，但随着大规模流行病学研究的开展，ELISA 正逐步取代 IFAT 成为检测的主要方法。

天然抗原提取物 ELISA 得到广泛的应用，免疫刺激复合物 ELISA 和全细胞包被 ELISA 也被应用于流行病学的调查。同时可应用免疫刺激复合物 ELISA 和 DAT 法来检测水牛的新孢子虫抗体。

新孢子虫的抗体水平在母牛妊娠期间是有所波动的，在某些阶段抗体水平甚至低于检测临界值。Dubey 等用 IFAT 和 5 种不同的 ELISA 方法(2 种不同速殖子裂解物 ELISA，1 种免疫刺激复合物 ELISA，1 种重组蛋白 ELISA 和 1 种抗原捕获 ELISA)对同一批来自流产奶牛场的血清进行分析，结果表明，重组蛋白 ELISA 在区分阴性和阳性血清上有很好的一致性，但是在抗体滴度或吸光光度值之间没有很好的相关性。Share 等报道天然抗原 ELISA(HerdChek Anti-Neospora)较 IFAT 有更高的灵敏性。IFAT 与 ELISA 之间的差异性表明该 ELISA 的特异性很好。天然抗原 ELISA 的高灵敏性同样也被 Wouda 等证实。他们同时指出，全速殖子 ELISA(Mastazyme-Neospora)在检测慢性感染牛低水平抗体时效率较低。

Barr 等检测胎牛血清以诊断流产是否由新孢子虫感染引发。母牛不能通过胎盘将抗体垂直传给胎牛，因此，如果在胎牛血清或体液中检测到抗体说明也被新孢子虫感染。检测胎牛新孢子虫感染 IFAT 具有较高的特异性，胎牛 6 月龄时灵敏度可达到 79%。Otter 等用胸膜液代替血清用 IFAT 法检测新孢子虫抗体，25 份流产胎牛中 21 份为阳性。尽管胎牛有特异性抗体的认为是带虫状态，但是如果没有检测到抗体并不能排除胎牛被新孢子虫感染。另外，血清学方法并不适用于检测妊娠早期胎牛，因为胎牛在 5 个月之前对抗原攻击不能产生抗体。

9.3.7.2 犬

犬是新孢子虫的终末宿主，在流行病学分析中，犬和牛作为统计学上相关的因素，其血清学状态对于牛群的新孢子虫感染状态有统计上的意义，因而犬的流行病学研究近年也开始增多。

在犬的血清学检测中，一直采用 Nc-1 分离株建立的 IFAT 法。利用同样的方法，还进行了狐狸和澳洲野犬的血清学调查。

最早的犬新孢子虫 ELISA 方法报道于 1994 年，Bjorkma 等开发了免疫刺激复合物 ELISA，灵敏度和特异性分别达到 98%和 96%。在 2008 年进行的一次犬的流行病学研究中，首次应用了新孢子虫速殖子表面抗原 NcSAG1 作为检测抗原建立的 ELISA 方法对犬的血清进行检测。该法之前被应用于牛的血清学诊断。类似的基于牛血清学 ELSIA 改良方法大部分为实验室研究应用，尚无商品化产品面市。此外，国内以 NcSRS2 为检测抗原的间接 ELISA 方法也已建立并用于犬的新孢子虫感染流行病学研究。

检测大批量样本时，ELISA 法是费时且成本相对较高的。因此，在实验室通常把 IFAT 作为新孢子虫血清学检测的常规方法，如新孢子虫 DAT 经进一步评估后可以提供真实可信的结果，它就有可能取代 IFAT 成为犬血清学检测的常规方法。

9.3.7.3 其他动物

对于其他新孢子虫中间及终末宿主的血清学检测主要以 IFAT 和 DAT 为主，在小样本量的检测上，IFAT 相对于 ELISA 具有一定的优势，但是当需要进行大规模的流行病学研究时，相应的 ELISA 方法就显得比较适宜了。应用于其他动物的 ELISA 检测方法多基于目前已有的用于牛血清检测的 ELISA 方法而改进的。

1990 年首次报道羔羊先天性新孢子虫感染，但是没有完成此次回顾性研究的血清学调查。通常用 IFAT 来监测新孢子虫感染羊的情况。也曾用 DAT 法来确定流产的矮山羊是否有新孢子虫特异性抗体。

关于新孢子虫感染马的报道很少，早期通过免疫组化的方法检测到新孢子虫，可通过 IFAT 法证明特异性抗体的存在。*N. hughesi* 在抗原性上与 *N. caninum* 有高度的相似性，用于检测 *N. caninum* 的抗原也可能用于检测 *N. hughesi* 感染的马。可以用 DAT 方法对马的新孢子虫感染情况进行血清学调查。

鼠注射接种新孢子虫速殖子 9 d 后可通过 IFAT 检测到 IgG。在制备新孢子虫单克隆抗体的过程中，IFAT 和免疫刺激复合物 ELISA 常用于检测鼠杂交瘤细胞上清的情况。IFAT 的优势在于可通过荧光直接观察到单克隆抗体在寄生虫体的作用位点。

试验接种的恒河猴可以通过胎盘将新孢子虫垂直传播给胎儿。通过 IFAT 检测到胎儿的 IgG、IgM 和 IgA 特异性抗体。用 IFAT、免疫刺激复合物 ELISA 和 Western Blot 对有重复流产史的妇女进行血清学研究，目前还没有证据表明新孢子虫可以感染人类。

9.4 分子生物学诊断

分子生物学技术在新孢子虫感染诊断中起到了十分重要的作用。大部分 PCR 检测都是基于流产胎牛或其他中间宿主组织内的新孢子虫 DNA。但也有从血清、血液、牛初乳、羊水、脑脊液、精液以及犬和丛林狼的粪便中检测到新孢子虫 DNA 的报道。目前较多应用于分子生物学诊断的新孢子虫特异性基因片段有 Nc-5 基因、18S rDNA、28S rDNA、rRNA 基因的内部转录间隔区 1(ITS1)以及 14-3-3 基因等。与此同时，不同的 PCR 技术也得到了应用，从传统的 PCR，到巢式 PCR，再到实时定量 PCR，新孢子虫分子生物学检测敏感性也得到了相应的提高。

9.4.1 样品及DNA准备要点

流产胎儿组织、血液、羊水、胎盘、奶、粪便、环境样品、草料及饮水、中间宿主如犬的组织等均可利用PCR方法进行新孢子虫DNA的诊断，并用于新孢子虫病流行病学研究。

大多数用于PCR诊断的流产胎牛组织及胎盘样品均需在－20℃。尽管甲醛会破坏DNA，但有研究报道从福尔马林固定石蜡包埋的组织切片中成功扩增出新孢子虫DNA。流产胎牛的脑、心、肝、脾、肺、肾、肌肉等组织均可用于PCR诊断，但究竟其中哪一种更适于作为PCR诊断的样品来源尚无定论。过往的研究表明，由于新孢子虫对于中枢神经系统的亲嗜性，脑组织可能较为适于PCR诊断，其次是心脏、肺脏及肾脏。因流产胎儿组织中新孢子虫的分布情况与流产时所处的妊娠时期有关，在妊娠末期流产胎儿体内，一般只在脑组织中被检出，偶见于心脏及淋巴结。此外，还有从胎盘及羊水中检测出新孢子虫DNA的报道。

在大多数情况下，送至实验室检测的流产胎牛组织(尤其是脑组织)和胎盘样品均存在不同程度的自溶，对于组织自溶是否会影响PCR检测敏感性目前仍无定论。有学者认为基于较短靶基因片段的PCR方法所受自溶影响的可能性要低于基于较长靶基因片段的PCR方法。由于粪便及环境样品如土壤等中可能存在PCR抑制因子，故在对可能含有新孢子虫卵囊的终末宿主犬或郊狼的粪便或粪便污染的环境样品进行PCR分析时，应重新对DNA提取方法进行评估，并可以参考Aurélien Dumètre和Marie-Laure Dardé所综述的刚地弓形虫土壤和饮水中卵囊检测方法做出必要的调整和改良，同时也可以参考粪便和环境中哈芒球虫诊断方法进行改良。

9.4.2 常用特征基因片段

不同靶基因片段被用于新孢子虫特异性PCR方法的建立，而拥有重复序列的靶基因片段更适于高敏感性PCR方法的构建。因而Nc-5 gene片段和rRNA片段已成为新孢子虫分子生物学诊断中的重要靶基因，常用靶基因信息见表9.2。

Nc-5基因片段是用于新孢子虫检测的最常用的特异性片段。于1996年被发现，其功能目前还未阐明。研究发现，在弓形虫和贝诺孢子虫基因组上不存在该基因。因而能够用该片段很好地对上述几种类似的寄生虫加以区分。在依据该基因片段所设计的引物中，Np6/Np21最常用也是扩增效果最佳的引物，应用传统的一步法PCR就能检测到2 mg脑组织中存在的1个速殖子。目前在新孢子虫检测和分离鉴定等多个领域广泛应用，Basso等利用该PCR方法在自然感染犬的粪便、感染犬组织的基因敲除鼠以及用于分离培养的细胞中鉴定出新孢子虫的存在。Edelhofer等将该方法应用于流产胎牛病因分析，并首次通过该法确证新孢子虫为流产病因。Meseck则应用Nc-5基因作为靶基因，对患有心肌梗塞的成年犬进行新孢子虫和弓形虫病原的鉴别诊断。

表 9.2 常用靶基因及 PCR 类型

靶基因	引物名称	PCR 类型	检测敏感性
18S rDNA	COC-1，COC-2	一步 PCR＋杂交	培养液中 1 个速殖子 血液或羊水中 5 个速殖子
18S rDNA	COC-1，COC-2	一步 PCR＋限制性内切酶	—
18S rDNA	AP1,D SP4,A	两步法巢式 PCR	—
18S rDNA	GA1,NF6	一步法 PCR	—
ITS1	NS1,SR1	一步法 PCR	—
ITS1	PN1,PN2	一步法 PCR	5 个速殖子于蒸馏水 中 100℃灭活 2 min
ITS1	NN1,NN2 NP1,NP2	两步法巢式 PCR	—
ITS1	TIM3,TIM11 NS1,SR1	两步法巢式 PCR	—
ITS1	F6,5.8B PN3,PN4	两步法巢式 PCR	—
ITS1	NS2,NR1,NF1,SR1	一步法巢式 PCR	约 0.1～1.01 个速殖子
Nc-5 基因	Np1，Np2	一步法 PCR	100pg 速殖子 DNA
Nc-5 基因	Np6，Np21	一步法 PCR	1 mg 脑组织中 1 个速殖子
Nc-5 基因	Np6plus，Np21plus	一步法 PCR	约 1～10 个速殖子 DNA
Nc-5 基因	Np6plus，Np21plus	一步法 PCR＋杂交	约 1 个速殖子 DNA
Nc-5 基因	Np4，Np7	一步法 PCR	—
Nc-5 基因	Np4，Np7 Np6，Np7	两步法半定量巢式 PCR	—
Nc-5 基因	Np6plus，Np21plus	一步法定量 PCR	9 fg 新孢子虫 DNA 与 250 ng 鼠 DNA
Nc-5 基因	Np6plus，Np21plus	实时定量 PCR	约 1 个速殖子 DNA
Nc-5 基因	Np4B，Np21B	一步法 PCR	—
Nc-5 基因	Nc5fwd，Nc5rev	实时定量 PCR	100 ng 鼠脑组织 DNA 中 0.1 个速殖子 DNA(约 10 fg)
14-3-3 基因	Nc13F3，Nc13R2 Nc13F1，Nc13R4	两步法巢式 PCR	5 mg 脑组织中 25 个速殖子

Muller 等在 Np6/Np21 的基础上设计了 Np6plus/Np21plus 引物对，由此建立的 PCR 敏感性更高，能检测到 1 mg 组织中的 1～10 个速殖子，该方法后来被广泛应用于新孢子虫的检测。Nc-5 gene 的其他一些引物，如 Np4、Np6 和 Np7 也被应用于 PCR 诊断中。基于公开发表的 Nc-5 引物，各国研究者又设计出不同的引物并用于新孢子虫的检测，或基于这些引物设计定量 PCR 方法。将 Np6plus/Np21plus 和 Np6 /Np7 联合应用，建立的两步法巢式 PCR 能对自然感染新孢子虫的鼠和羊进行检测。

18S rDNA 在弓形虫和新孢子虫间的序列差异很小，但是通过设计具有化学发光特性的特异性引物可区分弓形虫与新孢子虫。该方法随后被用于新孢子虫 DNA 的检测及新孢子虫分离株的鉴别。该方法还被用于恒河猴新孢子虫垂直传播的确证分析。另外，据此设计的巢式 PCR，可以获得更高的敏感性。在巢式 PCR 中，第一轮反应先用通用引物扩增出 18S rDNA，第二轮再用特异性引物扩增新孢子虫 18S rDNA，以区分鉴别弓形虫、*S. cruzi* 以及宿主 DNA。Magnino 等对上述方法进行了改进，通过重新设计 18S rDNA 通用引物，利用限制性内切酶 BsaJ Ⅰ 对扩增产物酶切后的片段进行分析，可以区分鉴别新孢子虫、弓形虫、*S. cruzi*。此后有研究发现，哈芒球虫的 18S rDNA 同样也可经由该对引物扩增，并可利用 SecI(BsaJI 的同工酶)对扩增产物进行酶切鉴别。该方法能够同时扩增出多种寄生虫的 18S rDNA 片段，并可利用限制性内切酶酶切后同时分析。

ITS1 是较常用的特异性片段。在新孢子虫、弓形虫的 ITS1 基因序列中有多处不同，因而可以通过建立种属特异性 PCR 的方法来区分。已经在 ITS1 序列的基础上建立了常规 PCR 和两步法巢式 PCR，对牛新孢子虫病的流行病学和致病机理进行研究。Holmdahl 和 Mattsson 早在 1996 年就建立了基于 ITS-1 的新孢子虫 PCR 诊断方法，并用于人工感染鼠的脑和肺脏组织中新孢子虫的检测，扩增产物为 279 bp，能够很好地鉴别新孢子虫与弓形虫及其他原虫。Uggla 在其人工感染新生牛新孢子虫速殖子实验中，利用相似的 PCR 方法对实验牛脑组织进行新孢子虫检测，PCR 结果与血清学检测结果一致。尽管两步法巢式 PCR 具有更高的敏感性，但相对于一步法巢式 PCR，其具有较高的污染风险。Ellis 建立的一种基于 ITS-1 一步法巢式 PCR，其检测敏感度能够达到 1～10 fg 的量级，即样品中含有 1～10 fg新孢子虫 DNA 时就可以通过该方法检出，相当于 0.01～0.1 个新孢子虫速殖子 DNA 量。该方法具有很高的敏感性，在墨西哥流产胎牛新孢子虫鉴定中得到了应用。

28S rDNA 的 D2 结构域能够用于系统发生学研究。基于属特异性的 28S rDNA D2 结构域序列，Ellis 等建立了一种能够区分鉴别新孢子虫、弓形虫、哈芒球虫的 PCR 诊断方法，但是目前还没有该方法敏感性的相关数据。

14-3-3 蛋白家族最早从哺乳动物脑组织中鉴定出，具有很强的保守性，其同系物存在于众多真核生物 taxa 区域，且功能不一。尽管由于 14-3-3 的高度保守性，其仍然可作为新孢子虫 PCR 鉴别诊断的靶基因。基于此建立的巢式 PCR 方法成功用于检测感染新孢子虫的小鼠脑组织，扩增产物大小约 614 bp，能很好地区分鉴别弓形虫等类似原虫感染。当 5 mg 脑组织中含有 25 个新孢子虫速殖子时，应用该方法即可检出。Dubey 等将该方法应用于自然感染犬脑组织中新孢子虫的检测。

9.4.3 常用PCR方法

传统的PCR方法一般用于不同组织中新孢子虫DNA的定性检测。目前应用较多的靶基因包括上述的Nc-5、ITS-1等，主要用于脑、心、肾等组织、血液、初乳、精液中新孢子虫感染的鉴定、新孢子虫流行病学研究等。

巢式PCR相对于传统PCR，具有更高的敏感性。应用较多的靶基因包括Nc-5、ITS-1、18S rDNA、28S rDNA、14-3-3基因等。巢式PCR在新孢子虫的分子流行病学研究中应用最为广泛。如Medina等将以ITS-1为靶基因的巢式PCR应用于墨西哥流产胎牛的检测，并以此为基础对不同妊娠期流产情况进行了研究。Cabral等将组织病理学、免疫组化及巢式PCR联合应用于新孢子虫的诊断，以期能够以此弥补各方法的不足。

定量PCR成为研究牛新孢子虫病发病机理的重要方法，也是评估疫苗和预防或治疗用药效果的重要指标。此外，定量PCR也可用于流行病学分析，以评估阳性公牛精液中新孢子虫含量。定量PCR用于检测的目的基因都是Nc-5基因。最早的定量PCR为定量-竞争PCR(QC-PCR)，Liddell等为研究新孢子虫感染动物体内虫体分布水平，以Nc-5基因为靶基因建立了定量-竞争PCR，该方法可用于分析垂直传播实验中鼠的脑组织和肺脏中新孢子虫的相对分布水平，在250 ng宿主DNA中速殖子DNA含量达到0.09 pg即可检出。Liddell认为该方法同样可以用于新孢子虫疫苗效果评价。随后出现的基于特异性荧光探针的实时定量PCR主要用于细胞培养状态下定量分析新孢子虫速殖子含量、评估疫苗免疫或药物治疗的效果以及对新孢子虫的细胞生物学进行研究。Collantes Fernandez等基于荧光染料SYBR Green Ⅰ设计了实时定量PCR，靶基因为Nc-5，扩增产物大小为76 bp。与此同时设计了针对宿主28S rRNA的实时定量PCR，以用于不同组织中新孢子虫分布的定量分析。该方法可用于新孢子虫病原学、免疫预防效果评价以及新孢子虫感染治疗评估等领域研究，此外，还可以评估在各妊娠阶段流产胎儿组织中的新孢子虫分布情况。Ghalmi等也应用实时定量PCR对犬组织中新孢子虫的分布进行了研究。

9.4.4 PCR方法的质量控制

新孢子虫PCR诊断方法的特异性与敏感性不仅与靶基因的选择有关，还与组织样品的选择及保存条件、DNA提取效果、PCR试剂、PCR仪、扩增产物分析等密切相关。因而，在进行新孢子虫PCR方法诊断时应确保这些能够影响检测敏感性与特异性因素得到很好的控制。为观察假阴性及DNA提取效果对PCR检测的影响，在很多新孢子虫PCR诊断方法中都纳入了内标，如加入PCR MIMIC或在多轮PCR反应中加入宿主特异性引物。为获得良好的PCR检测结果，可以参考相关的分子生物学资料。

在对不同实验室间胎牛组织中新孢子虫PCR诊断方法进行比较发现不同实验室间PCR方法检测的特异性和敏感性存在的差异与PCR方法本身并没有必然的联系。因此，在利用PCR方法进行新孢子虫病诊断研究时，应确保从样品获取到扩增产物分析全过程的质量控制。

为确保大多数新孢子虫的PCR诊断方法在应用中的特异性，都同时进行了对照试验，常用于对照的有弓形虫、*S. cruzi* 等，这类病原可能同时存在于中间宿主或环境样品中。此外有些PCR方法还设立了 *Sarcocysitis*、*Eimeria*、*Hammondia hammondi*、*H. heydorni* 等对照。在进行流产病因确定时，如果有必要，还应该设置可能导致流产的其他病原体的对照，如沙门氏菌等。

大多数PCR诊断方法均建立在 *N. hughesi* 分离鉴定之前，由于 *N. hughesi* 与 *N. caninum* 间可能存在的基因序列上的差异，所以在应用这些方法进行 *N. hughesi* 鉴定时，应对其是否能够保持其特异性或敏感性作出评估。目前已知的是，针对Nc-5gene的两个引物Np6和Np21无法用于 *N. hughesi* DNA的检测，因此有理由相信，基于Np6和Np21构建的Np6 plus和Np21 plus也是犬新孢子虫特异性的PCR方法，无法用于 *N. hughesi* 的鉴定。

参考文献

[1] Atkinson R, Harper P A, Reichel M P, et al. Progress in the serodiagnosis of Neospora caninum infections of cattle. Parasitol Today,2000,16:110-114.

[2] Barr B C, Anderson M L, Sverlow K W, et al. Diagnosis of bovine fetal Neospora infection with an indirect fluorescent antibody test. Vet Rec,1995,137: 611-613.

[3] Bjorkman C,Uggla A. Serological diagnosis of Neospora caninum infection. Int J Parasitol,1999,29:1 497-1 507.

[4] Conrad P A, Barr B C, Sverlow K W, et al. In vitro isolation and characterization of a Neospora sp. from aborted bovine foetuses. Parasitology,1993,106:239-249.

[5] De Meerschman F, Focant C, Detry J, et al. Clinical, pathological and diagnostic aspects of congenital neosporosis in a series of naturally infected calves. Vet Rec,2005, 157:115-118.

[6] Dubey J P, Buxton D,Wouda W. Pathogenesis of bovine neosporosis. J Comp Pathol, 2006,134:267-289.

[7] Dubey J P,Schares G. Diagnosis of bovine neosporosis. Vet Parasitol,2006,140:1-34.

[8] Dumètre A,Dardé M. How to detect Toxoplasma gondii oocysts in environmental samples? FEMS Microbiolo Rev,2003,27:651-661.

[9] Ellis J T, McMillan D, Ryce C, et al. Development of a single tube nested polymerase chain reaction assay for the detection of Neospora caninum DNA. Int J Parasitol,1999, 29:1 589-1 596.

[10] Ghalmi F, China B, Kaidi R, et al. Detection of Neospora caninum in dog organs using real time PCR systems. Vet Parasitol,2008,155:161-167.

[11] Ho M S, Barr B C, Marsh A E, et al. Identification of bovine Neospora parasites by PCR amplification and specific small-subunit rRNA sequence probe hybridization. J Clin Microbiol,1996,34:1 203-1 208.

[12] Liddell S, Jenkins M C,Dubey J P. A competitive PCR assay for quantitative detection of Neospora caninum. Int J Parasitol,1999,29:1 583-1 587.

[13] Lindsay D S,Dubey J P. Immunohistochemical diagnosis of Neospora caninum in tissue sections. Am J Vet Res,1989,50:1981-1983.

[14] Muller N, Sager H, Hemphill A, et al. Comparative molecular investigation of Nc5-PCR amplicons from Neospora caninum Nc-1 and Hammondia heydorni-Berlin-1996. Parasitol Res,2001,87:883-885.

[15] Romand S, Thulliez P,Dubey J P. Direct agglutination test for serologic diagnosis of Neospora caninum infection. Parasitol Res,1998,84:50-53.

[16] Williams D J, McGarry J, Guy F, et al. Novel ELISA for detection of Neospora-specific antibodies in cattle. Vet Rec,1997,140:328-331.

第10章

新孢子虫病的防控

新孢子虫宿主范围广泛，感染不同动物后出现的临床症状也有所不同。牛作为犬新孢子虫的中间宿主，感染后常出现流产、死胎等繁殖障碍，不仅大大影响奶牛产奶量和产犊牛量，也导致牛奶质量明显下降，为养牛业带来了重大经济损失。如何治疗和预防新孢子虫病也成为研究人员的主要工作之一。由于新孢子虫病的自身特点和重要危害，其防控研究主要集中于药物筛选、疫苗研制以及综合防控措施制定等方面。

10.1 药物防治

迄今为止，新孢子虫病尚无特效治疗药物，但研究人员一直致力于其治疗药物的研究。因新孢子虫为顶复合器亚门原虫，其防治药物的筛选主要基于对球虫类原虫有效的药物，尤其是针对弓形虫病具有一定抑制作用的药物。新孢子虫病药物筛选主要方法是利用新孢子虫能够在细胞中连续培养和传代的特点，首先在细胞培养中进行体外筛选，根据体外筛选结果选择合适动物模型进行体内实验（一般以小鼠为模型进行动物实验初选），若效果明显则按要求进行临床治疗实验。

目前，已在体外细胞培养条件下对多种药物的抗新孢子虫活性进行了初步研究，并筛选出了一些对新孢子虫有抑制作用的药物，包括抗叶酸合成药物、抑制蛋白合成类药物、离子载体类药物及其他抗寄生虫药物等。其中，对硝唑尼特的体外抗新孢子虫活性研究较为深入，妥曲珠利体外抗新孢子虫效果也较好，已经进入临床试验阶段。

10.1.1 抗叶酸合成的药物

四氢叶酸(tetrahydrofolic acid)是一种还原型的叶酸，主要参与核苷酸的合成和转化，对细胞的分裂生长及核酸、氨基酸、蛋白质的合成均起着重要作用。大多数的细菌和顶复亚门原虫不能够像哺乳动物细胞一样直接摄取环境中的叶酸，必须利用对氨基苯甲酸(PAPB)和二氢喋啶在二氢叶酸合成酶(DHFS)的作用下合成二氢叶酸，然后再被二氢叶酸还原酶(DHFR)还原为四氢叶酸，进一步形成活化型的四氢叶酸。故若阻断病原体叶酸的合成过程，则可以有效地抑制病原的生长和繁殖，并杀灭病原。目前抗叶酸合成的药物主要有两类，一类是磺胺类药物，主要作用于二氢叶酸的合成过程；另一类是二氢叶酸还原酶抑制剂，作用于二氢叶酸的还原过程。

1. *磺胺类药物*

磺胺类药物的作用机理是：其化学结构与对氨苯甲酸[p-(Aminomethyl) benzoic acid, PAPB]相似，因此可竞争性地与二氢叶酸合成酶(dihydrofolate synthetase, DHFS)结合，从而阻碍二氢叶酸的合成，进而抑制病原的生长和繁殖。磺胺类药物已有几十年临床应用的历史，最早被发现和应用于细菌病的治疗，它具有较广的抗菌谱。其后的大量研究证明其对弓形虫和疟原虫的生长和繁殖也有很好的抑制作用。新孢子虫在形态、结构及生物学特性等多方面与弓形虫十分相似，所以研究人员也寄希望磺胺类药物能够用于新孢子虫病的治疗与防控。Lindsay 于 1994 年在体外测试了 7 种磺胺类药物的抗新孢子虫活性，结果发现不同种磺胺类药物均呈现不同程度的抗新孢子虫活性，但其抗新孢子虫活性不一，由强到弱的顺序是磺胺噻唑(sulfathiazole)、磺胺甲基异恶唑(sulfamethoxazole)、磺胺嘧啶(sulfadiazine)、磺胺喹噁啉(sulfaquinoxaline)、磺胺二甲嘧啶(sulfamethazine)、磺胺地托辛(sulfadimethoxine) 和磺胺甲嘧啶(sulfamerazine)。值得注意的是，这些药物抑制虫体发育的有效浓度都相对比较高。

2. *二氢叶酸还原酶抑制剂*

二氢叶酸还原酶抑制剂和二氢叶酸还原酶(dihydrofolate reductase, DHFR)的底物结构相似，能够选择性地与 DHFR 结合，抑制 DHFR 的活性，阻止二氢叶酸被还原为四氢叶酸，此类药物具有抗菌、抗癌、抗疟疾及抗弓形虫的作用。但不同生物来源的 DHFR，在结构上存在一定的差异，因此对不同抑制剂的敏感性也不同。例如，甲氧苄啶对哺乳动物 DHFR 的抑制活性很低，但对于细菌的抑制活性很高，具有很好的选择性，是很好的抗菌增效剂，常与磺胺类药物联合使用。乙胺嘧啶是一种典型的二氢叶酸还原酶抑制剂，研究发现其对弓形虫 DHFR 的抑制效率比对哺乳动物细胞的高 6 倍，体外实验发现它具有较强的抑制弓形虫增殖的作用，目前将其和磺胺药联合使用来治疗临床弓形虫病。Lindsay 于 1994 年对 6 种二氢叶酸还原酶抑制剂的抗新孢子虫效果进行体外药效实验，发现此类药物对新孢子虫速殖子的发育和繁殖均有很好的抑制作用，6 种抑制剂的抑制活性依次为吡曲克辛(piritrexim)、乙胺嘧啶(pyrimethamine)、奥美普林(ormetoprim)、甲氧苄啶(trimethoprim)、二氨藜芦啶(diaveridine)和甲氨蝶呤(methotrexate)。

10.1.2 抑制蛋白合成类药物

此类药物主要包括大环内酯类、四环素类和林可胺类，作用机制主要是抑制病原的质体或线粒体等细胞器内蛋白质的合成，从而干扰病原的代谢，抑制其生长繁殖。

1. 大环内酯类

大环内酯类药物如红霉素(erythromycin)、阿奇霉素(azithromycin)、乙酰螺旋霉素(acetylspiramycin)等是常用的抗菌消炎药物，此类药物的作用机制为不可逆地结合到敏感菌糖体 50S 亚基的靶位上，阻断转肽酶作用，干扰 mRNA 位移，抑制肽链的合成和延长，影响细菌的蛋白质合成。后来的研究发现弓形虫对此类药物中的部分药物也比较敏感，并且药物对弓形虫的作用机制和抗菌机制相似，比如阿奇霉素、乙酰螺旋霉素等。1994 年，Lindsay 对 3 种大环内酯类抗生素阿奇霉素、克拉霉素(clarithromycin)、红霉素的抗新孢子虫活性进行了体外评价研究，发现 3 种药物均具有一定的抗新孢子虫增殖作用，且其活性无明显差异。

2. 四环素类

四环素类抗生素具有广谱抗菌作用，其作用机制是能可逆地与细菌核糖体 30S 亚基上的 16SrRNA 结合，抑制 amino-acyl 的 tRNA 进入核糖体 A-位置。Beckers 等于 1995 年报道此类药物中的四环素对弓形虫和疟原虫的生长繁殖有一定作用，主要影响其线粒体内的蛋白质合成，但其抑制虫体发育的能力较弱。Lindsay 在新孢子虫方面的研究结果也与其较为类似，发现多西环素(doxycycline)和米诺环素(minocycline)在体外需要较高的浓度(约 100μmol/L)才能抑制新孢子虫的增殖，且抑制能力较弱。

3. 林可胺类

林可胺类的作用机制类似于大环内酯类，作用于敏感菌的核糖体 50S 亚基，其抗菌谱比较窄。1997 年，Fichera 和 Roos 通过定量 DNA 杂交分析发现，弓形虫经克林霉素处理后，其质体 DNA 会部分丢失，初步证实此类药物主要影响弓形虫质体的功能。1994 年，Lindsay 在体外对 3 种此类药物的抗新孢子虫效果进行了评价，发现其能够有效地抑制新孢子虫的增殖，3 种药物对新孢子虫的作用由强至弱依次为盐酸克林霉素(clindamycin hydrochloride)、克林霉素磷酸酯(clindamycin phosphate)和盐酸林可霉素(lincomycin hydrochloride)。

10.1.3 离子载体类抗生素

离子载体抗生素是由发酵生产而成，包括莫能菌素(monensin)、拉沙洛菌素(lasalocid)、盐霉素(salinomycin)、甲基盐霉素(narasin)、马杜拉霉素(maduramicin)、赛杜霉素(semduramicin)等，此类抗生素早在 1951 年即被发现。1967 年，研究人员从分离出的莫能霉素中发现其具有抗球虫活性，而此后其他多种离子载体类抗生素也相继被发现并广泛用于肉鸡球虫病的防治。此类药物的作用机理是其能够和机体内重要的阳离子如 Na^+、K^+、Ca^{2+} 等结合使之具有脂溶性，协助阳离子通过细胞膜进入细胞内，进而使细胞内外离子的浓度发生急剧变化，致使细胞内的阳离子大量积累，渗透压增大，大量的水分进入细胞内，使细胞肿胀变形，细胞膜破裂而导致虫体死亡。1994 年，Lindsay 选择了 6 种离子载体类抗生素拉沙洛菌素、马杜拉霉素、莫能菌素、盐霉素、甲基盐霉素、白利辛霉素（alborixin），在体外对其抗新孢子虫作用进行评价，发现前 5 种药物均有一定的抗新孢子虫作用，且活性相近，但白利辛霉素对宿主细胞毒性作用较大。

10.1.4 其他抗寄生虫药物

新孢子虫作为一种细胞内寄生原虫，与多种顶复亚门原虫相近，研究人员选择了一些具有抗寄生原虫活性的药物，对其抗新孢子虫活性进行了体外研究，如硝唑尼特和妥曲珠利等。此外，还有研究人员对中药的抗新孢子虫病作用进行了研究。

1. 硝唑尼特（nitazoxanide，NTZ）

硝唑尼特为四氢噻唑类化合物，是一种新型广谱抗肠道寄生虫和病原菌药物。2002 年 11 月在美国获准为第一个专门用来治疗人和动物隐孢子虫感染的药物，现已在美国、澳大利亚、墨西哥及拉丁美洲部分国家上市，可用来治疗由肠道寄生虫或细菌感染引起的疾病。硝唑尼特的作用机制尚不十分明确，近几年的研究发现，其主要是非竞争性地抑制了丙酮酸盐一铁氧化还原蛋白酶（pyruvate ferredoxin oxidoreductase，PFOR），参与的酶依赖性电子转移反应，妨碍了丙酮酸盐和焦磷酸硫胺素辅助因子的结合，从而干扰和破坏病原的能量代谢。在机体内，硝唑尼特是被代谢成具有活性的替唑尼特（tizoxanide，TIZ）来发挥作用。2005 年，Esposito 等在体外研究了硝唑尼特的抗新孢子虫活性，发现其对新孢子虫增殖具有一定的抑制作用。为进一步研究抑制作用是基于药物哪一个结构基团，研究人员对硝唑尼特结构进行了改造。首先将硝唑尼特的硝基（NO_2）替换为溴（Br）形成 RM4820，发现替换后的药物对新孢子虫的抑制作用并无明显变化，表明 NTZ 的作用基团不是硝基；之后将水杨酸酯环分别在临位、对位、间位甲基化，发现临位甲基化后的药物（RM4803）对新孢子虫的抑制作用完全丧失，但是对位（RM8421）和间位（RM4822）的甲基化并不影响药物对新孢子虫增殖的抑制作用。基于此，研究人员认为硝唑尼特抗新孢子虫的作用基团为水杨酸酯环。

Esposito 等于 2007 年研究了硝唑尼特及其溴代的衍生物（Rm4820）在体外抗新孢子虫活性的差异。结果显示溴代药物的代谢产物 Rm4847 在浓度达到 17.66 μm 时，能完全抑制新孢子虫增殖（IC99＝17.66 μm），而硝唑尼特代谢产物替唑尼特（TIZ）的浓度在达到 22.38 μm时才能完全抑制新孢子虫增殖（IC99＝22.38 μm）。在体外，Rm4847 需要连续作用 3 d 才能抑制新孢子虫增殖，TIZ 的作用时间为 5 d。Rm4847 不仅能够抑制虫体的繁殖，还能够阻止新孢子虫入侵宿主细胞，而 TIZ 并不影响新孢子虫的入侵。研究发现经 Rm4847 作用后释放的速殖子在转移至不含药物的培养细胞中后，其入侵和增殖仍受到一定的影响。而经 TIZ 作用后释放的新孢子虫速殖子在重新接种到不含药物的培养细胞中后，仍具有正常的入侵宿主细胞和增殖能力。因此目前认为，经溴代改造的硝唑尼特衍生物可能具有更好的应用价值，但其功能及其机制还有待于进一步研究。2008 年，Joachim 对硝唑尼特的抗新孢子虫机制进行了初步探索，发现硝唑尼特及其衍生物主要是通过抑制新孢子虫的二硫异构酶的活性来抑制虫体的增殖。迄今为止，对上述药物的抗新孢子虫效果的研究仍然处在体外试验阶段，尚无体内相关报道，其在临床的作用效果还需进一步研究。

2. 妥曲珠利(toltrazuil)

妥曲珠利属于三嗪酮化合物，又名百球清，具有广谱抗球虫活性，广泛用于鸡球虫病的防治。妥曲珠利抗球虫机理尚未完全阐明，研究发现其能够干扰球虫细胞核的分裂，影响虫体的呼吸和代谢，从而使线粒体和内质网膨大，发生严重空胞化导致虫体死亡。2004 年，Darius 等研究发现妥曲珠利对新孢子虫的增殖具有较好的抑制作用。妥曲珠利及其代谢产物泊那珠利作用于体外培养的新孢子虫速殖子 4 h 后，虫体的增殖开始受到抑制。电镜观察发现，虫体的顶质体和线粒体结构均受到严重破坏。2005 年，Mitchell 在体外观察妥曲珠利的代谢产物泊那珠利对新孢子虫的作用效果时发现，除了速殖子顶质体和线粒体遭到破坏外，内质网结构也受到破坏。此外，虫体的分裂也受到明显的抑制，出现多核型虫体。

3. 中药

中药的毒副作用相对较小，之前已有几种药物如青蒿素、大蒜素等成功用于弓形虫病、隐孢子虫病等原虫病的防治，因此有研究人员也对中药的抗新孢子虫活性进行了研究。

青蒿素(artemisinin)是中国药学专家历经 380 多次鼠疟筛选后，于 1972 年从青蒿(*Artemisia annua*)中提炼并分离得到的抗疟有效单体，对鼠疟原虫和猴疟原虫的抑制率几乎达到 100%。青蒿素是一种有过氧基团的倍半萜内酯药物，其抗疟疾作用机理主要是通过作用于疟原虫的膜系结构，虫体的核膜及质膜被破坏，线粒体肿胀皱缩，内、外膜剥离而杀灭虫体。阿霉素、维生素 B、甲萘醌等自由基引发剂具有协同抗疟疾作用，而自由基清除剂如维生素 E、维生素 C、谷胱甘肽、二硫苏糖醇等则能降低青蒿素的抗疟疾作用。2002 年，Jong 等通过体外试验证实了青蒿素对新孢子虫具有抑制效果，当青蒿素的浓度高于0.1 μg/mL时，能够明显抑制新孢子虫在细胞内的增殖。若药物浓度在 20 μg/mL 或者 10 μg/mL 的浓度下作用 11 d 或者在 1 μg/mL 的浓度下作用 14 d，均可明显减少虫体的数量，甚至清除宿主细胞内的虫体。但用药物预先处理细胞 12 h 或者新孢子虫速殖子 90 min 后再进行培养，均不影响虫体的增殖，提示该药物可能直接作用于虫体的分裂繁殖阶段。青蒿酮是青蒿素的 10-烷氨基衍生物，其抗疟疾的效果优于其他青蒿素的衍生物，Mazuz 等于 2012 年通过体外试验证实，该药在很低的浓度(约 0.1 μg/mL)时对新孢子虫的增殖就有很好的抑制作用。

Youn 于 2003 年用乙醇提取了破草子、苦参、风龙、朝鲜白头翁和大果榆等 5 种中药成分，并在体外研究其抗新孢子虫效果，结果发现破草子(*Torilis japonica*)浓度在 156 ng/mL、78 ng/mL、39 ng/mL、19.5 ng/mL 时，对新孢子虫的抑制作用分别为 97.8%、97.9%、85.3%和 46.4%。苦参(*Sophora flavescens*)在 156 ng/mL、78 ng/mL、39 ng/mL、19.5 ng/mL的浓度时对新孢子虫的抑制作用为 98.6%、97.0%、69.5%和 14.0%，两种药物对细胞的毒性浓度均超过 625 ng/mL。另外 3 种药物风龙(*Sinomenium acutum*)、朝鲜白

头翁(*Pulsatilla koreana*)、大果榆(*Ulmus macrocarpa*)在低浓度时对新孢子虫均无任何作用,高浓度时则对宿主细胞产生了明显的毒性作用。但破草子和苦参的抗新孢子虫作用研究尚未深入,其对新孢子虫的作用机理还有待于进一步研究。

迄今为止,新孢子虫药物研究主要集中于细胞培养阶段,在动物体内的研究报道主要是磺胺类药物和妥曲珠利。1990年,Lindsay和Dubey报道,给免疫抑制的小鼠通过腹腔注射的方式感染新孢子虫,再用安普罗利或磺胺嘧啶药以饮水的方式给药治疗,结果安普罗利在1 mg/mL或者5 mg/mL时,对小鼠无保护作用,小鼠在感染后第3 d表现明显的临床症状并死亡;磺胺嘧啶在0.5 mg/mL浓度下也无保护效果,但当浓度达到1 mg/mL,其对小鼠的保护作用明显增强,但若在治疗3 d后停药,大部分小鼠会发展为脑炎;治疗14 d后停药,则对小鼠有90%的保护作用。2001年,Gottstein用2×10^6个/只的新孢子虫速殖子通过腹腔注射的方式感染小鼠后,再用妥曲珠利或者其衍生物泊那珠利以饮水的方式给药20 mg/(kg·d),可以完全阻止小鼠神经组织的病变,小鼠组织中虫体DNA检测显示,妥曲珠利和泊那珠利分别使组织中的虫体减少了91%和90%。2004年,Anne进一步证实了妥曲珠利在小鼠体内抗新孢子虫的效果。2005年,Gottstein通过孕期小鼠试验证明妥曲珠利能够抑制新孢子虫的垂直传播,有效率达到87%,并且其后代小鼠脑组织中新孢子虫DNA检出率也很低,为7.7%(3/39)。随后Gottstein于2009年证明该药对新生小鼠先天性新孢子虫病也具有一定的治疗作用,治疗后新生小鼠的存活率为54%,未用药组为30%。Gottstein在孕期小鼠试验中还研究了恩氟沙星是否具有阻断新孢子虫病垂直传播的作用,但结果显示该药效果较差,其有效抑制率只能达到17%。Mazuz等于2012年报道了青蒿酮对沙鼠感染新孢子虫后的保护作用,将新孢子虫速殖子(1×10^6个/只)通过腹腔注射感染沙鼠后,再将该药以腹腔注射的方式给药,每天2次,连续用药4 d,用药剂量为20 mg/(kg·d)。结果发现用药组小鼠未出现任何临床症状,且PCR检测发现脑组织中新孢子虫DNA均为阴性;大多数用药组小鼠具有很高的血清抗体,并且能够抵抗高剂量(1×10^7)新孢子虫的再次感染。

牛和犬新孢子虫病临床治疗报道非常少,原因在于当牛表现新孢子虫病主要症状——流产发生时,治疗为时已晚,而犬新孢子虫病在临床上也难以进行早期诊断。此外,对于牛新孢子虫病,药物预防虽然能够在一定程度上预防流产的发生,但长期使用药物,则会导致奶和肉中药物残留问题以及抗药性的产生。研究人员试图通过对牛怀孕期间感染新孢子虫的发育过程进行研究,进一步了解妊娠期间宿主与新孢子虫之间的相互作用,以期能够筛选或合成用于孕期临时治疗的药物,但仍未找到安全有效的药物。2002年,Gottstein用2×10^8剂量的新孢子虫裂殖子分别通过静脉注射和皮下注射感染70日龄小牛,用泊那珠利(妥曲珠利的体内代谢产物)口服治疗,20 mg/(kg·d),每天用药1次,连续用药6 d,结果与攻虫不用药组相比,药物治疗组小牛没有表现发热症状,且抗体水平也很低;PCR检测脑和其他器官,均未检测到虫体的存在。但对于该药是否对包囊期缓殖子有效尚无报道。

在犬新孢子虫病发病早期,药物对其有一定疗效,但对出现临床症状犬的治疗效果较差。研究发现,犬出现肌肉痉挛、后肢虚弱等早期症状时,使用甲氧苄胺嘧啶、磺胺嘧啶和乙胺嘧啶等抗弓形虫药物进行及时治疗,会取得比较理想的效果。用磺胺嘧啶和甲氧苄胺嘧啶合剂，以 15 mg/kg 体重剂量每日给药 2 次，同时用乙胺嘧啶以 1 mg/kg 体重剂量每日给药 1 次或者用克林霉素以 10 mg/kg 体重剂量每日给药 3 次，4 周后犬的麻痹症状消失；单独使用克林霉素以 150 mg/kg 体重剂量连续肌肉注射 24 d，可以治疗新孢子虫引起的心肌炎等病症；对于 9 周龄犬，以 75 mg/kg 体重每日口服给药 2 次，13 周龄犬以 150 mg/kg 体重每日口服给药 2 次，连续用药 6 个月，会明显减轻其临床症状，但其疗效常因疾病的发展程度以及用药的时间而有所差异。2007 年，Dubey 报道 1 例自然感染新孢子虫的比格幼犬，在 9 周龄前单独用克林霉素口服治疗，每天用药 2 次，一次 75 mg，13 周龄后以双倍剂量药物进行治疗，6 个月后，临床症状明显减轻。除药物治疗外，可以适当配以物理疗法，例如一定程度的训练活动和肌肉按摩都有利于动物的康复。

10.2 免疫预防

由于迄今为止尚无治疗新孢子虫病的特效药物，因而免疫预防被人们寄予较大希望，并被视为较为理想的新孢子虫病防控措施。对于新孢子虫病疫苗的研究自发现新孢子虫病以来一直在进行之中。但因新孢子虫宿主范围广，能够寄生于多种有核细胞，病原与宿主间关系十分复杂，为疫苗研究带来了诸多困难。

新孢子虫病对养牛业影响最为严重，针对牛新孢子虫病疫苗研究的报道也相对较多。牛新孢子虫病疫苗的研究，应考虑以下几个问题：首先，由于新孢子虫是专性细胞内寄生虫，细胞免疫在其感染后起主导作用，机体抵抗新孢子虫感染主要是通过产生 γ-干扰素和 $CD4^+$ T 淋巴细胞来发挥作用。此外，体液免疫很有可能在控制胞外虫体的传播过程中发挥重要作用。其次，在母牛怀孕期间母体的抗感染免疫反应能够降低母体的怀孕几率；同时母体妊娠期间自身的免疫调节作用也可能会降低其抵抗新孢子虫感染的能力。大量文献报道显示，怀孕期间的牛感染新孢子虫更容易流产。新孢子虫持续感染的母牛，在怀孕时体内的虫体会被活化传播给胎儿造成流产(内源性胎盘感染)；怀孕期间感染新孢子虫的母牛则会直接将虫体传播给胎儿导致流产(外源性经胎盘传播)。此外，人工感染小鼠实验证实，不同新孢子虫分离株毒力存在明显差异，所以在疫苗研制过程中亦须考虑针对不同分离株的免疫效果。

理想的新孢子虫病疫苗应该具备以下的特征，一方面可以预防胎儿流产，避免新孢子虫病的垂直传播；另一方面，疫苗免疫后产生的抗体和自然感染产生抗体易于区分，从而有利于对新孢子虫病进行血清学诊断。

国内外研究人员已经在新孢子虫病活苗、灭活苗、亚单位疫苗、核酸疫苗、基因重组活载体疫苗等多种类型疫苗进行了广泛的研究。目前全世界唯一商品化的抗新孢子虫病疫苗 Bovilis NeoGuard™，是一种使用 Havlogen 佐剂化的灭活疫苗。除此之外，关于新孢子虫的免疫预防还处于实验室研究阶段，尚未有其他形式的疫苗投入生产和使用。

10.3 防控策略

在没有特效药物和有效疫苗能够防控新孢子虫病的情况下，牛新孢子虫病的防控主要通过综合措施以减少新孢子虫感染，对于不同背景、不同饲养条件的牧场须采取不同的措施。在无新孢子虫感染的农场，首要目标是采取标准的生物安全措施阻止病原的进入。对于已发生过新孢子虫感染的农场，防控程序应基于减少病原的垂直传播和水平传播为目标，如可以通过淘汰新孢子虫血清抗体阳性牛来降低垂直传播的风险，一定程度上还可以降低水平传播的风险，或通过控制牛等中间宿主与终末宿主的接触以降低病原水平传播的风险。总之，要根据农场的情况采取相应的措施，以下分别从垂直传播、水平传播和其他方面分别阐述相关措施。

10.3.1 垂直传播

垂直传播是造成奶牛流产的非常重要的原因，并且能够在牛场中持续存在，以下 3 个方面的措施能够在一定程度上降低垂直传播的风险。

1. 胚胎移植

胚胎移植是将胚胎从新孢子虫感染牛体内移植给未感染牛，可以避免垂直传播的风险。研究发现，在受精卵植入子宫内膜的前期，由于受到透明带的保护能够阻止新孢子虫进入胎儿体内。Landmann 等将 70 个新孢子虫血清学阳性母牛的胚胎移植到血清学阴性牛的子宫内，产下的小牛均未出现新孢子虫感染，可见胚胎移植可阻断垂直传播。相反，将 6 个新孢子虫血清阴性母牛的胚胎移植到血清阳性牛的子宫内，其中 5 个新生小牛发生了新孢子虫感染。胚胎移植须对受体牛进行检测，确保没有新孢子虫感染。但是胚胎移植的代价较大，普通牛场很难在日常生产中采用这一措施，但可对较为贵重的牛只采用这一方法以控制新孢子虫的传播。

2. 用肉牛的精液对血清学阳性的奶牛进行人工授精

2005 年，Lopez-Gatius 等在西班牙的 2 个高产奶牛场将 273 头怀孕奶牛分成 2 组，第 1 组156 头，用奶牛精液进行受精，第 2 组 117 头，用肉牛精液进行受精，结果总流产率为 28.2%(77/273)，其中第 1 组和第 2 组的流产率分别为 34.6%(54/156)和 19.7%(23/117)。结果证明，用肉牛精液对血清学阳性奶牛进行人工授精可以降低奶牛流产的风险，这可能是杂交的优势。但是，在生产中怎样合理应用这一措施还有待于进一步研究和讨论。

3. 牛只的检疫淘汰

隐性感染牛是造成牛群新孢子虫垂直传播的重要来源之一。最有效控制这种感染的方法是淘汰隐性感染牛，减少更大的损失，其中检验、检疫确认新孢子虫感染是淘汰牛的前提。

(1)对牛场内全群牛进行定期检测，隔离抗体阳性牛，尤其对有流产史的牛更须重点检测，坚决淘汰有流产史且血清学阳性的母牛；对没有流产史但抗体阳性牛，也建议淘汰。

(2)调查追踪牛的血清抗体检测史，检疫隔离血清学阳性牛的后代。

10.3.2 水平传播

水平传播主要是由于牛场中存在新孢子虫终末宿主或其他中间宿主，导致病原通过食物、饮水等途径感染牛只，以下几方面措施被证明能够大大降低水平传播的风险。

1. 防止犬等终末宿主传播病原

犬在牛新孢子虫感染与传播中起着重要作用，尤其对无新孢子虫感染的牧场。犬等终末宿主的粪便污染饲料、牧草、饮水等可能是牛场感染新孢子虫的最初来源。所以有效控制牛场内的犬是降低农场新孢子虫感染风险的最有效方法。在集约化管理的牛场，最好的方法是禁止养犬，至少应在一定范围内修筑隔离墙，避免犬进入圈舍、饲料库、谷物仓库及接近水源；注意保持草料的清洁卫生，特别要注意避免犬粪便污染饲草饲料；还应制定相应措施防控作为终末宿主的野生犬科动物传播新孢子虫的风险。值得注意的是，研究表明幼龄犬感染新孢子虫后排出的卵囊较成年犬多，所以牛场内应禁止孕犬和幼犬存在。

防止犬及其他终末宿主食入新孢子虫感染的中间宿主(牛)组织。必须对流产胎儿、胎膜和其他可能已被新孢子虫感染的牛组织进行安全处理，防止被终末宿主吞食后感染新孢子虫，减少终末宿主带来的感染风险。在北美，新孢子虫在野生动物与家畜之间的传播广泛存在，如野鹿将新孢子虫传递至家犬，再由家犬传播至家畜。野生动物中新孢子虫流行病学调查表明，美国白尾鹿中新孢子虫抗体阳性率非常高，伊利诺伊州东北部的400只鹿新孢子虫血清抗体率高达40%，且有半数阳性鹿的抗体滴度非常高；鹿的新孢子虫血清学阳性与其年龄没有相关性，提示在鹿群中可能存在着垂直传播，但至今尚无由新孢子虫引起白尾鹿流产的报道。自白尾鹿分离到的新孢子虫分离株在遗传特征上与来自于牛和犬分离株相似；犬食入新孢子虫感染的鹿组织后可以排出卵囊。美国每年有数以千计的白尾鹿被捕获，大部分在野外被屠宰，被丢弃的内脏可能成为终末宿主犬科动物如犬、山狗等新孢子虫感染的来源。做好猎获动物(鹿和其他野生动物)内脏和组织的安全处理，防止犬和野生犬科动物食入，对于防控新孢子虫病在野生环境与养殖动物间的传播具有重要意义。

2. 防止通过水源传播

水源污染与弓形虫病的暴发密切相关，因此水源污染也很可能是牛新孢子虫病暴发的一个重要因素。采取措施阻止终末宿主排出的粪便污染水源是控制新孢子虫病的一个关键措施。

3. 控制啮齿动物

鼠等啮齿动物是新孢子虫的保虫宿主，定期采取有效措施控制牛场内的啮齿动物，如灭鼠等，可以降低新孢子虫病暴发的风险。

10.3.3 其他

1. 防止先天性感染牛的新孢子虫病复发

牛群的科学饲养管理可以有效降低先天感染牛发病的风险。要避免饲喂发霉变质的饲草饲料,因为真菌毒素可以诱发隐性感染牛发病;减少怀孕牛的应激;给予营养平衡饲草饲料,有效提高机体的免疫力。

2. 后备牛和新购牛的检疫隔离

牛场购买牛只前应进行充分调查和检疫,从无新孢子虫感染或没有新孢子虫流产记录的牛场购买后备牛,防止引入新孢子虫感染牛。

综上所述,新孢子虫是机会性寄生原虫,绝大多数感染牛并无临床症状,但可终生带虫,当其怀孕时通过垂直传播感染其后代,也可通过水平传播感染其他牛只。如流产胎儿及其他含有新孢子虫的组织被终末宿主摄食后,终末宿主排出的新孢子虫卵囊污染饲料和饮水等,并通过其他牛只采食和饮水,经口感染,发生水平传播。可以认为,隐性感染牛是牛群中新孢子虫病垂直传播和水平传播的重要来源。因此,淘汰感染牛,特别是隐性感染的牛只,是新孢子虫病防控的有效方法,但也会造成巨大经济损失。由于至今仍无新孢子虫病防控的其他有效措施,检疫淘汰方法被广泛应用。而在采取检疫淘汰措施之前,应对牛场的情况进行全面分析,找出可能引起牛群暴发新孢子虫感染的因素,如传播途径、垂直传播情况、犬以及啮齿动物等存在情况,并在选择任何一种防治措施前还需对牛场的成本效益进行综合分析,从而采取最优防治措施。

参考文献

[1] Andrianarivo A G, Rowe J D, Barr B C, et al. A POLYGEN-adjuvanted killed Neospora caninum tachyzoite preparation failed to prevent foetal infection in pregnant cattle following i. v. /i. m. experimental tachyzoite challenge. Int J Parasitol, 2000, 30: 985-990.

[2] Barr B C, Conrad P A, Sverlow K W, et al. Experimental fetal and transplacental Neospora caninum infection in the nonhuman primate. Lab Invest, 1994, 71: 236-242.

[3] Cannas A, Naguleswaran A, Muller N, et al. Vaccination of mice against experimental Neospora caninum infection using NcSAG1- and NcSRS2-based recombinant antigens and DNA vaccines. Parasitology, 2003a, 126: 303-312.

[4] Cannas A, Naguleswaran A, Muller N, et al. Reduced cerebral infection of Neospora caninum-infected mice after vaccination with recombinant microneme protein NcMIC3 and ribi adjuvant. J Parasitol, 2003b, 89: 44-50.

[5] Debache K, Guionaud C, Alaeddine F. Vaccination of mice with recombinant NcROP2 antigen reduces mortality and cerebral infection in mice infected with Neospora caninum tachyzoites. Int J Parasitol, 2008, 38: 1 455-1 463.

[6] Dubey J P, Schares G, Ortega-Mora L M. Epidemiology and control of neosporosis and Neospora caninum. Clin Microbiol Rev, 2007, 20: 323-367.

[7] Esposito M, Stettler R, Moores S L, et al. In Vitro Efficacies of Nitazoxanide and Other Thiazolides against Neospora caninum Tachyzoites Reveal Antiparasitic Activity Independent of the Nitro Group. ANTIMICROB AGENTS CH, 2005, 49: 3 715-3 723.

[8] Gottstein B, Razmi G R, Ammann P, et al. Toltrazuril treatment to control diaplacental Neospora caninum transmission in experimentally infected pregnant mice. Parasitology, 2005, 130: 41-48.

[9] Jenkins M, Parker C, Tuo W, et al. Inclusion of CpG adjuvant with plasmid DNA coding for NcGRA7 improves protection against congenital neosporosis. Infect Immun, 2004, 72: 1 817-1 819.

[10] Kim J T, Park J Y, Seo H S, et al. In vitro antiprotozoal effects of artemisinin on Neospora caninum. Vet Parasitol, 2002, 103: 53-63.

第11章

我国新孢子虫病流行与研究概况

新孢子虫于1988年被Dubey确定为不同于弓形虫的新属、新种后，世界各地相继开展了针对新孢子虫的各方面研究，并取得了一定的进展。但由于其发现时间较短，各方面研究尚处于起步阶段。国内新孢子虫研究起步相对较晚，最早有关新孢子虫文献见于1991年，文章全文翻译了由Aderson等发表在美国兽医协会杂志上的文章，指出新孢子虫是导致加利福尼亚奶牛流产的主要原因。2000年之前与新孢子虫有关的中文文献仅20余篇，全部为国外文献的翻译或综述，未见研究性文献发表。2002年关于新疆部分地区牛新孢子虫病的血清学调查成为我国首篇新孢子虫病研究性文献。2003年，刘群等报道了北京、山西5个奶牛场新孢子虫的流行情况，并对流产奶牛和非流产奶牛新孢子虫感染情况进行了比较分析。这也是国内首篇针对规模化奶牛场新孢子虫感染的流行病学调查报告，初步证实新孢子虫病在我国牛场的流行。随着新孢子虫被公认可引起牛的繁殖障碍，国内研究人员开始逐渐关注新孢子虫病，与其有关的研究也日益增多，但与同期国外的研究相比还存在一定差距。

目前，国内新孢子虫病的研究主要包括流行病学调查、诊断方法研究、疫苗筛选、病原分离等，涉及动物主要是牛、羊、犬及少量野生动物。

11.1 国内新孢子虫流行病学

血清流行病学是国内最早开展的新孢子虫研究方向，2002年，徐雪平对新疆乌鲁木齐某屠宰场298头份牛血清和4头份牦牛血清进行了新孢子虫检测，结果显示仅一头牦牛血清为新孢子虫抗体阳性，其他均为阴性。2003年，中国农业大学刘群等应用IDEXX公司ELISA试剂盒共检测奶牛血清40头份，其中有流产史的30头份，新孢子虫血清抗体阳性率为26.67%，无流产史的奶牛新孢子虫血清抗体均为阴性，首次报道了国内规模化奶牛场的新孢子虫感染情况。此后，延边大学、吉林大学和新疆农业大学等多所大学和研究所相继开始了新孢子虫病的研究。目前，全国大部分省、区均有新孢子虫流行病学的相关报道，涉及动物包括牛、羊、犬、猫和少数其他动物，且不同地区和物种间新孢子虫血清抗体阳性率存在较大差异。

11.1.1 牛

继刘群等通过流行病学调查证实我国牛群中有新孢子虫存在且不同地区和牛群感染率不一样，并证明新孢子虫与流产相关之后，为了解新孢子虫在国内牛场的流行情况，自2005年起国内多地学者相继报道各地牛的新孢子虫感染情况，一些报道中对各地阳性率的差异、胎次和年龄与血清学阳性的关系及血清学转换等情况进行了分析。此外，通过对牛群中新孢子虫的研究，在一定程度上解释了奶牛场布鲁氏菌和弓形虫血清抗体阳性率低而流产的发生率依然较高的原因。目前国内大部分省份都有针对新孢子虫流行病学调查的报道，由北到南，已有奶牛新孢子虫感染调查的省、市（自治区）包括黑龙江、吉林、辽宁、新疆、内蒙古、青海、北京、天津、河北、河南、山东、山西、上海、广东、广西和我国台湾等，各省市新孢子虫抗体阳性率存在较大差异，这一结果与国外部分报道类似。于晋海等对10省（市）的奶牛新孢子虫调查显示山东的奶牛血清样本阳性率为0，而北京的32份样本阳性率则高达34.4%。2006年，刘晶对北京地区107份奶牛血清进行的检测结果显示阳性数为71个，阳性率达66.4%，而2012年对北方6省、市牛新孢子虫血清学调查则显示北京的样本阳性率为0，阳性率最高的是河北的30个样本，达37%。由此可见，不同地区新孢子虫血清抗体阳性率差异较大，同一省份不同牛场、同一地区不同时间的新孢子虫血清阳性率同样存在较大差异。在对上海市10个区县41个奶牛场部分奶牛进行的血清学抗体检测结果表明，各场阳性率差异较大，其中19个场阳性率为0，2个场阳性率在20%以上，其余场在20%以内，41个场中阳性率最高达44.23%。青海西宁和周边5个奶牛养殖场的平均抗体阳性率为4.35%，而其中一个阳性率为0，一个则高达33.33%。这种差异可能是由于分析时采用的血清学诊断方法不同造成，但参考国外研究和综合国内奶牛养殖业实际情况分析，这种地域和牛场间的阳性率差异应该为客观事实。国内奶牛养殖场规模不同，采用的饲养管理模式也不同，小型养殖场引进牛的感染状态不明，一些牛场没有隔离犬或其他野生动物的设施，这些情况都可能导致不同牛场新孢子虫抗体阳性率存在较大差异。

此外，于晋海等于2007年对江苏等9个省（市）40头份水牛血清和10份肉牛血清利用ELISA方法进行的新孢子虫流行病学调查中，未发现新孢子虫阳性。但有限的样本数量可能影响了此次调查的代表性，对于国内水牛和肉牛新孢子虫病流行情况仍需要进一步研究。

新孢子虫感染与流产相关已得到广泛认同，国内一些新孢子虫流行病学调查也对二者的相关性进行了研究。相关研究数据都显示有流产史的牛新孢子虫阳性率要高于无流产史的牛，但这种差异的显著性在不同报道中有所不同。刘晶等对采集于9省（市）的422份奶牛血清的流行病学调查结果显示，有流产史的214份血清新孢子虫抗体阳性率为30.8%，无流产史的208份血清阳性率为16.3%，经卡方检验二者差异显著，提示流产几率的增加与新孢子虫感染有关。2009—2011 年,杨娜等对北京和沈阳规模化奶牛场进行了 3 次调查,有流产史的奶牛血清抗体阳性率均显著高于无流产史的奶牛。但是,在于晋海等的报道中,有流产史的牛新孢子虫血清阳性率为 20.2%,略高于无流产史牛的 16.1%,二者无显著性差异。Wang 等对黑龙江省的 540 份奶牛血清学检测结果进行了分析,有流产史的牛血清抗体阳性率(14.9%)稍高于无流产史的牛(10.3%),二者也无显著性差异。尽管如此,目前仍公认新孢子虫的感染确实能增加奶牛流产的风险。

牛在各年龄段均可感染新孢子虫,不同地区、不同牛场中感染率与年龄间的关系在不同的研究中存在差异。对吉林省部分地区黄牛进行的新孢子虫血清抗体检测显示,1～3 岁、4～6 岁和 7～9 岁牛的新孢子虫阳性率分别为 16.67%、11.11%和 7.84%,各年龄段之间阳性率差异显著,而另一个对吉林省部分地区的调查则显示这 3 个年龄段的阳性率分别为 17.90%、16.14%和 17.78%,三者无显著差异。于晋海和刘晶分别对从国内部分省市采集的牛血清进行检测,各年龄牛血清抗体阳性率无明显规律,也无显著差异。来自黑龙江的 540 头奶牛,各年龄段的血清阳性率介于 9.1%和 17.9%之间,7 岁龄的阳性率最高,6 岁龄次之(13.8%),但各年龄之间阳性率无显著差异。对沈阳和北京共 4 个牛场的检测结果显示,5 岁龄阳性率最高,但不同年龄段的牛血清抗体阳性率差异也不显著。

不同研究中,血清新孢子虫抗体阳性率与牛只妊娠次数规律不一。于晋海等的调查发现,奶牛头胎阳性率最高,达 38.1%,刘晶的调查则显示第 5 胎的阳性率最高,可达 47.8%。Wang 等对黑龙江的调查结果与刘晶的一致,在第 5 胎时血清阳性率最高(22.7%)。而流产时妊娠时间的长短与血清阳性率有一定的规律性,国内研究结果与国外类似,大部分新孢子虫相关流产都发生在妊娠第 4～6 个月,在此期间血清阳性率也最高。在刘晶的研究中,妊娠 1～3 个月、4～6 个月和 7～9 个月的阳性率分别是 14.1%、54.7%和 31.2%,这可能与妊娠中期母牛免疫功能降低及虫体大量增殖有关。

了解牛感染新孢子虫后的抗体消长情况有助于掌握新孢子虫感染激活的牛免疫反应规律和当地某一时间内水平传播的发生状况。刘小兰等对新疆部分地区的牛个体进行了连续 5 次采样检测,对第一次采样为阳性的牛进行跟踪监测,之后每次采样间隔 30～40 d,结果显示约一半个体在检测时间段内一直呈阳性,另外,约一半个体第一次或第二次检测结果为阳性,之后为阴性,剩余个体呈现不规则抗体转变。跟踪调查结果显示,血清抗体至少可以持续半年以上。杨娜对北京和沈阳共 4 个牛场连续 3 次每间隔 8 个月采样进行新孢子虫血清抗体检测,发现每个牛场 3 次检测均存在一定程度的抗体水平变化,部分奶牛血清学反应呈波动状态,尤其是从阳性到阴性的转变率较高,而阴性转阳性的转变率较低,说明这 4 个规模化牛场水平传播的程度较低。

有关奶牛感染新孢子虫与生产性能的关系研究很少,张昌盛等采集来自北京某牛场的血清,进行新孢子虫抗体检测后结合牛场记录体系(dairy herd improvement,DHI)统计分析,发现新孢子虫抗体阳性牛日产奶量比抗体阴性牛平均减少 2.7 kg,乳脂率减少 15.4%,乳蛋白率减少 20%,说明奶牛感染新孢子虫后主要生产性能指标均降低,初步证明奶牛新孢子虫感染能够给我国奶牛养殖业造成明显的经济损失。

11.1.2 牦牛

与奶牛不同，国内牦牛的养殖数量较少，主要集中在新疆、青海和西藏等省（自治区），养殖方式大都为牧场放养，有关牦牛新孢子虫感染的报道也较少。在 2000 年国内首个新孢子虫流行病学调查报道中，4 个新疆牦牛血清样本中检出 1 个新孢子虫阳性。2006 年，新疆三分牧场的 16 个牦牛血清样本均检测为新孢子虫抗体阴性。新疆和静县巴仑台镇流产牦牛 66 头，分别进行布病和新孢子虫病血清学检测，布病平板凝集实验显示布病阳性率为 87.8%，而新孢子虫 ELISA 检测结果显示只有 3 个阳性，阳性率仅为 4.6%，提示新孢子虫可能不是该县牦牛流行性流产的主要原因。巴音查汗等对新疆巴州部分山区 210 头具有流产史的牦牛用自建 ELISA 和商品化 ELISA 试剂盒同时进行血清抗体检测，结果表明其阳性率为 19.1%（自建 ELISA）和 20%（IDEXX），而所有新孢子虫抗体阳性牛和部分抗体阴性牛均呈现弓形虫和布氏杆菌阴性，提示新孢子虫病可能是造成该地区牦牛流产的主要病因。这些研究说明，新孢子虫感染在新疆牦牛中已经存在，并且可能导致一些牦牛流产。

在 2006 年对青海大通种牛场和称多县牛场的牦牛新孢子虫血清流行病学研究中，发现其抗体阳性率分别为 10.07%和 18.75%，平均阳性率 11.60%。刘晶等于 2008 年对 946 份牦牛血清的新孢子虫流行病学调查发现，有 21 例呈新孢子虫阳性，约占 2.2%，其中 2 例为弓形虫和新孢子虫共感染。多种病原混合感染存在于青海牦牛中，也可能是造成牛只流产的原因。2011 年，为明确青海省海晏县以母牛流产、死胎和公牛睾丸肿大等为特征的疾病病因，研究人员对当地牦牛群中布氏杆菌、衣原体、弓形虫、新孢子虫和隐孢子虫血清抗体进行了检测，结果显示针对以上病原的血清抗体阳性率分别是 5.08%、5.90%、3.70%、3.7%和 0.74%，提示海晏县的牦牛存在一定水平的新孢子虫感染，但无法证实新孢子虫感染是造成此次疾病的主要病因，也可能与其他病原有关。

11.1.3 羊

绵羊和山羊均能感染新孢子虫，实验状态下接种新孢子虫速殖子可致妊娠羊发生流产，详细资料参见第 8 章中 8.2。国内对绵羊和山羊新孢子虫感染的报道较少。

青海省羊的新孢子虫流行病学调查报道最早见于 2006 年，检测方法均为间接 ELISA，包被抗原是 GST 融合表达的新孢子虫 SAG1 片段。涉及羊的品种包括绵羊、绒山羊和改良绒山羊等，均能检测到抗体阳性的个体，新孢子虫抗体阳性率在 3%～8.51%。在对青海省改良绒山羊血清学调查中发现，有流产史的改良绒山羊阳性率为 12.8%，高于无流行性流产的羊群。新孢子虫感染与该地区改良绒山羊所发生的流产是否有直接关系有待于进一步确认。

2009 年，张维等使用胶体金免疫层析检测河北和山西的山羊血清，结果显示其阳性率分别为 10%和 17.5%。杨道玉等使用相同方法对 2010 年采集于内蒙古苏尼特右旗的部分绵羊和山羊进行了新孢子虫血清抗体检测，绵羊的阳性率为23.26%(100/430)，山羊的阳性率为6.64%(14/211)，二者具有显著差异。在之后利用同样方法对2011年从陕西不同地区采集的751份山羊血清进行了检测，新孢子虫总阳性率为10.79%，各地阳性率从0到41.86%不等，说明同一省区内羊的感染情况也存在较大差异。结合年龄因素分析发现，成年山羊的阳性率高于幼年山羊，提示环境中可能存在水平传播。

11.1.4 犬和猫

张维和于珊珊分别利用胶体金免疫层析对北京地区猫的新孢子虫感染情况进行了调查，结果发现流浪猫和宠物猫的阳性率为6.45%～7.7%，无显著差异。未见其他地区猫感染新孢子虫的报道。于珊珊利用巢氏PCR对猫血液DNA进行新孢子虫DNA检测，流浪猫和宠物猫阳性率分别为3.65%和2.15%。

犬作为新孢子虫的终末宿主，对新孢子虫的传播起着重要作用，检测牛场犬新孢子虫的感染状况有利于评估当地的水平传播情况，以制定相应的防治措施。研究人员对青海省乌兰县牧羊犬新孢子虫病血清调查的结果显示，被调查3个村的平均血清阳性率为31.25%(25/80)，高于新疆乌鲁木齐家养宠物犬的17%(5/29)。于珊珊对132份宠物犬和29份乡村犬进行胶体金免疫层析检测，发现宠物犬阳性率为6.06%，乡村犬为10.5%，但二者无显著差异，而大部分国外的研究显示流浪犬或乡村犬的新孢子虫血清阳性率要显著高于宠物犬。研究中还发现阳性率与性别无关，但会随年龄的增加而升高，老年犬阳性率较高可能与环境病原接触机会较多有关。

刘善超等利用重组蛋白NcSRS2建立的间接ELISA方法对北京地区的宠物犬及乡村犬进行了新孢子虫血清流行病学调查，结果表明，犬新孢子虫平均阳性率为2.84%，其中宠物犬的阳性率为2.70%，乡村犬抗体阳性率相对较高，为4.41%。统计结果表明，犬新孢子虫抗体阳性率与犬的性别、品种、年龄没有明显关系。

11.1.5 野生动物

新孢子虫能感染包括郊狼和鹿在内的许多野生动物，国内野生动物新孢子虫流行病学鲜有报道。遇秀玲等采集5只临床发病的幼年蓝狐组织进行组织病理学检查，经免疫组化染色确定新孢子虫包囊的存在。对采集的临床健康的母狐血清进行新孢子虫抗体检测，27.2%(28/103)为新孢子虫阳性。

国外已有多篇报道指出海洋动物也可感染新孢子虫。2011年，王辉等应用新孢子虫凝集试验检测了某海洋馆2007—2011年收集的13份海豚血清和2份海狮血清，其中海豚抗体阳性率为15.4%(2/13)，2份海狮血清检测为阴性。蓝狐和海豚中出现的新孢子虫阳性，提示在我国野生动物群体中也存在着新孢子虫感染，而这类感染的规模和水平尚无明确定论，仍需要进一步的流行病学研究。

11.1.6 牛群中新孢子虫病传播途径初步研究

张维等对北京地区某牛场连续3次的血清学调查结果进行了分析，通过血清学、分子生物学及组织病理学方法确定了新孢子虫感染是造成流产的主要原因。经过连续性的血清学检测发现，在群体和个体牛只中血清学状态存在波动现象。对血清学检测结果进行分析发现，垂直传播在该牛场新孢子虫病的扩散中起主要作用，同时也发现该牛场中一直存在着某种因素所致的水平传播，进一步加剧了新孢子虫病在该牛场中的扩散。此外，根据奶牛家族谱系图分析，也确定了水平传播在该牛场中的存在。感染来源可能是该牛场在若干年前曾经历过外源性的新孢子虫感染且这种感染持续在牛场中存在，而造成新孢子虫感染引发流产的主要原因则可能是由于环境及管理等因素导致的隐性感染复发。

该研究中3次送检血样的血清学状态显示，牛场整体阳性率呈逐步下降趋势(30.6%、27.4%、25.4%)。这可能与牛群在经历流产暴发后群体抗体水平降低有关，而较高的个体血清学转阴率也从另一个侧面支持这一判断。当抗体水平降至一定程度之后，会使这种感染水平持续较长时间。但是应该注意的是，这种较低程度的群体抗体水平并不代表在牛群中实际的感染水平，因为个体牛只新孢子虫抗体的水平亦会有所波动，隐性感染时期的抗体水平可能低于临界值，只有当环境等因素具备时，才会引起疾病的复发从而造成流产的暴发。

就牛只个体而言，该研究中也发现，在3次检测中也存在新孢子虫血清抗体滴度的变化，约有30%左右个体抗体水平在3次检测中存在波动，可能由阳性降至检测线以下，或是从阴性转变为阳性。对送检的流产胎牛及其母牛血清学跟踪观察发现，其中一例经历4次检测，其中3次为阳性，1次降至临界值以下；另一例初为阳性，后来降至临界值附近，但之后又恢复至阳性；还有1例其前3次检测均为阴性，而流产发生时却表现为新孢子虫抗体强阳性。在本研究中，血清学转阳率为14%。造成这种抗体波动的原因有多种，比如后天的感染，也有可能是因为隐性感染的复发造成的血清学反应差异。当然，也不能排除由于检测方法的误差所造成的抗体水平变动。高水平的阳性转换在其他国家的研究中也有报道。与血清学转阳同时存在的是血清学转阴，此次研究中有接近18%的血清转阴率。同样水平的转阴率在之前的国外相关研究中都有报道。对于这种血清学的转变究竟是因何产生，目前仍未有定论，检测方法的误差以及从新孢子虫感染暴发到趋于稳定的阴性感染的过程转换均可能造成血清学转阴。此外，牛只新孢子虫感染的自我清除也可能导致血清学转阴。

垂直传播和水平传播是维持牛群中新孢子虫持续、稳定存在的重要方式。在张维的研究中，根据牛场的母-犊血清学资料，计算得出表观垂直传播率(73.2%)，明显高于表观水平传播率(37.6%)，表明在该牛场中垂直传播在新孢子虫的扩散中起主导作用。有的奶牛家族有持续3代以上感染的现象，有的基本上全家族都呈新孢子虫阳性。国外也有类似的研究，垂直传播率从41%到95%不等，这说明垂直传播在新孢子虫病扩散中具有的高效性。同时，张维研究中的水平传播率为37.6%，有41例新孢子虫阳性犊牛产自新孢子虫抗体阴性母牛，这说明水平传播在该牛场新孢子虫病扩散过程中也起着比较重要的作用。根据农场管理人员的描述，在此之前该牛场中存在散养的犬，这些线索都提示了在该牛场中一直存在水平传播的可能。不同年龄段奶牛的新孢子虫阳性率差异不显著，结合家谱图，认为这种外源性的水平传播可能发生于若干年前但并未集中爆发且一直存在，而由此造成感染的牛业已发生垂直传播。水平传播所造成的感染只要环境中存在污染源，则可以和垂直传播一样长期存在。而这种长期存在，参照统计学模型分析结果，即使水平很低，对于维系新孢子虫感染在牛群中的存在亦是十分重要。

尽管水平传播可能在牛场中发生并存在，但现有的国内外研究仍未能证实其在感染中是以何种途径发生并持续存在。犬可以因摄入中间宿主的感染组织甚至感染牛的牛奶而被感染，但人工感染实验中卵囊排出量并不高，这种程度的卵囊排出量在水平传播中能起到多大的作用还有待证实。但是，不可否认的是，犬的感染间接地增加了牛群被感染的几率。当所有风险因素叠加的时候，牛群感染新孢子虫的几率也就随之增加。

11.2 新孢子虫的鉴定及生活史研究

11.2.1 病原鉴定

新孢子虫病在国内最早于2002年通过血清流行病学调查被确认，但直到2007年，病原才由张维等在流产胎牛脑组织中经组织病理学、免疫组化以及分子生物学手段得以鉴定；2011年，新孢子虫中国本土分离株Nc-BJ由杨娜等成功分离，新孢子虫在国内从确认到病原分离历经了9年的时间。

2007年，张维等在对16例流产母牛血清进行新孢子虫抗体的检测中，发现其中12个呈新孢子虫血清抗体阳性。但由于流产胎牛不同程度的组织自溶和腐败，只有2个胎牛的组织适合病理学诊断。通过普通石蜡切片HE和免疫组织化学染色后的观察，脑组织中包囊直径约为25 μm，包囊壁厚3 μm，包囊的大小与形态均与以往报道相似（图11.1，彩图1）。包囊壁明显厚于弓形虫包囊壁（＜0.5 μm），免疫组化染色发现该包囊可与犬源新孢子虫阳性血清发生反应而不与鼠源抗弓形虫血清反应，证明观察到的为新孢子虫包囊。这是我国大陆首次确认流产胎牛脑组织中犬新孢子虫病原的存在。在所检测的组织中，只在脑组织中检测到有包囊的存在，在其他组织中并没有发现包囊样结构。此次研究中，在流产胎牛的肝、肺和心脏组织切片中观察到组织出血、淋巴细胞浸润和巨噬细胞增生等一系列病理变化，但未观察到包囊。由于流产胎牛脑组织极易自溶、液化、变质，另外还有部分流产胎牛因长期滞留体内造成木乃伊化，也无法进行组织学检查，所以能够进行组织学检查的样品非常有限，也给病原的分离和鉴定带来了困难。

11.2.2 病原分离

2011年，杨娜等利用采集的2份新孢子虫阳性母牛血液样本，分离白细胞并将其接

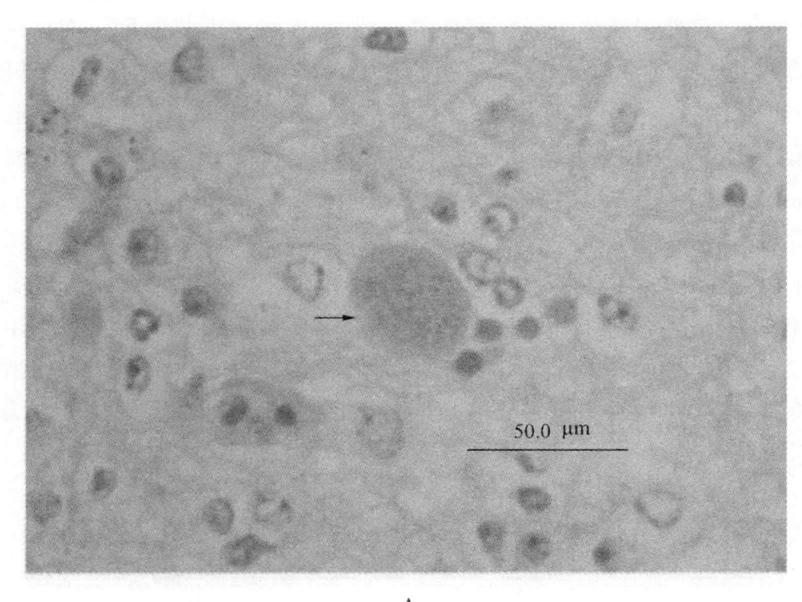

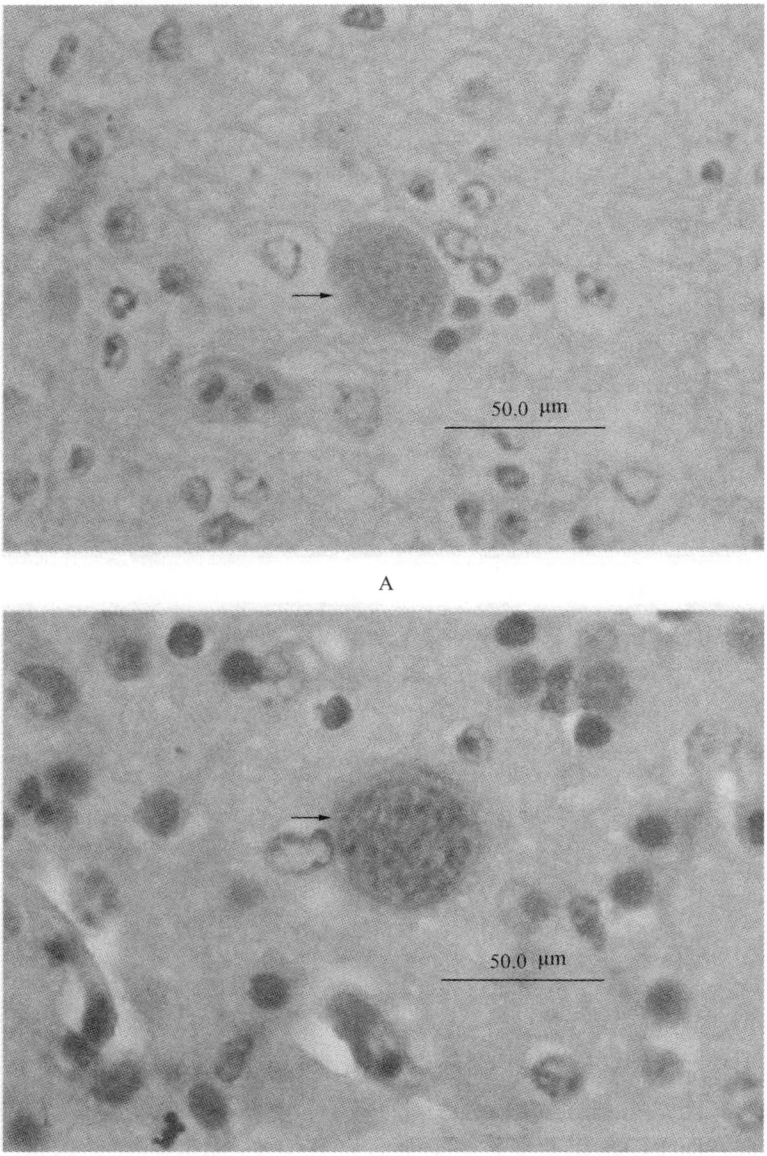

A

B

图 11.1 **流产胎牛脑组织切片**

A. HE 染色的包囊 B. 免疫组化染色的包囊

种于 Vero 细胞中，用于新孢子虫速殖子的分离。在传代培养的第 83 天，于倒置显微镜下观察到少量虫体出现。继续体外传代培养，在培养第 102 天时观察到大量虫体出现。经由 PCR 方法确认，该虫体为新孢子虫速殖子，该虫株按分离地点将其命名为新孢子虫北京株（Nc-BJ）。

11.2.3 犬新孢子虫生活史的初步研究

11.2.3.1 Vero细胞培养犬新孢子虫速殖子传代研究

邓冲等将犬新孢子虫速殖子接种于Vero细胞，并于接种后不同时间点取样观察速殖子和细胞形态，并进行HE和吖啶橙染色。

接种后各取样时间光学显微镜(光镜)下的速殖子和细胞的生长情况见图11.2(彩图2)。光镜下的Vero细胞呈不规则梭形，速殖子呈典型的月牙状或逗点状。在接种初期，细胞外的虫体，做旋转运动，在光镜下很容易观察到，而在侵入细胞质后，虫体不运动，且由于细胞质内含有大量的细胞器，所以侵入细胞质的单个虫体在光镜下不容易被观察到。虫体侵入细胞后进行增殖，第一次分裂后，光镜下可以观察到分裂后成对称排列的速殖子。随着虫体不断增殖，带虫空泡越来越明显，最后在光镜下呈现出圆形，虫体在圆形寄生泡内呈辐

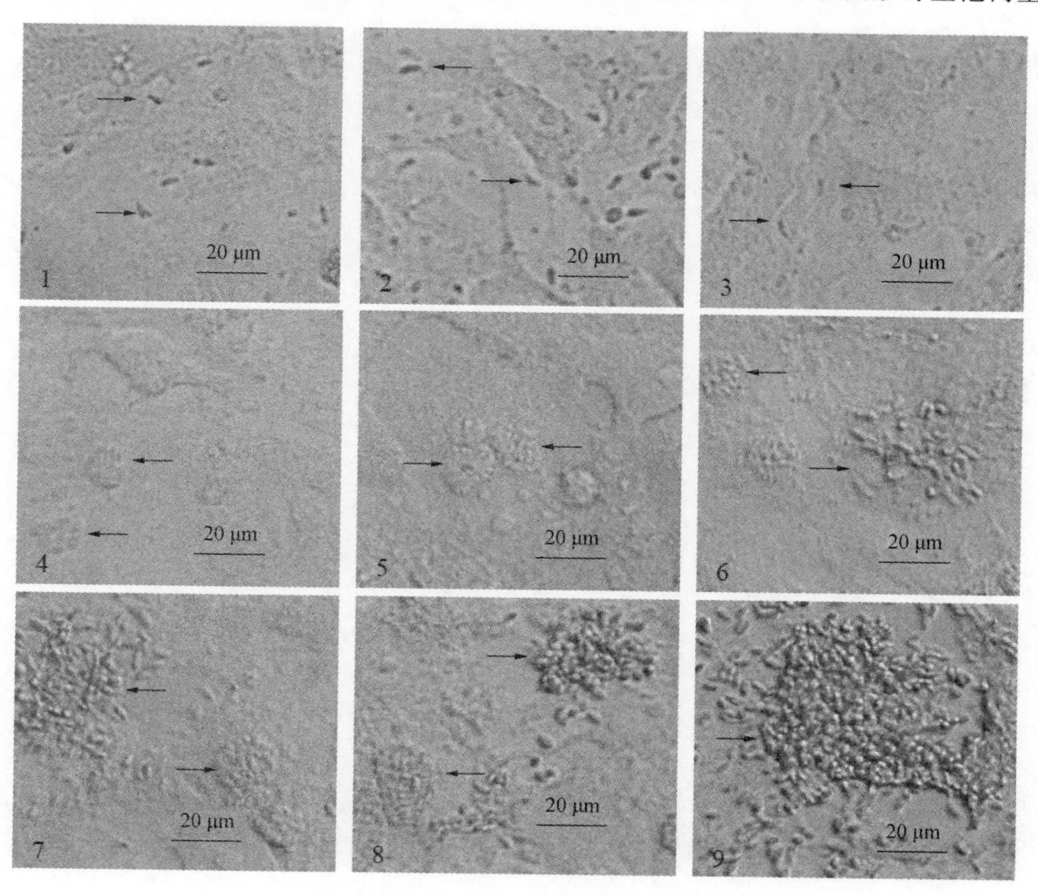

图11.2 新孢子虫在Vero细胞中的发育过程(光镜)

1～9依次为接种1 h、3 h、6 h、32 h、40 h、48 h、56 h、62 h和72 h后速殖子在Vero细胞中的侵入、增殖和释放的过程，黑色箭头所指为新孢子虫速殖子

射状排列。当细胞不能承受虫体的增殖后细胞破碎，虫体释放出来，释放的过程犹如火山喷发，虫体不断地从中心向四周释放，释放出来的虫体运动活跃，无规则地向四周扩散，当接触到未破碎的细胞时就进行新一轮的侵入和增殖。到 72 h 时是虫体释放的高峰，大部分的细胞破碎，虫体被释放出来，此时需要对虫体进行传代。

接种后不同时间速殖子和细胞的生长情况经 HE 和吖啶橙染色后观察结果见图 11.3（彩图 3）及图 11.4（彩图 4）。HE 染色后 Vero 细胞核呈蓝色，细胞质呈红色，新孢子虫速殖

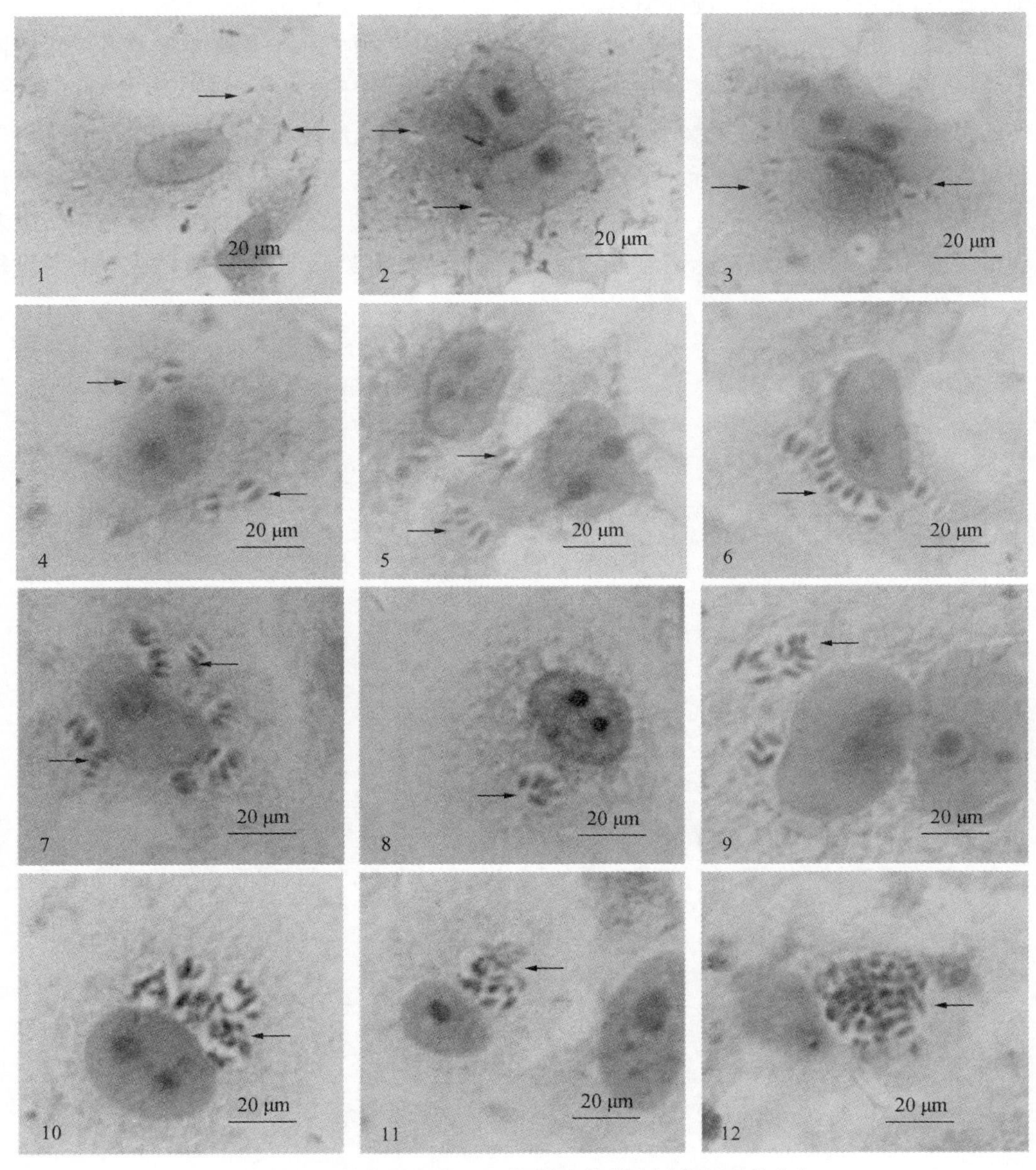

图 11.3　新孢子虫在 Vero 细胞中的发育过程（HE 染色）

1～12 依次为接种 1 h、3 h、6 h、12 h、18 h、24 h、32 h、40 h、48 h、56 h、62 h 和 72 h 后速殖子在 Vero 细胞中的侵入、增殖和释放的过程，黑色箭头所指为新孢子虫速殖子

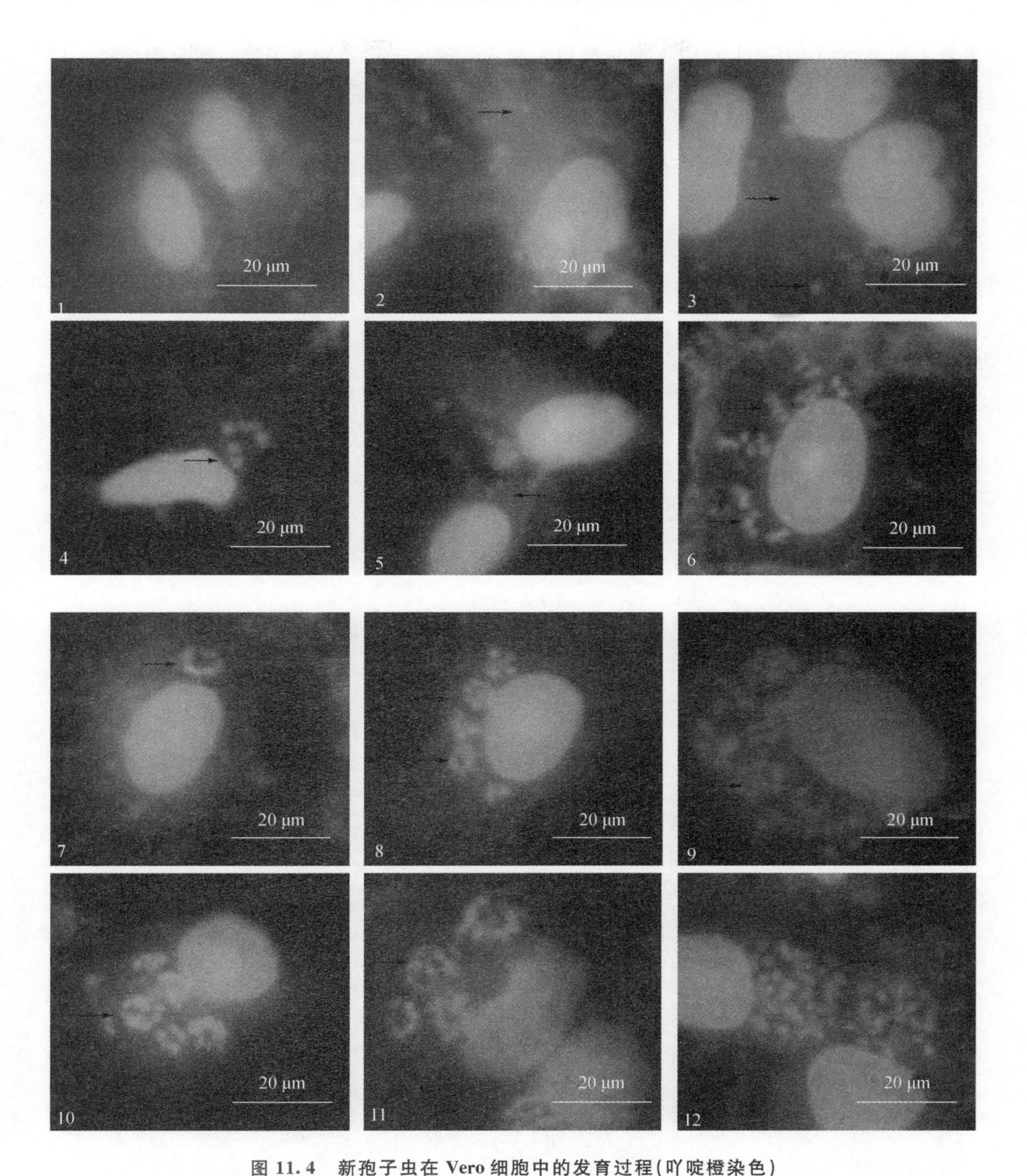

图 11.4 新孢子虫在 Vero 细胞中的发育过程(吖啶橙染色)

1～12 依次为接种 1 h、3 h、6 h、12 h、18 h、24 h、32 h、40 h、48 h、56 h、62 h 和 72 h 后速殖子在 Vero 细胞中的侵入、增殖和释放的过程

子呈紫红色。虫体侵入细胞后在细胞质内以二分裂的方法进行增殖，增殖到一定程度细胞破碎，速殖子被释放出来，进而侵入其他的细胞，完成它在细胞中的生活史。从染色结果可以看出，虫体在接种 1 h 后几乎没有虫体侵入到细胞中，虫体仍在细胞外。12 h 时细胞外几

乎看不到运动的虫体，且在 12 h 时早期侵入细胞的速殖子已经完成了第一次分裂增殖。18 h 时几乎所有侵入细胞的速殖子都完成了第一次分裂，分裂后速殖子呈对称排列。24 h 时部分虫体已经完成了第二次分裂，分裂后虫体有呈一字排列，也有呈辐射状排列，但是每单个分裂的虫体分裂后生成的两个虫体都呈对称排列。32 h 时大部分速殖子都完成了第二次分裂，开始了第三次分裂，到第 48 小时时完成第三次分裂。速殖子在细胞内以 8～12 h 分裂一次的速度进行分裂，当分裂到一定程度时，细胞开始破碎，速殖子被释放，释放后的新一代速殖子重新进行侵入和增殖。

11.2.3.2 新孢子虫在小鼠体内的发育和分布研究

邓冲等选用免疫系统正常的近交 BALB/c 小鼠作为新孢子虫中间宿主模型，研究了新孢子虫速殖子在其体内的移行和发育过程，成功复制了小鼠新孢子虫病模型，并对腹腔接种后新孢子虫在脑、肺、肝和心等组织中的发育过程进行了分析。结合组织病理学和 PCR 检测结果发现，虫体对脑、肺和肝组织有一定的组织亲嗜性，但只在脑组织中观察到包囊（图 11.5，彩图 5）。

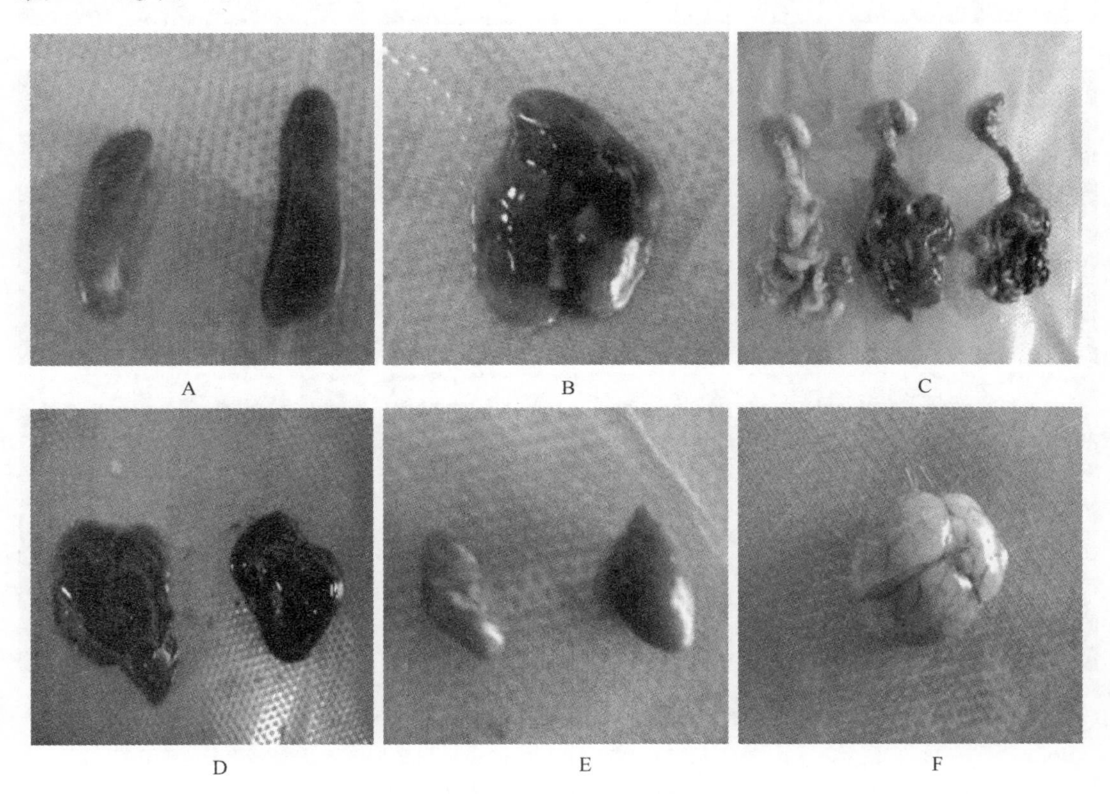

图 11.5 感染新孢子虫小鼠剖检情况

A. 脾脏肿大（左为正常脾脏） B. 肺出血 C. 肠黏膜出血（左为正常肠道） D. 肝出血（左为正常肝脏） E. 心脏白斑病变（右为正常心脏） F. 脑膜充血

在对小鼠临床症状观察中，高剂量组(8×10^6 个/只)接种的小鼠在接种 4 d 后出现被毛蓬乱，13 d 后出现精神沉郁，弓背和活动性下降。其中有 21 只小鼠发生死亡，几乎所有死亡的小鼠在临死前 3 d 左右均出现明显的临床症状，表现为被毛蓬乱、精神沉郁、弓背和活动性下降。其中有 10 只小鼠还表现出明显的神经症状，身体无法保持平衡、翻转、闭眼、身体向右倾斜、提其尾巴后做转圈运动，或是表现为精神亢奋、原地不停地转圈。明显的神经症状出现后可一直持续到小鼠死亡，最早出现这种症状是在接种后第 11 天，最晚在接种第 26 天。低剂量组(5×10^5 个/只)接种的小鼠在接种后 17 d 左右开始出现被毛蓬乱，随后出现精神状态不佳等症状。其中有 8 只小鼠发生死亡，死亡的小鼠在临死前出现与高剂量组类似的临床症状。

高剂量接种组小鼠最早于第 3 天时出现肉眼可见的病变，脾脏肿大，一直持续到第 11 天。在第 6 天时小鼠腹腔内产生大量腹水，镜检观察到大量细胞成分，但无虫体。第 8 天时出现肺出血的现象，随着时间的延长，很快就出现肾出血、肝脏出血、肺出血坏死、肠系膜出血、小肠出血、肠内容物水样以及心脏心肌表面白斑病变等眼观病变，一直持续到第 29 天。接种后 12 h 在组织切片中观察到肺出血；随着时间的延长，病变越来越严重，继而出现肝细胞的空泡变性，心脏出血和肾脏出血等病理变化。最早在脑中观察到病变是在接种后第 11 天，以形成血管套和组织局部坏死为特征，随着时间的延长，继而出现脑膜下淋巴细胞浸润，血管内炎性渗出和大面积的脑组织坏死等病理变化。最早观察到脑组织内的包囊是在接种后第 16 天(图 11.6，彩图 6)。

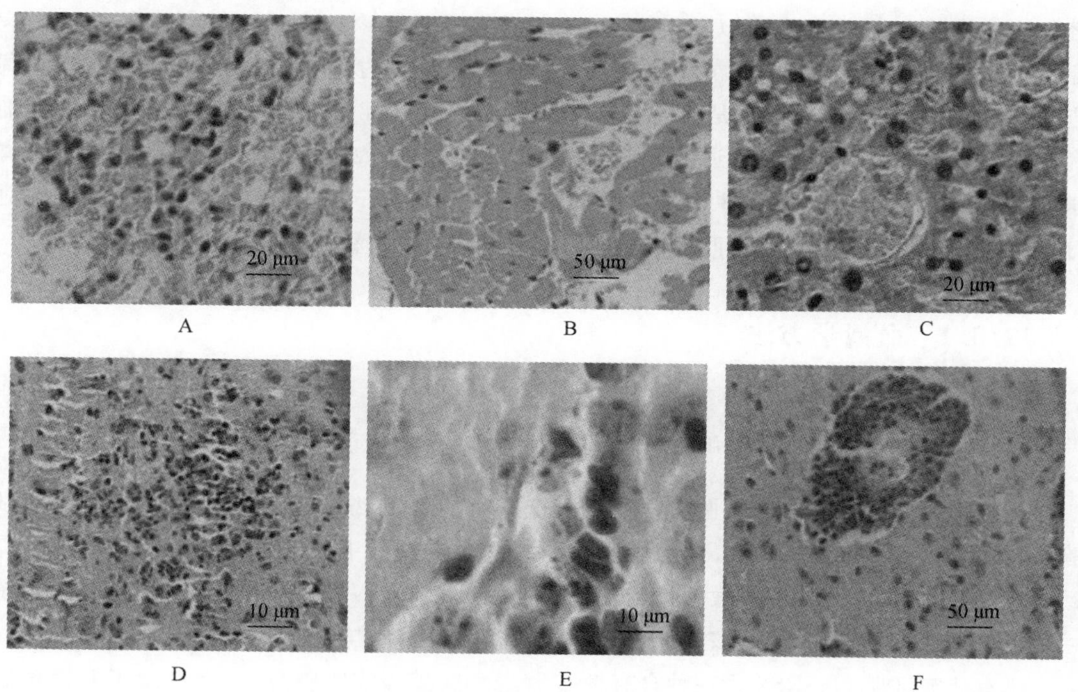

图 11.6　新孢子虫感染小鼠组织病理学变化

A. 肺脏出血　B. 心脏出血　C. 肝脏出血和肝细胞空泡变性　D. 脑细胞坏死

E. 脑组织内的血管炎性渗出　F. 脑组织内的血管套

低剂量接种组小鼠在接种后第 3 天时也出现脾脏肿大，此病变一直持续到接种后的第 26 天才有所好转。第 17 天后陆续出现肺出血、肾出血、肠系膜充血、肝脏充血、小肠出血、肠内容物水样、心肌表面的白斑病变和肺变性灰白等病变，这些病变一直持续到感染的第 67 天。接种后 12 h 也在组织切片中观察到肺出血，随着时间的延长，病变越来越严重，继而出现肝细胞的空泡变性、心脏出血和肾脏出血等病理变化，只是病程变化较高剂量组出现时间晚。接种后第 17 天在脑中观察到病变，病变特征与高剂量组小鼠类似，第 32 天观察到脑组织内的包囊（图 11.6，彩图 6）。

11.3 新孢子虫病诊断方法研究

由于国内新孢子虫病相关研究起步较晚，早期的各种检测均直接应用商品化试剂盒或沿用国外已发表文献的方法，包括病原学、血清学和分子生物学诊断等，相关方法已在本书第 9 章中有详细叙述。

在大量采用现有方法的同时，由于新孢子虫病原材料的缺乏，国内早期研究中没有进行全新的诊断方法开发，而只是在国外已有研究的基础上对某些诊断方法进行改进，以提高现有方法的特异性和敏感性，更方便快捷地检测动物是否感染新孢子虫。目前，病原学诊断已经较为成熟，免疫组化染色可以对新孢子虫包囊进行特异性诊断，这种诊断方法是公认的病原学诊断中最可信的方法。血清学检测方法因为材料易得，操作相对简便而在流行病学调查中广泛使用。IFAT 被认为是检测新孢子虫抗体的金标准，但该方法的缺陷在于对试剂和实验人员有一定要求而且不适于大批量筛查。国内新孢子虫诊断一方面主要集中于血清学方法研究，其重点是诊断抗原的筛选和试剂盒的优化；另一方面，在前人研究的基础上对分子生物学诊断方法进行一定改进，以提高检测特异性和敏感性。

11.3.1 血清学方法

11.3.1.1 酶联免疫吸附试验（ELISA）

多种检测新孢子虫抗体的血清学方法已被广泛报道，传统的方法包括间接荧光抗体试验（IFAT）、Western Blot 试验、凝集试验及 ELISA 方法。其中 IFAT 和 ELISA 方法应用广泛，而且检测结果的特异性和敏感性均较高。再者，ELISA 一次可完成多个样品的检测，是一种高通量的检测方法，因此该方法也就成为国内研究的热点方向。

已有研究证明 NcSRS2 是一种含有糖基磷脂酰肌醇锚的跨膜蛋白，在速殖子和缓殖子阶段的致密颗粒和棒状体中均有表达，可以作为诊断和免疫抗原。NcSRS2 的作用是介导虫体黏附和入侵宿主细胞，抗 NcSRS2 的单克隆抗体能阻断这一作用。以重组 NcSRS2 蛋白为基础，国内多所大学和研究机构已经建立 ELISA 检测方法并初步应用于血清检测。刘晶等率先在国内利用重组 GST-NcSRS2 蛋白建立新孢子虫 ELISA 诊断试剂盒。以建立的 ELISA 方法检测 50 份临床牛血清，与 VMRD 公司的 IFAT 和 IDEXX 公司的 ELISA 符合率分别是 92.0%和 94.0%。该方法是国内首个利用单一重组蛋白建立的新孢子虫 ELISA 检测方法，与弓形虫阳性血清无交叉反应性，已经初步应用于临床检测和新孢子虫血清流行病学调查研究中。

NcSAG1 也是新孢子虫的一种重要表面蛋白，只在速殖子阶段表达，具有良好的免疫原性，国外已有应用截短的重组 NcSAG1 作为包被蛋白建立的 ELISA 检测方法。刘晶等将 NcSAG1 和 NcSRS2 融合表达，以此为包被抗原建立 ELISA 方法。与 IFAT 检测结果进行对比，两种 ELISA 方法的敏感性和特异性相当，但以 NcSRS2 为包被抗原的 ELISA 与商品化试剂盒的符合性更好。

但以 GST-NcSRS2 等融合蛋白为包被抗原建立的检测方法中，为排除正常血清中 GST 抗体的干扰，每个检测样本需要设立一个 GST 对照孔，造成检测效率下降。作为 GST 标签的替代，以融合 His 标签表达的 NcSRS2 作为 ELISA 包被抗原很好地解决了这一问题。His 标签由 6 个组氨酸组成，融合蛋白可以通过带镍离子的纯化填料进行亲和纯化，方法简便、成本低，最大的优势是 His 标签免疫原性差，正常动物血清中几乎不存在其抗体，检测中无需设置 His 参照，确定临界值后仅用一个检测孔即可对每个血清样本进行判定。用 IFAT 作为参考，以 His-NcSRS2 建立的 ELISA 方法敏感性和特异性都达到 90%以上。较之前使用 GST 标签融合表达的 NcSRS2 作为包被抗原，能在不影响检测结果的情况下，将检测效率提高 1 倍。

新孢子虫可以感染多种动物，传统的 ELISA 使用针对某一特定种属动物抗体的二抗，这样对于检测不同动物新孢子虫感染就需要开发出多种针对单一动物抗体的 ELISA 检测方法，为同时检测多种动物新孢子虫感染带来困难。SPA-ELISA 的出现在一定程度上解决了该问题。SPA 即金黄色葡萄球菌蛋白 A(staphylococcal protein A)，是细胞壁抗原的主要成分。SPA 可与人、猪、犬、小鼠、豚鼠、成年牛、绵羊等 20 多种动物的 IgG 结合，从而可代替 IgG 抗体建立适用于多种动物的 ELISA 检测方法。赵现龙使用前述的 His-NcSRS2 为包被抗原，以商品化的 HRP-SPA 为酶标二抗建立 ELISA 检测方法，研究表明该方法检测牛血清的特异性和敏感性分别为 94.5%和 90.9%，检测犬血清的特异性和敏感分别为 89.4%和 83.3%。该方法优点在于可使用一套检测体系对多种动物血清新孢子虫抗体进行检测，进一步优化后适于在生产中进行不同动物血清样本的规模化检测。

11.3.1.2 斑点 ELISA(Dot-ELISA)

Dot-ELISA 的原理与常规 ELISA 相似，固相载体换为醋酸纤维素膜(Nc 膜)，能更好地吸附蛋白质，敏感性比常规 ELISA 高 6～8 倍，也保留了常规 ELISA 特异、经济、快速和可自动化等优点。与传统 ELISA 不同，Dot-ELISA 最后使用不溶性底物显色，一般是二氨基邻苯胺(DAB)，其氧化产物为不溶性棕色产物，可根据颜色有无和深浅进行结果判定而无需特殊仪器。贾立军等将细胞培养的新孢子虫速殖子收集后，经反复冻融、超声裂解和离心后，收集上清即为新孢子虫速殖子可溶性抗原，以此抗原包被 Nc 膜制成新孢子虫 Dot-ELISA 检测片，切成小片后放入微量反应板中，后续封闭、孵育、显色过程和结果判定与传统 ELISA 相似。确定反应参数后，该 Dot-ELISA 在特异性试验和重复性试验中表现良好，与免疫层析试纸条检测结果比对，符合率达到 100%。该方法简便快捷、经济稳定，适合基层兽医部门进行新孢子虫抗体检测。

11.3.1.3 胶体金免疫层析(immunochromatographic test, ICT)

免疫层析是出现于 20 世纪 80 年代初的一种新的免疫分析方法。在纤维层析载体上通过毛细作用使样品溶液在层析条上迁移，当样品中的待测物遇到固定在层析载体上的特异性结合物(抗原或抗体)时，形成的免疫复合物就被富集或截留于层析材料的相应区域，可通过观察标记物的显色反应而得到直观的检测结果。胶体金因金颗粒的大小而可以呈现不同的红色，带有金颗粒的免疫复合物如果被截留富集于层析载体的某一位置能出现一条明显区别其他区域的红色条带，以红色的有无和深浅来判定检测结果。

胶体金免疫层析技术在人类医学和兽医领域已经有广泛应用，一般用于快速检测药物残留和病毒等的小分子抗原。胶体金免疫层析主要包括双抗体夹心法、竞争法和双抗原夹心法，前二者可用检测抗原，后者一般用于检测抗体。由于抗体分子较大，金颗粒能容易地标记在抗体上，大部分胶体金免疫层析标记抗体而检测抗原，但由于新孢子虫是胞内寄生原虫，在非急性期循环抗原在血液含量极微，一般检测血清抗体，这就需要用到双抗原夹心法。

国外已有文献报道基于重组 NcSAG1 的新孢子虫血清抗体胶体金免疫层析检测方法。由于 NcSRS2(43 ku，又称 P43)良好的免疫原性，国内首先由中国农业大学使用 GST 标签融合表达的重组 NcSRS2 采用双抗原夹心法建立胶体金免疫层析检测方法。该方法的原理是将金标记的 NcSRS2 置于玻璃纤维膜上，检测线包被相同的 NcSRS2，质控线包被鼠抗 NcSRS2 单抗，检测线和质控线之间包被一条 GST 线以判定血清中有无 GST 抗体干扰(图 11.7)。当待检血清中含有新孢子虫抗体时，同玻璃纤维膜中的金标 NcSRS2 发生免疫反应，层析到检测线时，新孢子虫抗体另一臂与检测线上包被的 NcSRS2 结合，当一定数量的金标记蛋白在检测线聚合时便呈现肉眼可见的颜色。金标记 NcSRS2 与质控线的 NcSRS2 单抗结合显色，GST 线不显色，这就得到阳性结果。如果检测线和 GST 线同时显色则不能判定是否含有新孢子虫抗体。经过材料筛选和条件优化，NcSRS2 胶体金免疫层析试纸条与 IFAT 比较，特异性和敏感性分别可达 90.0%和 95.0%，与以 GST-NcSRS2 和 His-NcSRS2 为包被蛋白的 ELISA 检测方法符合率也均在 90%以上。稳定性测试表明该试纸只在 37℃条件下放置 50 d 仍能正常工作，室温和 4℃条件下保存时间可达半年。

胶体金免疫层析试纸条克服了传统 ELISA 和 IFAT 需在实验室条件下进行和耗时较长的缺点，能在野外条件下做到现场快速检测，15 min 内即可获得检测结果，非常适合基层临床应用。NcSRS2 胶体金免疫层析试纸条采用双抗原夹心法，该方法最大的特点是能对多种动物血清进行检测，为不同新孢子虫感染的检测带来便利。

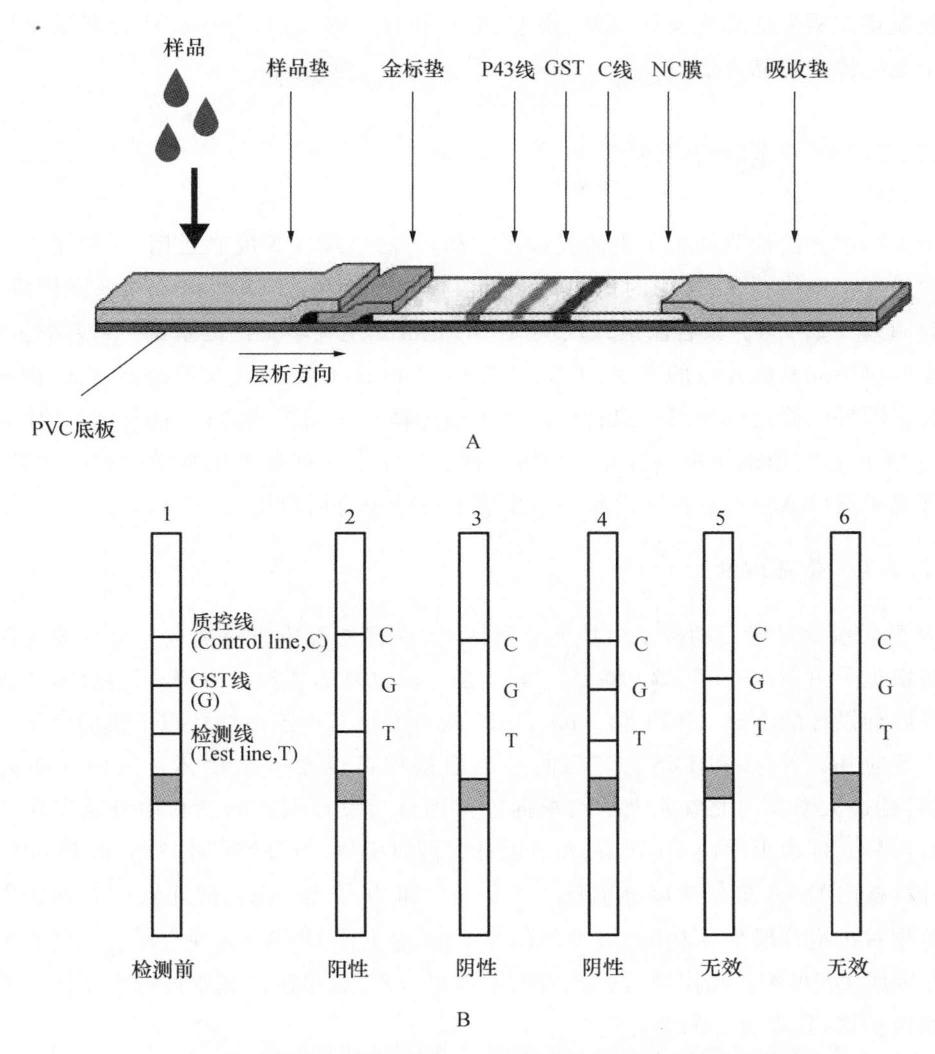

图 11.7 新孢子虫的胶体金免疫层析试纸条模式图(A)及结果判定(B)

11.3.1.4 乳胶凝集试验

乳胶的化学成分是聚苯乙烯,可以在一定条件下制成惰性颗粒组成的悬浊液,将抗原或抗体结合在聚苯乙烯乳胶颗粒表面,然后与相应的抗体或抗原作用,在有电解质存在的适宜条件下,微粒发生凝集,从而观察反应的结果。在弓形虫血清抗体检测中已经有商品化的乳胶凝集试验试剂盒可供使用。

至今未见国外有乳胶凝集试验检测新孢子虫感染的报道。国内由延边大学于2010年建立牛新孢子虫抗体乳胶凝集试验检测方法。首先制备新孢子虫速殖子可溶性抗原,经SDS-PAGE和Western Blot分析,回收具有较好反应原性的抗原,以此抗原在优化的条件下使乳胶悬液致敏即制成可使用的致敏乳胶。经自凝性检验、特异性检验、重复性检验和阻断试验,各项指标表现良好。与ELISA检测结果相比,二者阳性符合率为92.6%。试验建立的乳胶凝集试验方法具有操作简便、快速、敏感和特异等优点，是一种适合基层单位检测牛新孢子虫抗体的可靠方法。

11.3.2 分子生物学方法

分子生物学方法检测新孢子虫的灵敏度较高，方法已经较为成熟通用，一般用于检测组织病料中是否有虫体存在，常用的检测目的片段可来自 Nc-5、ITS-1 和 14-3-3 基因等，详细资料可参阅第 9 章 9.4。聚合酶链式反应(PCR)是分子生物学检测的基础，早期国外的研究已经建立针对不同基因片段的常规 PCR、巢式 PCR 和 real-time PCR 等检测方法，国内的研究主要是在国外已确定的新孢子虫特异性基因中选择不同的扩增片段，优化 PCR 体系和条件以提高 PCR 检测新孢子虫的特异性和敏感性。近年来一些分子生物学检测的新技术，如环介导等温扩增(LAMP)也在国内新孢子虫病的诊断中有所应用。

11.3.2.1 常规 PCR

PCR 是实验室最常用的分子生物学检测技术，具有灵敏快速等优点。目前较常用的检测基因是新孢子虫 Nc-5 和 ITS-1 基因。Nc-5 是一段重复的新孢子虫特异性基因，以该基因其中一段序列设计的 Np6、Np21 和 Np9、Np10 两对引物对在国内外新孢子虫的分子生物学检测中广泛应用。Nc-5 和 ITS-1 基因的检出限量均可低至一个虫体。国内的研究沿用 Nc-5基因，延边大学和河北农业大学均根据该基因自行设计引物对病料中可能存在的新孢子虫进行检测。延边大学由不同研究人员设计的两对引物，可分别扩增 338 bp 和 608 bp 的 DNA 片段，检出 DNA 最低浓度分别是 1.8 fg/μL 和 26.5 fg/μL。河北农业大学研究人员设计的引物对扩增片段为 350 bp，可检测到 2.5 pg 的虫体 DNA。3 种方法均只能扩增从新孢子虫基因组 DNA 中扩增出特异性条带而不能以弓形虫、牛附红细胞体或牛瑟氏泰勒虫基因组为模板扩增，具有良好的特异性。

11.3.2.2 二温式 PCR

常规 PCR 程序包括变性、退火和延伸 3 个步骤，如果扩增的片段较短(100～500 bp)，可以取消 72℃ 延伸这一温度梯度，将退火和延伸合并为一个温度，扩增反应仍能照常发生，这种只需两种温度变化，即变性和退火-延伸温度的 PCR 称为二(双)温式 PCR。季新成等根据新孢子虫 Nc-5 基因序列，设计引物 Np：5′-GTGGTTTGTGGTTAGTCATTCG-3′和 Nr：5′-GCATAATCTCCACCGTCATCAG-3′，扩增长度为 138 bp 的目的基因片段。应用均匀设计方法优化 PCR 反应体系为：25 μL 反应体积中，Mg^{2+} 浓度 1.5 mmol/L，dNTPs 浓度 0.2 mmol/L，上下游引物浓度各 0.4 mmol/L，TaqDNA 聚合酶浓度 1.25 U。最适反应条件为：94℃ 5 min；94℃ 30 s，65.3℃ 30 s，30 个循环，最后 65.3℃ 延伸 7 min。在特异性试验中，以牛鼻气管炎病毒、刚地弓形虫、牛环形泰勒虫、牛瑟氏泰勒虫、牛伊氏锥虫和新孢子虫核酸样品为模板，仅从新孢子虫 DNA 中得到特异性扩增条带，说明该方法对新孢子虫 DNA

具有较好的特异性;敏感性试验中,以10倍系列稀释的模板进行扩增,检测的灵敏度可达23.5 fgDNA/反应。对于138 bp的扩增片段,使用常规PCR需要约95 min,而应用二温氏PCR只需65 min,提前30 min,对临床样品的更快速检测是二温式PCR相对于常规PCR的最大优势。

11.3.2.3 内标双重荧光PCR

尽管在实验室中建立PCR方法或real-time PCR对检测新孢子虫DNA非常灵敏,但研究表明,临床标本如血清、全血组织和分泌物等样品中含有大量的杂质,一些标本中可能含有抑制扩增的物质,核酸抽提过程中残留的一些试剂也可能导致扩增的抑制,从而出现假阴性结果或定量值偏低。季新成等采用TaqMan探针,建立监控内标(internal control,IC)的双重荧光PCR检测方法,能够有效监控反应体系中的抑制物,指示假阴性结果的发生。该方法检测目的片段同样位于新孢子虫Nc-5基因,基本原理是在检测样本中加入通过碱基重排构建的内标模板片段,其特征是碱基序列性质与目的片段基本完全相同,能与同一对引物结合,因此内标片段与目的基因有同样的扩增效率,但使用与目的片段不同的探针进行区别检测。此时在同一PCR反应中进行扩增,由于扩增引物相同,目的片段与内标片段之间存在竞争,需要选择适宜浓度的内标添加到PCR检测体系使之不影响目的片段的扩增。所以检测结果有以下几种可能:当反应体系目的片段的浓度低于检测极限或不存在时,应有内标片段的扩增曲线;当内标模板没有产生扩增曲线或扩增线较低时又有两种可能,如果目标产物扩增曲线较好,说明被测样品浓度很大,抑制了内标片段的扩增,不影响检测结果的判断,反之如果目的片段和内标片段都没有扩增曲线,则说明反应受到抑制,产生了假阴性,需要重新提取或进一步纯化DNA后进行PCR反应。通过临床样品的检测,该含有内标的双重荧光PCR检测方法与不含内标的荧光PCR方法灵敏度基本一致,比普通PCR方法的灵敏度高,且可以指示假阴性结果的存在,可以用于新孢子虫病的快速检测和实验室质量控制。

11.3.2.4 环介导等温扩增(LAMP)

常规PCR技术均需要在专用的热循环仪内进行,仪器价格昂贵,不适于基层使用。环介导等温扩增法(loop-mediated isothermal amplification, LAMP)是2000年由日本荣研株式会社的Notomi等开发的一种新型核酸扩增方法,其特点是:等温扩增,无需热循环仪,水浴锅即可满足要求;产物可用肉眼观察或浊度仪,无需核酸染料和成像仪;快速高效,扩增可在1 h内完成;针对靶序列的6个区域需4种特异性引物,6个区域中任何区域与引物不匹配均不能进行扩增,特异性极高;比普通PCR的灵敏度高。国外未见有利用LAMP方法检测新孢子虫的文献。金超等在国内首次以新孢子虫NcSAG1基因设计引物建立了新孢子虫病LAMP检测方法。对LAMP扩增条件进行优化后,敏感性为5×10^5拷贝/μL时,仍可见梯状条带。以新孢子虫、瑟氏泰勒虫、弓形虫、附红细胞体基因组DNA为模板按照建立LAMP体系进行扩增,仅新孢子虫DNA可见阳性结果,说明特异性良好。该LAMP方法为新孢子虫的检测提供了新思路，经进一步优化有希望在田间检测中得到推广应用，提高新孢子虫诊断的效率。

目前，对新孢子虫的分子生物学诊断已经较为成熟，敏感性和特异性都较高，但正是由于较高的敏感性，加之各实验室条件差异，DNA 容易形成气溶胶而导致假阳性的发生，所以在进行新孢子虫分子生物学检测时污染的控制显得尤为重要。值得注意的是，分子生物学技术主要应用于新孢子虫基因的克隆，是筛选重组抗原的基础。大规模的动物新孢子虫感染监测主要还是应用血清学检测技术，分子生物学检测结果仅作为参考。

11.4 新孢子虫病候选疫苗的筛选及免疫学相关研究

新孢子虫病对于畜牧业最大的危害是导致怀孕母牛流产和先天感染新生牛的死亡，潜在的危害是新孢子虫能在牛群内垂直传播，使牛群持续处于感染状态，造成巨大的经济损失。理想的新孢子虫疫苗应该可以起到两方面作用，一是预防流产，二是阻断虫体的垂直传播。时至今日，尽管国外已经有商品化的新孢子虫灭活疫苗，多个研究小组也筛选出若干候选疫苗，但保护效果均不能达到理想水平。

国外有关新孢子虫疫苗的研究较多，大部分以小鼠为实验动物模型，候选疫苗有灭活全虫、转基因活虫、速殖子可溶性抗原、重组蛋白、DNA 疫苗等，部分免疫效果较好，但没有一种疫苗可以完全阻断新孢子虫的感染。少部分研究以牛为实验动物，一些疫苗免疫后可有效降低攻虫后母牛流产率，但仍不能阻断垂直传播。国内有关新孢子虫获选疫苗和免疫相关研究较为有限，研究对象仅限于少数几种新孢子虫重组蛋白或该蛋白编码序列的 DNA 疫苗，并且都未免疫或回归感染牛，免疫学评价只停留在实验动物保护率和免疫指标的检测。但研究结果提示某些候选疫苗能显著提高体液和细胞免疫水平，减少实验感染小鼠的脑内荷虫量，具有一定的应用前景。

11.4.1 灭活全虫

新孢子虫可在体外连续传代培养，灭活速殖子疫苗自然也就成为疫苗评价的首选。李文学等使用 2 种灭活速殖子免疫沙鼠以评价该疫苗的免疫效果。国外研究已经表明，沙鼠相对于其他品系小鼠对新孢子虫更易感，1×10^6 个速殖子即可致死。实验中将 50 只健康沙鼠分为 3 组，第 1、2 组各 20 只沙鼠，分别免疫两种灭活疫苗，第 3 组为对照组，注射等量 PBS。间隔 21 d 两次免疫，于二免后 21 d 攻虫，每只接种 1×10^6 个新孢子虫 Nc-1 株速殖子。研究发现，第 1、2 组中分别有 3 只和 4 只沙鼠在攻虫后精神委靡，随后死亡，剩余沙鼠状态良好。对照组中 10 只沙鼠攻虫后 3 d 均出现精神沉郁等症状，7 d 后全部死亡。结果表明两种灭活疫苗保护率均达到 80%以上。

11.4.2 速殖子可溶性复合物

尽管速殖子灭活疫苗有一定保护效果，但灭活苗中含有多种抗原成分，其中一些起到激活免疫的作用而另一些可能对宿主的免疫产生抑制，所以筛选到能刺激宿主产生保护性免疫的抗原显得非常重要。新孢子虫是胞内寄生原虫，Th1 型细胞免疫在宿主对抗新孢子虫的过程中起到关键作用，若能得到定向刺激机体 Th1 型反应的抗原成分则能大大加速新孢子虫疫苗研制的进程。

吉林大学冯晓声首先评价了热灭活速殖子、冷冻灭活速殖子、可溶性抗原和不溶抗原刺激 T 细胞和树突状细胞免疫应答的差异，结果发现冷冻灭活的新孢子虫刺激细胞产生的 Th1 型免疫应答要强于热灭活的新孢子虫，二者的效果又好于新孢子虫抗原引起的免疫应答，不同形式的抗原刺激产生的 Th1 型反应都表现出浓度依赖性。在此基础上，由于 Th1 型反应中IFN-γ 和 IL-12 对抑制虫体在细胞中增殖起到重要作用，因此找出虫体中能刺激机体产生 Th1 型反应的物质对新孢子虫疫苗开发尤为重要。研究的第二阶段将新孢子虫可溶性抗原使用色谱柱按分子大小进行分离，对各组分刺激产生 IFN-γ 和 TNF-α 的能力进行评价，发现新孢子虫可溶性抗原有能够刺激 Th1 型反应的物质，该物质是由几个不同或相似的小分子物质组成的多聚体，该物质中还存在核酸的成分并且在刺激免疫细胞过程中起到一定作用。

11.4.3 DNA 候选疫苗

由于新孢子虫 NcSRS2 和 NcSAG1 蛋白良好的免疫原性，国内已有的新孢子虫 DNA 疫苗相关研究均围绕这两个基因展开。

中国农业大学赵占中于 2004 年对 NcSRS2 基因作为潜在 DNA 疫苗的可能性进行了研究。NcSRS2 无内含子，所以可以直接从新孢子虫基因组 DNA 中克隆得到该片段，在该基因两端加入 Pst Ⅰ 和 Xba Ⅰ 酶切位点后与 pcDNA3.1 真核表达载体相连，经测序正确后转染到 Vero 细胞中，RT-PCR 和 Western Blot 确认该 NcSRS2 可在 Vero 细胞中转录和翻译，证明了设计的 DNA 疫苗可在真核细胞中正常表达。将 pcDNA3.1-NcSRS2 经小鼠后腿股四头肌进行两次免疫，末次免疫后检测免疫指标。结果显示，免疫小鼠产生了体液和细胞免疫反应，血浆 NO 浓度升高，通过 RT-PCR 检测 Th1 型反应中重要的细胞因子 IFN-γ 和 IL-2 均有上调。以上结果表明，NcSRS2 DNA 疫苗可强烈刺激小鼠产生免疫反应，但免疫保护效果还需进行攻虫实验来加以证实。

吉林大学栾杨基于 NcSAG1 设计了新孢子虫 DNA 疫苗并对其进行了免疫学评价。将克隆得到的 NcSAG1 基因与 pVAX1 真核表达载体相连，应用 IFAT 和 RT-PCR 证实其能在转染的 BHK21 细胞中表达。小鼠免疫 pVAX-SAG1 后，经 ELISA 检测血清新孢子虫抗体明显上升，T 细胞亚群测定中，免疫组小鼠 $CD4^+$、$CD8^+$ T 细胞数量和 $CD4^+/CD8^+$ 均显著高于对照组，表明小鼠在接种 DNA 疫苗后产生了较好的免疫应答。

最近，崔霞等对新孢子虫 IMP1(immune mapped protein 1)进行了研究。IMP1 是顶复门寄生虫中的一个较为保守的蛋白，最早在巨型艾美耳球虫(*E. maxima*)中发现该蛋白。该蛋白与宿主产生抗新孢子虫免疫相关，但其在虫体中的作用尚未阐明。将该基因与 pcDNA3.1 载体相连，辅以佐剂免疫小鼠。小鼠免疫后 IFN-γ 和 IL-12 等细胞因子均显著上调，攻虫实验中免疫组的脑组织荷虫量显著低于对照组，此外免疫 pcDNA-IMP1 的小鼠可在一定程度上增加对弓形虫的抵抗力，感染弓形虫后存活时间有所延长。

11.4.4 重组虫体蛋白

在进行 DNA 候选疫苗研究的同时，研究人员也对相应重组蛋白的潜在疫苗价值进行了实验评估。结果表明，NcSRS2、NcSAG1 和 NcIMP1 均能刺激实验小鼠产生特异性免疫应答，在一定程度上降低感染新孢子虫小鼠的死亡率和荷虫量，但均不能像细菌或病毒疫苗一样彻底阻断新孢子虫的感染。另外，一些重要的虫体蛋白，如 NcMAG1 和 NcGRA7 等已经获得原核或真核表达的重组蛋白，其免疫效果有待进一步的实验验证。

值得一提的是，最近研究表明，新孢子虫"警报素"可有效刺激宿主 Th1 免疫反应，这为新孢子虫疫苗的研究开拓了新的方向。警报素(alarmins)是一类与病原分子模式相似的对固有免疫细胞具有趋化和激活作用，可激发固有免疫应答和促进适应性免疫应答的内源性生物介质。新孢子虫警报素是高迁移率组蛋白 1 家族(HMGB1)的成员。NcHMGB1 的重组蛋白为可溶性蛋白，它可以诱导小鼠的巨噬细胞产生 TNF-α；NcHMGB1 蛋白可以刺激小鼠的树突状细胞产生 IL-12，证明 NcHMGB1 的"TNF-α 信号多肽区"具有与哺乳动物细胞相同的功能，均可以刺激致炎细胞因子的生成，NcHMGB1 是新孢子虫引起机体 Th1 型免疫应答的重要成员之一，进一步的研究表明 NcHMGB1 是通过激活 TLR9 而介导 Th1 免疫应答。对"警报素"的进一步研究将有助于深入了解宿主与寄生虫的相互关系，为预防相关免疫病理疾病奠定基础。

11.5 新孢子虫功能蛋白研究及国内新孢子虫研究展望

11.5.1 新孢子虫功能蛋白研究

与弓形虫类似，新孢子虫的繁殖依赖于有效地入侵宿主细胞并在其内通过增殖最后释放入侵下一个细胞，这其中涉及许多功能蛋白，其中许多蛋白的确切功能暂不明确。

姚雷等利用与新孢子虫亲缘关系很近的弓形虫基因调控元件(GRA1 启动子及终止子)构建质粒，调控外源蛋白(GFP、RFP、EYFP)表达，并采用弓形虫的 DHFR-TS 基因作为筛选标记，用药物结合流式细胞仪筛选出稳定转染的新孢子虫株。在此基础上，采用弓形虫致密颗粒蛋白 GRA1 和 GRA8 的信号肽及 SAG1 带信号肽序列的启动子构建质粒，使其引导下游外源蛋白(GFP)定位。成功地用GRA1蛋白信号肽将GFP蛋白定位至新孢子虫的带虫空泡内;用GRA8蛋白信号肽将GFP定位至新孢子虫带虫空泡膜上;用SAG1信号肽将GFP定位至虫体表面。

此外,研究者利用弓形虫GAR1和GRA8信号肽作定位信号构建质粒,定位牛的干扰素基因BoIFN-γ。用筛选得到稳定转染的新孢子虫感染4周龄近交系BALB/c小鼠,观察到表达了BoIFN-γ基因的新孢子虫株对小鼠致死能力降低,且对小鼠致死能力降低的程序与BoIFN-γ表达量存在相关性。

Immune mapped protein 1(IMP1)是最先在巨型艾美耳球虫(*Eimeria maxima*, Em)鉴定出的一种新蛋白,具有较好的免疫原性,初步分析IMP1基因在顶复门原虫内高度保守。崔霞等通过生物信息学分析技术,结合分子生物学方法成功克隆、鉴定了新孢子虫和弓形虫的IMP1基因,分别定名为NcIMP1和TgIMP1,并对此两种蛋白的生物学特性和功能等进行较为系统的研究。生物信息学分析表明,TgIMP1和NcIMP1的基因结构相似,都是由3个内含子和4个外显子组成,TgIMP1和NcIMP1基因编码的氨基酸序列相似性高达71%(图11.8);此两种蛋白均不具有跨膜区和信号肽序列,但亚细胞定位表明,IMP1为虫体膜蛋白(图11.9,彩图7)。

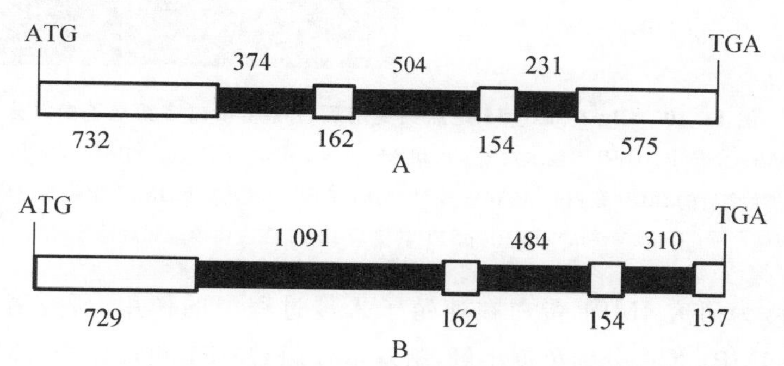

图11.8 TgIMP1和NcIMP1基因结构图

A. TgIMP1基因模式图 B. NcIMP1基因模式图

白色方框代表外显子,黑色方框代表内含子,数字代表碱基数

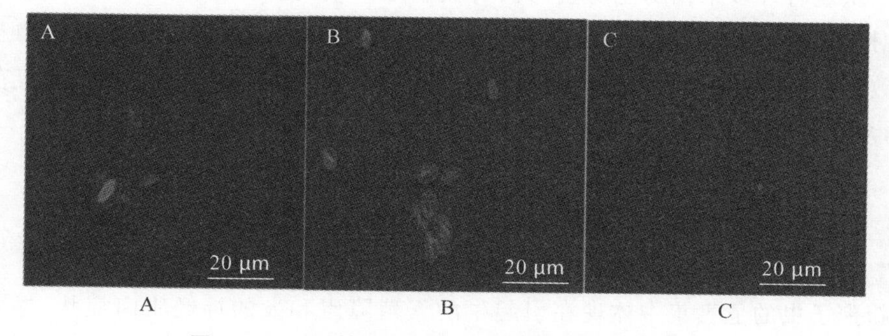

图11.9 IFA检测IMP1蛋白在新孢子虫的定位

A. IMP1蛋白在胞外新孢子虫的定位 B. IMP1在胞内新孢子虫的定位(A和B均以anti-rTgIMP1为一抗,FITC标记的羊抗鼠IgG为二抗) C. 阴性对照(一抗为未免小鼠血清)

分析发现,TgIMP1 和 NcIMP1 具有保守的蛋白基序,特别是在 N-末端都具有相同的 N-豆蔻酰化和棕榈酰化位点。在真核生物中,除了信号肽具有定位作用外,以上两种酰基化方式都有蛋白定位作用,使蛋白质具有膜靶向性。应用定点突变和基因转染技术,初步证实 IMP1 蛋白利用 N-豆蔻酰化和棕榈酰化位点的酰基化作用锚定在弓形虫和新孢子虫速殖子膜(图 11.10,彩图 8)。

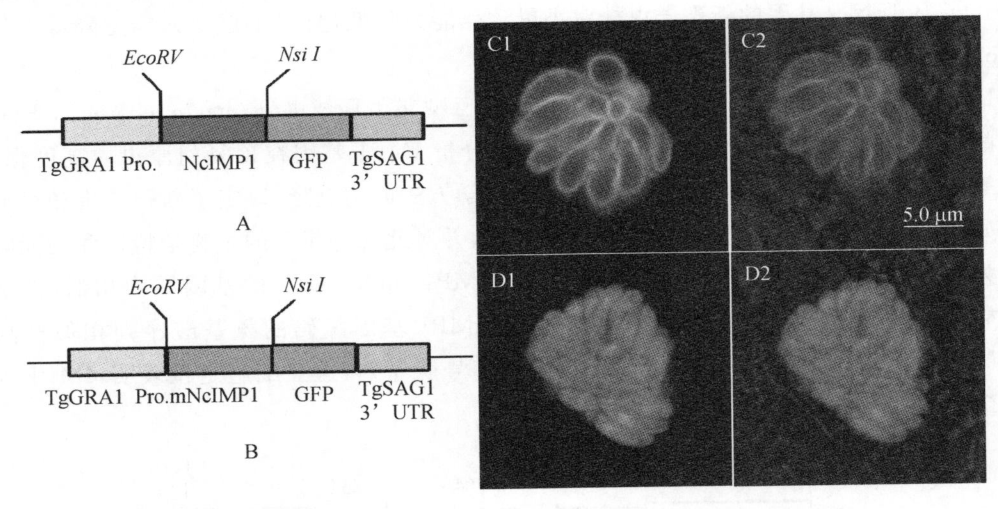

图 11.10 Gly-2 和 Cys-5 定点突变前后,IMP1 蛋白在新孢子虫的分布

A. pDMG-NcIMP1/GFP 质粒示意图 B. pDMG-mNcIMP1/pGFP(mNcIMP1 为 Gly-2 和 Cys-5 定点突变后的 IMP1 蛋白) C. pDMG-NcIMP1/GFP 质粒转染后 IMP1 定位在虫体的表面 D. pDMG-mNcIMP1/pGFP 转染后 IMP1 在虫体内呈弥散性分布

与此同时,为研究 IMP1 蛋白在速殖子入侵过程中的作用,研究者利用原核表达的 TgIMP1 和 NcIMP1 蛋白分别免疫小鼠,制备 anti-rTgIMP1 和 anti-rNcIMP1 抗体。体外入侵阻断实验发现,anti-rTgIMP1 和 anti-rNcIMP1 抗体分别能够有效抑制弓形虫和新孢子虫入侵宿主细胞。

新孢子虫还有许多未知功能的蛋白没有被鉴定出来,我们需要进一步加强这方面的研究。通过对功能蛋白的逐步深入了解,将有助于我们了解宿主和寄生虫之间的相互关系及寄生虫的致病机制,也有助于将这些蛋白应用于药物研发、诊断方法建立和免疫疫苗研究等多个领域,从而为新孢子虫病的防控打下坚实的基础。

11.5.2 国内新孢子虫研究展望

目前新孢子虫的危害集中体现在引起牛的繁殖障碍和犬的神经肌肉症状,尽管已经在灵长类动物以至于人类血清中检出新孢子虫抗体,但还没有确切证据表明新孢子虫病是一种人兽共患病。另外,自新孢子虫发现至今仅 20 余年,相对于其他顶复门原虫,尤其是弓形虫,国内外相关研究都较少。

首先,应加强畜牧业尤其是养牛业新孢子虫病的监测和防控。新孢子虫对养牛业的影响已经得到证实,但是国内各地养殖环境差异较大,集约化程度较低,有必要系统进行流行病学调查,对国内牛感染新孢子虫的状况进行系统分析,进而采取有效措施预防新孢子虫的传播。

其次,应深入研究新孢子虫的一系列功能蛋白。因新孢子虫与弓形虫的高度相似性,可以借鉴弓形虫的相关研究,对新孢子虫入侵、增殖和释放的有关蛋白进行研究,一方面可以明确不同蛋白在新孢子虫发育过程中的功能,另一方面还可以与弓形虫比较,有利于虫体毒力因子相关研究。

再次,新孢子虫具有作为顶复门寄生虫研究中新的模式生物的潜力。新孢子虫属于顶复门寄生虫,在生活史上与弓形虫有极大的相似之处,能够体外传代培养,但对小鼠的毒力远低于弓形虫,而且目前还没有证据显示新孢子虫导致人类疾病,这些特点使其比弓形虫更适合作为顶复门寄生虫的模式生物来研究。

总之,国内外的新孢子虫相关研究都处于初步探索阶段,还有许多未解之谜有待解释,需要国内外学者拓展思维,通过流行病学、分子生物学及免疫学相关研究明确新孢子虫的传播及生物学特性,为新孢子虫病的防控开辟道路。

参考文献

[1] 蔡光烈,鲁承,高春生,等. 吉林省牛新孢子虫病的流行病学调查. 延边大学农学学报,2006(02):110-114.

[2] 蔡锦顺,鲁承,王彦方,等. 牛新孢子虫病 PCR 检测方法的建立和应用. 中国预防兽医学报,2007(04):312-315.

[3] 柴方红,贾立军,张守发. 基于 Nc-5 基因的新孢子虫病 PCR 诊断方法的建立. 畜牧与兽医, 2011(12): 62-65.

[4] 邓冲, 张维, 刘群, 等. Balb/c 小鼠新孢子虫病动物模型的建立及在其体内发育过程的研究. 中国农业科学, 2009(03): 1123-1128.

[5] 邓冲, 张维, 刘群, 等. 乳牛流产胎儿中新孢子虫的鉴定. 中国兽医科学, 2007(01): 16-19.

[6] 季新成, 段晓东, 黄玲, 等. 牛新孢子虫内标双重荧光 PCR 检测方法的建立. 中国兽医学报, 2012(03): 406-410.

[7] 加娜尔·阿布扎里汗, 杨帆, 巴音查汗. 北疆部分地区流产奶牛新孢子虫病 ELISA 调查. 草食家畜, 2010(01): 16-18.

[8] 贾立军, 宋建臣, 张守发. 牛新孢子虫抗体乳胶凝集试验检测方法的建立. 黑龙江畜牧兽医, 2010(11): 131-132.

[9] 李晓卉. 青海省乌兰县绵羊感染犬新孢子虫的血清学检查. 中国人兽共患病学报, 2008

(02)：188.

[10] 李宗文，牛小迎，马利青. 改良绒山羊流产高发群中犬新孢子虫病的血清学诊断. 黑龙江畜牧兽医，2010(18)：81-82.

[11] 刘伯淳. 新孢子虫样原虫感染为加利福尼亚乳牛流产的重要原因. 上海畜牧兽医通讯，1992(05)：31.

[12] 刘晶，余劲术，刘群，等. 新孢子虫 dNcSRS2 重组蛋白间接 ELISA 的建立及其应用. 畜牧兽医学报，2006(10)：1036-1041.

[13] 刘群，李博，齐长明，等. 奶牛新孢子虫病血清学检测初报. 中国兽医杂志，2003(02)：8-9.

[14] 陆艳，王戈平，马利青. 改良绒山羊犬新孢子虫病的血清学调查. 中国动物检疫，2006(11)：36-37.

[15] 马利青. 奶牛新孢子虫病的血清学诊断. 黑龙江畜牧兽医，2006a(03)：61-62.

[16] 马利青. 小尾寒羊犬新孢子虫病血清学诊断. 青海畜牧兽医杂志，2006b(01)：14-15.

[17] 马利青. 柴达木地区黄牛新孢子虫病的 ELISA 检测. 畜牧与兽医，2006c(04)：46-47.

[18] 马利青，沈艳丽. 青海牦牛新孢子虫病的血清学诊断. 中国兽医杂志，2006(09)：33-34.

[19] 马利青，王戈平，李晓卉，等. 青海省海西地区山羊和绵羊犬新孢子虫病的血清学调查. 家畜生态学报，2007(01)：79-81.

[20] 马少丽，马利青. 绒山羊犬新孢子虫病的血清学调查. 中国兽医杂志，2006(09)：25-26.

[21] 沈莉萍，刘佩红，徐锋，等. 上海地区奶牛犬新孢子虫病血清学抗体检测. 中国兽医寄生虫病，2006(02)：14-16.

[22] 石冬梅，陈益，皇甫和平，等. 河南省奶牛犬新孢子虫病流行病学调查. 中国兽医杂志，2011(04)：48-50.

[23] 王常汉，季新城，杨帆，等. 新疆地区流产奶牛新孢子虫病和布氏杆菌病的流行病学调查. 新疆农业科学，2009(03)：657-660.

[24] 王春仁，翟延庆，赵兴存，等. PCR 诊断牛新孢子虫病的初步应用. 中国寄生虫学与寄生虫病杂志，2009(02)：140-143.

[25] 王娜，闫双，王真，等. 温泉县部分奶牛的新孢子虫病和布氏杆菌病血清学调查. 新疆畜牧业，2011(08)：18-20.

[26] 严宝兴，王生花，牛小迎，等. 青海省湟中县后备奶牛群中犬新孢子虫病的血清学诊断. 上海畜牧兽医通讯，2008(01)：32.

[27] 于晋海，刘群，夏兆飞. 牛新孢子虫病和弓形虫病的流行病学调查. 中国兽医科学，2006(03)：247-251.

[28] 张昌盛，刘群. 奶牛新孢子虫病血清流行病学调查. 中国兽医杂志，2006(06)：3-5.

[29] 赵占中，刘群，赖志，等. 新孢子虫疫苗的研制概况. 上海畜牧兽医通讯，2006(03)：

58-59.

[30] Cui X, Lei T, Yang D Y, et al. Identification and characterization of a novel Neospora caninum immune mapped protein 1. Parasitology, 2012, 139(8): 998-1 004.

[31] Liu J, Cai J Z, Zhang W, et al. Seroepidemiology of Neospora caninum and Toxoplasma gondii infection in yaks (Bos grunniens) in Qinghai, China. Vet Parasitol, 2008, 152(3-4): 330-332.

[32] Liu J, Yu J, Wang M, et al. Serodiagnosis of Neospora caninum infection in cattle using a recombinant tNcSRS2 protein-based ELISA. Vet Parasitol, 2007, 143(3-4): 358-363.

[33] Yao L, Yang N, Liu Q, et al. Detection of Neospora caninum in aborted bovine fetuses and dam blood samples by nested PCR and ELISA and seroprevalence in Beijing and Tianjin, China. Parasitology, 2009, 136(11): 1 251-1 256.

[34] Yu J, Xia Z, Liu Q, et al. Seroepidemiology of Neospora caninum and Toxoplasma gondii in cattle and water buffaloes (Bubalus bubalis) in the People's Republic of China. Vet Parasitol, 2007, 143(1): 79-85.

[35] Zhang W, Deng C, Liu Q, et al. First identification of Neospora caninum infection in aborted bovine foetuses in China. Vet Parasitol, 2007, 149(1-2): 72-76.

[36] Zhao Z, Ding J, Liu Q, et al. Immunogenicity of a DNA vaccine expressing the Neospora caninum surface protein NcSRS2 in mice. Acta Vet Hung, 2009, 57(1): 51-62.

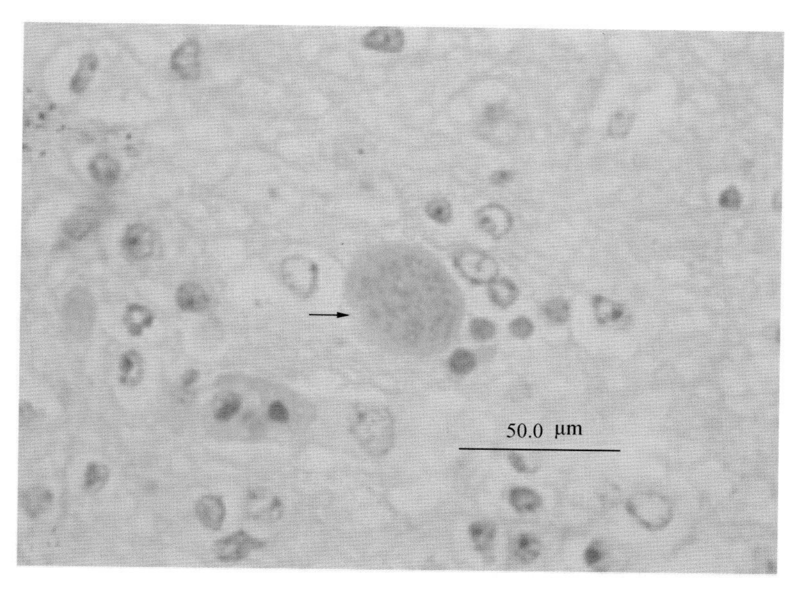

A

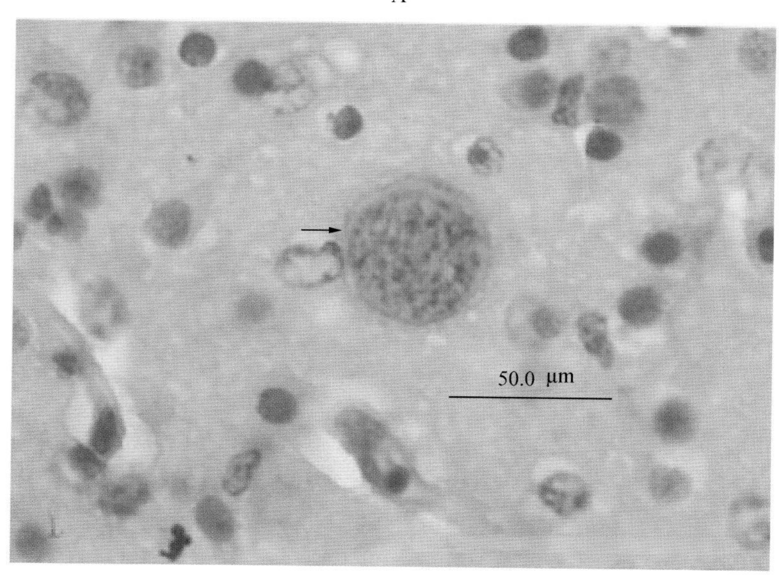

B

彩图 1 **流产胎牛脑组织切片**

A. HE 染色的包囊　B. 免疫组化染色的包囊

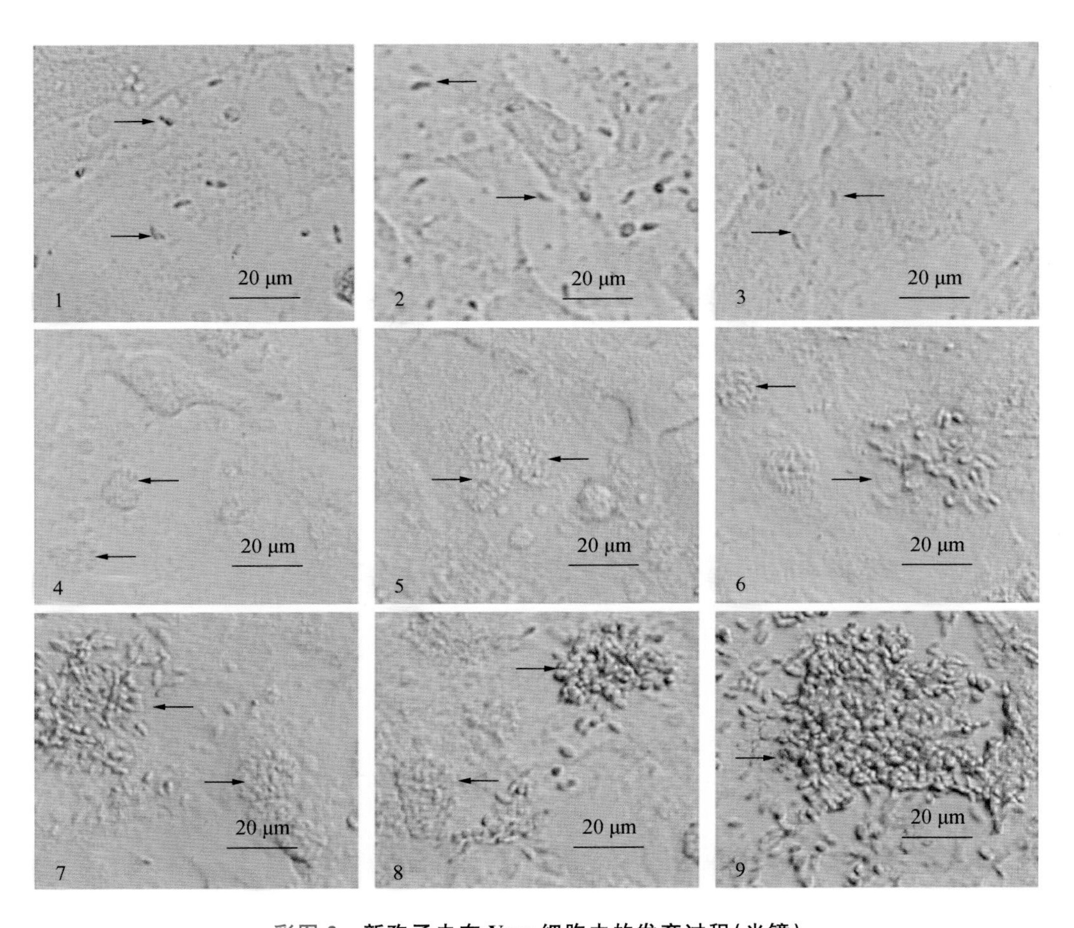

彩图 2　新孢子虫在 Vero 细胞中的发育过程(光镜)

1～9 依次为接种 1 h、3 h、6 h、32 h、40 h、48 h、56 h、62 h 和 72 h 后速殖子在 Vero 细胞中的侵入、增殖和释放的过程,黑色箭头所指为新孢子虫速殖子

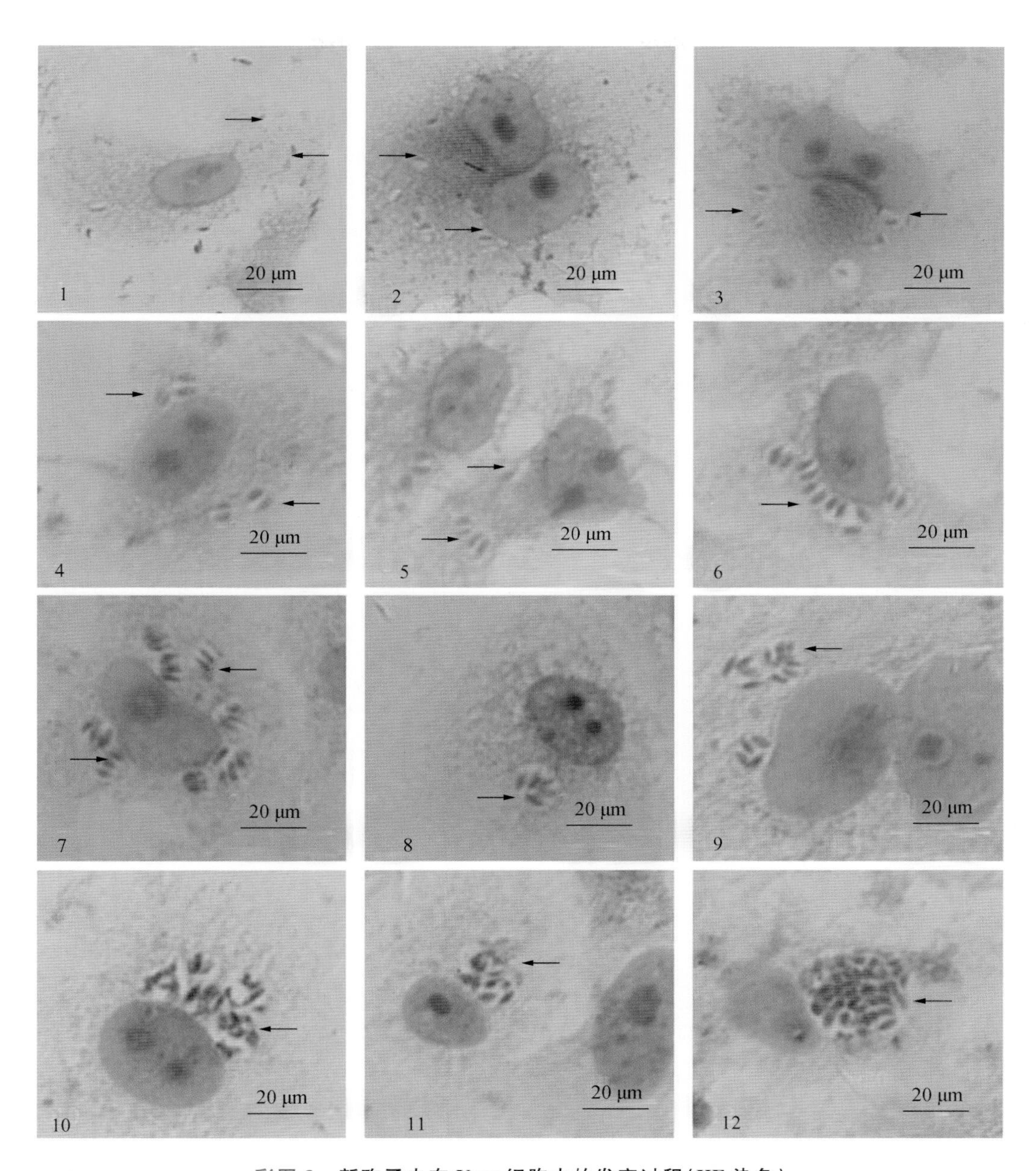

彩图 3　新孢子虫在 Vero 细胞中的发育过程(HE 染色)

1～12 依次为接种 1 h、3 h、6 h、12 h、18 h、24 h、32 h、40 h、48 h、56 h、62 h 和 72 h 后速殖子在 Vero 细胞中的侵入、增殖和释放的过程，黑色箭头所指为新孢子虫速殖子

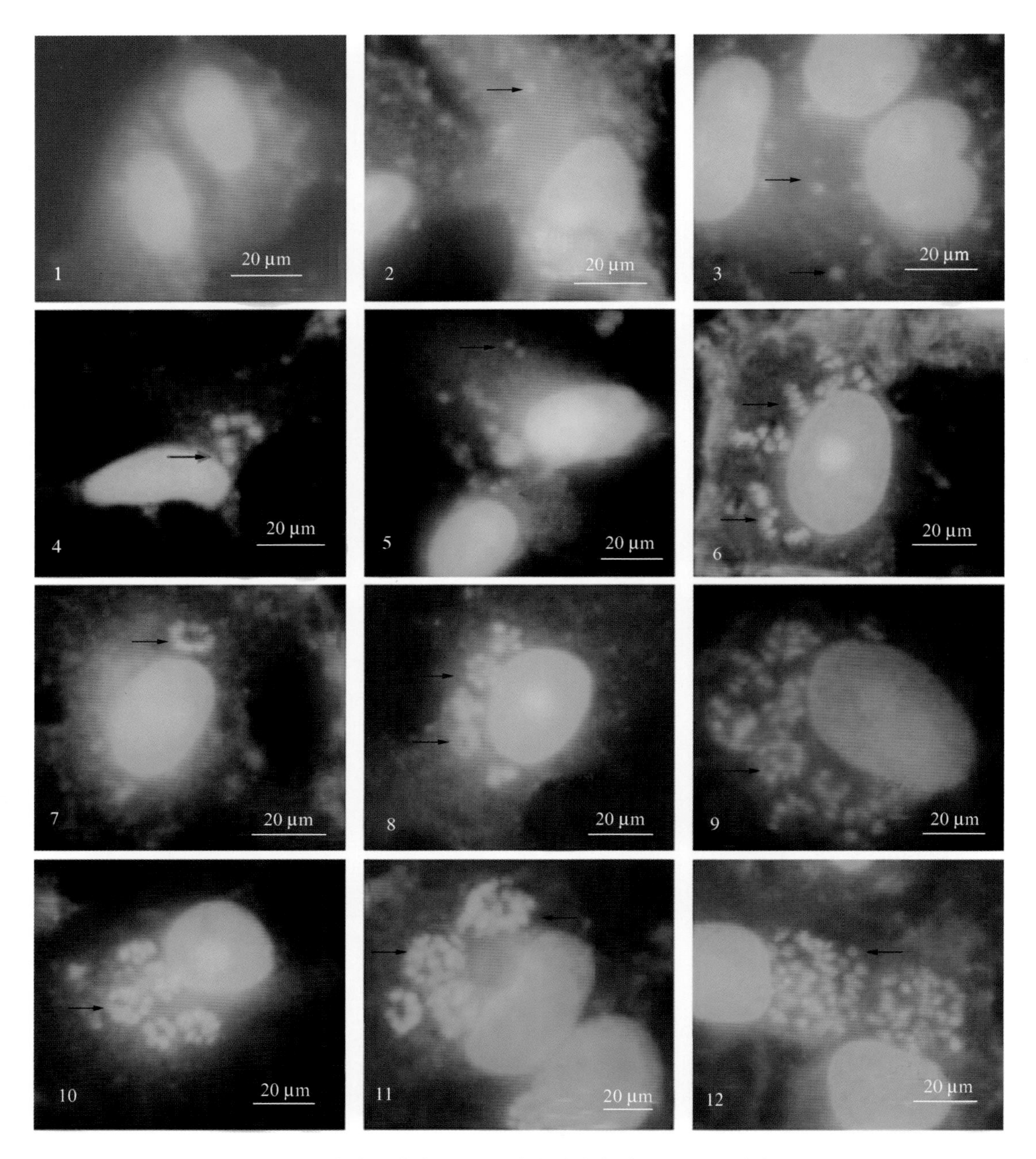

彩图 4　新孢子虫在 Vero 细胞中的发育过程(吖啶橙染色)

1～12 依次为接种 1 h、3 h、6 h、12 h、18 h、24 h、32 h、40 h、48 h、56 h、62 h 和 72 h 后速殖子在 Vero 细胞中的侵入、增殖和释放的过程

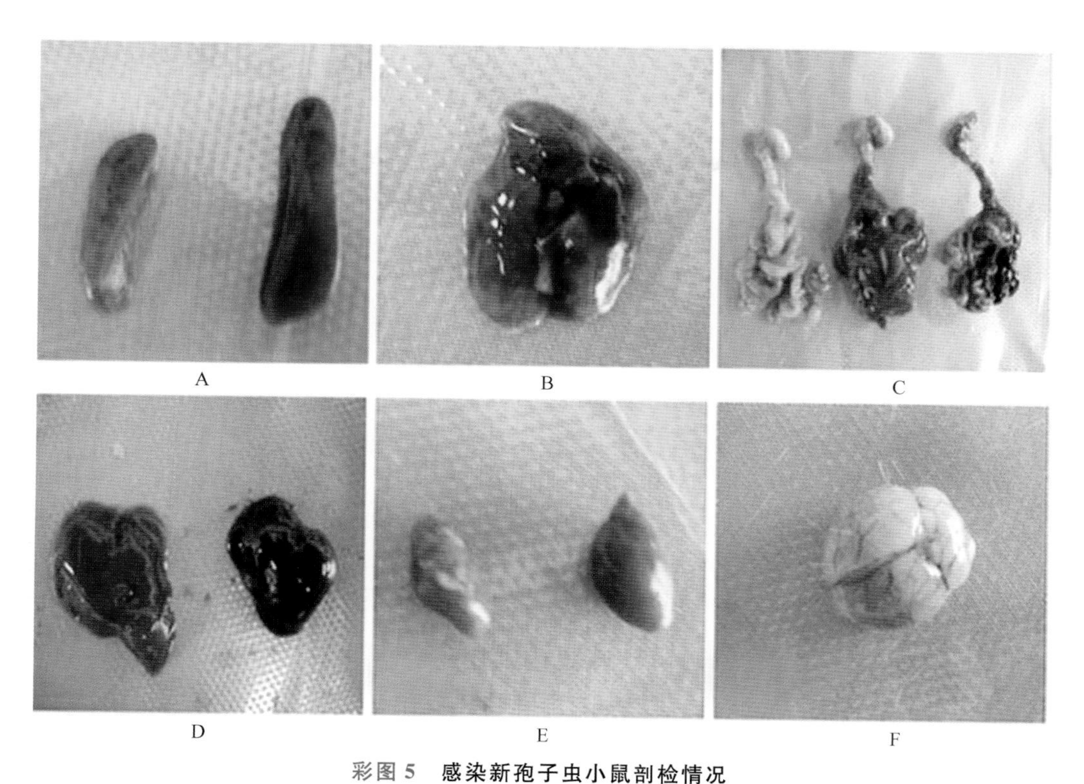

彩图 5　感染新孢子虫小鼠剖检情况

A. 脾脏肿大(左为正常脾脏)　B. 肺出血　C. 肠黏膜出血(左为正常肠道)　D. 肝出血(左为正常肝脏)　E. 心脏白斑病变(右为正常心脏)　F. 脑膜充血

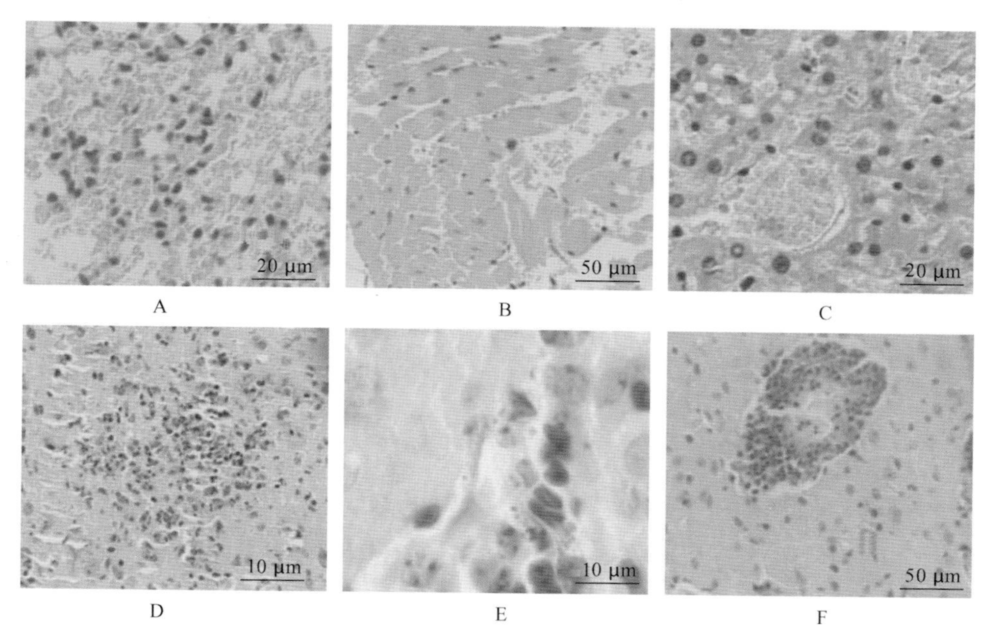

彩图 6　新孢子虫感染小鼠组织病理学变化

A. 肺脏出血　B. 心脏出血　C. 肝脏出血和肝细胞空泡变性　D. 脑细胞坏死　E. 脑组织内的血管炎性渗出　F. 脑组织内的血管套

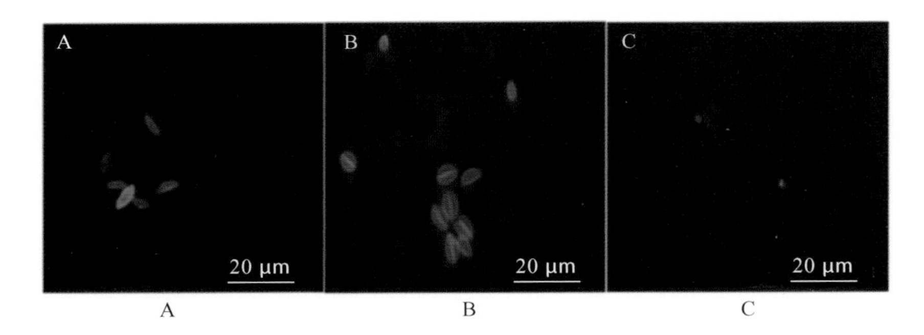

彩图 7　IFA 检测 IMP1 蛋白在新孢子虫的定位

A. IMP1 蛋白在胞外新孢子虫的定位　B. IMP1 在胞内新孢子虫的定位

（A 和 B 均以 anti-rTgIMP1 为一抗，FITC 标记的羊抗鼠 IgG 为二抗）

C. 阴性对照（一抗为未免小鼠血清）

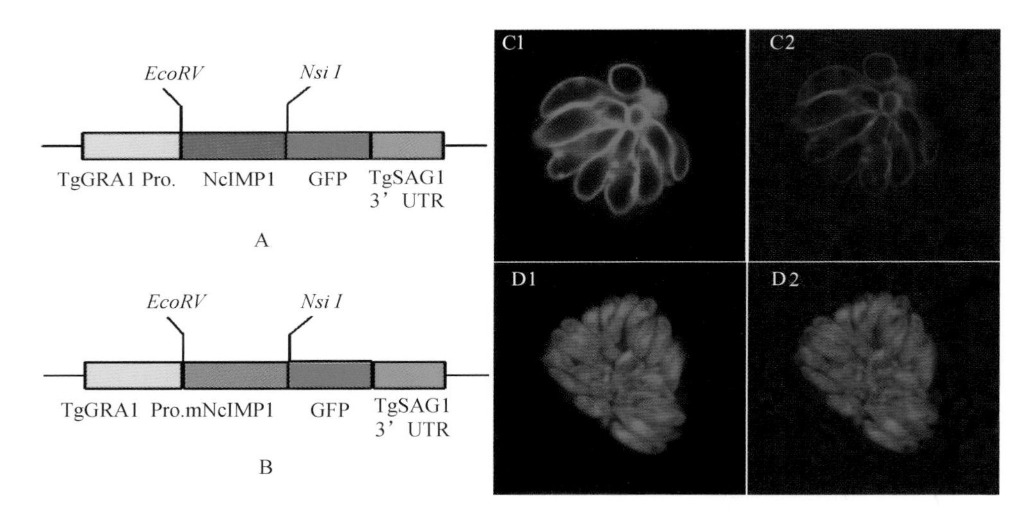

彩图 8　Gly-2 和 Cys-5 定点突变前后，IMP1 蛋白在新孢子虫的分布

A. pDMG-NcIMP1/GFP 质粒示意图　B. pDMG-mNcIMP1/pGFP（mNcIMP1 为 Gly-2 和 Cys-5 定点突变后的 IMP1 蛋白）　C. pDMG-NcIMP1/GFP 质粒转染后 IMP1 定位在虫体的表面　D. pDMG-mNcIMP1/pGFP 转染后 IMP1 在虫体内呈弥散性分布